한국산업인력공단 새 출제기준에 따른 **최신판**

에너지 관리기능사 5년간 출제문제

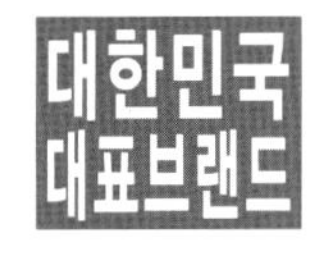

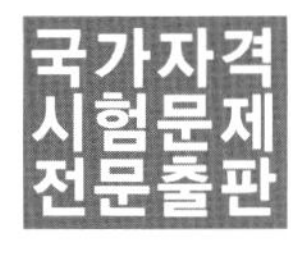

크라운출판사
국가자격시험문제전문출판
http://www.crownbook.com

이 책을 발행하며

현대 사회를 살아가는 우리에게 가장 중요한 것은 에너지이고 이 에너지가 점점 부족해 지면서 각 나라들은 대체에너지 연구에 많은 연구와 심혈을 쏟고 있습니다.

에너지는 현재, 석탄, 유류, 원자력으로 점점 진화하는 흐름이며, 이것에 대한 대체 에너지로 태양광 에너지에 대한 개발도 지속적으로 하고 있는 현실입니다.

에너지관리사란 에너지의 효과적 개발 및 관리뿐만 아니라 환경보호까지도 생각하는 기술 분야의 초석이 되는 자격시험입니다.

이 수험서는 에너지 관리 분야의 과목별 내용을 핵심 요약정리하였고, 기출문제는 2012년 에너지 관리 기능사로 통합 변경되기 전인 보일러 시공과 취급 분야의 문제도 실어 수험자들이 다양한 문제를 해설 중심으로 학습할 수 있게 하였습니다.

이 수험서 한권으로 좀 더 쉽고 빠르게 수험자 여러분이 원하는 자격증을 취득할 수 있기를 기원하며, 특히 오류가 있는 것은 여러분의 조언에 의해 수정과 보완할 것을 약속드리며 지도편달을 부탁드립니다.

끝으로 이 책이 나오기까지 많은 도움을 주신 크라운출판사 이상원 회장님과 편집부 임직원 여러분께 깊은 감사의 인사를 전합니다.

에너지 관리연구회 드림

출제기준(필기)

직무분야	환경 · 에너지	중직무분야	에너지 · 기상	자격종목	에너지관리기능사	적용기간	2018.1.1 ~ 2019.12.31
직무내용	건물용 및 산업용 보일러와 부대설비의 운영을 위하여 기기의 설치, 배관, 용접 등의 작업과 보일러 연료와 열을 효율적이고 경제적으로 사용하기 위한 관리, 운전, 정비 등의 업무를 수행						
필기검정방법	객관식		문제수	60		시험시간	1시간

필기과목명	문제수	주요항목	세부항목	세세항목
1. 보일러 설비 및 구조 2. 보일러 시공 및 취급 3. 안전 관리 및 배관 일반 4. 에너지 이용 합리화 관계 법규	60	1. 열 및 증기	1. 열에 대한 기초이론	1. 온도 2. 압력 3. 열량 4. 비열 및 열용량 5. 현열과 잠열 6. 열전달의 종류
			2. 증기에 대한 기초이론	1. 증기의 성질 2. 포화증기와 과열증기
		2. 보일러의 종류 및 특성	1. 보일러의 개요 및 분류	1. 보일러의 개요 2. 보일러의 분류
			2. 보일러의 종류 및 특성	1. 원통형 보일러의 종류 및 특성 2. 수관식 보일러의 종류 및 특성 3. 주철제 보일러의 종류 및 특성 4. 온수보일러의 구조 및 특성 5. 특수보일러의 종류 및 특성
		3. 보일러 부속장치 및 부속품	1. 급수장치	1. 급수탱크, 급수관 계통 및 급수내관 2. 급수펌프 및 응축수 탱크
			2. 송기장치	1. 기수분리기 및 비수방지관 2. 증기밸브, 증기관 및 감압밸브 3. 증기헤더 및 부속품
			3. 열 교환장치	1. 과열기 및 재열기 2. 급수예열기(절탄기) 3. 공기예열기 4. 열교환기
			4. 안전장치 및 부속품	1. 안전밸브 및 방출밸브 2. 방폭문 및 가용마개 3. 저수위 경보 및 차단장치 4. 화염검출기 및 스택스위치 5. 압력제한기 및 압력조절기 6. 배기가스 온도 상한 스위치 및 가스누설긴급 차단밸브 7. 추기장치 8. 압력계 및 온도계 9. 수면계, 수위계 및 수고계 10. 수량계, 유량계 및 가스미터 11. 기름 저장탱크 및 서비스 탱크 12. 기름가열기, 기름펌프 및 여과기 13. 증기 축열기 및 재증발 탱크
			5. 기타 부속장치	1. 분출장치 2. 슈트블로우 장치
		4. 보일러 열효율 및 열정산	1. 보일러 열효율	1. 보일러 열효율 향상기술 2. 증발계수(증발력) 및 증발배수 3. 전열면적 계산 및 전열면 증발율, 열부하 4. 보일러 부하율 및 보일러 효율 5. 연소실 열발생율
			2. 보일러 열정산	1. 열정산 기준 2. 입출열법에 의한 열정산 3. 열손실법에 의한 열정산
			3. 보일러 용량	1. 보일러 정격용량 2. 보일러 출력
		5. 연료 및 연소 장치	1. 연료의 종류와 특성	1. 고체연료의 종류와 특성 2. 액체연료의 종류와 특성 3. 기체연료의 종류와 특성
			2. 연소방법 및 연소장치	1. 연소의 조건 및 연소형태 2. 연료의 물성(착화온도, 인화점, 연소점) 3. 고 · 액체연료의 연소방법 4. 기체연료의 연소방법 5. 고체연료의 연소장치 6. 액체연료의 연소장치 7. 기체연료의 연소장치
			3. 연소계산	1. 저위 및 고위 발열량 2. 이론산소량 3. 이론공기량 및 실제공기량 4. 공기비 5. 연소가스량
			4. 통풍장치 및 집진장치	1. 통풍의 종류와 특성 2. 송풍기의 종류와 특성 3. 송풍기의 소요마력 및 성능변화 4. 통풍력 계산 5. 연도, 연돌 및 댐퍼 6. 집진장치의 종류와 특성 7. 매연 및 매연 측정장치
		6. 보일러 자동제어	1. 자동제어의 개요	1. 자동제어의 종류 및 특성 2. 제어 동작 3. 자동제어 신호전달 방식

필기과목명	문제수	주요항목	세부항목	세세항목
			2. 보일러 자동제어	1. 수위제어 2. 증기압력제어 3. 온수온도제어 4. 연소제어 5. 인터록 장치 6. O_2 트리밍 시스템(공연비 제어장치) 7. 원격제어
		7. 난방부하	1. 부하의 계산	1. 난방 및 급탕부하의 종류 2. 난방 및 급탕부하의 계산 3. 일러의 용량 결정
			2. 난방설비	1. 증기난방 2. 온수난방 3. 복사난방 4. 지역난방 5. 열매체난방 6. 전기난방
			3. 난방기기	1. 방열기 2. 팬코일유니트 3. 콘백터 등
		8. 배관공작	1. 배관재료	1. 관 및 관 이음쇠의 종류 및 특징 2. 신축이음쇠의 종류 및 특징 3. 밸브 및 트랩의 종류 및 특징 4. 패킹재 및 도료
			2. 배관공작	1. 배관 공구 및 장비 2. 관의 절단, 접합, 성형 3. 배관지지
			3. 배관 도시	1. 배관 도시기호 2. 방열기 도시 3. 관 계통도 및 관 장치도
		9. 배관시공	1. 난방 배관시공	1. 온수난방 배관 2. 증기난방 배관
			2. 연료 배관시공	1. 액체연료 배관 2. 기체연료 배관
		10. 보온 및 단열재	1. 보온재	1. 보온재의 종류와 특성 2. 보온효율 계산
			2. 단열재	1. 단열재의 종류와 특성
			3. 시공방법	1. 보온재 및 단열재시공
		11. 보일러 설치시공 및 검사기준	1. 보일러 설치시공기준	1. 설치 · 시공기준
			2. 보일러 설치검사기준	1. 설치검사기준
			3. 보일러 계속사용 검사기준	1. 계속사용검사기준 2. 계속사용검사 중 운전성능검사 기준
			4. 보일러 개조검사기준	1. 개조검사기준
			5. 보일러 설치장소변경 검사기준	1. 설치장소변경검사기준
		12. 보일러 취급	1. 보일러 운전 및 조작	1. 증기 보일러의 운전 및 조작 2. 온수 보일러의 운전 및 조작
			2. 보일러 가동전의 준비 사항	1. 신설 보일러의 가동 전 준비 2. 사용중인 보일러의 가동 전 준비
			3. 점화 및 운전 중의 취급	1. 기름 보일러의 점화 2. 가스 보일러의 점화 3. 증기발생시의 취급
			4. 보일러 정지시의 취급	1. 정상 정지시의 취급 2. 비상 정지시의 취급
			5. 보일러 보존	1. 보일러 청소 2. 보일러 보존법
			6. 보일러 용수관리	1. 보일러 용수의 개요 2. 보일러 용수 측정 및 처리 3. 청관제 사용방법
		13. 보일러 안전관리	1. 안전관리의 개요	1. 안전일반 2. 작업 및 공구 취급 시의 안전 3. 화재 방호
			2. 연소 및 연소장치의 안전관리	1. 이상연소의 원인과 조치 2. 이상소화의 원인과 조치
			3. 보일러 손상과 방지대책	1. 보일러 손상의 종류와 특징 2. 보일러 손상 방지대책
			4. 보일러 사고 및 방지대책	1. 보일러 사고의 종류와 특징 2. 보일러 사고 방지대책
		14. 에너지관계 법규	1 .에너지법	1. 법, 시행령, 시행규칙
			2. 에너지이용 합리화법	1. 법, 시행령, 시행규칙
			3. 열사용기자재의 검사 및 검사면제에 관한 기준	1. 특정열사용기자재 2. 검사대상기기의 검사 등

차례

제1편

보일러 설치 및 구조

제1장 보일러 설치 및 구조

제1절 열에 대한 기초 이론

1 온도

(1) 섭씨온도(Celsius, ℃)

물의 어는점을 0℃, 끓는점을 100℃로 100등분하여 사용하는 온도

(2) 화씨온도(Fahrenheit, ℉)

물의 어는점을 32℉, 끓는점을 212℉로 180등분하여 사용하는 온도

t ℃ = 5/9 (℉ −32) t ℉ = 9/5 t℃ +32

(3) 절대온도(Absolute temperature)

역학적으로 분자의 운동에너지가 정지(0)된 상태

① K(Kelvin) = 273 + t℃

② R(Rankine) = 460 + t℉

273 °K = 0℃ =32℉ =492 °R (물의 빙점 기준)

2 압력

(1) 압력(Pressure)

단위 면적당 수직 방향으로 작용하는 힘의 크기

(2) 압력의 단위 및 종류

① **표준 대기압(atm)** : 지구상의 표면에 작용하는 압력(토리첼리의 진공 수은 76cm)

1기압(atm) = 760mmHg = 76 cmHg = 10.332mH_2O =30inHg = 14.7Lb/in^2(PSI)

= 1.0332Kg/cm^2 = 1.013bar = 0.101325MPa =101.325KPa

② 게이지압력(Gauge Pressure) : 대기압을 0으로 측정한 압력(예 : Kg/cm^2.G)

③ 절대압력(Absolute Pressure) : 완전 진공상태의 압력(예 : Kg/cm^2.abs, Kg/cm^2.a)

절대압력 = 대기압 +게이지압력

= 대기압 − 진공압

절대압력 단위 뒤에는 abs(absolute) 또는 a를 표시한다.
절대압력 기호의 표시가 없으면 게이지압력으로 본다.

④ **진공압** : 대기압보다 낮은 압력(cmHgV)

진공 절대압 = 대기압 − 진공력 (P : 절대압력, h : 진공압력)

㉠ cmHgV에서 Kg/cm^2a 로 구할 때

$P = (1 - h/76) \times 1.0332$

㉡ cmHgV에서 Lb/in^2 a 로 구할 때

$P = (1 - h/76) \times 14.7$

㉢ inHgV에서 Kg/cm^2a 로 구할 때

$P = (1 - h/30) \times 1.0332$

㉣ inHgV에서 Lb/in^2 a 로 구할 때

$P = (1 - h/30) \times 14.7$

3 열량

(1) 열량 단위

① **1[kcal]** : 대기압에서 물 1[kg]의 온도를 1[℃] 올리는데 필요한 열량

② **1[B. T. U]** : 대기압에서 물 1[ℓb]의 온도를 1[℉] 올리는데 필요한 열량

③ **1[C. H. U]** : 대기압에서 물 1[ℓb]의 온도를 1[℃] 올리는데 필요한 열량

[kcal]	[B. T. U]	[C. H. U]
1	3.968	2.205
0.252	1	0.556
0.4536	1.8	1

[열량단위의 비교]

(2) 열용량(Heat capacity thermal) : 어떤 물질의 온도를 1[℃] 올리는 데 필요한 열량

열용량(H) = 물질의 질량(G) × 비열(kcal/kg℃)

(3) 비열(Specific heat): 어떤 물질 1Kg의 온도를 1[℃] 올리는 데 필요한 열량(kcal/kg℃)

물질명	비열(kcal/kg℃)	물질명	비열(kcal/kg℃)
물	1	알루미늄	0.24
얼음	0.5	구리	0.094
공기	0.24	바닷물	0.94
수증기	0.44	중유	0.45

[물질의 비열]

① **정압비열(Cp)** : 기체의 압력을 일정하게 유지하고 측정한 비열

② **정적비열(Cv)** : 기체의 체적을 일정하게 유지하고 측정한 비열

③ **비열비(K)** : 기체에만 적용되며 정적비열에 대한 정압비열의 비로 항상 1보다 크다.

$$K = Cp/Cv > 1$$

(4) 현열과 잠열

① **현열(감열, Sensible heat)** : 어떤 물질이 상태변화가 생기지 않고 온도변화만 일으키는 열

$$Qs = G.\ C.\ \Delta t$$

Qs : 현열량(kcal)
G : 물질의 무게(Kg)
C : 물질의비열(kcal/kg℃)
Δt : 온도차(℃)

② **잠열(Latent heat)** : 어떤 물질이 온도변화가 생기지 않고 상태만 변화를 일으키는 열

$$QL = G.\ r$$

QL : 잠열량(kcal)
G : 물질의 무게(Kg)
r : 물질의 잠열(kcal/kg)

㉠ 융해잠열 : 고체에서 액체로 변화. 80Kcal/Kg -0℃에서
㉡ 증발잠열 : 액체에서 기체로 변화, 539Kcal/Kg -100℃에서

제2절 증기에 대한 기초 이론

1 증기의 성질

포화액이나 포화증기의 성질은 온도 또는 압력만의 관계이며, 과열증기나 압축액의 성질은 온도와 압력의 함수이다.

2 포화증기와 과열증기

① 같은 물질의 액체와 증기가 열평형 상태에 있을 때 그 증기를 포화증기라 한다.
② 포화증기는 다른 액체 또는 얼음과 같은 고체인 경우에도 마찬가지로 정의된다.
③ 물의 경우에는, 0℃에서 100℃가 되면 0.00603atm에서 1atm으로 증가하며, 얼음의 증기압은 0.002561atm이다.
④ 일반적으로 1atm에서 액체의 온도를 올려 포화증기압이 1atm에 달하면 끓는데, 이 온도가 그 물질의 끓는점이다.
⑤ 증기의 압력이 포화증기압 이하일 때 그 증기를 불포화증기라고 하고, 고온(高溫)의 수증기인 경우에는 과열증기라고 한다.

제2장 보일러의 종류 및 특성

제1절 보일러의 개요 및 분류

1 보일러의 개요

밀폐된 용기 속에서 물 또는 열매체를 넣고 가열하여 증기 또는 온수를 발생시키는 장치

3대 구성 : 본체, 연소장치, 부속설비

2 보일러의 분류

(1) 원통보일러

본체가 지름이 큰 원통형 동체로 되어 있고, 그 원통형 속에 물을 넣어서 가열한다. 고압증기의 발생에는 적합하지 않고 소형이며 구조가 간단하고 전열면적도 작으며 사용압력은 $10kg/cm^2$ 이하로 소형 보일러이며 노통이 1개인 것은 코니시 보일러, 2개인 것은 랭커셔 보일러이다.

(2) 수관보일러

지름이 작은 다수의 관을 배열하여 그 관속에 물을 지나게 하여 바깥쪽에서 가열하는 보일러로 수관은 지름이 작으므로 고온 · 고압에 견디어 내고 또 관의 수를 늘려서 전열면적을 크게 할 수 있으므로 고압증기의 발생에 적합한 고압 보일러이다.

수평수관 보일러의 대표인 배브콕(Babcock) 보일러와 물이 강제적으로 순환되게 하는 강제순환 보일러의 대표인 라몬트(Lamont) 보일러가 있다. 또한 드럼 없이 물이 펌프로 수관 속에 보내지고 가열되어 모두 증기가 되어 밖으로 나오는 구조의 관류보일러의 대표적인 것으로는 벤슨(Benson)과 슐처(Sulzer) 보일러가 있다.

(3) 특수보일러

노로부터 나온 배기가스의 폐열을 이용하는 폐열 보일러로 잉여(剩餘) 전력으로 가열하는 전기 보일러와 물 대신 수은을 사용하는 특수유체 보일러의 대표인 다우삼 보일러가 있다.

제2절 보일러의 종류 및 특성

1 원통형 보일러

강도에 유리하기 때문에 원통 모양으로 만들며, 코르니시 보일러(노통의 수가 1개), 랭커셔 보일러(노통이 2개)로 구분한다.

(1) 특징

① 장점

㉠ 구조가 간단하고 취급이 용이하다.

㉡ 청소, 검사가 용이하다.

㉢ 보유수량이 많아 부하변동에 응하기 쉽다.

㉣ 급수처리가 수관식 보일러에 비해 수월하다.

② 단점

㉠ 고압, 대용량에 부적합하다.

㉡ 전열면적이 적어 효율이 낮다.

㉢ 보유수량이 많아 파열 시 피해가 크다.

㉣ 증발시간이 오래 걸린다.

2 수관식 보일러

수관식 보일러는 연소가스 누설 및 방열손실이 없으며, 오랜 수명, 저렴한 유지비, 콤팩트한 구조로서 수관식보일러의 보일러수의 순환력을 크게 하기 위해서는 강수관이 연소가스로 가열이 되지 않아야 된다.

(1) 특징

① 장점

㉠ 고온, 고압에 적당하다.

㉡ 전체가 전열면이어서 효율이 높다.

㉢ 보유수량이 적어 파열시 피해가 적다.

㉣ 가동시 수관벽면을 포화증기 온도로 유지하여 방열손실을 극대화하였다.

㉤ 통풍설계와 증발관부를 정확하게 설계하여 보일러 내부의 물 순환이 원활하다.

㉥ 구조가 조립식으로 협소한 공간에서도 운반 및 설치가 가능하여 현장 경비가 절감된다.

② 단점

㉠ 급수처리가 까다롭다.

㉡ 증발속도가 빨라 습증기로 인한 관내 장애가 우려된다.

㉢ 구조가 복잡하여 청소, 검사, 수리가 불편하다.

㉣ 보유수량이 적어 부하변동에 응하기 어렵다.

(2) 수관식 보일러의 종류

① **자연 순환식 수관 보일러** : 수관의 모양에 따라 직관식과 곡관식, 수랭벽의 수랭관을 주로 하는 복사보일러로 나뉜다.

㉠ 직관식 수관 보일러에는 횡수관식 · 경사수관식 · 입식수관식의 3종류가 있다. 횡수관식은 위에 있는 기수(氣水)드럼과 파이프래크를 수평에서 15°로 수관군(水管群)으로 연결시키고 물은 기수드럼으로 규칙적으로 흐르게 한다. 바브콕보일러 · 조합보일러가 대표적이다.

㉡ 곡관식 수관 보일러는 윗부분의 1개의 기수드럼과 아랫부분의 1~3개의 수드럼 사이를 배치가 자유스러운 곡수관으로 연결하고 수관군의 안쪽에 연소효율이 좋은 내연로를 설치한 형식이다. 종류로는 바브콕 보일러(15도), 쓰네기찌 보일러(30도), 다꾸마 보일러(45도)가 있다.

② **강제 순환식 수관 보일러** : 펌프로 물을 강제로 순환시키는 방식인데, 고압이 되면 물의 순환이 나빠진다. 라몬트 보일러와 베록스 보일러가 있다.

㉠ 라몬트 보일러 : 순환펌프로 여러 개의 강수관에 강제적으로 물을 보낸다. 수관의 수량을 균일하게 하기 위해 수관과 파이프래크의 결합부에 작은 구멍(오리피스)으로 구성된 라몬트 노즐을 설치한다. 또한 복사보일러를 강제순환식으로 한 것은 200atm, 570℃, 1400t/h에 이른다.

㉡ 베록스 보일러 : 물의 순환펌프와 함께 가스터빈 구동의 공기압축기를 갖추어 같은 성능에 대해 소형 · 경량이고 시동시간도 6분 정도이다.

3 주철제 보일러

(1) 주철제 보일러의 종류

주철제 보일러에는 증기보일러와 온수보일러가 있다. 증기보일러의 경우에는 최고사용압력 1.0kg/cm^2 이하, 온수보일러의 경우에는 수두압 50m 이하에서 온수 온도가 120℃ 이하일 때에 한해서 사용할 수 있다.

(2) 특징

① 장점

㉠ 저압이므로 파열 사고시 피해가 적다.

㉡ 내식, 내열성이 우수하다.

㉢ 섹숀 증감으로 용량조절이 용이하다.

㉣ 수명이 길며 현장조립이 간단하고 분할반입이 용이하다.

㉤ 용량 증감이 용이하고 가격이 저렴하다.

② 단점

㉠ 인장 및 충격에 약하다.
㉡ 열에 의한 부동팽창으로 균열이 생기기 쉽다.
㉢ 고압, 대용량에 부적합하다.
㉣ 저용량으로 소규모 건물에 주로 사용된다.

4 온수보일러

온수를 만드는 연료로 가스 및 기름을 사용하는 보일러로 연소방식에 따라 증발식, 회전무화식, 압력분무식 등이 있으며, 구조가 간단하다. 소형온수 보일러는 전열면적이 $14m^2$ 이하이고 최고 사용압력이 $3.5Kg/cm^2$ 이하인 보일러이다.

5 특수보일러

일반적으로 석탄, 석유, 가스 등 화석 연료를 연료로써 사용하여 물을 증기로 바꾸는 것으로, 물 대신에 특별한 열매체(유체)를 사용하여 특수 보일러라고 한다.

(1) 종류

특수보일러는 특수열매체, 특수연료, 폐열, 특수가열, 전기보일러로 나누어진다.

(2) 특징

① 열의 매체 : 다우삼(가장 많이 사용 $2 \sim 3Kg/cm^2$만 사용해도 300℃ 가능) 모빌섬, 카네크론, 써큘리티, 수은 등이 있다.
② 안전밸브 : 스프링식만 사용하며 반드시 밀폐해야 한다.(열매체가 증발시 유독성 발생한다.)
③ 폐열 보일러는 버려지는 열을 다시 재활용하므로 연소장치가 필요없다.

6 관류관식 보일러

긴 수관(水管)의 한쪽 끝에서 펌프로 밀어넣은 물을 주입하여 가열하면, 다른 쪽 끝으로 증기가 나오게 되어 있는 보일러이다.

(1) 종류

벤손 보일러, 슬저 보일러, 소형관류 보일러, 람진 보일러, 엣모스 보일러

(2) 특징

① 장점
㉠ 순환비(급수량/증발량)가 1이어서 드럼이 필요없다.
㉡ 전열면적이 크고 효율이 높다.
㉢ 고압이므로 증기의 열량이 크다.
② 단점
㉠ 완벽한 급수처리를 하여야 한다.
㉡ 콤팩트하므로 청소 수리가 어렵다.

제3장 보일러 부속장치

제1절 급수장치

1 급수탱크, 급수관 계통 및 급수내관

(1) 급수탱크

보일러용 급수를 저장하는 탱크로 지하에 설치하는 지하 탱크, 높은 곳에 설치하는 고가 탱크로 나누어진다.

(2) 급수관 계통

급수펌프 → 인젝터 → 급수량계 → 급수 역정지 밸브

(3) 급수내관

뜨거운 물에 차가운 물을 부면 비수(프리이밍)가 발생하고, 부동팽창이 된다. 이를 방지하기 위해 안전저수위보다 50mm정도 낮게 설치한다.

2 급수펌프 및 응축수 탱크

(1) 급수펌프의 종류

① **전기를 이용한 동력식 펌프** : 회전식 펌프, 원심펌프

② **터빈펌프** : 안내 날개가 있고 고양정이 용이하다. 효율이 높고 안정된 성능을 얻을 수 있으며, 구조가 간단하고 취급이 용이하므로 보수관리가 편리하다.

③ **볼류트 펌프** : 안내 날개가 없다.

④ **프로펠러 펌프** : 프로펠러 모양의 날개가 있는 회전식 펌프로 많은 용량의 배수나 흡수에 적합하다.

(2) 급수펌프의 구비조건

① 고온, 고압에 견딜 것

② 회전식의 경우는 고속 회전에 안전할 것

③ 부하 변동에 대응할 수 있을 것

④ 저부하에도 효율적일 것

⑤ 병렬운전에 지장이 없는 것일 것

제2절 송기장치

1 기수분리기 및 비수방지관

(1) 기수분리기

① 수관보일러에 발생된 증기와 수분을 분리하는 장치이다. 또한 관류보일러에서 기수 분리기라고 하는 것은 증발관 출구에 설치되어 증기와 수분을 분리하는 용기로, 분리된 수분은 급수펌프의 흡입측 급수관으로 되돌아가 급수로 사용된다.

② 기수분리기의 종류

㉠ 사이크론식 : 원심력 이용

㉡ 스크레버식 : 장애판 이용

㉢ 건조스크린식 : 금속망 이용

㉣ 배플식 : 방향전환 이용

(2) 비수방지관

① 증기 속에 남아 있는 습기를 제거하여 건조증기를 얻기 위한 것으로 원통형 보일러에 설치하며, 취출구 구멍 면적은 주증기 밸브 면적의 1.5배 이상이어야 한다.

② 설치 이점

㉠ 프라이밍(비수현상) 방지

㉡ 동내 수면안정으로 정확한 수위측정

㉢ 수격작용 방지

㉣ 건조증기를 얻을 수 있음

(3) 송기시 이상현상

① 프라이밍(비수현상) : 보일러가 과부하로 사용될 때, 수위가 너무 높을 때, 물에 불순물이 많이 포함되어 있는 경우 보일러수가 매우 심하게 비등하여 수면으로부터 증기가 수분(물방울)을 동반하면서 끊임없이 비산하고 기실에 충만하여 수위가 불안정하게 되는 현상을 말한다.

② 포밍(거품작용) : 보일러수에 불순물이 많이 섞인 경우, 보일러수에 유지분이 섞인 경우 또는 알칼리분이 과한 경우에 비등과 더불어 수면 부근에 거품층이 형성되어 수위가 불안정하게 되는 현상이다.

③ 캐리오버현상(기수공발현상) : 증기가 수분을 동반하면서 증발하는 현상이다. 캐리 오버 현상은 프라이밍이나 포밍 발생시 필연적으로 발생된다.

④ 수격작용(워터해머) : 배관 내부에 존재하고 있는 응축수가 송기시에 밀려 배관 내부를 심하게 타격하여 소음을 발생시키는 현상으로 수격작용이 심하면 배관의 파손도 초래한다.

비수현상

1. 비수현상의 원인
   ① 고수위 ② 관수농축 ③ 급격한 과열 ④ 고압에서 저압으로 변화
   ⑤ 용존고형물(고체인데 물에 녹아 있는 것) ⑥ 유지분(기름찌거기)의 과다 ⑦ 주증기밸브 급개
2. 비수현상의 피해
   ① 과열도 저하 ② 수격현상 ③ 저수위 사고 ④ 수위의 오판
3. 비수현상 시 조치사항
   ① 연소량을 줄인 후 주증기 밸브를 닫아 압력을 높이면 끓는점이 올라가서 수위 안정을 도모한다.
   ② 보일러 관수 일부를 교환한다.

2 증기밸브, 증기관 및 감압밸브

(1) 증기밸브

보일러에서 발생한 증기를 앵글밸브 및 글로우 밸브를 통하여 사용처로 보내는 주증기 밸브

(2) 주증기관(메인스팀파이프)

보일러 상부에 앵글밸브 및 글로우 밸브를 통하여 보일러에서 발생한 증기를 최고로 소비하기 위하여 보내기 위한 증기관

(3) 감압밸브

① 고압증기는 열교환기, 급탕탱크의 열원으로 이용되고, 증기배관계에서 감압을 한다는 것은 단순히 압력을 낮춘다는 의미도 있다.

② 감압밸브 설치목적
   ㉠ 고압증기를 저압증기로 유지
   ㉡ 항상 부하측에 일정압력을 유지
   ㉢ 고압과 저압을 동시에 사용

③ 종류
   ㉠ 작동법에 따른 종류 : 로우즈식, 다이어프램식, 피스톤식
   ㉡ 구조에 따른 종류 : 스프링식, 추식

3 증기헤더

보일러 증기를 난방개소에 일정하게 공급하는 장치로 헤더의 크기는 헤더에 부착되는 증기관의 가장 큰 지름의 2배로 하며 안지름은 300mm이상이면 압력용기로 분류된다.

제3절 폐열회수장치

1 과열기 및 재열기

① **과열기** : 배기가스의 폐열을 이용하여 포화증기를 과열 증기로 하기 위한 장치이다. 과열기는 전열 방식에 따라 복사형 과열기, 대류형 과열기, 복사 대류형 과열기 등이 있다.

② **재열기** : 고압터빈 등에서 열을 방출한 후 저하된 온도로 팽창된 포화증기를 고온 열가스로 재가열하여 저온 과열증기로 만들어 저압 터빈 등에서 다시 이용하는 장치이다.

2 급수예열기 (절탄기)

① 이코노마이저를 사용하여 배기가스 보유열로 보일러에 들어가는 급수를 예열하는 것이다. 배기가스를 열원으로 하는 열교환기로 전열효과가 뛰어나 공기를 가열하기 위한 열교환기에 비하여 전열면적이 좋다.

② 물의 온도가 20℃인 것을 절탄기를 거치면 90℃로 상승, 급수온도 10℃ 상승시킬 때마다 보일러 효율은 1.5% 증가되며 출구온도가 170℃ 이상 되어야 저온부식을 방지할 수 있다.

3 공기예열기

① 배기가스에 의해 연소용 공기를 예열한 후 연소실로 들여보내는 것이다. 공급하는 공기의 온도가 높아지게 되기 때문에 연소가스 온도가 상승하여 연소가스에서 물로의 전열량이 증가한다. 종류에는 전열식, 증기식, 재생식 등이 있다.

② 연소과정은 화학반응이기 때문에 온도에 의해 크게 영향을 받는다. 예열한 공기를 공급함으로써 연소시간이 단축되어, 동일 연소실에서의 연소량을 증가시키는 것도 가능하게 된다.

③ 공기 예열을 함으로써 배기가스 온도를 저하시키고 배기 가스량도 줄일 수 있기 때문에 배기가스에 의한 손실열을 크게 줄일 수 있다.

4 열교환기

뜨거운 유체에서 찬 유체로 열을 전달하여 뜨거운 유체의 에너지를 감소시키고 찬 유체의 에너지를 증가시키는 장치

제4절 보일러의 안전장치

1 안전밸브 및 방출밸브

(1) 안전밸브

① **안전밸브의 종류**

㉠ 스프링식 안전밸브

- 저양정식 : 리프트(양정)가 시트 지름의 1/40 이상 ~ 1/15미만(22)
- 고양정식 : 리프트가 시트 지름의 1/16이상 ~ 1/7미만(10)
- 전양정식 : 리프트(양정)가 시트 지름의 1/7이상(5)
- 전양식 : 시트 지름이 복부 지름보다 1.15배 이상인 것(2.5)

㉡ 지렛대식 안전밸브(레버식) : 전체압력이 600kg/cm²이상인 경우 사용불가

㉢ 중추식 안전밸브

② **안전밸브의 설치기준**

㉠ 증기보일러는 2개 이상의 안전밸브를 설치한다. 단, 전열면적 50m²이하는 1개 이상 설치해도 된다.

㉡ 안전밸브 및 압력방출장치의 크기 : 호칭지름 25A, 단, 다음의 경우는 20A 이상으로 한다.

- 최고사용압력이 1kgf/cm² 이하의 보일러(주철제 보일러)
- 최고사용압력이 5kgf/cm² 이하이고 동체 안지름 50cm 이하, 동체 길이 1m 이하
- 최고사용압력이 5kgf/cm² 이하이고 보일러 전열면적 2m² 이하
- 최대증발량이 5t/h 이하인 관류보일러
- 소용량보일러

③ **안전밸브의 설치**

㉠ 2개 설치 : 최고사용압력 이하에서 작동, 최고사용압력 1.03배 이하에서 작동

㉡ 1개 설치 : 최고사용압력 이하에서 작동하는 것을 설치하며 안전밸브는 가능한한 보일러 동체에 직접 부착하고 검사가 쉬운 장소에 부착하며 밸브 축을 수직으로 한다.

④ **밸브누설의 원인**

㉠ 밸브와 시트의 가공시 불량

㉡ 시트와 밸브축이 이완된 경우

㉢ 스프링 장력이 약해진 경우

㉣ 밸브시트에 이물질이 낀 경우

(2) 방출밸브

온수보일러에만 부착하는 밸브로 과잉수를 배출하는 밸브이다. 온수보일러의 한계점이 120℃이므로 120℃ 이하 보일러의 방출밸브의 지름은 20A 이상으로 한다. 120℃ 초과 시에는 안전밸브를 설치해야 한다.

전열면적	방출관의 안지름
10m² 이하	25A 이상
10~15m²	30A
15~20m²	40A
20m² 이상	50A 이상

[방출관 크기]

2 방폭문 및 가용마개

(1) 방폭문

지나친 압력상승 방지를 위해 연소실에 부착된 것으로서, 보일러 연소실에서 백파이어(역화)가 발생되고 실내압력이 비정상적으로 상승했을 때에만 열리는 보일러의 안전장치이다.

(2) 가용전(가용마개)

노통이나 화실 천정부에 설치하여 이상온도의 상승으로 과열되게 되면 합금이 녹아 급수가 화실로 분출하여 보일러를 안전하게 운전하게 한다.

주석(Sn)	+	납(Pb)	=	용융온도
10		3		150도
3		3		200도
3		10		250도

3 저수위 경보 및 차단장치

저수위 경보장치(수위 검출기-수위제어기)는 안전저수위 이하로 수위 감소 시 자동적으로 경보가 울리면서 연료차단 50~100초 전에 연소실 내로 진입하는 연료를 차단하는 장치이다.
최고사용압력이 1kgf/cm^2 이상인 경우 설치하며 급수량을 제어하는 것이 주목적이다. 종류로는 플로트식(부자식), 전극식, 차압식, 코프스식(금속의 열팽창을 이용)이 있다.

4 화염검출기

(1) 정의

연소실 내의 실화나 소화시에 연소실의 연소 상태를 감시하여 실화나 소화가 되는 즉시 연료 차단 밸브를 닫아서 연료의 누입으로 인한 위험성을 배제하기 위한 일종의 안전장치이다.

(2) 종류

① **플레임 아이** : 화염의 발광체(빛)을 이용한 검출기로서 연소실에 설치, 빛은 적외선부터 자외선 모두를 포함

② **플레임 로드** : 화염의 이온화 현상을 이용한 검출기로서 연소실에 설치

③ **스텍 스위치** : 화염의 발열현상을 이용한 검출기로서 연도에 설치, 바이메탈을 사용하고, 응답이 느려서 소형보일러에만 사용

5 압력제한기 및 압력조절기

(1) 증기압력제한기

신호에 의해서 버너와 전자밸브로 보내 연료의 공급 및 차단을 하는 역할을 한다.

(2) 증기압력조절기

공기량을 조절하여 항상 일정한 증기 압력이 되도록 유지하는 장치이다.

① 프리퍼즈 : 점화 전 보일러실을 환기 작업 하는 것

② 포스트 퍼즈 : 가동이 끝난 후, 환기 작업을 하는 것

6 배기가스 온도 상한 스위치 및 가스누설 긴급차단밸브

(1) 배기가스 온도 상한 스위치 (배기가스 온도 스위치)

보일러를 일정 시간 가동 연소 후 배기가스의 세팅 온도를 지시할 때 경보음과 함께 보일러 연소를 소화시켜서 보일러가 과열되는 것을 사전에 차단한다.

(2) 가스누설 긴급차단밸브

보일러의 연료로 도시 가스나 등유 등과 같이 폭발할 위험성이 높은 것을 사용하는 경우, 버너 바로 앞에 2대 직렬로 삽입하는 밸브로 연료압이나 연소상황이 비정상적으로 되었을 때는 즉시 폐쇄된다.

7 추기장치

고진공의 운전을 위해 공기 및 불응축가스를 제거하는 장치로 진공도를 측정하는 마노메터가 부착되어 있다.

8 압력계 및 온도계

(1) 압력계

① 액주식 압력계 : U자관형, 단관형, 경사관형 등

② 탄성식 압력계 : 탄성식 압력계는 수압부에 탄성체를 사용해서 측정하고자 하는 압력을 가했을 때 가해진 압력에 비례하는 단위 압력당의 변형량을 아는 상태에서, 이에 대응된 변형량만을 측정함으로써 압력을 구하는 방법이다. 크기는 황동관이나 동관을 사용할 때에는 안지름 6.5mm 이상, 강관을 사용할 때에는 12.7mm 이상이여야 하며, 증기 온도가 210℃를 넘을 때에는 황동관이나 동관을 사용해서는 안 된다. 탄성변형이 압력계에 이용되는 것으로 부르돈관(0.1~5000kgf/cm^2), 다이야프램(0.01~500kgf/cm^2), 벨로우즈(0.01~10kgf/cm^2)등이 있다.

㉠ 장점 : 구조가 간단하고 가격이 저렴하며 광범위한 압력범위를 가진다.

㉡ 단점 : 다른 센서에 비해 크기 때문에 설치공간이 제한적이고 기계적 마찰에 의해 오차가 발생할 수 있으며 응답이 느리다.

(2) 온도계

① 접촉식 온도계의 종류 : 열전대 온도계, 저항온도계, 바이메탈 온도계, 압력식 온도계

② 유리제 온도계를 제외한 접촉식 온도계의 종류 : 압력식 온도계, 바이메탈 온도계, 열전대 온도계, 저항온도계

③ 비접촉식 온도계의 종류 : 수은 온도계, 알코올 온도계, 베크만 온도계

9 수면계, 수위계 및 수고계

(1) 유리 수면계

유리관 또는 유리판을 이용하여 수면의 위치를 볼 수 있도록 한 수면 측정 장치로 최고 사용 압력 $10kgf/cm^2$ 이하의 보일러에서는 주로 이것을 많이 사용한다.

① 2개 이상을 갖춘다.

② 유리는 보일러의 고온 · 고압에 충분히 견디는 것을 사용한다.

③ 유리관(판)의 최하부가 안전 저수면을, 그 중앙부가 상용(표준) 수위를 지시하는 위치에 부착한다.

④ 모세관 현상에 의한 폐해를 방지하기 위해, 유리관의 내경은 10mm 이상으로 한다.

⑤ 수시로 청소나 기능 점검이 가능한 구조이어야 한다.

⑥ 유리관 파손에 의한 보일러수의 분출을 신속하고 안전하게 정지시킬 수 있는 구조로 한다.

(2) 수위계

수위를 측정하는 계기로 부표의 승강을 아용하는 부동식과 수저압력의 측정을 이용한 압력식, 기포 방류와 배압을 이용하는 기포식, 측정한 액의 도전성을 아용하는 전극식, 기준수위의 압력 차이를 이용하는 차압식 등이 있다.

(3) 수고계

온수 압력인 수두압을 측정하는 계기로 주로 증기 보일러의 압력계에 해당한다. 온수 보일러에는 보일러 본체 또는 온수 배출구 부근에 수고계를 부착하여야 한다.

10 수량계, 유량계 및 가스미터

(1) 수량계

산업용 수량계는 주로 장비의 사용 유량을 측정하기 위하여 설치하며, 스팀보일러 등 물을 이용하여 이차적인 일을 하는 장비의 소모 수량의 능력을 측정한다.

100℃ 이하/10Mpa 이하에서 사용하는 일반용과 130℃이하/20Mpa 이하에서 사용하는 고온고압용으로 구분된다.

(2) 유량계

유량은 전체 공정 운전 변수의 측정 중 60~75%를 차지하며 이중 95%가 오리피스를 이용한다.

① **차압유량계**

㉠ 측정원리 : 유로에 유체의 압력변화를 일으킬 수 있는 방해시설을 설치하고 이 시설 전후의 압력변화를 측정하여, 유속을 얻는 방법으로 정확도는 1~2% 정도이며 방해시설로는 오리피스, 벤츄리, 흐름노즐, 피토관 등이 이용된다.

㉡ 특성

- 설치 및 유지보수가 간편하고 값이 싸다.
- 측정범위가 좁다.

- 유량이 측정압력의 평방근에 비례하므로 신호변화를 위한 특별한 기구가 필요하다.
- 슬러리와 같이 점도가 높은 유체에는 사용할 수 없다.
- 방해시설 전후에 어느 정도의 직선배관이 필요하다.

② **오리피스 유량계** : 흐름노즐 오리피스 혹은 흐름노즐 전후의 기계적 에너지수지 식을 적용하여 측정한다.

③ **면적식 유량계** : 수직으로 설치된 관내에 흐름을 방해하는 물체를 두어, 유량이 증가하면 관과 흐름을 방해하는 물체 사이의 통로가 넓어지도록 되어 있다. 로타메타는 면적식 유량계의 대표적인 것이다.

④ **용적식 유량계** : 로터와 케이스, 피스톤과 실린더 등을 이용하여 유체를 일정 용적 내에 가두어 놓고, 다음에 방출하기를 반복하여 단위 시간당의 횟수에서 유량을 얻는다. 오벌 유량계나 원판 유량계, 가스 미터 등이 해당된다.

⑤ **가스미터 유량계** : 통과하는 가스의 전량을 측정하는 계기로 습식과 건식의 2종이 있다.

㉠ 습식가스미터는 물을 1/2 넣은 외부원통(고정) 안에 4 칸막이로 된 내부원통이 회전한다. 이 내부원통의 1회전에 의해 내부원통의 수면 윗부분 부피의 2배 되는 양의 가스가 이 가스 미터를 통과한다.

㉡ 건식가스미터는 직6면체형인 상자가 두 칸으로 칸막이 되고, 각 칸은 막으로 두 기실로 칸막이가 되어 있다. 기실로 가스가 들어가면 막의 반대쪽에 있는 가스는 출구로 밀려나오고, 막이 이동 완료한 곳에서 슬라이드밸브가 동작하여 가득 찬 가스가 출구를 통해 나가면 비게 된 기실에 다음의 가스가 들어오게 만들어져 있다.

11 기름 저장탱크 및 서비스 탱크

(1) 기름 저장탱크

연료유, LPG, 급탕용 온수 등을 저장하는 탱크로 저장하는 액체의 종류에 따라 오일 저장 탱크, LPG 저장 탱크 등으로 부르며, 또한 저장하는 액체에 따라 적용되는 법률도 달라지며, 형상 등도 달라질 수 있다.

(2) 서비스 탱크

기름을 버너에 공급하기 쉽게 하기 위해 일시 저장해 두는 소용량의 탱크로 오일 서비스 탱크라고도 한다.

12 기름가열기, 기름펌프 및 여과기

① **기름가열기** : 점도가 높은 기름의 송유를 용이하게 한다던가 기름의 미립자를 양호하게 할 목적으로 쓰이는 가열기이다.

② **기름펌프** : 기름을 이송시키는 펌프로서 스퍼터링과 진공펌프 등으로 분류된다.

③ **여과기** : Y형, U형 등이 있다.

13 증기축열기

보일러에서 발생한 소비량에 대해 과잉 증기를 저장하고, 발생량보다 소비량이 많아졌을 때, 저장한 증기를 방출해서 증기의 부족량을 보충하는 장치로 변압식과 정압식의 방법이 있다.

제5절 기타 부속장치

1 분출장치

(1) 분출장치

분출장치는 스케일, 슬러지 등으로 인해 막히는 일이 있으므로, 1일 1회는 필히 분출을 하고, 그 기능을 유지하지 않으면 안 된다.

(2) 취급상의 주의

① 분출밸브, 콕크로 조작하는 담당자가 수면계의 수위를 직접 볼 수 없는 경우에는 수면계의 감시자와 공동으로 신호하면서 분출을 한다.

② 분출하고 있는 사이에는 다른 작업을 해서는 안된다. 혹시, 다른 작업을 할 필요가 생기는 경우에는 분출 작업을 일단 중지하고 분출밸브를 닫고 하여야 한다.

③ 2기 이상의 보일러가 병행되어 있는 경우에 분출작업을 할 때에는 분출을 실시코자 하는 보일러의 분출밸브(콕크)를 확인하지 않으면 안 된다.

④ 분출작업을 마친 후에는 밸브 또는 콕크를 확실히 닫은 후에, 분출관의 열린 끝을 검검하여 누설되지 않는지를 확인하지 않으면 안 된다.

2 슈트 블로우 장치(매연분출장치)

전열면에 그을음을 제거하는 장치로 건증기분사, 압축공기분사가 있으며 주로 수관식 보일러에 사용한다.

(1) 종류

① 고온 전열면 블로워 : 롱 트렉터블형

② 연소 노벽 블로워 : 숏 트렉터블형

③ 절탄기 등 저온 전열면 : 로터리형(회전형)

(2) 취급시 주의점

① 분출기 내의 응축수를 배출시킨 후 사용한다.

② 분출하기 전 연도 내 배풍기를 사용하여 유인통풍을 증가시킨다.

③ 한 곳으로 집중적으로 사용하여 전열면에 무리를 가하지 않는다.

④ 보일러 부하가 가벼울 때는 피한다.

제4장 보일러 열효율 및 열정산

제1절 보일러 열효율

1 보일러 열효율 향상기술

보일러 열효율을 향상시키는 것은 연료를 완전 연소시키는 것으로 연소에 충분히 공기를 공급하고, 충분한 시간과 충분한 연소실 용적과 노내 온도를 고온으로 유지, 연료를 고온으로 유지시킴으로써 열효율을 향상시킬 수 있다.

열효율 = 유효열/입열 × 100

2 증발계수(증발력) 및 증발배수

(1) 증발계수 : (증기엔탈피 - 급수엔탈피)/539 = 상당증발량/실제증발량

(2) 증발배수 = 실제증발량/연료사용량=실제증발량 - 증발계수

3 전열면적 계산 및 전열면 증발율, 열부하

(1) 전열면적 계산

① 코니니시(노통 1개) = $\pi D \ell$

② 랭카샤(노통 2개) = $4D \ell$

③ 횡연관식 보일러 = $\pi \ell (D/2 + d1n) + D^2$

[π : 원주율(3.14), D : 동체의 외경(m), ℓ : 동체의 길이(m), d1 : 연간의 내경(m), n : 연관의 개수]

④ 수관식 보일러 = $\pi d \ell n$

(2) 전열면 증발율 = 증기발생량/(보일러 가동시간×전열면적)

(3) 전열면 열부하 = 시간당 증발량(증기엔탈피-급수엔탈피)/전열면적

4 보일러 부하율 및 보일러 효율

(1) 보일러 부하율 = 시간당 실제 증발량/보일러 용량(최대 증발량) × 100

(2) 보일러 효율

$$n = \frac{G(h_2 - h_1)}{G_1 H_1} \times 100\%$$

[G : 매시 실제증발량, h_2 : 증기엔탈피, h_1 : 급수엔탈피, G_f: 매시연료 소모량, H_1 : 저위발열량]

5 연소실 열발생율

$$\text{연소실 열발생율} = \frac{\text{시간당 연료 소비량}\times(\text{연료의 저위발열량}+\text{공기의 현열}+\text{연료의 현열})}{\text{연소실 용적}}$$

제2절 보일러 열정산

1 열정산 기준

① 열정산은 보일러의 실용시 또는 정상조업 상태에서 원칙으로 1시간 이상의 운전결과에 따르며 시험 부하는 원칙적으로 정격 부하로 하고 필요에 따라 3/4, 1/2, 1/4 등의 부하로 시행할 수 있다.

② 보일러의 열정산 시험을 시행할 경우에는 미리 보일러 각 부를 점복하고 연료, 증기, 물 등의 누설이 없는가를 확인하며 시험 중에는 원칙으로 Blowing 매연 제거 등 강제 통풍을 하지 않고 안전밸브가 열리지 않는 운전 상태로 한다.

③ 시험용 보일러는 다른 보일러와 무관한 상태에서 행한다.

④ 열정산은 사용시의 연료단위량 즉, 고체 · 액체 연료의 경우 1kg, 기체연료의 경우는 온도 0℃ 압력 1,013mbar(1기압)로 환산한 $1Nm^3$에 대하여 실시한다.

⑤ 발열량은 원칙적으로 사용시의 연료의 저위발열량으로 하며 필요에 따라서는 고위발열량으로 하여도 되며 이 경우는 그 뜻을 명기하여야 한다.

⑥ 열정산의 기준온도는 시험시의 외기온도로 한다.

⑦ 보일러의 표준범위는 과열기 · 재열기 · 절탄기 및 공기예열기를 갖는 보일러는 그 보일러에 포함한다.

⑧ 여기서 말하는 공기란 원칙으로 수증기를 포함하는 것으로 단위량은 $1Nm^3/kg(Nm^3)$ 연료로 표시한다.

⑨ 온수용 보일러의 열정산방식은 증기보일러의 경우에 따른다.

2 입출열법에 의한 열정산

유효 출열/입열 × 100 = 증기발생에 사용된 열량/보일러실에 공급된 열량

3 열손실법에 의한 열정산

입열 합계 − 손실합계/입열 × 100 = 연소실에 공급된 열량/(시간당 연료사용량×저위발열량×연료의 비중)

제3절 보일러 용량

1 정격용량(출력) 및 상용출력

① 정격용량(출력) = 난방부하 +급탕부하 +배관부하 +시동부하

② 상용출력 = 난방부하 +급탕부하 +배관부하

2 상당방열면적 = 정격출력/표준방열량

3 상당증발량 및 보일러 마력

① 상당증발량 = 시간당 증발량×(증기엔탈피−급수엔탈피)/539

② 보일러 마력 = 상당증발량/15.65

1 보일러 마력

- 상당증발량 : 15.65kgf/h
- 열량 : 8435kgf/h

제5장 연료 및 연소장치

제1절 연료의 연소 종류와 특성

1 고체연료의 종류와 특성

(1) 고체 연료의 종류

목탄, 석탄, 목재, 이탄, 아탄, 역청탄, 무연탄 등이 있으나, 보일러도 포함하여 공업적으로 사용되는 것은 석탄 및 석탄을 가공한 코크스, 연탄이다.

(2) 고체 연료의 특성

고체 연료라서 그런지 특성이 좋고, 불꽃의 크기도 양호하며, 따뜻함을 유지하는 것도 적당하여 사용하기에는 좋다. 성능은 양호하지만, 제품의 특성상 다루는 부분에서는 개선이 필요하다.

2 액체 연료의 종류와 특성

(1) 액체연료의 종류

보일러용 액체연료로는 주로 중유와 등유, 경유를 사용한다.

(2) 액체연료의 특성

① 연소효율과 열효율이 높아 고온이 유지된다.
② 운반, 저장, 취급 및 사용이 편리하며 변질이 적다.
③ 품질이 일정하며 단위중량당 발열량이 높다.
④ 고온연소에 의한 국부과열을 일으키기 쉽다.
⑤ 가격이 비싸다.

3 기체 연료의 종류와 특성

(1) 기체연료의 종류

수소, 일산화탄소, 메탄, 에탄, 에틸렌, 프로판, 프로필렌, 부탄, 부틸렌, 벤젠, 아세틸렌 등이 있다.

(2) 기체연료의 특성

① 적은 공기비로 완전연소가 가능하다.
② 매연발생이 거의 없다.
③ 연소용공기 및 연료자체의 예열이 가능하다.

④ 연소의 자동제어가 가능하다.
⑤ 발열량이 크고 연료비가 저렴하다.
⑦ 유해성분이 거의 없다.

제2절 연소방법 및 장치

1 연소의 조건 및 연소 형태

(1) 연소의 조건

① 충분량의 산소가 공급될 것
② 발화점까지 온도가 도달할 것
③ 연소할 수 있는 반응물이 존재할 것

(2) 연소형태

① **확산연소** : 수소, 아세틸렌 등과 같이 가연성 가스와 공기분자가 서로 확산에 의하여 혼합되면서 연소하는 형태
② **증발연소** : 파라핀, 황, 나프탈린 등의 분체는 가열에 의해 열분해 없이 용융증발 또는 직접 증발하여 휘발성 증기가 발생하여 공기와 혼합되고 착화원이 있으면 연소가 일어난다. 알콜, 에테르 등의 가연성액체에서 생긴 증기에 착화하여 연소하는 형태
③ **분해연소** : 분체는 고체미립자의 축적 형태이므로 플라스틱, 종이, 석탄 등의 분체는 가열에 의해 복잡한 경로로 열분해하고 이때 생성된 가연성가스가 공기와 혼합하여 착화하면 연소가 진행된다. 종이, 석탄 등의 고체가 연소하면서 열분 가연성가스를 수반하여 연소하는 형태
④ **표면연소** : 누적된 분체의 표면상에서 산소와 직접 반응하여 연소 가능한 물질이 분해하여 연소하는 형태이며 산화반응에 의해 열과 빛을 발생, 숯, 석탄, 금속분 등은 고체표면에서 공기와 접촉한 부분에서 착화되어 연소하는 형태
⑤ **자기연소** : 산화에틸렌, 에스테르 등 자체 산소가 있어 산소 없이 연소하는 형태

2 연료의 물성(착화온도, 인화점, 연소점)

(1) 착화온도

가연물이 스스로 연소를 개시하는 온도이다. 가연물의 발열량, 공기의 산소 농도 및 압력이 높을수록 낮아지며, 분자 구조가 간단할수록 높아진다.

(2) 인화점

공기중의 산소와 혼합하여 혼합기체가 되었을 때 불씨에 의해 불이 붙는 최저의 온도를 인화점이라고 하며 일반적으로 점도 및 비중이 클수록 인화점은 높다.

(3) 연소점

연소가 계속되기 위한 온도를 말하며 대략 인화점보다 10도 정도 높은 온도를 가르킨다.

3 연소방법

(1) 고 · 액체연료

① **고체연료의 연소** : 목탄, 석탄, 목재 등의 연소방법에는 화격자연소의 미분탄 연소가 있는데 착화와 연소속도가 느린 것이 결점이며, 미분탄입자가 작을수록 착화와 연소속도가 빠르다.

② **액체연료의 연소** : 휘발유, 경유, 등유, 중유는 대부분 분무화하여 연소시키는데 고체연료와 같이 분무 입경이 작을수록 착화와 연소속도가 빨라진다. 분무화 과정에서 액체연료는 대부분 소음이 동반하게 된다.

(2) 기체연료의 연소 방법

기체연소는 공기와의 혼합물이 알맞으면 착화와 동시에 연소를 일으키는데 이때 가스의 유속속도가 너무 빠르면 취소가 일어나고 너무 느리면 역화가 일어난다.

4 연소장치

(1) 고체연료의 연소장치

석탄 등 고체연료를 사용하는 보일러에서는 화격자 또는 스토우커, 미분탄연소, 유동층연소 등이 있다.

(2) 액체연료의 연소장치

보일러용 액체연료는 대규모, 대용량에 있어서는 중유를, 소규모로 적은 용량에는 경유를 사용한다. 중유의 발열량은 10,000~11,000kcal/kg, 비중은 0.92~0.96 정도이며, 완전연소를 위해 저장탱크에서 버너 사이에 서비스탱크, 급유예열기 등의 급유설비를 필요로 한다.

(3) 기체연료의 연소장치

기체연료의 연소방법은 연료와 공기와의 혼합방법에 따라 확산연소 방법과 예혼합연소 방법으로 구분된다.

제3절 연소계산

1 저위 및 고위 발열량

① 저위 발열량(Hl) = 고위 발열량 − 600(9H + 물)

② 고위 발열량(Hh) = 저위 발열량 + 600(9H + 물)

2 이론산소량

이론산소량 =1.867C + 5.6H − 0.7O + 0.7S(Nm^3/kg)

3 이론공기량 및 실제공기량

① 이론공기량 = 이론산소량/0.21

② 실제공기량(A) m = A/Ao 이므로 A = mAo

4 공기비

이론 공기량만으로 완전 연소시키기 어렵기 때문에 실제로는 이론 공기량보다 약간 많은 공기가 필요하다. 이를 공기비 또는 과잉 공기계수라 한다.

m(공기비) = 실제 공기량(A)/이론 공기량(A0) = 1+과잉공기/이론공기

(1) 공기비가 클 경우 연소에 미치는 영향

① 연소실 내의 온도가 저하한다.

② 배기가스에 의한 열손실이 많아진다.

③ 저온 부식 및 대기오염을 유발한다.

(2) 공기비가 작을 경우 연소에 미치는 영향

① 불완전 연소에 의한 매연 발생이 크다.

② 미연소에 의한 열손실이 증가한다.

③ 미연소가스에 의한 폭발 사고의 원인이 된다.

5 연소가스량

연료와 공기가 산화반응을 하여 연소가 되는 연소생성물이 발생하여 그 연소생성물과 연소성분과 공기 중의 질소 등의 성분을 합한 것이 연소가스량이 된다.

① 이론 연소가스량 : 연료가 이론공기량에 의해 연소되었을 때 생성되는 연소가스량

② 실제연소가스량 : 이론연소가스량이 발생되고 실제공기량에 의해 완전연소가 되면 실제연소가스량이 발생된다.

제4절 통풍장치 및 집진장치

1 통풍의 종류와 특성

(1) 자연통풍

연돌에 의한 통풍으로 자연발생하는 통풍

① 특징

- 동력 소비가 없다.
- 설비비가 간단하다.
- 송풍기가 없어 소음 및 유지비가 적다.

(2) 강제통풍

송풍기에 의한 강제통풍방법으로 압입통풍, 흡입통풍, 평형통풍방식이 있다.

① 특징

- 노내가 정압으로 연소효율이 좋다.
- 연소용 공기를 예열할 수 있다.
- 송풍기의 고장이 적고 점검 및 보수가 용이하다.

2 송풍기의 종류와 특성

송풍기는 임펠러의 회전운동으로 공기에 에너지를 가하여 공기량과 압력을 얻는 공기 기계로써 흡입구와 토출구의 압력비가 1.1 미만인 것을 팬(fan)이라 하고 압력비가 1.1 이상 2.0 미만인 것을 블로워(blower)라고 통상적으로 분류하며, 이를 통칭하여 송풍기라 한다.

(1) 원심송풍기

원심송풍기는 공기가 임펠러의 반경반향으로 이송되면서 공기량과 압력을 발생시키는 송풍기로써 임펠러깃의 형상과 설치각도에 따라 특성이 변한다.

① **다익송풍기** : 폭이 넓고 깃통로의 길이가 짧으며 회전방향에 대해 앞으로 기울어진 깃을 갖는 임펠러로 구성된 송풍기로, 일명 시로코송풍기라고도 하며, 다익송풍기는 다른 형태의 송풍기에 비해 낮은 속도에서 운전되며, 낮은 압력에서 많은 공기량이 요구될 때 주로 사용된다. 취약점으로 인하여 물질이동용으로는 적합하지 않다.

② **레이디얼 송풍기** : 반경방향의 깃을 갖는 임펠러로 구성된 송풍기이며, 레이디얼송풍기는 일반적으로 다른 송풍기에 비해 임펠러폭이 좁기 때문에 주어진 용량에 대해 임펠러의 직경이 커진다.

③ **뒤쪽굽음깃 송풍기** : 회전방향에 대해 뒤로 기울어진 깃을 갖는 임펠러로 구성된 송풍기이며, 다익송풍기에 비해 운전속도가 약 2배정도 빠르고, 40~85%의 넓은 공기량 범위에서 운전되며, 일반적으로 80% 정도의 정압효율을 갖는다.

④ **익형 송풍기** : 뒤쪽굽음깃 송풍기처럼 깃이 회전방향에 대해 뒤로 기울어진 구조이나 깃의 단면이 익형(airfoil)으로 된 임펠러로 구성된 송풍기이다.

(2) 축류송풍기

축류송풍기는 공기를 임펠러의 축방향과 같은 방향으로 이송시키는 송풍기로써 프로펠러형 임펠러로 구성되며, 임펠러 깃(blade)은 익형으로 되어 있다.

3 송풍기의 소요마력

일반적으로 덕트가 길어지고 그에 따라 송풍기의 압력도 높아지게 되므로 주로 원심식 송풍기가 많이 사용된다.

① 원심송풍기 : 전곡형(다익형), 터보형, 리이버스형

② 축류송풍기 : 프로펠러형, 관내축류형

③ 송풍기의 동력계산

$$S = \frac{Q \times H}{4,500} \text{[HP]}$$

[S : 송풍기의 마력 〔HP〕, Q : 풍량 〔m^3/min〕, H : 풍압 〔mmAq〕, η : 효율(전곡형 0.4~0.6, 후곡형 0.7~0.8)]

4 이론 통풍력 계산

이론 통풍력 계산 = 273 + 높이 + (공기비중/공기절대온도 − 가스비중/가스절대온도)

5 연도, 연돌 및 댐퍼

(1) 연도

보일러와 연돌을 연결시키는 통로이며 댐퍼, 배기가스 온도계, 폐열회수장치, 흡입송풍기, 집진장치 등이 설치되어 있다.

(2) 연돌

연돌은 통풍력을 높이고 배기가스를 널리 확산시켜 주변의 환경오염을 방지하기 위하여 주위 건물의 2.5배 이상 높게 하여야 한다.

(3) 댐퍼

댐퍼는 개도의 조정으로 배기가스량 또는 공기량을 가감하여 일정한 송풍력을 위해 설치한다.

6 집진장치의 종류와 특성

(1) 세정집진장치

0.1㎛ 이하의 미세한 입자는 확산운동이 활발하게 되고 이 확산작용에 의해 가스 중의 액적 등에 부착해서 분리 포집된다.

(2) 종류 및 특성

① **유수식** : 집진장치 내에 일정한 세정액을 채우고 처리가스를 고속으로 통과시키므로서 액적

과 액막을 형성시켜 입자를 분리 포집한다.

② **가압수식** : 벤추리형 세정기, 카트형 세정기, 분무탑, 싸이크론형 세정기

㉠ 사이클론 : 원심력, 5~200㎛

- 장점 : 설계, 보수 용이. 설치면적과 압력손실 적음
- 단점 : 작은 먼지에 효율이 낮음. 먼지 및 유량에 민감

㉡ 스크러버 : 세정, 0.1~100㎛

- 장점: 가스 동시 제거, 냉각, 부식성 가스, 미스트 제거
- 단점 : 수질오염, 배기가스의 확산력 감소, 부식성

㉢ 여과기 : 여과, 0.1~100㎛

- 장점 : 작은 입자의 제진, 집진효율 좋음. 시설비, 관리비 감소.
- 단점 : 고온, 부식성 가스에 부적, 여과속도에 민감.

③ **전기집진기** : 정전기, 0.5㎛ 이하 가능

- 장점 : 높은 효율(99% 이상), 미립자 제진, 압력손실 적음
- 단점 : 시설비, 먼지 부하에 민감, 고전압에 안전설비, 코트넬이 대표적

7 매연 및 매연 측정장치

연료가 연소할 때 공급되는 공기가 부족하여 불완전연소가 되고 배기가스 중 일산화탄소, 아황산가스, 분진, 그을음 등의 매연이 발생된다.

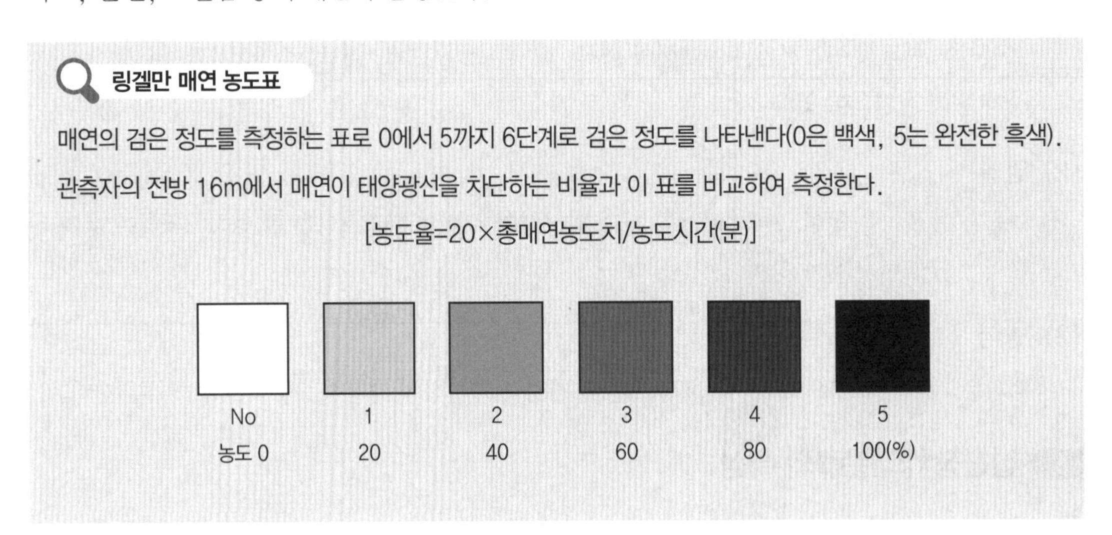

링겔만 매연 농도표

매연의 검은 정도를 측정하는 표로 0에서 5까지 6단계로 검은 정도를 나타낸다(0은 백색, 5는 완전한 흑색). 관측자의 전방 16m에서 매연이 태양광선을 차단하는 비율과 이 표를 비교하여 측정한다.

[농도율=20×총매연농도치/농도시간(분)]

No	1	2	3	4	5
농도 0	20	40	60	80	100(%)

제6장 보일러 자동제어

1 자동제어의 종류 및 특성

(1) 시퀀스제어

다음 단계로 나아갈 제어 동작이 정해져 있고, 앞의 단계가 완료된 후 일정 시간이 경과하면 다음 동작으로 행하여지는 제어이다.

(2) 피드백 제어

자동제어의 기본으로 출력의 신호를 입력의 상태로 되돌려주는 제어이며, 피드백에 의하여 제어할 양의 값은 목표치와 비교하여 일치가 되도록 동작을 행하는 제어이다.

① **목표치** : 입력이라 하며 목표값이다.

② **비교부** : 현재의 상태가 목표값과 얼마의 차이가 있는가를 구분하는 부서이다.

③ **조절부** : 비교부에 의하여 목표값과의 차이가 나면 여러 가지 제어 동작으로 조작신호를 만들어 조작부에 하달하는 부서이다.

2 보일러 자동제어

(1) 보일러의 자동제어

① **수위제어** : 부하가 변동하는 경우 그것에 따라 급수량을 조절함으로써, 보일러의 운전중에 항상 정해진 수위를 확보하도록 제어하는 것을 말한다.

급수제어(수위제어)의 방식

① 1요소식 : 수위량만 검출 ② 2요소식 : 수위, 증기량 검출 ③ 3요소식 : 수위, 증기량, 급수량 검출

② **증기압력제어** : 증발량의 변동에 따른 압력 변화를 검출하고, 그 압력 상태에 따라 연소량을 자동적으로 가감하여 보일러의 증기 압력을 목표값으로 유지하도록 하는 제어이다.

③ **온수온도제어** : 실내나 환기 덕트 내에 설치한 조절기의 지시에 따라 공기 가열기, 공기 냉각기의 조절 밸브를 제어하며, 댐퍼에 의한 냉온풍의 송풍량 또는 혼합비를 제어하고, 연소기의 연료 오일량을 제어한다.

④ **연소제어** : 연료 공급량을 연속적으로 변화시켜서, 연소에 필요한 공기량을 자동적으로 조정해 효율을 상승시켜, 노내의 증기압을 일정하게 하도록 하는 연소 제어를 말한다.

⑤ **인터록 장치** : 신호를 보낸 다음 동작을 정지시키는 것으로 전자밸브를 차단시켜서 연료를 차단, 신호를 주는 것으로 화염검출기, 증기압력제한기, 증기압력 조절기, 수위검출기가 있다.

⑥ **O_2 트리밍 시스템(공연비 제어장치)** : O_2 센서의 출력 전압에 의해 컴퓨터로 공연비의 상대를 알고, 에어 블리드 컨트롤 밸브 개도를 변화시켜서 기화기의 슬로 및 메인 에어 블리드로 흡입하는 공기량을 제어한다.

⑦ **원격지 제어** : 원격지에서 기기를 제어하는 원격지 제어 시스템에 있어서, 온라인 통신망과 연결되며 IP주소를 가지고 있으며 상기 기기와 연결되어 상기 기기를 제어하는 단말기 시스템으로 상기 단말기 시스템, 상기 사용자 클라이언트 시스템과 온라인 통신망을 통하여 연결되며 상기 단말기 시스템과 상기 사용자 클라이언트 시스템에 인증결과를 전송하는 서버로 구비되어 상기 단말기 시스템과 상기 사용자 클라이언트 시스템에 직접적으로 연결되어 상기 기기를 제어하는 것을 특징으로 하는 원격지 제어 시스템이다.

3 제어 동작

(1) 수동제어 : 사람이 직접 행하는 제어이다.

(2) 자동제어 : 기계장치가 자동으로 행하는 제어이다.

4 자동제어 신호전달 방식

(1) 공기압 신호전송

① 사용 조작압력 신호는 0.2~1.0kgf/cm^2 의 공기압에 사용한다.

② 신호 전달거리는 100~150m정도이다.

③ 내열성이 우수하나 압축성이므로 신호전달이 지연된다.

④ 온도제어에 적합하며 자동제어에 용이하다(PID).

⑤ 신호공기원은 충분히 제습, 제진된 공기를 기기에 공급하는 것이 중요하다.

(2) 유압식 신호전송

① 조작속도와 응답속도가 빠르다.

② 사용 유압(0.2~1.0kg/cm^2)을 높임으로써 매우 큰 조작력을 얻을 수가 있다.

③ 인화성이 높아 화재의 위험성이 있다.

④ 관로저항이 크고, 주위온도에 많은 영향을 받는다.

(3) 전기식 신호송신

① 전송거리 0.3~10km로 비교적 길다.

② 고온 다습한 곳은 곤란하고 가격이 비싸다.

③ 조작력이 요구되는 경우에는 대책에 주의할 필요가 있다.

④ 사용전류는 4~20mA또는 10~50mA로 DC의 전류를 통일신호로 하고 있다.

제7장 난방부하

제1절 부하의 계산

1 난방부하

난방부하란 실내의 온도를 적절히 유지하기 위하여 공급하여야 할 열량을 말한다.

2 난방부하 계산

(1) 상당방열면적(EDR : Equivalent Direct Radiation)으로부터 계산

① EDR : 상당방열면적이라고 하며 표준방열량을 말하며 방열면적 1㎡를 1EDR이라고 한다.

㉠ 온수난방의 경우 : 450 kcal/㎡ · h

㉡ 증기난방의 경우 : 650 kcal/㎡ · h

② 주철제 방열기의 경우 온수 평균온도가 80℃, 실내온도가 18/5℃인 경우에 온수난방시 표준방열량이 450 kcal/㎡ · h이다.

(2) 난방 및 급탕부하의 계산

급탕 및 취사에 필요한 열량으로 KCAL/H로 표시하여 현열식으로 계산한다.

급탕부하(kcal/h) = 시간당 급탕량(kg/h) × 급탕수의 비열(kcal · h/kg℃) ×(급탕온도 − 급수온도)(℃)

3 보일러의 용량표시

① 증기보일러 : 최고사용압력, 전열면적

② 온수보일러 : 상용수위, 안전저수면

보일러의 용량 결정

- 정격용량(kg/h) : 증기보일러를 최대연속 사용할 경우의 시간당 증기발생량
- 정격출력(kcal/h) : 온수보일러의 능력을 표시하는 방법으로 시간당 발생하는 온수의 열량
- 전열면적(m^2) : 열 가스가 접촉되는 면적
- 보일러 마력 : 매시간당 15.65kg의 상당증발량을 발생하는 능력을 1 보일러 마력이라 함
- 상당방열면적 : 온수 보일러의 용량을 방열기 면적으로 나타낸 것

제2절 난방설비

1 증기난방

(1) 특징

증기를 방열기로 보내 증기의 증발잠열을 이용하는 난방으로 방열기 내에서 수증기는 증발잠열을 빼앗기므로 응축이 되며, 이 응축수는 트랩에서 증기와 분리되어 환수관을 통하여 보일러에 환수된다.

(2) 장점

① 설비비 및 유지비가 싸다.
② 온수난방의 경우보다 예열시간이 짧고, 증기 순환이 빠르다.
③ 방열면적을 온수난방보다 작게 해도 되기 때문에 관경을 작게 할 수 있다.
④ 증발잠열을 이용하므로 열의 운반능력이 크다.
⑤ 한랭지역에서의 동결우려가 적다.

(3) 단점

① 응축수 배관이 부식되기 쉽다.
② 보일러 취급에 기술을 요한다.
③ 난방개시할 때 스팀햄머에 의한 소음을 발생시킬 경우가 있다.
④ 방열기의 표면온도가 높아 쾌적성은 온수난방보다 못하다.
⑤ 난방부하의 변동에 따른 방열량 제어가 힘들다.
⑥ 증기트랩의 고장 및 응축수 처리에 배관상 기술을 요한다.

(4) 용도

사무실, 공장, 학교 등 대규모 건축물에 적합하다.

2 온수난방

(1) 특징

온수난방은 현열을 이용한 난방으로 온수의 순환이 밀도차에 의한 자연순환과 순환펌프에 의한 강제순환에 의해서 이루어지는 난방이다.

(2) 장점

① 보일러 취급이 용이하고 안전하다.
② 보일러를 정지하여도 난방 효과가 오래간다.
③ 예열시간은 길지만 잘 식지 않으므로 환수관의 동결 우려가 적다.

④ 현열을 이용한 난방이므로 증기난방에 비해 쾌감도가 높다.

⑤ 방열기 표면온도가 낮으므로 표면에 부착한 먼지가 타서 냄새가 나는 일이 적다.

⑥ 난방부하의 변동에 따른 온수온도와 순환수량의 조절이 용이하다.

(3) 단점

① 고층건물에는 사용할 수 없다.

② 열용량이 크기 때문에 온수 순환시간 및 예열시간이 길다.

③ 증기난방에 비해서 방열면적과 배관의 관경이 커야 하므로 설비비가 약간 비싸다.

④ 공기의 정체에 따른 순환 저해원인이 생기는 수가 있다.

3 복사난방

(1) 특징

방을 구성하는 천장 또는 벽체, 바닥에 열원을 매설하고 온수를 공급하여 그 복사열(50~70%)로 난방한다.

(2) 장점

① 바닥의 이용도가 높다.

② 방을 개방상태로 하여도 난방효과가 높다.

③ 대류가 적으므로 바닥면의 먼지가 상승하지 않는다.

④ 실내의 수직온도 분포가 균등하고 쾌감도가 높다.

(3) 단점

① 바닥하중, 두께가 증대한다.

② 외기의 급변에 따른 방열량 조절이 어렵다.

③ 매입배관이므로 고장요소를 발견하기 곤란하다.

④ 열손실을 막기 위한 단열층을 필요로 한다.

⑤ 시공이 어렵고 수리비, 설비비가 비싸다.

4 지역난방

(1) 특징

도시 혹은 일정지역 내의 상가, 사무실, 주택, 병원 등 난방을 실시하는 열수용가에 집중화된 대규모 고효율의 열원플랜트를 설치하여 여기에서 생산된 열매를 수송관을 통해 각 수용가에 공급함으로써 효율적인 에너지 사용을 도모하는 난방방식이다.

(2) 장점

① 폐열을 이용한 에너지 이용 증대가 기대된다.

② 연료저장 및 수송의 일원화로 도시재해방지 및 비용절감이 된다.
③ 도시 미관보호 및 공해방지를 통한 자연보호효과가 기대된다.
④ 대용량 기기의 사용에 따른 기기효율이 증대된다.
⑤ 관리인원 감소, 연료의 대량구매를 통한 비용절감이 된다.
⑥ 각 건물의 설비면적을 줄이고 유효면적을 넓힐 수 있다.
⑦ 연소폐기물의 집중화에 의한 대기오염이 감소한다.

(3) 단점

① 고도의 숙련된 기술자가 필요하다.
② 열매요금의 분배가 어렵다.
③ 배관에서의 열손실이 많다.
④ 열원기기의 용량제어가 어렵다.
⑤ 초기시설 투자비가 많아진다.

제3절 난방기기

1 방열기(라디에이터)

방열기는 실내에 설치하여 주로 대류 작용에 의해 난방을 하는 기기로서 방열 효과가 좋으려면 열전도성이 뛰어난 금속이어야 하며, 또한 내구성이 우수하고 가격이 저렴하여야 실용적 가치가 있다.

(1) 방열기의 종류

① **주형 방열기** : 2주,3주,3세주,5세주의 4종류가 있으며, 방열 면적은 1쪽당 표면적으로 나타낸다.
② **벽걸이 방열기** : 주철제로서 횡형(가로형)과 입형(세로형)이 있으며, 호칭은(종별,-형X절수)로 표시한다.
③ **길드 방열기** : 1m 정도의 주철제로 된 파이프 방열기로서, 방열면적을 크게 하기 위하여 관 표면에는 많은 핀(fin)이 있다.
④ **대류 방열기** : 대류 작용을 촉진하기 위하여 철제 캐비닛 속에 핀 튜브를 넣은 것으로 외관도 미려하고 열효율도 좋아 널리 사용되고 있다.

방열기의 종류

Ⅱ : 2주형 방열기　Ⅲ : 3주형 방열기　3, 3C : 3세주형 방열기　5, 5C : 5세주형 방열기
W : 벽걸이　H : 수평형　V : 수직형

(2) 방열기의 표시(예시)

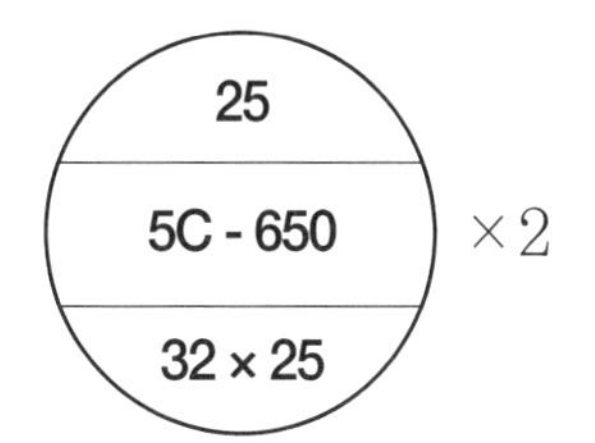

- 쪽수 : 25
- 형식-높이 : 5C-650×2(계열)
- 유입관 지름-유출관 지름 : 32×25

* 읽을 때는 : 형식 - 높이 다음에 쪽수(종별 - 형 - 쪽수)를 그 다음에 유입관, 유출관을 읽는다.

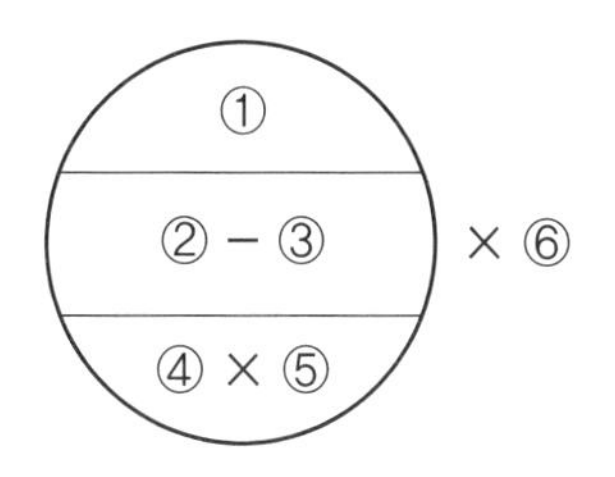

① 방열기의 쪽수
② 방열기 종류별 약기호
③ 방열기형(치수, 높이)
④ 입구관경(mm)
⑤ 출구관경(mm)
⑥ 대수

[방열기의 표시]

(3) 방열기의 표준 방열량

방열기의 표준 방열량은 표준 상태에 있어서의 실내 온도 및 열매에 의해서 결정된다. 보통 표준으로서 열매 온도를 102℃(표준 증기 절대 압력1.1kg/cm²),실내온도 18.5℃로 하였을 때의 방열량(표준 방열량)은 방열면적 1㎡당 650kcal/h이다.방열계수를 증기일 때 8.0(kcal/㎡ · h · ℃)로 하고, 온수일 때 7.2(kcal/㎡ · h · ℃)로 하면 표준 발열량은 다음과 같다.

열 매	표준 방열량(kcal/㎡ · h)	표준온도차(℃)	표준 상태에서의 온도(℃)	
			열 매 온 도	실 온
증 기	650	81	102	21
온 수	450	62	80	18

[표준 방열량(kcal/㎡ · h)]

이 표준 방열량을 내는 방열면을 상당방열면적이라 하고 기호는 E · D · R로 표시한다.

- 증기 : 1EDR(㎡) = 650kcal/h(증기온도 102℃)
- 온수 : 1EDR(㎡) = 450kcal/h(온수평균온도 80℃)

2 팬코일유니트

냉열원 기기와 펌프류를 중앙 기계실에 설치하고 이것에 의하여 각실내에 설치한 팬코일 유니트와의 사이에 냉온수 배관을 하고, 유니트에 의하여 소정온도의 공기를 송풍하는 방식이다.

3 콘백터

무소음, 무취, 무화염의 인간 친화적 난방제품으로 자동온도조절기를 이용한 에너지 절감형 제품이다. 대류난방 방식을 이용하여 산소를 태우지 않아 별도의 환기가 필요 없으며, 슬림한 디자인으로 공간활용이 뛰어난 제품이다.

제2편

배관 일반

제1장 배관재료

제1절 배관재료

배관재료에는 관과 이음쇠 등이 있다.

1 관의 분류

(1) 관의 사용목적별 분류

① 배관의 방향을 바꿀 때 : 앨보, 벤드
② 관을 도중에 분기할 때: T, Y, +(크로스)
③ 같은 지름의 관(동경관)을 직선 연결할 때 : 소켓, 유니온, 플렌지, 니플
④ 서로 다른 지름의 관(이경관)을 연결할 때 : 이경소켓, 이경엘보, 이경 티 부싱
⑤ 관 끝을 막을 때 : 플러그(부속 끝을 막을 때), 캡
※ 분해결합을 위해 유니온은 50A이하, 플랜지는 65A이상에 사용한다.

(2) 관의 재질별 분류

① 철 금속관 : 강관, 주철관
② 비철금속관 : 동관, 연관(Pb), 스텐레스관, 알루미늄관
③ 비금속관 : PE관(폴리에틸렌관), 석면시멘트관(에터니트관)

> 연관용 공구 : 봄볼(주관에 구멍을 뚫을 때 사용하는 공구)
> 주철관용 공구 : 링크 커터(주철관 절단 전용 공구 : 링크형 파이프 커터)

2 관의 특징

(1) 강관

① 특징
㉠ 관의 접합 작업이 용이하다.
㉡ 내 충격성, 굴요성이 크다.
㉢ 연관, 주철관에 비해 가볍고, 인장강도기 크다.
㉣ 주철관에 비해 내열성이 양호하다.

> 1. 스케줄번호(SCH) : 10, 20, 30, 40, 50, 60, 70, 80까지 있고 뒤로 갈수록 굵어진다.
> 2. 스케줄번호 = 10×사용압력/허용응력(허용응력=인장강도/안전율)

② 강관의 굽힘

㉠ 수동 굽힘

• 열간 굽힘 : 모래(완전 건조된)를 채운 후 토치램프 등을 이용하여 800~900도까지 가열 후 (동은 600~700도) 단계적으로 구부린다.

• 냉간 굽힘 : 수동롤러를 이용하는 것과 냉간 밴더를 이용한 것이 있다.(20A까지 한다)

③ 배관용 강관

㉠ SPP : 배관용 탄소강 강관으로 가스배관 10kgf/cm^2 이내까지

㉡ SPPS : 압력배관용 탄소강 강관

㉢ SPHT : 고온배관용 탄소강 강관

㉣ SPLT : 저온배관용 탄소강 강관

㉤ STPPH : 고압배관용 탄소강 강관

㉥ STBH : 보일러 및 열교환기용 탄소강 강관

㉦ STHA : 보일러 및 열교환기용 합금강 강관

(2) 주철관

① 특징

㉠ 내구력 및 내식성이 좋다.

㉡ 특히 매설 시 부식이 적어 매설 배관에 좋다.

㉢ 일반 관에 비해 강도가 크다.

㉣ 급수, 가스공급, 배수, 통기 및 오수, 화학공급 등 사용처가 다양하다.

㉤ 재질에 의한 보통 주철, 구상흑연 주철, 고급 주철로 나눈다.

② 분류

㉠ 수도용 수직형 주철관

㉡ 수도용 원심형 사형 주철관(고압관, 저압, 보통)

㉢ 수도용 원심형 금형 주철관

㉣ 원심형 모르타르 라이닝 주철관(부식이 안됨)

㉤ 배수형 주철관

(3) 동관

① 특징

㉠ 알칼리에는 강하나 산에는 약하다.

㉡ 무게는 가벼우나 외부충격에 약하다.

㉢ 전연성이 풍부하다.

㉣ 가공성이 용이하다.

㉤ 열교환기용으로 우수하게 사용한다.

㉥ 가격이 비싼 것이 단점이다.

② 분류

㉠ 터프피치 동관 : 1, 2종이 있고 급유관, 급수관, 열교환기용 기타 화학공업용

㉡ 인탈산 동관 : 난방용, 급탕관, 습수관, 수도용, 열교환기용

㉢ 황동관(동과 아연의 합금) : 구조용, 열교환기용, 기기의 부품

③ 동관용 기계

㉠ 사이징 툴 : 동관의 끝을 정화하게 원형으로 가공하는 공구

㉡ 익스팬더 : 동관의 확장용 공구

㉢ 플레어링 툴 : 동관의 압축접합용 공구 (동관 끝을 나팔관 모양으로 확대하는 것)으로 200mm이하 관에 사용

(4) 연관

① 특징

㉠ 절연성이 풍부하여 상온가공이 용이하다.

㉡ 중량이 무거워 수평배관에는 적합하지 않다.

㉢ 내식성이 매우 크다.

㉣ 해수나 천연수도 안전하게 사용된다.

※ 석면 시멘트관(에테니트관=석면과 시멘트를 1:5로 혼합한다)

② 장점

㉠ 가볍고 운반 및 취급이 편하며, 기계적 강도는 매우 높다.

㉡ 가격이 싸며 가공 및 접합에 용이하다.

㉢ 내식성이 크고, 염류, 산, 알칼리 등의 부식에도 강하다.

㉣ 전기전열 및 열의 부도체이다.

③ 단점

㉠ 열가소성수비이므로 180도 정도에서 연화된다.

㉡ 열팽창이 크고(철의 7~8배) 신축이 심해서 온수 배관에 적합하지 않다.

㉢ 저온취성에 특히 약하다.

㉣ 용재 및 아세톤 등에 침식된다.

(5) 폴리에틸렌관(PE관=PYC관의 저온취성을 보완)

① 60도에서도 취성이 나타나지 않아 한냉지 배관으로 적당하다.

② 직사광선에 산화하므로 안정제를 넣어야 한다.

3 나사이음

(1) 나사이음의 사용목적에 따른 분류

① 관 끝을 막을 때는 캡, 플러그

② 배관의 방향을 바꿀 때는 밴드, 엘보

③ 관을 도중에 분기할 때는 크로스, 와이, 티

④ 동일관을 직선으로 연결할 때는 플랜지, 소켓, 유니온, 니플

⑤ 서로 다른 지름의 관을 연결할 때는 이경 티, 레듀셔, 이경 엘보, 부싱

(2) 이음의 종류

① 용점이음에는 겹치기이음, 맞대기 이음

② 플랜지 이음은 플랜지와 플랜지는 나사로 연결하며 플랜지와 파이프와의 결합방법은 나사이음, 반스톤 이음, 용접이음이 있다.

※ 이음의 크기를 표시하는 방법은 지름이 두 개인 경우 지름이 큰 것부터 표시한다.

4 신축이음쇠의 종류 및 특징

신축이음쇠는 고온의 증기에 의한 관의 신축을 흡수, 완화시켜 손상을 방지하는데 목적이 있다.

(1) 루프형(만곡관형)의 특징

① 고압 증기의 옥외배관용이다.

② 신축흡수량은 크다.

(2) 벨로우즈형(파상형)의 특징

① 형식은 단식과 복식이 있다.

② 설치장소는 많이 차지하지 않는다.

③ 응력이 발생하지 않는다.

(3) 미끄럼형(슬립형)의 특징

① 호칭지름 50A이하는 청동제 조인트이다.

② 설치장소는 좁으며 응력이 발생하지 않는다.

③ 과열증기 배관에는 부적합하다.

제2절 밸브 및 트랩

1 밸브의 종류

(1) 볼밸브

볼 밸브의 형식은 프라그 밸브의 유사종 밸브로 생각할 수 있으며 볼 자체가 후로팅되어 있는 것을 생각하면 구형 볼밸브라고 정의할 수도 있다.

(2) 버터플라이

밸브게이트 밸브에 비하여 60~70% 정도이고, 볼 밸브나 프라그 밸브에 비해서도 20%이상 가볍다.

(3) 체크밸브

체크밸브는 운전특성상 자력으로, 또한 밸브의 트림 또는 동작부가 어떻게 운전하고 있는지를

스스로만 가르키는 밸브로 가장 유별난 밸브의 한 종류이다.

(4) 스윙체크밸브

스윙체크밸브의 운전 특징은 힌지핀을 중심으로 유체의 흐름량에 따라 디스크가 열림으로 밸브가 개방되고, 유체가 정지함에 따라 밸브 출구측의 압력과 디스크의 무게에 의해 닫히는 구조이다.

(5) 리프트체크밸브

리프트체크밸브는 설계상 다양한 이점이 있는 반면 밸브 몸체와 디스크의 안내면이 원활하지 못할 경우에는 밸브가 열려 있는 상태로 다시 닫히지 않는 일면 Cock 또는 Stick 현상이 있다.

(6)틸팅디스크 체크밸브

틸팅 디스크 체크밸브는 스윙체크밸브와 리프트 체크밸브로 만족시키기 어려운 역류로 인한 급격한 스램을 감소시키고 (스윙체크밸브 대비), 리프트 체크밸브의 작은 동작범위 때문에 디스크의 닫힘이 매우 빨라 순간적인 유체천이력이 크게 되는 경우 이를 어느 정도 감소시킬 수 있는 밸브로써 고안된 밸브이다.

(7) 스톱체크밸브

스톱체크밸브의 형식은 두 가지이다. 하나는 스윙체크밸브형식이고 나머지 하나는 리프트 체크밸브형식이다.

(8)다이아프램밸브(Diaphragm valve)

다이아프램밸브는 일명 위어밸브라고도 하며 주로 차단용의 블록밸브로 사용된다.

2 트랩의 종류 및 특징

방열기나 증기관내에 생긴 응축수 및 공기를 배제하여 수격작용을 방지하고 증기를 막아 증기의 응축열을 효과적으로 발열시키는 장치이다.

(1) 기계적 트랩

① 플루트식 트랩(부자식) : 다량용(많은 양의 응축수를 제거 할 수 있다)으로 응축수 탱크 바로 위에 주로 설치한다.

② 바케트식 트랩 : 헤드 밑에 주로 설치한다.유니히터 설치시 증기관과 환수관 사이에 설치하고 뒤에 체크벨브를 설치해야 한다. 관말트랩에 적당하다. 증기와 응축수의 비중의 차이를 이용한 것이다.

(2) 온도 조절 트랩(온도차를 이용한 것)

① 바이메탈식 트랩 : 작동 원리는 증기와 응축수의 온도차를 이용하여 뜨거운 응축수가 바이메탈을 가열한다.

② 벨로즈식 트랩 : 공기장애현상을 일으키지 않고 공기배출 능력이 양호하다.

(3) 열역학적 트랩

① 디스크 트랩 : 압력이 낮아지면 재증발해서 부피가 증가하는 원리를 이용한다.

② 오리피스 트랩 : 압력손실이 크다(약 50%정도)

(4) 열동식 트랩 : 라지에타 전용트랩

3 트랩의 구비 조건

① 동작이 확실할 것

② 내식, 내마모성이 있을 것

③ 마찰저항이 작고 단순한 구조일 것

4 트랩설치 시 주의 사항

트랩입구의 배관은 트랩 입구를 향해서 내림 구배가 좋다 .

5 증기트랩의 고장 탐지방법

① 점검용 청진기 사용, 작동음으로 한다.

② 냉각, 가열 상태로 파악한다.

제3절 패킹재 및 도료

1 패킹

(1) 패킹 재료

① 글랜드 패킹은 밸브의 회전 부분에 유지할 목적으로 사용하여 아마존 패킹, 몰드 패킹, 석면 각형 패킹, 석면안 등이 있다.

② 플랜지용 패킹은 고무 패킹, 석면 조인트 시트, 합성수지 패킹, 오일 패킹, 금속 패킹 등이 있다.

(2) 패킹종류

① 합성수지 패킹 : 가장 우수한 것은 테프론이 있고, 내열 범위는 −280~260℃이다.

② 나사용 패킹 : 액상합성수지, 페인트 등이 있다.

③ 오일실 패킹 : 한지를 내유 가공한 것이다.

2 방청도료

(1) 광명단 도료

밀착력, 풍화에 강해 페인트 밑칠에 사용한다(24시간이 지나야 굳는다).

(2) 알루미늄 도료(은분)

방열기에 사용한다. 400~500도의 내열성을 가지며 방청효과가 매우 좋다.

제2장 배관공작

제1절 배관공구 및 장비

1 배관의 높이 치수 표시

① TOP : 배관의 높이를 바깥지름의 윗면을 기준으로 표시

② EL : 배관의 높이를 관의 중심을 기준으로 표시

③ BOP : 배관의 높이를 바깥지름의 아랫면을 기준으로 표시

④ FL : 각층 바닥면을 기준

⑤ GL : 포장된 지면을 기준

⑥ EL : 350 TOP 관의 윗면이 기준면보다 350 낮은 장소에 있다.
[유체의 표시 : A 공기, G 가스, O 유류, S 수증기, W 물]

2 관 밴딩용 기계

① 램식은 현장용으로 사용하는 기계이다.

② 로타리식은 관에 심봉을 넣고 구부리며 모래 충전이 필요 없으며 동일 모양으로 다량생산할 수 있다.

3 관용공구

① 파이프 바이스는 나사작업 시 관이 움직이지 않도록 고정하며, 관의 절단으로 사용하는 공구로 크기는 고정 가능한 파이프 지름

② 파이프 커터는 강관의 절단용 공구로 사용하며 종류는 1매날, 3매날, 링크형이 있으며 링크형 커터는 주철관 절단용으로 사용

③ 파이프렌치는 관의 결합 및 해체 시 사용하는 공구로 관 직경의 200mm 이상은 체인형 파이프렌치를 사용하며 크기는 입을 최대로 벌려 놓은 전장

④ 수평바이스는 열간 밴딩 시 고정, 관의 조립으로 크기는 조우의 폭

⑤ 리이머는 관의 거스러미를 제거하는 공구

⑥ 동력용 나사 절삭기는 다이헤드식과 호브식 오스타식 등

⑦ 수동식 나사절삭기
- 리드형 오스타는 4개의 조와 2개의 체이셔
- 오스타형 오스터는 4개의 체이셔가 한조

4 관 절단용 공구

① 쇠톱은 8", 10", 12" 등 3종류가 있으며 크기는 피팅 홀의 간격

② 기계톱은 활모양의 프레임에 톱날을 끼워 왕복 절삭

③ 띠톱기계는 띠톱날을 회전시켜 재료를 절단

④ 고속 숫돌 절단기는 두께가 0.5~3mm정도의 얇은 연삭원판을 고속 회전시켜 재료를 절단

5 기타 관용공구

동관용 공구, 연관용 공구, 주철관용 공구 등이 있다.

제2절 관의 절단 · 접합 · 성형

1 관의 절단

① 동력용 기계 : 기계톱, 고속숫돌 절단기, 띠톱기계 등

② 수동공구 : 파이프커터, 쇠톱 등

2 관의 접합

(1) 경질 염화비닐관의 접합(PVC)

① 열과 가소성이 75℃에서 연화, 변형되는 복원성이 있다.

② 난연성이 180℃에 용융접착 되고 200℃에서 열분해 되어서 염소가스가 발생한다.

③ 300℃ 이상에서 탄화되어 흑색으로 변하는데 불꽃을 내지는 않는다.

(2) 강관 접합

① 가스용접 : 작관을 접합 시 사용

② 전기용접 : 큰관을 접합 시 사용

③ 용접접합 : 슬리브 접합 시 사용

㉠ 슬리브 용접 : 슬리브 관의 외부에 끼우고 용접하는 것으로 슬리브의 1.7배로 한다.

㉡ 맞대기 접합 : 보조물 없이 용접하는 것이다.

㉢ 용접 이음의 장점

- 부속이 적게 들어 재료비가 절감된다.
- 접합부의 강도가 강하며 누수의 염려가 있다.
- 가공이 쉬워 공정이 단축된다.
- 관재 돌출부가 없어 마찰손실이 적다.
- 보온피복이 용이하다.

(3) **동관 접합** : 납땜접합, 플랜지 접합, 용접접합, 플레어접합

(4) **연관접합** : 플라스턴 접합은 주석과 혼합한 것으로 녹여서(232℃) 접합하는 것이다.

(5) **나사접합** : 관용나사로 테이퍼가 1/16로 절삭한다.

① 플레어 접합 : 압축접합, 플레어링을 이용하여 나팔관 모양으로 벌려서 접합하는 방식으로 20mm이하 관에서 사용한다.

(6) **주철관 접합** : 소켓접합, 타이톤접합, 빅토리접합, 플랜지접합, 기계적접합 등이 있다.

① 빅토리 접합 : 빅토리형 주철관을 고무링과 금속제 칼라를 사용 접합하는 것으로 관지름이 350mm이하면 2분, 400nn이상이면 4분하여 조여준다. 특히 관내 압력이 증가함에 따라 고무링이 관벽에 밀착하여 더욱더 기밀이 유지된다.

② 소켓접합 : 허브에 스피코트를 삽입, 얀을 단단히 꼬아 감고 정으로 납을 다진 후 납을 채워 다시 정으로 다져(코킹)접합하는 방법

(7) **납땜 접합**

① 경납 땜 : 고압, 인동납, 고온에 사용. 은납을 틈새에 채워 접합하는 방법(가스용접=산소용접=아세티렌용접)으로 가열온도는 700~850℃이다.

② 연납 땜 : 유체의 온도가 120℃이하 및 사용압력이 낮은 곳에 사용하는 방식으로 익스펜더로 관을 확관하여 용재를 바른 뒤 플라스턴을 용해하여 틈새를 매우는 방법이다.

3 배관의 지지

① 리스트레인은 옆에서 잡아주는 것으로 스톱, 앵거, 가이드가 있다.

② 서포트는 바닥에 직접 닫지 않게 하는 것으로 스프링 서포트, 파이프슈, 리지드 서포트, 롤러 서포트가 있다.

③ 행거는 천정에서 잡아 주는 것으로 스프링 행거, 리지드 행거, 콘스탄트 행거 등이 있다.

④ 브레이스는 펌프, 압축기 등에서 발생하는 충격, 진동 등을 완화하는 완충기이다.

제3절 배관 도시

1 관 연결방법 도시기호

이음종류	연결방법	도시기호	예	접속상태	실제모양	도시기호
관 이 음	나사형			접속하고 있을 때		

이음종류	연결방법	도시기호	예	접속상태	실제모양	도시기호
관 이 음	용접형			분기하고 있을 때		
	플랜지형			접속하지 않을 때	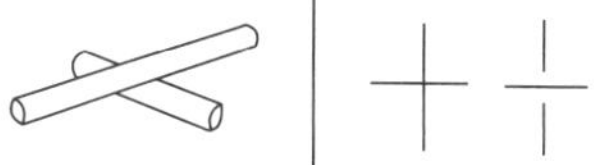	
	턱걸이형					
	납땜형	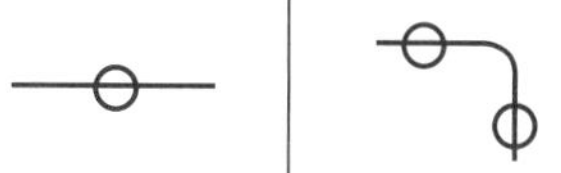				

2 배관 도시 기호

명칭	플랜지 이음	나사이음	턱걸이 이음	용접이음	땜이음
1. 부싱(Bushing)		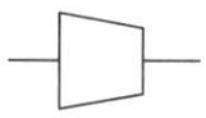	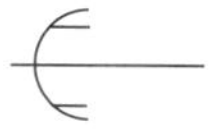	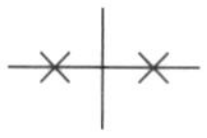	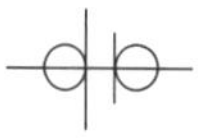
2. 캡(Cap)		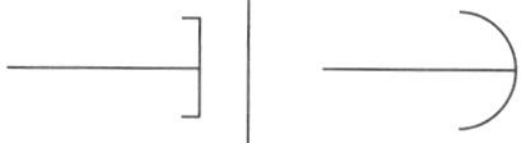			
3. 엘보 ① 가는 엘보 (Turned Down)					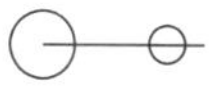
② 오는 엘보 (Turned Up)			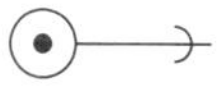	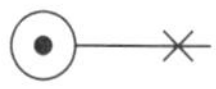	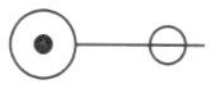
4. 조인트 ① 팽창 조인트 (Expansion)	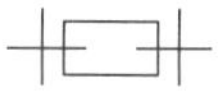	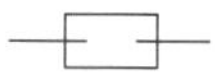	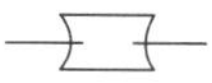	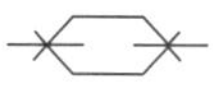	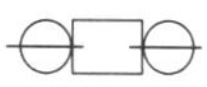
5. 체크밸브 (Straight Way)					
6. 콕밸브(Cock)		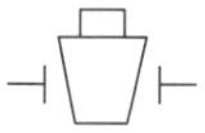	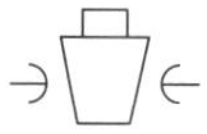		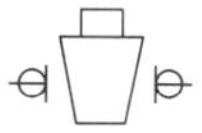
7. 글로브밸브 (수평)Globe(Plan)		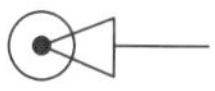		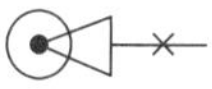	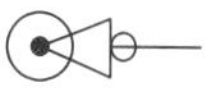

제4절 배관시공

1 난방 배관 시공

(1) 온수난방 배관

① 배관 방식

㉠ 단관식 : 송수관과 환수관을 동일 배관으로 시공

㉡ 복관식 : 송수관과 환수관을 분리배관으로 시공

(2) 증기난방의 배관

① 배관 방식

㉠ 단관식 : 송수관과 환수관을 동일 배관으로 시공

㉡ 복관식 : 송수관과 환수관을 분리배관으로 시공

② 연료배관시공

㉠ 기름연료 배관

기름보일러와 가스보일러의 난방공사, 파이프 종류에 따라 강관, 동관, 스텐관 등 다양한 설비공사를 완벽하게 시공관리한다.

㉡ 가스연료배관

도시가스란 배관을 통하여 일반 수요자에게 공급되는 가스를 총칭하는 것으로 일정한 특성을 가지는 가스의 종류를 지칭하는 말은 아니다.

제3장 보온재 및 단열재

제1절 보온재

1 보온재의 종류와 특성

(1) 유리솜

사용 온도가 −25℃~300℃로 고온에 용이, 흙벽의 12배의 보온 단열 효과가 있으며 불연성이며 시공성이 좋다.

(2) 암면

사용온도가 −25℃~600℃로 고온에 뛰어나며, 화학적으로 안정된 무기질 재료이다.

(3) 실리카

내열도가 높아서 650℃ 까지 사용 가능하다.

(4) 퍼얼라이트

사용온도가 −250℃~1000℃로 보온 보냉재로서 안전사용 온도범위가 가장 높다.

(5) 폴리에틸렌

사용온도가 −25℃~80℃로 발포체라 수많은 기포로 형성되어 있어 내수성이 우수하다.

(6) 경질 폴리우레탄

사용온도가 −190℃~100℃로 저온에 용이하고 불연성 재질은 아니지만 난연의 성질을 가지고 있다.

(7) 발포 고무

사용온도가 −40℃~110℃에 소보냉 보온재로 사용한다.

2 보온효율 계산

보온 공사를 하지 않은 벽체에 비해 정상적인 상태에서 보온 공사가 완료된 벽체가 얼마나 보온 효과를 갖는지를 표시하는 것이다. 보온 효율 e는 다음과 같이 나타낸다.

$$e = (K0 - K) / K0$$

[K :보온 공사를 한 벽체의 열관류율, K0:보온 공사를 하지 않은 벽체의 열관류율]

제2절 단열재

1 단열재의 개념 및 구비조건

(1) 단열재의 원리 및 개념

① 열은 전도, 대류, 복사 등의 현상으로 높은 곳에서 낮은 곳으로 이동한다.

② 단열재란 바로 이 열의 이동을 방지하는 것이다.

③ 장기적인 관점에서 단열의 효율화는 국가적으로 에너지 절약에 도움이 된다.

④ 단열재는 각종 시설물의 내부 온도를 외부 환경으로부터 보호하여 내부의 일정한 온도를 보존시키는 것을 말하며 이러한 용도로 쓰이는 재료를 말한다.

(2) 단열재의 구비조건

① 흡수율이 적을 것

② 시공성이 좋을 것

③ 내약품성일 것

④ 물리적 강도가 좋을 것

⑤ 난연성일 것

⑥ 경제적일 것

⑦ 열전도율이 적을 것

(3) 단열재의 종류 및 특성

① 무기질 단열재

- 유리질, 광물질, 금속질, 탄소질 등으로 나눌 수 있다.
- 열에 강하고 접합부 시공이 우수하지만 흡습성이 크다.
- 대표적인 것으로 암면, 석면, 유리 섬유, 세라믹 울 등이 있다.
- 그라스울 매트 : 주택용(천장, 벽, 바닥), PC용, 일반건축
- 그라스울 보드 : 일반건축, 차량, 선박, 빌딩, 음향시설 등
- 프리매트 보드 : 아파트 벽체, 일반 건축물의 단열

② 특성

취급자의 취급이 간편(환경친화적)하고, 외벽시공 시 습기 방지가 된다.

제3절 열전달

1 열전도

더운 물과 찬 물을 섞으면 미지근한 물이 된다. 이처럼 온도가 다른 두 물체가 열적으로 서로 접촉하면 더운 것은 차가워지고 차가운 것은 더워지는 열전달 현상이 일어난다.

2 열전달

열에너지의 이동현상을 의미한다. 넓은 의미로는 전도, 복사, 대류현상을 모두 가리키지만 좁은 의미로는 유체와 고체의 표면사이에서 전달되는 열을 가리킨다.

3 열관류

공업상의 전열에 있어서 고체 벽을 막아 양측의 유체간에 열을 전달하는 현상이다.

제4절 시공방법

1 보온재 시공

① 보온을 실시하는 내부 유체의 특성을 고려해서 보온재에 그 내부 유체가 침윤(浸潤)하여도 위험한 상태를 일으킬 우려가 없고 화학적 저항성이 있는 재료를 선정할 것

② 유기질 재료를 사용하는 경우에 불연재 또는 내화성의 재료를 사용해서 외장을 피복 등 화재방지조치를 강구할 것. 피보온면이 부식되지 않도록 보온재와 피보온면과의 적합성을 고려할 것

④ 보온의 외표면의 틈새를 통해서 침입하는 외부의 분위기 또는 외부로부터의 떨어지는 액체가 보온재와 반응해서 발화 또는 폭발을 일으키지 않도록 배려할 것

2 단열재 시공

① 액체산소를 취급하는 설비는 과잉산소에 의한 화재 방지를 위해 유기물질의 사용은 피할 것

② 보온재와 똑같이 외부로부터의 화재방지조치, 내부 유체의 습윤(濕潤)에 대한 화학 저항성, 피보냉면에 대한 부식방지 조치에 배려할 것

3 방습재

방습재 중에는 휘발성의 용제를 사용하고 있는 것도 있으므로 이러한 재료를 사용하는 경우에는 시공 전 및 시공 후에 특히 화기에 주의할 것

MEMO

제3편

보일러 시공 및 취급, 안전관리

제1장 보일러 설치시공 및 검사기준

제1절 보일러 설치시공 기준

1 설치장소 및 시공 기준

(1) 옥내 설치

① 보일러는 불연성물질의 격벽으로 구분된 장소에 설치하여야 한다. 다만, 소용량 강철제보일러, 소용량 주철제보일러, 가스용 온수보일러, 소형관류보일러는 반격벽으로 구분된 장소에 설치할 수 있다.

② 보일러 동체 최상부로부터 천정, 배관 등 보일러 상부에 있는 구조물까지의 거리는 1.2 m 이상이어야 한다. 다만, 소형보일러 및 주철제보일러의 경우에는 0.6 m 이상으로 할 수 있다.

③ 보일러 동체에서 벽, 배관, 기타 보일러 측부에 있는 구조물(검사 및 청소에 지장이 없는 것은 제외)까지 거리는 0.45 m 이상이어야 한다. 다만, 소형보일러는 0.3 m 이상으로 할 수 있다.

④ 보일러 및 보일러에 부설된 금속제의 굴뚝 또는 연도의 외측으로부터 0.3 m 이내에 있는 가연성 물체에 대하여는 금속 이외의 불연성 재료로 피복하여야 한다.

⑤ 연료를 저장할 때에는 보일러 외측으로부터 2 m 이상 거리를 두거나 방화격벽을 설치하여야 한다. 다만, 소형보일러의 경우에는 1 m 이상 거리를 두거나 반격벽으로 할 수 있다.

(2) 옥외 설치

① 보일러에 빗물이 스며들지 않도록 케이싱 등의 적절한 방지설비를 하여야 한다.

② 노출된 절연재 또는 래깅 등에는 방수처리(금속커버 또는 페인트 포함)를 하여야 한다.

③ 보일러 외부에 있는 증기관 및 급수관 등이 얼지 않도록 적절한 보호조치를 하여야 한다.

④ 강제 통풍팬의 입구에는 빗물방지 보호판을 설치하여야 한다.

(3) 보일러의 설치

① 기초가 약하여 내려앉거나 갈라지지 않아야 한다.

② 강 구조물은 접지되어야 하고 빗물이나 증기에 의하여 부식이 되지 않도록 적절한 보호조치를 하여야 한다.

③ 수관식 보일러의 경우 전열면을 청소할 수 있는 구멍이 있어야 한다.

④ 보일러에 설치된 폭발구의 위치가 보일러기사의 작업장소에서 2 m 이내에 있을 때에는 당해 보일러의 폭발가스를 안전한 방향으로 분산시키는 장치를 설치하여야 한다.

(4) 배관

보일러 실내의 각종 배관은 팽창과 수축을 흡수하여 누설이 없도록 하고, 가스용 보일러의 연료 배관은 다음에 따른다.

① 배관의 설치

㉠ 배관은 외부에 노출하여 시공하여야 한다. 다만, 동관, 스테인레스강관, 기타 내식성 재료로서 이음매(용접이음매를 제외한다)없이 설치하는 경우에는 매몰하여 설치할 수 있다.

㉡ 배관의 이음부(용접이음매를 제외한다)와 전기계량기 및 전기개폐기와의 거리는 60cm 이상, 굴뚝 · 전기점멸기 및 전기접속기와의 거리는 30cm 이상, 절연전선과의 거리는 10cm 이상, 절연조치를 하지 아니한 전선과의 거리는 30cm 이상의 거리를 유지하여야 한다.

② 배관의 고정 : 배관은 관경이 13mm 미만의 것에는 1m 마다, 13mm 이상 33mm 미만의 것에는 2m 마다, 33mm 이상의 것에는 3m 마다 고정장치를 설치하여야 한다.

③ 배관의 접합

㉠ 배관을 나사접합으로 하는 경우에는 KS B 0222(관용 테이퍼나사)에 의하여야 한다.

㉡ 배관의 접합을 위한 이음쇠가 주조품인 경우에는 가단주철제이거나 주강제로서 KS표시 허가제품 또는 이와 동등이상의 제품을 사용하여야 한다.

④ 배관의 표시

㉠ 배관은 그 외부에 사용 가스명 · 최고사용압력 및 가스흐름방향을 표시하여야 한다. 다만, 지하에 매설하는 배관의 경우에는 흐름방향을 표시하지 아니할 수 있다.

㉡ 지상배관은 부식방지 도장 후 표면색상을 황색으로 도색한다. 다만, 건축물의 내 · 외벽에 노출된 것으로서 바닥(2층 이상의 건물의 경우에는 각층의 바닥을 말한다)에서 1m의 높이에 폭 3cm의 황색 띠를 2중으로 표시한 경우에는 표면색상을 황색으로 하지 아니할 수 있다.

(5) 가스버너

가스용 보일러에 부착하는 가스버너는 액화석유가스의 안전 및 사업관리법에 의하여 검사를 받은 것이어야 한다.

2 급수장치

(1) 급수장치의 종류

① 급수장치를 필요로 하는 보일러에는 다음의 조건을 만족시키는 주펌프(인젝터를 포함한다) 세트 및 보조펌프세트를 갖춘 급수장치가 있어야 한다. 다만, 전열 면적 12m^{2}이하의 보일러, 전열면적 14m^{2}이하의 가스용 온수보일러 및 전열면적 100m^{2}이하의 관류보일러에는 보조펌프를 생략할 수 있다.

② 주펌프세트는 동력으로 운전하는 급수펌프 또는 인젝터이어야 한다. 다만, 보일러의 최고사용압력이 0.25MPa{2.5 kgf/cm^2} 미만으로 화격자면적이 0.6m^2 이하인 경우, 전열면적

이 $12m^2$ 이하인 경우 및 상용압력이상의 수압에서 급수할 수 있는 급수탱크 또는 수원을 급수장치로 하는 경우에는 예외로 할 수 있다.

③ 2개 이상의 보일러에 대한 급수장치
1개의 급수장치로 2개 이상의 보일러에 물을 공급할 경우 이들 보일러를 1개의 보일러로 간주하여 적용한다.

(2) 급수밸브의 크기

전열면적 $10m^2$ 이하의 보일러에서는 호칭 15A이상, 전열면적 10 m^2 를 초과하는 보일러에서는 호칭 20A이상이어야 한다.

3 압력방출장치

(1) 안전밸브의 개수

① 증기보일러에는 2개 이상의 안전밸브를 설치하여야 한다. 다만, 전열면적 50 m^2 이하의 증기보일러에서는 1개 이상으로 한다.

② 관류보일러에서 보일러와 압력방출장치와의 사이에 체크밸브를 설치할 경우 압력방출장치는 2개 이상이어야 한다.

(2) 안전밸브의 부착

안전밸브는 쉽게 검사할 수 있는 장소에 밸브축을 수직으로 하여 가능한한 보일러의 동체에 직접 부착시켜야 한다.

(3) 안전밸브 및 압력방출장치의 용량

① 자동연소제어장치 및 보일러 최고사용압력의 1.06배 이하의 압력에서 급속하게 연료의 공급을 차단하는 장치를 갖는 보일러로서 보일러 출구의 최고사용압력 이하에서 자동적으로 작동하는 압력방출장치가 있을 때에는 동 압력방출장치의 용량을 안전밸브용량에 산입할 수 있다.

(4) 안전밸브 및 압력방출장치의 크기

호칭지름 25A이상으로 하여야 한다. 다만, 다음 보일러에서는 호칭지름 20A이상으로 할 수 있다.

① 최고사용압력 0.1MPa{$1kgf/cm^2$} 이하의 보일러

② 최고사용압력 0.5MPa{$5kgf/cm^2$} 이하의 보일러로 동체의 안지름이 500mm 이하이며 동체의 길이가 1,000mm 이하의 것.

③ 최고사용압력 0.5MPa{$5kgf/cm^2$} 이하의 보일러로 전열면적 2 m^2 이하의 것.

④ 최대증발량 5t/h 이하의 관류보일러

⑤ 소용량 강철제보일러, 소용량 주철제보일러

(5) 과열기 부착보일러의 안전밸브

① 과열기에는 출구에 1개 이상의 안전밸브가 있어야 하며 그 분출용량은 과열기의 온도를 설계

온도 이하로 유지하는데 필요한 양 이상이어야 한다.

② 과열기에 부착되는 안전밸브의 분출용량 및 수는 보일러 동체의 안전밸브의 분출용량 및 수에 포함시킬 수 있다.

(6) 재열기 또는 독립과열기의 안전밸브

재열기 또는 독립과열기에는 입구 및 출구에 각각 1개 이상의 안전밸브가 있어야 하며 그 분출용량의 합계는 최대통과증기량 이상이어야 한다.

(7) 안전밸브의 종류 및 구조

① 안전밸브의 종류는 스프링 안전밸브로 하며 스프링 안전밸브의 구조는 KS B 6216에 따라야 하며, 어떠한 경우에도 밸브시트나 본체에서 누설이 없어야 한다.

② 인화성증기를 발생하는 열매체보일러에서는 안전밸브를 밀폐식구조로 하든가 또는 보일러실 밖의 안전한 장소에 방출시키도록 한다.

(8) 온수발생보일러(액상식 열매체 보일러 포함)의 방출밸브와 방출관

① 온수발생보일러에는 압력이 보일러의 최고사용압력에 달하면 즉시 작동하는 방출밸브 또는 안전밸브를 1개 이상 갖추어야 한다.

② 인화성 액체를 방출하는 열매체 보일러의 경우 방출밸브 또는 방출관은 밀폐식 구조로 하든가 보일러 밖의 안전한 장소에 방출시킬 수 있는 구조이어야 한다.

(9) 온수발생보일러(액상식 열매체 보일러 포함)의 방출밸브 또는 안전밸브의 크기

① 액상식 열매체 보일러 및 온도 393K(120℃) 이하의 온수발생보일러에는 방출밸브를 설치하여야 하며, 그 지름은 20mm 이상으로 하고, 보일러의 압력이 보일러의 최고사용압력에 10%[그 값이 0.035MPa(0.35kgf/cm^2) 미만인 경우에는 0.035MPa(0.35kgf/cm^2)로 한다]를 더한 값을 초과하지 않도록 지름과 개수를 정하여야 한다.

② 온도 393K(120℃)를 초과하는 온수발생보일러에는 안전밸브를 설치하여야 하며, 그 크기는 호칭지름 20mm 이상으로 한다.

(10) 온수발생 보일러(액상식 열매체 보일러 포함)방출관의 크기

전 열 면 적 (m^2)	방출관의 안지름(mm)
10 미만	10 이상 15 미만
15 이상 20 미만	20 이상
25 이상	30 이상
40 이상	50 이상

[방출관의 크기]

4 수면계

(1) 수면계의 개수

① 증기 보일러에는 2개(소용량 및 소형관류보일러는 1개)이상의 유리수면계를 부착하여야 한다. 다만, 단관식 관류보일러는 제외한다.

② 최고 사용압력 1MPa(10kgf/cm^2) 이하로서 동체 안지름이 750mm 미만인 경우에 있어서는 수면계중 1개는 다른 종류의 수면측정 장치로 할 수 있다.

③ 2개 이상의 원격지시 수면계를 시설하는 경우에 한하여 유리수면계를 1개 이상으로 할 수 있다.

(2) 수면계의 구조

유리수면계는 상 · 하에 밸브 또는 코크를 갖추어야 하며, 한 눈에 그것의 개 · 폐 여부를 알 수 있는 구조이어야 한다.

5 계측기

(1) 압력계

보일러에는 KS B 5305(부르돈관 압력계)에 따른 압력계 또는 이와 동등 이상의 성능을 갖춘 압력계를 부착하여야 한다.

① 압력계의 크기와 눈금

㉠ 증기보일러에 부착하는 압력계 눈금판의 바깥지름은 100mm 이상으로 다만, 다음의 보일러에 부착하는 압력계에 대하여는 눈금판의 바깥지름을 60mm 이상으로 할 수 있다.

- 최고사용압력 0.5MPa{5kgf/cm^2} 이하이고, 동체의 안지름 500mm 이하 동체의 길이 1,000 mm 이하인 보일러
- 최고사용압력 0.5MPa{5kgf/cm^2} 이하로서 전열면적 2m^2 이하인 보일러
- 최대증발량 5t/h 이하인 관류보일러
- 소용량 보일러

㉡ 압력계의 최고눈금은 보일러의 최고사용압력의 3배 이하로 하되 1.5배보다 작아서는 안된다.

② 압력계의 부착

㉠ 압력계는 원칙적으로 보일러의 증기실에 눈금판의 눈금이 잘 보이는 위치에 부착하고, 얼지 않도록 한다.

㉡ 크기는 황동관 또는 동관을 사용할 때는 안지름 6.5mm 이상, 강관을 사용할 때는 12.7mm 이상이어야 하며, 증기온도가 483 K(210℃)를 초과할 때에는 황동관 또는 동관을 사용하여서는 안 된다.

㉢ 압력계에는 물을 넣은 안지름 6.5mm 이상의 사이폰관 또는 동등한 작용을 하는 장치를 부착하여 증기가 직접 압력계에 들어가지 않도록 하여야 한다. .

③ **시험용 압력계 부착장치** : 보일러 사용 중에 압력계를 시험하기 위하여 시험용 압력계를 부착할 수 있도록 관용나사를 설치해야 한다. 다만, 압력계 시험기를 별도로 갖춘 경우에는 이 장치를 생략할 수 있다.

(2) 수위계

수위계의 최고눈금은 보일러의 최고사용압력의 1배 이상, 3배 이하로 하여야 한다.

(3) 온도계

① 급수 입구의 급수 온도계
② 버너 급유 입구의 급유 온도계
③ 절탄기 또는 공기예열기가 설치된 경우에는 각 유체의 전후 온도를 측정할 수 있는 온도계
④ 과열기 또는 재열기가 있는 경우에는 출구 온도계
⑤ 유량계를 통과하는 온도를 측정할 수 있는 온도계

(4) 유량계

용량 1t/h 이상의 보일러에는 다음의 유량계를 설치하여야 한다.

① 급수관에는 적당한 위치에 KS B 5336(고압용 수량계) 또는 이와 동등 이상의 성능을 가진 유량계를 설치하여야 한다. 다만 온수발생 보일러는 제외한다.
② 기름용 보일러에는 연료의 사용량을 측정할 수 있는 KS B 5328(오일 미터) 또는 이와 동등 이상의 성능을 가진 유량계를 설치하여야 한다. 다만, 2t/h 미만의 보일러로써 온수발생보일러 및 난방전용 보일러에는 CO_2 측정장치로 대신할 수 있다.

(5) 자동 연료차단장치

최고사용압력 0.1MPa{1kgf/cm^2}를 초과하는 증기보일러에는 다음 각 호의 저수위 안전장치를 설치해야 한다.

① 보일러의 수위가 안전을 확보할 수 있는 최저수위(이하 '안전수위'라 한다)까지 내려가기 직전에 자동적으로 경보가 울리는 장치를 설치해야 한다.
② 보일러의 수위가 안전수위까지 내려가는 즉시 연소실내에 공급하는 연료를 자동적으로 차단하는 장치가 설치되어야 한다.

(6) 공기유량 자동조절기능

가스용 보일러 및 용량 5t/h(난방전용은 10t/h)이상인 유류보일러에는 공급연료량에 따라 연소용 공기를 자동조절하는 기능이 있어야 한다. 이때 보일러 용량이 MW(kcal/h)로 표시되었을 때에는 0.6978MW(600,000kcal/h)를 1t/h로 환산한다.

(7) 연소가스 분석기

보일러에는 배기가스성분(O_2, CO_2 중 1성분)을 연속적으로 자동 분석하여 지시하는 계기를 부착하여야 한다. 다만, 용량 5t/h(난방전용은 10t/h)미만인 가스용 보일러로서 배기가스 온도

상한스위치를 부착하여 배기가스가 설정온도를 초과하면 연료의 공급을 차단할 수 있는 경우에는 이를 생략할 수 있다.

6 스톱밸브 및 분출밸브

(1) 스톱밸브의 개수

① 증기의 각 분출구(안전밸브, 과열기의 분출구 및 재열기의 입구 · 출구를 제외한다)에는 스톱밸브를 갖추어야 한다.

② 맨홀을 가진 보일러가 공통의 주 증기관에 연결될 때에는 각 보일러와 주 증기관을 연결하는 증기관에는 2개 이상의 스톱밸브를 설치하여야 하며, 이들 밸브사이에는 충분히 큰 드레인밸브를 설치하여야 한다.

(2) 스톱밸브

① 스톱밸브의 호칭압력(KS규격에 최고사용압력을 별도로 규정한 것은 최고사용압력)은 보일러의 최고사용압력 이상이어야 하며 적어도 0.7MPa{7kgf/cm^2} 이상이어야 한다.

② 65mm 이상의 증기스톱밸브는 바깥나사형의 구조 또는 특수한 구조로 하고 밸브 몸체의 개폐를 한눈에 알 수 있는 것이어야 한다.

(3) 밸브의 물빼기

물이 고이는 위치에 스톱밸브가 설치될 때에는 물빼기를 설치하여야 한다.

(4) 분출밸브의 크기와 개수

① 보일러 아랫부분에는 분출관과 분출밸브 또는 분출코크를 설치해야 한다. 다만, 관류보일러에 대해서는 이를 적용하지 않는다.

② 분출밸브의 크기는 호칭 25 이상의 것이어야 한다. 다만, 전열면적이 10m^2 이하인 보일러에서는 지름 20mm 이상으로 할 수 있다.

③ 2개 이상의 보일러에서 분출관을 공동으로 하여서는 안된다.

7 운전성능

(1) 운전상태

보일러는 운전상태(정격부하 상태를 원칙으로 한다)에서 이상진동과 이상소음이 없고 각종 부품의 작동이 원활하여야 한다.

(2) 배기가스 온도

① 유류용 및 가스용 보일러(열매체 보일러는 제외한다) 출구에서의 배기가스 온도는 주위 온도와의 차이가 정격용량에 따라 [표]와 같아야 한다. 이때 배기가스 온도의 측정위치는 보일러 전열면의 최종 출구로 하며 폐열회수장치가 있는 보일러는 그 출구로 한다.

보일러 용량 (t/h)	배기가스 온도차(K)(℃)
5 이하 5 초과 20 이하 20 초과	300 이하 250 이하 210 이하

[배기가스 온도차]

② 열매체 보일러의 배기가스 온도는 출구열매 온도와의 차이가 150 K(℃) 이하이어야 한다.

제2절 보일러 설치검사기준

1 검사의 신청 및 준비

(1) 검사의 신청

검사의 신청은 제조검사가 면제된 경우는 자체검사 기록서를 제출하여야 한다.

(2) 검사의 준비

검사신청자는 다음의 준비를 하여야 한다.

① 보일러를 운전할 수 있도록 준비한다.

② 정전, 단수, 화재, 천재지변 등 부득이한 사정으로 검사를 실시할 수 없을 경우에는 재신청 없이 다시 검사를 하여야 한다.

2 검사

(1) 수압 및 가스누설시험

① **수압시험압력**

[강철제 보일러]

㉠ 보일러의 최고사용압력이 0.43MPa{4.3kgf/cm²} 이하일 때에는 그 최고사용압력의 2배의 압력으로 한다. 다만, 시험압력이 0.2MPa{2kgf/cm²} 미만인 경우에는 0.2 MPa{2 kgf/cm²}로 한다.

㉡ 보일러의 최고사용압력이 0.43MPa{4.3kgf/cm²} 초과, 1.5 MPa{15kgf/cm²} 이하일 때에는 최고사용압력의 1.3배에 0.3MPa{3kgf/cm²}를 더한 압력으로 한다.

㉢ 보일러의 최고사용압력이 1.5MPa{15kgf/cm²}를 초과할 때에는 최고사용압력의 1.5배의 압력으로 한다.

[주철제보일러]

㉠ 0.43MPa{4.3kgf/cm²} 이하는 최고사용압력의 2배의 압력으로 한다. 다만, 시험압력

이 0.2MPa(2kgf/cm^2) 미만인 경우에는 0.2MPa(2kgf/cm^2)로 한다.

㉡ 0.43MPa(4.3kgf/cm^2)를 초과할 경우는 최고사용압력의 1.3배+0.3MPa(3kgf/cm^2)로 한다.

② **수압시험방법**

㉠ 공기를 빼고 물을 채운 후 천천히 압력을 가하여 규정된 시험 수압에 도달된 후 30분이 경과된 뒤에 검사를 실시하여 검사가 끝날 때까지 그 상태를 유지한다.

㉡ 시험수압은 규정된 압력의 6% 이상을 초과하지 않도록 모든 경우에 대한 적절한 제어를 마련하여야 한다.

㉢ 수압시험 중 또는 시험 후에도 물이 얼지 않도록 하여야 한다.

③ **가스누설시험방법**

㉠ 내부누설시험 : 차압누설감지기에 대하여 누설확인작동시험 또는 자기압력기록계 등으로 누설유무를 확인한다. 자기압력기록계로 시험할 경우에는 밸브를 잠그고 압력발생기구를 사용하여 천천히 공기 또는 불활성 가스 등으로 최고사용압력의 1.1배 또는 840mm H_2O중 높은 압력이상으로 가압한 후 24분 이상 유지하여 압력의 변동을 측정한다.

㉡ 외부누설시험 : 보일러 운전 중에 비눗물시험 또는 가스누설검사기로 배관접속부위 및 밸브류 등의 누설유무를 확인한다.

(2) 압력방출장치

① **안전밸브 작동시험**

㉠ 안전밸브의 분출압력은 1개일 경우 최고사용압력 이하, 안전밸브가 2개 이상인 경우 그 중 1개는 최고사용압력 이하 기타는 최고사용압력의 1.03배 이하이어야 한다.

㉡ 과열기의 안전밸브 분출압력은 증발부 안전밸브의 분출압력 이하이어야 한다.

㉢ 재열기 및 독립과열기에 있어서는 안전밸브가 하나인 경우 최고사용압력 이하, 2개인 경우 하나는 최고사용압력 이하이고 다른 하나는 최고사용압력의 1.03배 이하에서 분출하여야 한다.

㉣ 발전용 보일러에 부착하는 안전밸브의 분출정지 압력은 분출압력의 0.93배 이상이어야 한다.

② **방출밸브의 작동시험**

㉠ 공급 및 귀환밸브를 닫아 보일러를 난방시스템과 차단한다.

㉡ 팽창탱크에 연결된 관의 밸브를 닫고 탱크의 물을 빼내고 공기 쿠션이 생겼나 확인하여 공기쿠션이 있을 경우 공기를 배출시킨다. 다만, 가압 팽창탱크는 배수시키지 않으며 분출시험중 보일러와 차단되어서는 안된다.

(3) 운전성능

① 보일러는 부하율을 90±10%에서 45±10%까지 연속적으로 변경시켜 배기가스 중 O_2 또는 CO_2 성분이 사용연료별로 [표]에 적합하여야 한다. 이 경우 시험은 반드시 다음 조건에서 실

시하여야 한다.

② 매연농도 바카라치 스모크 스케일 4이하, 다만 가스용 보일러의 경우 배기가스 중 CO의 농도는 200 ppm 이하이어야 한다.

성분	O_2(%)		CO_2(%)	
부하율	90±10	45±10	90±10	45±10
중 유	3.7이하	5이하	12.7이상	12이상
경 유	4이하	5이하	11이상	10이상
가 스	3.7이하	4이하	10이상	9이상

[배기가스 성분]

(4) 내부검사 등

유류 및 가스를 제외한 연료를 사용하는 전열면적이 30m² 이하인 온수발생 보일러가 연료변경으로 인하여 검사대상이 되는 경우 등의 검사방법이다.

제3절 보일러 계속사용 검사기준

1 개방검사

연료 공급관은 차단하며 적당한 곳에서 잠궈야 한다. 기름을 사용하는 곳에서는 무화장치들을 버너로부터 제거한다.

2 사용중 검사

보일러를 가동중이거나 또는 운전할 수 있도록 준비하고 부착된 각종 계측기 및 화염감시장치, 저수위 안전장치, 온도상한스위치, 압력조절장치 등은 검사하는데 이상이 없도록 정비되어야 한다.

3 외부

보일러는 깨끗하게 청소된 상태이어야 하며 사용상에 현저한 부식과 그루우빙이 없어야 한다.

4 내부

① 관의 부식 등을 검사할 수 있도록 스케일은 제거되어야 하며, 관 끝부분의 손모, 취화 및 빠짐이 없어야 한다.

② 보일러의 내부에는 균열, 스테이의 손상, 이음부의 현저한 부식이 없어야 하며, 침식, 스케일 등으로 드럼에 현저히 얇아진 곳이 없어야 한다.

5 수압시험

중지 신고 후 1년 이상 경과한 보일러의 재사용검사 및 부식등 상태가 불량하다고 판단되는 경우에 한하여 실한다.

6 사용중검사

대상기기의 가동상태에서 화염감시장치, 저수위안전장치, 온도상한스위치, 압력조절장치 등의 정상 작동여부를 검사하여야 한다.

(1) 연속 2년 자체검사, 3년째는 개방검사

① 설치한 날로부터 15년 이내인 보일러 및 관련 압력용기로서, 검사기관이 인정하는 순수처리에 대한 수질시험성적서를 검사기관에 제출하여 인정을 받은 검사대상기기

② 순수처리라 함은 다음의 각 수질기준을 만족하여야 한다.

㉠ pH(298 K{25 ℃}에서) : 7~9

㉡ 총경도(mg $CaCO_3$/ ℓ) : 0

㉢ 실리카(mg SiO_2/ ℓ) : 흔적이 나타나지 않음

㉣ 전기 전도율(298 K{25 ℃}에서의) : 0.5 ㎲/cm이하

(2) 연속 2년 사용중검사, 3년째는 개방검사

설치한 날로부터 10년 이내인 보일러 및 관련 압력용기로서, 수질시험성적서를 검사기관에 제출하여 인정을 받은 검사대상기기

7 1년 사용중검사, 2년째는 개방검사

보일러를 설치한 날로부터 15년을 경과한 보일러는 사용중검사를 할 수 없으며, 설치후 최초의 계속사용검사는 개방검사로 한다.

8 계속사용검사중 운전성능 검사기준

① 보일러를 가동중이거나 운전할 수 있도록 준비하고 부착된 각종 계측기는 검사하는데 이상이 없도록 정비되어야 한다.

② 정전, 단수, 화재, 천재지변, 가스의 공급중단 등 부득이한 사정으로 검사를 실시할 수 없는 경우에는 재신청 없이 다시 검사를 하여야 한다.

9 열효율

유류용 증기보일러는 열효율이 다음을 만족하여야 한다.

용 량(t/h)	1이상 3.5미만	3.5이상 6미만	6이상 20미만	20이상
열효율(%)	75이상	78이상	81이상	84이상

[열효율]

10 유류보일러로서 증기보일러 이외의 보일러

유류보일러로서 증기보일러 이외의 보일러는 배기가스중의 CO_2 용적이 중유의 경우 11.3 % 이상, 경유 및 보일러 등유의 경우 9.5 % 이상이어야 한다.

보일러 용량(t/h)	배기가스 온도차(K){℃}
5 이하 5 초과 20 이하 20 초과	315 이하 275 이하 235 이하

[배기가스 온도차]

11 가스용 보일러

가스용 보일러의 배기가스중 일산화탄소(CO)의 이산화탄소(CO_2)에 대한 비는 0.002 이하이어야 한다.

12 보일러의 성능시험방법

① 유종별 비중, 발열량은 아래에 따르되 실측이 가능한 경우 실측치에 따른다.

유 종	경 유	B-A유	B-B유	B-C유
비 중	0.83	0.86	0.92	0.95
저위발열량 kJ/kg {kcal/kg}	43,116 {10,300}	42,697 {10,200}	41,441 {9,900}	40,814 {9,750}

[유종별 비중 및 발열량]

② 증기건도는 다음에 따르되 실측이 가능한 경우 실측치에 따른다.
- 강철제 보일러 : 0.98
- 주철제 보일러 : 0.97

③ 측정은 매 10분마다 실시한다.

④ 수위는 최초 측정시와 최종 측정시가 일치하여야 한다.

13 검사의 특례

① 검사대상기기 관리일지와 연소효율 자동측정 기록 자료를 검사기관에 제출하여 25.2항의 검사기준에 적합하다고 판정을 받은 자에 대하여는 운전성능 검사에 대한 검사유효기간을 2년 단위로 하여 연장할 수 있다.

② 이 특례를 적용받는 자는 검사대상기기 관리일지와 연소효율 자동측정 기록 자료를 계속 사용검사 시 확인할 수 있도록 하여야 한다.

③ 검사기관은 ②에 의한 확인시, 검사기준에 미달될 경우에는 지체없이 특례적용을 취소하고 운전성능 검사를 실시하여야 한다.

④ 검사대상기기 관리일지에 배기가스 성분(CO_2, CO, O_2, 바카라치 스모그 스케일 No) 및 수질(급수의 pH 및 총경도, 관수의 pH 및 알칼리도)를 매분기 1회이상 측정하고 그 기록을 유지하여야 한다.

⑤ 1996. 5. 14일 이전에 계속사용 운전측정을 받은 보일러는 열효율을 적용하지 아니하며, 다음을 적용한다.

용량 (t/h)	1 이상 1.5 미만	1.5 이상 2 미만	2 이상 3.5 미만	3.5 이상 6 미만	6 이상 12 미만	12 이상 20 미만	20 이상
열효율 (%)	71 이상	73 이상	74 이상	77 이상	79이상	80 이상	82 이상

제4절 보일러 개조검사기준

1 검사의 준비

① 연료를 가스로 변경하는 검사의 경우 가스용보일러의 누설시험 및 운전성능을 검사할 수 있도록 준비하여야 한다.

② 정전, 단수, 화재, 천재지변 등 부득이한 사정으로 검사를 실시할 수 없는 경우에는 재신청 없이 다시 검사를 받을 수 있다.

제5절 보일러 설치장소변경 검사기준

1 검사의 준비

① 검사를 실시할 수 있도록 단계적으로 해당항목을 준비하여야 한다.

② 정전, 단수, 화재, 천재지변 등 부득이한 사정으로 검사를 실시할 수 없는 경우에는 재신청 없이 다시 검사를 받을 수 있다.

제2장 보일러 취급

제1절 보일러 가동 전의 준비사항

1 신설 보일러의 사용 전 점검사항

① 신설 보일러의 사용 전 점검은 연소노벽, 내화물은 건조상태를 유지한다.
② 연도의 배플, 그을음 제거기 상태, 댐퍼의 개폐 상태를 점검한다.
③ 기수분리기와 기타 부속품의 부착상태와 공구나 볼트, 너트, 헝겊조각 등이 남아 있는가를 확인한다.

2 사용 중인 보일러의 가동전 준비

① 수면계를 통하여 수위 위치를 확인한다.
② 압력계의 기능을 점검한다.
③ 연료밸브를 확인한다.
④ 수저분출장치의 코크 및 밸브의 기능과 누수유무를 확인한다.
⑤ 연료계통 및 급수계통을 확인한다.
⑥ 댐퍼를 만개하고 노내를 충분히 환기시킨다.
⑦ 각 밸브의 개폐상태를 점검한다.

제2절 기름보일러

1 점화

(1) 자동점화

① 모든 스위치가 자동위치에 있는지 확인하고 전원 스위치를 넣는다.
② 버너모터가동 → 송풍기 가동 → 공기댐퍼 가동 → 연료펌프 가동 → 프리퍼지 → 점화용 버너 가동 → 주 버너가동
③ 정상점화가 되지 않았을 경우 경보가 울리고 연료가 차단된다.
④ 포스트 퍼지 실시 후 원인을 규명한 다음 재점화를 한다.

(2) 수동점화

① 통풍력을 조절한다.
② 버너를 가동시킨다.
③ 점화봉을 버너 선단 10cm 이내에 놓는다.
④ 연료밸브를 열어 착화시킨다.
⑤ 5초이내에 착화되지 않으면 즉시 연료밸브를 닫는다.
⑥ 포스트 퍼지를 실시한 후 재 점화를 시도한다.

2 최초 가동시 확인사항

① 연료 탱크에 기름이 들어 있는가를 확인 후 밸브를 열어 줄 것
② 보일러의 저수위 경보가 해제 될 때까지 자동급수 할 것
③ 지수위시에는 버너가 작동하지 않으며 경보가 울리며 자동급수가 이루어짐
④ 상기사항이 충족되면 버너를 가동시켜 연료라인의 에어를 연료펌프의 에어빼기 콕크로 완전히 빼 줄 것
⑤ 버너 가동은 약 15초간 송풍과 스파크 후 전자변이 열리고 착화, 이때 공기량이 너무 많으면 착화가 안 되거나 착화가 늦어져서 백파이어의 원인이 되므로 주의할 것
⑥ 착화를 되풀이하여도 순조롭게 점화되는지 확인할 것
⑦ 연도에서 흑색 또는 백색연기가 나지 않는지 확인할 것
⑧ 광전관의 수광부를 인위적으로 빛으로부터 차단하였을 때 버너의 작동이 정지되는지 확인할 것

3 취급방법

① 송풍팬 : 연소에 필요한 공기를 화실 내로 공급
② 트랜스 : 일차 전압을 10,000V로 승압시켜 점화봉으로 전기 스파크를 일으키며 분무되는 기름의 마이크로 입자에 인화되어 자동 점화.(점화 트랜스는 수분이나 습기에 취약하니 주의할 것)
③ 기어펌프 : 기어의 회전력에 의하여 분사압력이 생성되며 버너 콘트롤러의 작동순서에 따라 전원의 공급에 의하여 전자변이 열려 연료가 분사되고 전원이 끊어지면 차단
④ 연료필터 : 연료 중에 섞여 있는 슬러지 등 이물질을 제거하여 전자변이나 노즐이 막히는 것을 방지. 연료탱크에 연료는 있으나 필터 내의 슬러지로 인해 연료공급이 안될 경우 필터를 등유에 세척하여 사용하거나 또는 교환 사용할 것
⑤ 광전관 : 광전관은 조도에 따라 전기 저항이 변화. 이 성질을 이용하여 불꽃에서 발생하는 조도를 검지하여 연소상태의 정상 여부를 체크. 광전관이 외부 광선에 노출되면 정상 작동을 하지 않음.
⑥ 노즐 : 연료를 완전 연소 시킬수 있도록 입자를 마이크로화하는 역할을 한다. 이물질 등이 끼거나 카본이 고착되어 있으면 분무상태가 나빠져 착화가 되지 않거나 불완전 연소의 원인이 됨.
⑦ 댐퍼 : 연소에 필요한 공기의 양을 조절하기 위한 것, 연소에 필요한 적정 공기량을 조절하여 사용.
⑧ 점화봉 : 버너의 착화는 점화봉에서 일어나는 불꽃에 의해서 이루어지므로 점화봉의 간격이 틀리거나 이물질이나 카본이 고착되면 방전이 일어나 착화가 잘 되지 않으므로 유의할 것

제3절 가스보일러

1 가스보일러의 점화

① 점화전 가스누설유무를 비눗물로 사용 점검한다,

② 가스압력의 적정도, 안정도 등을 점검한다.

③ 점화전 연소실 용적의 4배 이상의 공기를 불어넣어 충분히 환기를 한다.

④ 점화용 불씨는 화력이 큰 것을 사용하여 점화한다.

⑤ 사용점화 후 연소가 불안정한 경우 즉시 연료 공급을 중단한다.

2 취급방법

① 누설되는지 면밀하게 점검한다. 콕크, 밸브에 가스누설검출기, 가스누설검출액 또는 비눗물을 이용하여 누설확인을 하여 안정되어 있는지 점검한다.

② 가스압력이 적정하고 안정되어 있는지 점검한다.

③ 점화용 가스는 화력이 좋은 것을 사용한다. 근접해 있는 버너와 연소실 벽의 열로 점화해서는 안 된다.

④ 연소실, 굴뚝의 통풍환기를 완벽하게 한다.

⑤ 착화 후 연소가 불안정할 때는 즉시 가스공급을 차단한다. 특히 연소실이 식어 있을 때의 저연소에는 주의가 필요하다.

⑥ 착화에 실패한 경우에는 가스공급을 차단하고 점화용 파이로트버너를 끈 후 연소실과 연도체적의 약 4배 이상의 공기로 충분히 환기시켜주어야 한다.

제4절 점화 및 운전 중의 취급

1 증기발생시 취급

(1) 연소초기의 유의점

① 급격한 연소를 피한다.(전열면의 부동팽창, 벽돌이음부의 균열 발생)

② 절탄기내의 물의 움직임을 확인하고 국부적인 과열을 일으키지 않는다.

(2) 증기압력이 오르기 시작할 때의 취급사항

① 공기빼기 밸브를 닫으며 압력상승에 따른 연소율을 가감한다.

② 급수장치의 기능점검을 한다.

(3) 송기시 유의점

① 주 증기관 내의 드레인밸브를 만개하여 드레인을 충분히 배출한다.
② 소량의 증기를 공급하여 난관시키고 주 증기밸브를 서서히 만개한다.
③ 만개한 주 증기밸브를 약간 되돌려 놓는다.

(4) 증기 사용 중 유의점

① 수면계 수위에 변동이 나타나므로 상용수위가 되도록 수위를 감시한다.
② 일정압력을 유지할 수 있도록 연소량을 가감하고 수면계 · 압력계 · 연소상태 등을 수시로 감시한다.
③ 프라이밍 · 포밍 · 캐리오버 등에 유의하여 한다.

(5) 연소조절의 유의점

① 무리한 연소를 피하고 연소량을 급격히 증감하지 않는다.
② 연소량을 증가시킬 때 공기량을 먼저, 줄일 때는 연료량을 먼저 감소시킨다.
③ 연소용 공기량을 조절하여 노내온도가 저하되는 것을 방지한다.
④ 적정 통풍압을 유지하고 배기가스온도, CO_2를 측정 · 조절한다.

2 보일러 정지시의 취급

(1) 정상정지시의 취급

① 연료의 공급을 정지하고 공기공급을 정지한다.
② 급수를 한 후 증기압력을 저하시키고 급수밸브를 닫는다.
③ 주 증기밸브를 닫고 드레인 밸브를 열고 댐퍼를 닫는다.

(2) 비상 정지시의 취급

① 연료공급을 정지하고 공기공급을 정지한다.
② 버너모터를 정지하고 다른 보일러와 연락을 차단한다.
③ 자연 냉각하도록 기다리고 사고원인을 점검한다.
④ 변형유무를 확인 한 후 급수를 한다.

(3) 보일러 정지후의 처리사항

① 버너 팁을 청소하고 노벽의 열로 인한 증기압력 상승여부를 확인한다.
② 급수의 필요여부를 점검하고 각 부속밸브의 누설여부를 점검한다.
③ 작업일지에 연소관리 상황을 기록 · 보존한다.

3 보일러 보존

(1) 보일러 청소

보일러 사용에 따라 스케일 재, 그을음이 부착되므로 전열면의 오손과 효율을 저하시키므로 정기적으로 청소를 하여야 한다.

(2) 보일러 보존법

보일러 휴지중 내, 외면에 부식을 일으키므로 습기를 제거하고 연도내의 재나 그을음을 완전히 제거하여야 한다.

① 만수 보존법 : 보일러 수에 가성소다, 탄산소다, 히드라진, 암모니아 등의 약제를 첨가하여 밀폐건조하는 방법으로 PH 12정도를 유지하며 흡습제로 생석회, 실리카겔, 활성알루미나 등이 있다.

② 건조 보존법 : 이것은 보일러의 운전을 특히 장기(1년이상)에 걸쳐 휴식할 때에 알맞는 보존 방법이다. 물을 흡수케 한 후 완전하게 잘 말린다. 그리고 보존중의 내부습기를 흡수시키기 위하여 생석회를 보일러 동내에 넣어 군데군데 놓는다. 다음으로 맨홀, 기타의 부설부를 전부 완전히 폐쇄하고 밀폐시킨다. 외부는 그을음재가 없도록 잘 청소하고 저부연도에서 보일러판과 벽돌이 접하는 부분의 벽돌은 떼내어 도료를 발라 벽돌로부터의 흡습을 막는다. 그리고 1개월에 1회쯤은 개방하여 내부 상태를 조사하고 생석회를 새로 바꾼다.

4 보일러 용수관리

(1) 보일러 용수의 개요

① 보일러 용수의 종류 : 천연수, 상수도수, 지하수, 응축수 등

② 보일러 용수측정 및 처리

㉠ PH(수서이온농도지수) : 물의 성질을 나타내는 척도

Ph7이하는 산성, PH7은 중성, Ph7 이상은 알칼리성으로 보일러 수는 PH 10.5~11.8이 가장 이상적이다.

㉡ 보일러 용수 처리 방법

- 현탁고형물 : 여과법, 침접법, 응집법
- 용해고형물 : 이온교환법, 증류법, 석회소다법
- 용존가스체(CO_2, O_2) : 탈기법, 기폭법

㉢ 청관법 사용방법

- PH 조정제 : 가성소다, 암모니아, 제1제3인산소다, 히드라진
- 연화제 : 탄산소다, 인산소다, 수산화나트륨
- 탈산성제 : 히드라진, 아황산소다
- 슬러지조정제 : 전분, 탄닌, 리그린, 텍스트린
- 기포방지제 : 알코올, 폴리아미드, 구급지방산, 에스테르, 프탈산
- 가성취하방지제 ; 인산나트륨, 질산나트륨, 탄닌, 리그린
- 경질스케일 : 황산염, 규산염
- 연질스케일 : 인산염, 탄산염

제3장 보일러 안전관리

제1절 안전관리의 개요

1 안전일반

① 수면계의 수위를 볼 수 없는 경우
② 보일러의 상태가 정상적일 경우
③ 연소가스의 폭발이 일어날 경우
④ 시동전의 점검사항
⑤ 운전 중에 감시해야 할 사항
⑥ 저수위 사고 방지를 위한 일상점검
⑦ 가스폭발 방지를 위한 점검
⑧ 소화 후 점검

2 작업 및 공구 취급시의 안전

보일러 시설 작업 후 공구는 기름 등을 이용하여 깨끗이 청소한 후 제자리에 놓고 차후에 사용할 때 바로 사용할 수 있도록 안전한 장소에 놓는다.

3 화재안전

보일러에서는 유류연료나 가스를 연료로 사용하므로 화재 위험에 노출되지 않도록 정리 정돈하여 화재 위험에 예방할 수 있도록 철저히 화재안전에 주의하여야 한다.

제2절 연소 및 연소장치의 안전관리

1 이상연소의 원인과 대책

① 점화불량 원인 : 연료가 분사되지 않는 경우
② 가마울림의 원인 : 연소실 온도가 낮을 때
③ 맥동연소의 원인 : 2차 연소가 일으킨 경우
④ 매연발생 원인 : 통풍력이 과대, 과소한 경우

⑤ 연소실 내에서 불안정한 연소 : 연료 중 이물질이 혼입된 경우

⑥ 역화현상 : 프리퍼즈가 불충분한 경우

2 이상소화의 원인과 대책

(1) 이상소화원인

① 버너 팁이나 배관 중의 스트레이너가 막힌 경우

② 연료유에 수분이 너무 많이 섞여 있는 경우

③ 공급연료량에 비하여 통풍량이 너무 강한 경우

④ 연료의 가열 부족으로 분무상태가 불량한 경우

⑤ 연료유 서비스탱크에 연료가 없는 경우

⑥ 전원이 상실된 경우

(2) 이상소화의 대책

① 스트레이너를 청소한다.

② 연료유에서 수분을 제거한다.

③ 통풍량을 적정하게 한다.

④ 연료를 적정하게 예열하여 분무상태를 양호하게 한다.

⑤ 서비스탱크의 연료 유무를 확인한다.

제3절 보일러 손상과 방지대책

1 보일러 손실의 종류와 특징

(1) 보일러 손상

보일러 동체나 관등에 생기는 부식, 구상부식, 과열, 조인트부의 헐거워짐, 누설 등

(1) 부식

① 내부부식 : 점식, 전면부식, 구상부식

② 외부부식 : 일반부식, 저온부식, 고온부식

③ 관의 손실 ; 관의 손상의 분류

㉠ 과열 : 압궤나 팽출

㉡ 균열 : 재료의 열화, 리벳부분 균열, 라미네이션 및 브리스터, 가성취화

④ 팽출과 압궤

㉠ 팽출 : 과열이 되면 그 부분의 강도가 저하되는데 심한 경우에는 보일러 압력에 견디지 못

하고 부풀어 오르는 현상

ⓒ 압궤 : 수관 보일러와 노통연관 보일러의 겔로웨이관처럼 항장력을 받는 부분에서 발생

ⓓ 방지법 : 열의 과열에 의한 것으로 과열이 되지 않도록 주의만 하면 발생을 예방할 수 있다.

2 보일러 손상과 방지대책

(1) 보일러 사고의 종류와 특징

① 제작상의 원인 : 강도부족, 재료불량, 구조 및 설계불량, 용접불량, 부속기기의 설비 미비

② 취급상의 원인 : 압력초과, 부식, 과열, 급수처리불량, 노내폭발 등

(2) 보일러 사고 방지 대책

① 보일러 동체에 맨홀을 설치할 경우 장축을 원주방향, 단축을 길이 방향으로 설치한다.

② 보일러 및 압력용기 등은 강도상 유리하도록 원형으로 제작한다.

③ 용접불량은 방사선 투과시험을 실시한다.

④ 이상감수시 연료공급을 차단한다.

⑤ 미연가스의 노내폭발을 방지하기 위해 점화전 통풍을 충분히 한다.

⑥ 중유를 전 처리하여 저온부식을 예방한다.

⑦ 연료를 전 처리하여 바나듐, 나트륨 등을 제거하여 고온 부식을 예방한다.

제4편

에너지 관계법규

- 에너지법
- 에너지이용 합리화법
- 저탄소 녹색성장 기본법
- 신에너지 및 재생에너지 개발 · 이용 · 보급 촉진법

에너지법

1. (목적)

안정적이고 효율적이며 환경 친화적인 에너지 수급(需給) 구조를 실현하기 위한 에너지정책 및 에너지 관련 계획의 수립 · 시행에 관한 기본적인 사항을 정함으로써 국민경제의 지속가능한 발전과 국민의 복리(福利) 향상에 이바지

2. (정의)

1. "에너지"란 연료 · 열 및 전기
2. "연료"란 석유 · 가스 · 석탄, 그 밖에 열을 발생하는 열원(熱源)을 말한다. 다만, 제품의 원료로 사용되는 것은 제외.
3. "신 · 재생에너지"란 에너지
4. "에너지사용시설"이란 에너지를 사용하는 공장 · 사업장 등의 시설이나 에너지를 전환하여 사용하는 시설
5. "에너지사용자"란 에너지사용시설의 소유자 또는 관리자
6. "에너지공급설비"란 에너지를 생산 · 전환 · 수송 또는 저장하기 위하여 설치하는 설비
6. "에너지공급자"란 에너지를 생산 · 수입 · 전환 · 수송 · 저장 또는 판매하는 사업자
8. "에너지사용기자재"란 열사용기자재나 그 밖에 에너지를 사용하는 기자재
9. "열사용기자재"란 연료 및 열을 사용하는 기기, 축열식 전기기기와 단열성(斷熱性) 자재로서 산업통상자원부령으로 정하는 것
10. "온실가스"란 온실가스

3. (지역에너지계획의 수립)

① 지역계획에는 해당 지역에 대한 다음 각 호의 사항이 포함되어야 한다.

1. 에너지 수급의 추이와 전망에 관한 사항
2. 에너지의 안정적 공급을 위한 대책에 관한 사항
3. 신 · 재생에너지 등 환경 친화적 에너지 사용을 위한 대책에 관한 사항
4. 에너지 사용의 합리화와 이를 통한 온실가스의 배출감소를 위한 대책에 관한 사항
5. 집단에너지공급대상지역으로 지정된 지역의 경우 그 지역의 집단에너지 공급을 위한 대책에 관한 사항
6. 미활용 에너지원의 개발 · 사용을 위한 대책에 관한 사항
7. 그 밖에 에너지시책 및 관련 사업을 위하여 시 · 도지사가 필요하다고 인정

4. (비상시 에너지수급계획의 수립 등)

① 비상계획

1. 국내외 에너지 수급의 추이와 전망에 관한 사항
2. 비상시 에너지 소비 절감을 위한 대책에 관한 사항
3. 비상시 비축(備蓄)에너지의 활용 대책에 관한 사항
4. 비상시 에너지의 할당 · 배급 등 수급조정 대책에 관한 사항

5. 비상시 에너지 수급 안정을 위한 국제협력 대책에 관한 사항
6. 비상계획의 효율적 시행을 위한 행정계획에 관한 사항

5. (에너지위원회의 구성 및 운영)

① 에너지정책전문위원회는 20명 이내

6. (위원회의 기능)

위원회는 다음 각 호의 사항을 심의한다.

1. 에너지기본계획 수립 · 변경의 사전심의에 관한 사항
2. 비상계획에 관한 사항
3. 국내외 에너지개발에 관한 사항
4. 에너지와 관련된 교통 또는 물류에 관련된 계획에 관한 사항
5. 주요 에너지정책 및 에너지사업의 조정에 관한 사항
6. 에너지와 관련된 사회적 갈등의 예방 및 해소 방안에 관한 사항
6. 에너지 관련 예산의 효율적 사용 등에 관한 사항
8. 원자력 발전정책에 관한 사항
9. 「기후변화에 관한 국제연합 기본협약」에 대한 대책 중 에너지에 관한 사항
10. 다른 법률에서 위원회의 심의를 거치도록 한 사항
11. 그 밖에 에너지에 관련된 주요 정책사항에 관한 것으로서 위원장이 회의에 부치는 사항

7. (에너지기술개발계획)

① 정부는 에너지 관련 기술의 개발과 보급을 촉진하기 위하여 10년 이상을 계획기간으로 하는 에너지기술개발계획을 5년마다 수립

② 에너지기술개발계획

1. 에너지의 효율적 사용을 위한 기술개발에 관한 사항
2. 신 · 재생에너지 등 환경 친화적 에너지에 관련된 기술개발에 관한 사항
3. 에너지 사용에 따른 환경오염을 줄이기 위한 기술개발에 관한 사항
4. 온실가스 배출을 줄이기 위한 기술개발에 관한 사항
5. 개발된 에너지기술의 실용화의 촉진에 관한 사항
6. 국제 에너지기술 협력의 촉진에 관한 사항
7. 에너지기술에 관련된 인력 · 정보 · 시설 등 기술개발자원의 확대 및 효율적 활용에 관한 사항

8. (에너지기술 개발)

① 에너지기술 개발

1. 공공기관
2. 국 · 공립 연구기관
3. 특정연구기관
4. 전문생산기술연구소
5. 부품 · 소재기술개발전문기업
6. 정부출연연구기관
7. 「과학기술분야 정부출연연구기관

8. 연구개발업을 전문으로 하는 기업
9. 대학, 산업대학, 전문대학
10. 산업기술연구조합
11. 기업부설연구소
12. 그 밖에 대통령령으로 정하는 과학기술 분야 연구기관 또는 단체

9. (에너지 관련 통계의 관리 · 공표)

① 산업통상자원부장관은 기본계획 및 에너지 관련 시책의 효과적인 수립 · 시행을 위하여 국내외 에너지 수급에 관한 통계를 작성 · 분석 · 관리하며, 관련 법령에 저촉되지 아니하는 범위에서 이를 공표할 수 있다.

② 에너지 총조사는 3년마다 실시하되, 산업통상자원부장관이 필요하다고 인정할 때에는 간이조사를 실시할 수 있다.

에너지이용 합리화법

[법률 제12298호 일부개정 2014. 01. 21.]

제1조 (목적)

이 법은 에너지의 수급(需給)을 안정시키고 에너지의 합리적이고 효율적인 이용을 증진하며 에너지소비로 인한 환경피해를 줄임으로써 국민경제의 건전한 발전 및 국민복지의 증진과 지구온난화의 최소화에 이바지함을 목적으로 한다.

제2조 (정의)

이 법에서 사용하는 용어의 뜻은「에너지법」제2조 각 호에서 정하는 바에 따른다.

제3조 (정부와 에너지사용자 · 공급자 등의 책무)

① 정부는 에너지의 수급안정과 합리적이고 효율적인 이용을 도모하고 이를 통한 온실가스의 배출을 줄이기 위한 기본적이고 종합적인 시책을 강구하고 시행할 책무를 진다.

② 지방자치단체는 관할 지역의 특성을 고려하여 국가에너지정책의 효과적인 수행과 지역경제의 발전을 도모하기 위한 지역에너지시책을 강구하고 시행할 책무를 진다.

③ 에너지사용자와 에너지공급자는 국가나 지방자치단체의 에너지시책에 적극 참여하고 협력하여야 하며, 에너지의 생산 · 전환 · 수송 · 저장 · 이용 등에서 그 효율을 극대화하고 온실가스의 배출을 줄이도록 노력하여야 한다.

④ 에너지사용기자재와 에너지공급설비를 생산하는 제조업자는 그 기자재와 설비의 에너지효율을 높이고 온실가스의 배출을 줄이기 위한 기술의 개발과 도입을 위하여 노력하여야 한다.

⑤ 모든 국민은 일상생활에서 에너지를 합리적으로 이용하여 온실가스의 배출을 줄이도록 노력하여야 한다.

제2장 에너지이용 합리화를 위한 계획 및 조치 등

제4조 (에너지이용 합리화 기본계획)

① 산업통상자원부장관은 에너지를 합리적으로 이용하게 하기 위하여 에너지이용 합리화에 관한 기본계획(이하 "기본계획"이라 한다)을 수립하여야 한다.

② 기본계획에는 다음 각 호의 사항이 포함되어야 한다.

1. 에너지절약형 경제구조로의 전환
2. 에너지이용효율의 증대
3. 에너지이용 합리화를 위한 기술개발
4. 에너지이용 합리화를 위한 홍보 및 교육
5. 에너지원간 대체(代替)
6. 열사용기자재의 안전관리
7. 에너지이용 합리화를 위한 가격예시제(價格豫示制)의 시행에 관한 사항
8. 에너지의 합리적인 이용을 통한 온실가스의 배출을 줄이기 위한 대책
9. 그 밖에 에너지이용 합리화를 추진하기 위하여 필요한 사항으로서 산업통상자원부령으로 정하는 사항

③ 산업통상자원부장관이 제1항에 따라 기본계획을 수립하려면 관계 행정기관의 장과 협의하여야 한다. 이 경우 산업통상자원부장관은 관계 행정기관의 장에게 필요한 자료를 제출하도록 요청할 수 있다.

제5조 (국가에너지절약추진위원회)

① 에너지절약 정책의 수립 및 추진에 관한 다음 각 호의 사항을 심의하기 위하여 산업통상자원부장관 소속으로 국가에너지절약추진위원회(이하 "위원회"라 한다)를 둔다.

1. 제4조에 따른 기본계획 수립에 관한 사항
2. 제6조에 따른 에너지이용 합리화 실시계획의 종합 · 조정 및 추진상황 점검 · 평가에 관한 사항
3. 제8조에 따른 국가 · 지방자치단체 · 공공기관의 에너지이용 효율화조치 등에 관한 사항
4. 그 밖에 에너지절약 정책의 수립 및 추진과 관련하여 위원장이 심의에 부치는 사항

② 위원회는 위원장을 포함하여 25명 이내의 위원으로 구성한다.

③ 위원장은 산업통상자원부장관이 되며, 위원은 대통령령으로 정하는 당연직 위원과 에너지 분야의 학식과 경험이 풍부한 사람 중에서 산업통상자원부장관이 위촉하는 위촉위원으로 구성한다.

④ 제3항에 따른 위촉위원의 임기는 3년으로 한다.

⑤ 위원회는 제1항제2호에 따른 평가업무의 효과적인 수행을 위하여 관계 연구기관 등에 그 업무를 대행하도록 할 수 있다.

⑥ 그 밖에 위원회의 구성 및 운영과 제5항에 따른 평가업무 대행 등에 관하여 필요한 사항은 대통령령으로 정한다.

제6조 (에너지이용 합리화 실시계획)

① 관계 행정기관의 장과 특별시장 · 광역시장 · 도지사 또는 특별자치도지사(이하 "시 · 도지사"라 한다)는 기본계획에 따라 에너지이용 합리화에 관한 실시계획을 수립하고 시행하여야 한다.

② 관계 행정기관의 장 및 시 · 도지사는 제1항에 따른 실시계획과 그 시행 결과를 산업통상자원부장관에게 제출하여야 한다.

제7조 (수급안정을 위한 조치) 벌칙규정과태료

① 산업통상자원부장관은 국내외 에너지사정의 변동에 따른 에너지의 수급차질에 대비하기 위하여 대통령령으로 정하는 주요 에너지사용자와 에너지공급자에게 에너지저장시설을 보유하고 에너지를 저장하는 의무를 부과할 수 있다.

② 산업통상자원부장관은 국내외 에너지사정의 변동으로 에너지수급에 중대한 차질이 발생하거나 발생할 우려가 있다고 인정되면 에너지수급의 안정을 기하기 위하여 필요한 범위에서 에너지사용자 · 에너지공급자 또는 에너지사용기자재의 소유자와 관리자에게 다음 각 호의 사항에 관한 조정 · 명령, 그 밖에 필요한 조치를 할 수 있다.

1. 지역별 · 주요 수급자별 에너지 할당
2. 에너지공급설비의 가동 및 조업
3. 에너지의 비축과 저장
4. 에너지의 도입 · 수출입 및 위탁가공
5. 에너지공급자 상호 간의 에너지의 교환 또는 분배 사용
6. 에너지의 유통시설과 그 사용 및 유통경로
7. 에너지의 배급
8. 에너지의 양도 · 양수의 제한 또는 금지
9. 에너지사용의 시기 · 방법 및 에너지사용기자재의 사용 제한 또는 금지 등 대통령령으로 정하는 사항
10. 그 밖에 에너지수급을 안정시키기 위하여 대통령령으로 정하는 사항

③ 산업통상자원부장관은 제2항에 따른 조치를 시행하기 위하여 관계 행정기관의 장이나 지방자치단체의 장에게 필요한 협조를 요청할 수 있으며 관계 행정기관의 장이나 지방자치단체의 장은 이에 협조하여야 한다.

④ 산업통상자원부장관은 제2항에 따른 조치를 한 사유가 소멸되었다고 인정하면 지체 없이 이를 해제하여야 한다.

제8조 (국가 · 지방자치단체 등의 에너지이용 효율화조치 등)

① 다음 각 호의 자는 이 법의 목적에 따라 에너지를 효율적으로 이용하고 온실가스 배출을 줄이기 위하여 필요한 조치를 추진하여야 한다.

1. 국가
2. 지방자치단체
3. 「공공기관의 운영에 관한 법률」 제4조제1항에 따른 공공기관

② 제1항에 따라 국가 · 지방자치단체 등이 추진하여야 하는 에너지의 효율적 이용과 온실가스의 배출 저감을 위하여 필요한 조치의 구체적인 내용은 대통령령으로 정한다.

제9조 (에너지공급자의 수요관리투자계획) 과태료

① 에너지공급자 중 대통령령으로 정하는 에너지공급자는 해당 에너지의 생산 · 전환 · 수송 · 저장 및 이용상의 효율향상, 수요의 절감 및 온실가스배출의 감축 등을 도모하기 위한 연차별 수요관리투자계획을 수립 · 시행하여야 하며, 그 계획과 시행 결과를 산업통상자원부장관에게 제출하여야 한다. 연차별 수요관리투자계획을 변경하는 경우에도 또한 같다.

② 산업통상자원부장관은 에너지수급상황의 변화, 에너지가격의 변동, 그 밖에 대통령령으로 정하는

사유가 생긴 경우에는 제1항에 따른 수요관리투자계획을 수정 · 보완하여 시행하게 할 수 있다.

③ 제1항에 따른 에너지공급자는 연차별 수요관리투자사업비 중 일부를 대통령령으로 정하는 수요관리전문기관에 출연할 수 있다.

④ 산업통상자원부장관은 제1항에 따른 에너지공급자의 수요관리투자를 촉진하기 위하여 수요관리투자로 인하여 에너지공급자에게 발생되는 비용과 손실을 최소화하는 방안을 수립 · 시행할 수 있다.

제10조 (에너지사용계획의 협의) 과태료

① 도시개발사업이나 산업단지개발사업 등 대통령령으로 정하는 일정규모 이상의 에너지를 사용하는 사업을 실시하거나 시설을 설치하려는 자(이하 "사업주관자"라 한다)는 그 사업의 실시와 시설의 설치로 에너지수급에 미칠 영향과 에너지소비로 인한 온실가스(이산화탄소만을 말한다)의 배출에 미칠 영향을 분석하고, 소요에너지의 공급계획 및 에너지의 합리적 사용과 그 평가에 관한 계획(이하 "에너지사용계획"이라 한다)을 수립하여, 그 사업의 실시 또는 시설의 설치 전에 산업통상자원부장관에게 제출하여야 한다.

② 산업통상자원부장관은 제1항에 따라 제출한 에너지사용계획에 관하여 사업주관자 중 제8조제1항 각 호에 해당하는 자(이하 "공공사업주관자"라 한다)와 협의하여야 하며, 공공사업주관자 외의 자(이하 "민간사업주관자"라 한다)로부터 의견을 들을 수 있다.

③ 사업주관자가 제1항에 따라 제출한 에너지사용계획 중 에너지 수요예측 및 공급계획 등 대통령령으로 정한 사항을 변경하려는 경우에도 제1항과 제2항으로 정하는 바에 따른다.

④ 사업주관자는 국공립연구기관, 정부출연연구기관 등 에너지사용계획을 수립할 능력이 있는 자로 하여금 에너지사용계획의 수립을 대행하게 할 수 있다.

⑤ 제1항부터 제4항까지의 규정에 따른 에너지사용계획의 내용, 협의 및 의견청취의 절차, 대행기관의 요건, 그 밖에 필요한 사항은 대통령령으로 정한다.

⑥ 산업통상자원부장관은 제4항에 따른 에너지사용계획의 수립을 대행하는 데에 필요한 비용의 산정기준을 정하여 고시하여야 한다.

제11조 (에너지사용계획의 검토 등) 과태료

① 산업통상자원부장관은 에너지사용계획을 검토한 결과, 그 내용이 에너지의 수급에 적절하지 아니하거나 에너지이용의 합리화와 이를 통한 온실가스(이산화탄소만을 말한다)의 배출감소 노력이 부족하다고 인정되면 대통령령으로 정하는 바에 따라 공공사업주관자에게는 에너지사용계획의 조정 · 보완을 요청할 수 있고, 민간사업주관자에게는 에너지사용계획의 조정 · 보완을 권고할 수 있다. 공공사업주관자가 조정 · 보완요청을 받은 경우에는 정당한 사유가 없으면 그 요청에 따라야 한다.

② 산업통상자원부장관은 에너지사용계획을 검토할 때 필요하다고 인정되면 사업주관자에게 관련 자료를 제출하도록 요청할 수 있다.

③ 제1항에 따른 에너지사용계획의 검토기준, 검토방법, 그 밖에 필요한 사항은 산업통상자원부령으로 정한다.

제12조 (에너지사용계획의 사후관리) 과태료

① 산업통상자원부장관은 사업주관자가 에너지사용계획 또는 제11조제1항에 따라 요청받거나 권고받은 조치를 이행하는지를 점검하거나 실태를 파악할 수 있다.

② 제1항에 따른 점검이나 실태파악의 방법과 그 밖에 필요한 사항은 대통령령으로 정한다.

제13조 (에너지이용 합리화를 위한 홍보)

정부는 에너지이용 합리화를 위하여 정부의 에너지정책, 기본계획 및 에너지의 효율적 사용방법 등에 관한 홍보방안을 강구하여야 한다.

제14조 (금융 · 세제상의 지원)

① 정부는 에너지이용을 합리화하고 이를 통하여 온실가스의 배출을 줄이기 위하여 대통령령으로 정하는 에너지절약형 시설투자, 에너지절약형 기자재의 제조 · 설치 · 시공, 그 밖에 에너지이용 합리화와 이를 통한 온실가스배출의 감축에 관한 사업에 대하여 금융 · 세제상의 지원 또는 보조금의 지급, 그 밖에 필요한 지원을 할 수 있다.

② 정부는 제1항에 따른 지원을 하는 경우 「중소기업기본법」 제2조에 따른 중소기업에 대하여 우선하여 지원할 수 있다.

제3장 에너지이용 합리화 시책

제1절 에너지사용기자재 및 에너지관련기자재 관련 시책

제15조 (효율관리기자재의 지정 등) 벌칙규정과태료

① 산업통상자원부장관은 에너지이용 합리화를 위하여 필요하다고 인정하는 경우에는 일반적으로 널리 보급되어 있는 에너지사용기자재(상당량의 에너지를 소비하는 기자재에 한정한다) 또는 에너지관련기자재(에너지를 사용하지 아니하나 그 구조 및 재질에 따라 열손실 방지 등으로 에너지절감에 기여하는 기자재를 말한다. 이하 같다)로서 산업통상자원부령으로 정하는 기자재(이하 "효율관리기자재"라 한다)에 대하여 다음 각 호의 사항을 정하여 고시하여야 한다. 다만, 에너지관련기자재 중 「건축법」 제2조제1항의 건축물에 고정되어 설치 · 이용되는 기자재 및 「자동차관리법」 제29조제2항에 따른 자동차부품을 효율관리기자재로 정하려는 경우에는 국토교통부장관과 협의한 후 다음 각 호의 사항을 공동으로 정하여 고시하여야 한다.

1. 에너지의 목표소비효율 또는 목표사용량의 기준
2. 에너지의 최저소비효율 또는 최대사용량의 기준
3. 에너지의 소비효율 또는 사용량의 표시
4. 에너지의 소비효율 등급기준 및 등급표시
5. 에너지의 소비효율 또는 사용량의 측정방법
6. 그 밖에 효율관리기자재의 관리에 필요한 사항으로서 산업통상자원부령으로 정하는 사항

② 효율관리기자재의 제조업자 또는 수입업자는 산업통상자원부장관이 지정하는 시험기관(이하 "효율관리시험기관"이라 한다)에서 해당 효율관리기자재의 에너지 사용량을 측정받아 에너지소비효율등급 또는 에너지소비효율을 해당 효율관리기자재에 표시하여야 한다. 다만, 산업통상자원부장관이 정하여 고시하는 시험설비 및 전문인력을 모두 갖춘 제조업자 또는 수입업자로서 산업통상자원부령으로 정하는 바에 따라 산업통상자원부장관의 승인을 받은 자는 자체측정으로 효율관리시험기관의 측정을 대체할 수 있다.

③ 효율관리기자재의 제조업자 또는 수입업자는 제2항에 따른 측정결과를 산업통상자원부령으로 정하는 바에 따라 산업통상자원부장관에게 신고하여야 한다.

④ 효율관리기자재의 제조업자 · 수입업자 또는 판매업자가 산업통상자원부령으로 정하는 광고매체를 이용하여 효율관리기자재의 광고를 하는 경우에는 그 광고내용에 제2항에 따른 에너지소비효율등급 또는 에너지소비효율을 포함하여야 한다.

⑤ 효율관리시험기관은 「국가표준기본법」 제23조에 따라 시험 · 검사기관으로 인정받은 기관으로서 다음 각 호의 어느 하나에 해당하는 기관이어야 한다.

1. 국가가 설립한 시험 · 연구기관
2. 「특정연구기관 육성법」 제2조에 따른 특정연구기관
3. 제1호 및 제2호의 연구기관과 동등 이상의 시험능력이 있다고 산업통상자원부장관이 인정하는 기관

제16조 (효율관리기자재의 사후관리) 벌칙규정

① 산업통상자원부장관은 효율관리기자재가 제15조제1항제1호 · 제3호 또는 제4호에 따라 고시한 내용에 적합하지 아니하면 그 효율관리기자재의 제조업자 · 수입업자 또는 판매업자에게 일정한 기간을 정하여 그 시정을 명할 수 있다.

② 산업통상자원부장관은 효율관리기자재가 제15조제1항제2호에 따라 고시한 최저소비효율기준에 미달하거나 최대사용량기준을 초과하는 경우에는 해당 효율관리기자재의 제조업자 · 수입업자 또는 판매업자에게 그 생산이나 판매의 금지를 명할 수 있다.

③ 산업통상자원부장관은 효율관리기자재가 제15조제1항제1호부터 제4호까지의 규정에 따라 고시한 내용에 적합하지 아니한 경우에는 그 사실을 공표할 수 있다.

④ 산업통상자원부장관은 제1항부터 제3항까지의 규정에 따른 처분을 하기 위하여 필요한 경우에는 산업통상자원부령으로 정하는 바에 따라 시중에 유통되는 효율관리기자재가 제15조제1항에 따라 고시된 내용에 적합한지를 조사할 수 있다.

제17조 (평균에너지소비효율제도) 과태료

① 산업통상자원부장관은 각 효율관리기자재의 에너지소비효율 합계를 그 기자재의 총수로 나누어 산출한 평균에너지소비효율에 대하여 총량적인 에너지효율의 개선이 특히 필요하다고 인정되는 기자재로서「자동차관리법」 제3조제1항에 따른 승용자동차 등 산업통상자원부령으로 정하는 기자재(이하 이 조에서 "평균효율관리기자재"라 한다)를 제조하거나 수입하여 판매하는 자가 지켜야 할 평균에너지소비효율을 관계 행정기관의 장과 협의하여 고시하여야 한다.

② 산업통상자원부장관은 제1항에 따라 고시한 평균에너지소비효율(이하 "평균에너지소비효율기준"이라 한다)에 미달하는 평균효율관리기자재를 제조하거나 수입하여 판매하는 자에게 일정한 기간을 정하여 평균에너지소비효율의 개선을 명할 수 있다. 다만, 「자동차관리법」 제3조제1항에 따른 승용자동차 등 산업통상자원부령으로 정하는 자동차에 대해서는 그러하지 아니하다.

③ 산업통상자원부장관은 제2항에 따른 개선명령을 이행하지 아니하는 자에 대하여는 그 내용을 공표할 수 있다.

④ 평균효율관리기자재를 제조하거나 수입하여 판매하는 자는 에너지소비효율 산정에 필요하다고 인정되는 판매에 관한 자료와 효율측정에 관한 자료를 산업통상자원부장관에게 제출하여야 한다. 다만, 자동차 평균에너지소비효율 산정에 필요한 판매에 관한 자료에 대해서는 환경부장관이 산업통상자원부장관에게 제공하는 경우에는 그러하지 아니하다.

⑤ 평균에너지소비효율의 산정방법, 개선기간, 개선명령의 이행절차 및 공표방법 등 필요한 사항은

산업통상자원부령으로 정한다.

제17조의2 (과징금 부과)

① 환경부장관은 「자동차관리법」 제3조제1항에 따른 승용자동차 등 산업통상자원부령으로 정하는 자동차에 대하여 「저탄소 녹색성장 기본법」 제47조제2항에 따라 자동차 평균에너지소비효율기준을 택하여 준수하기로 한 자동차 제조업자 · 수입업자가 평균에너지소비효율기준을 달성하지 못한 경우 그 정도에 따라 대통령령으로 정하는 매출액에 100분의 1을 곱한 금액을 초과하지 아니하는 범위에서 과징금을 부과할 수 있다. 다만, 「대기환경보전법」 제76조의5제2항에 따라 자동차 제조업자 · 수입업자가 미달성분을 상환하는 경우에는 그러하지 아니하다.

② 자동차 평균에너지소비효율기준의 적용 · 관리에 관한 사항은 「대기환경보전법」 제76조의5에 따른다.

③ 제1항에 따른 과징금의 산정방법 · 금액, 징수시기, 그 밖에 필요한 사항은 대통령령으로 정한다. 이 경우 과징금의 금액은 「대기환경보전법」 제76조의2에 따른 자동차 온실가스 배출허용기준을 준수하지 못하여 부과하는 과징금 금액과 동일한 수준이 될 수 있도록 정한다.

④ 환경부장관은 제1항에 따라 과징금 부과처분을 받은 자가 납부기한까지 과징금을 내지 아니하면 국세 체납처분의 예에 따라 징수한다.

⑤ 제1항에 따라 징수한 과징금은 「환경정책기본법」에 따른 환경개선특별회계의 세입으로 한다.

제18조 (대기전력저감대상제품의 지정)

산업통상자원부장관은 외부의 전원과 연결만 되어 있고, 주기능을 수행하지 아니하거나 외부로부터 켜짐 신호를 기다리는 상태에서 소비되는 전력(이하 "대기전력"이라 한다)의 저감(低減)이 필요하다고 인정되는 에너지사용기자재로서 산업통상자원부령으로 정하는 제품(이하 "대기전력저감대상제품"이라 한다)에 대하여 다음 각 호의 사항을 정하여 고시하여야 한다.

1. 대기전력저감대상제품의 각 제품별 적용범위
2. 대기전력저감기준
3. 대기전력의 측정방법
4. 대기전력 저감성이 우수한 대기전력저감대상제품(이하 "대기전력저감우수제품"이라 한다)의 표시
5. 그 밖에 대기전력저감대상제품의 관리에 필요한 사항으로서 산업통상자원부령으로 정하는 사항

제19조 (대기전력경고표지대상제품의 지정 등) 벌칙규정

① 산업통상자원부장관은 대기전력저감대상제품 중 대기전력 저감을 통한 에너지이용의 효율을 높이기 위하여 제18조제2호의 대기전력저감기준에 적합할 것이 특히 요구되는 제품으로서 산업통상자원부령으로 정하는 제품(이하 "대기전력경고표지대상제품"이라 한다)에 대하여 다음 각 호의 사항을 정하여 고시하여야 한다.

1. 대기전력경고표지대상제품의 각 제품별 적용범위
2. 대기전력경고표지대상제품의 경고 표시
3. 그 밖에 대기전력경고표지대상제품의 관리에 필요한 사항으로서 산업통상자원부령으로 정하는 사항

② 대기전력경고표지대상제품의 제조업자 또는 수입업자는 대기전력경고표지대상제품에 대하여 산업통상자원부장관이 지정하는 시험기관(이하 "대기전력시험기관"이라 한다)의 측정을 받아야 한다.

다만, 산업통상자원부장관이 정하여 고시하는 시험설비 및 전문인력을 모두 갖춘 제조업자 또는 수입업자로서 산업통상자원부령으로 정하는 바에 따라 산업통상자원부장관의 승인을 받은 자는 자체측정으로 대기전력시험기관의 측정을 대체할 수 있다.

③ 대기전력경고표지대상제품의 제조업자 또는 수입업자는 제2항에 따른 측정 결과를 산업통상자원부령으로 정하는 바에 따라 산업통상자원부장관에게 신고하여야 한다.

④ 대기전력경고표지대상제품의 제조업자 또는 수입업자는 제2항에 따른 측정 결과, 해당 제품이 제18조제2호의 대기전력저감기준에 미달하는 경우에는 그 제품에 대기전력경고표지를 하여야 한다.

⑤ 제2항의 대기전력시험기관으로 지정받으려는 자는 다음 각 호의 요건을 모두 갖추어 산업통상자원부령으로 정하는 바에 따라 산업통상자원부장관에게 지정 신청을 하여야 한다.

1. 다음 각 목의 어느 하나에 해당할 것
   가. 국가가 설립한 시험 · 연구기관
   나.「특정연구기관 육성법」제2조에 따른 특정연구기관
   다.「국가표준기본법」제23조에 따라 시험 · 검사기관으로 인정받은 기관
   라. 가목 및 나목의 연구기관과 동등 이상의 시험능력이 있다고 산업통상자원부장관이 인정하는 기관
2. 산업통상자원부장관이 대기전력저감대상제품별로 정하여 고시하는 시험설비 및 전문인력을 갖출 것

제20조 (대기전력저감우수제품의 표시 등) 벌칙규정과태료

① 대기전력저감대상제품의 제조업자 또는 수입업자가 해당 제품에 대기전력저감우수제품의 표시를 하려면 대기전력시험기관의 측정을 받아 해당 제품이 제18조제2호의 대기전력저감기준에 적합하다는 판정을 받아야 한다. 다만, 제19조제2항 단서에 따라 산업통상자원부장관의 승인을 받은 자는 자체측정으로 대기전력시험기관의 측정을 대체 할 수 있다.

② 제1항에 따른 적합 판정을 받아 대기전력저감우수제품의 표시를 하는 제조업자 또는 수입업자는 제1항에 따른 측정 결과를 산업통상자원부령으로 정하는 바에 따라 산업통상자원부장관에게 신고하여야 한다.

③ 산업통상자원부장관은 대기전력저감우수제품의 보급을 촉진하기 위하여 필요하다고 인정되는 경우에는 제8조제1항 각 호에 따른 자에 대하여 대기전력저감우수제품을 우선적으로 구매하게 하거나, 공장 · 사업장 및 집단주택단지 등에 대하여 대기전력저감우수제품의 설치 또는 사용을 장려할 수 있다.

제21조 (대기전력저감대상제품의 사후관리) 벌칙규정

① 산업통상자원부장관은 대기전력저감우수제품이 제18조제2호의 대기전력저감기준에 미달하는 경우 산업통상자원부령으로 정하는 바에 따라 대기전력저감대상제품의 제조업자 또는 수입업자에게 일정한 기간을 정하여 그 시정을 명할 수 있다.

② 산업통상자원부장관은 대기전력저감대상제품의 제조업자 또는 수입업자가 제1항에 따른 시정명령을 이행하지 아니하는 경우에는 그 사실을 공표할 수 있다.

제22조 (고효율에너지기자재의 인증 등) 벌칙규정과태료

① 산업통상자원부장관은 에너지이용의 효율성이 높아 보급을 촉진할 필요가 있는 에너지사용기자재

또는 에너지관련기자재로서 산업통상자원부령으로 정하는 기자재(이하 "고효율에너지인증대상기자재"라 한다)에 대하여 다음 각 호의 사항을 정하여 고시하여야 한다. 다만, 에너지관련기자재 중 「건축법」 제2조제1항의 건축물에 고정되어 설치 · 이용되는 기자재 및 「자동차관리법」 제29조제2항에 따른 자동차부품을 고효율에너지인증대상기자재로 정하려는 경우에는 국토교통부장관과 협의한 후 다음 각 호의 사항을 공동으로 정하여 고시하여야 한다.

1. 고효율에너지인증대상기자재의 각 기자재별 적용범위
2. 고효율에너지인증대상기자재의 인증 기준 · 방법 및 절차
3. 고효율에너지인증대상기자재의 성능 측정방법
4. 에너지이용의 효율성이 우수한 고효율에너지인증대상기자재(이하 "고효율에너지기자재"라 한다)의 인증 표시
5. 그 밖에 고효율에너지인증대상기자재의 관리에 필요한 사항으로서 산업통상자원부령으로 정하는 사항

② 고효율에너지인증대상기자재의 제조업자 또는 수입업자가 해당 기자재에 고효율에너지기자재의 인증 표시를 하려면 해당 에너지사용기자재 또는 에너지관련기자재가 제1항제2호에 따른 인증기준에 적합한지 여부에 대하여 산업통상자원부장관이 지정하는 시험기관(이하 "고효율시험기관"이라 한다)의 측정을 받아 산업통상자원부장관으로부터 인증을 받아야 한다.

③ 제2항에 따라 고효율에너지기자재의 인증을 받으려는 자는 산업통상자원부령으로 정하는 바에 따라 산업통상자원부장관에게 인증을 신청하여야 한다.

④ 산업통상자원부장관은 제3항에 따라 신청된 고효율에너지인증대상기자재가 제1항제2호에 따른 인증기준에 적합한 경우에는 인증을 하여야 한다.

⑤ 제4항에 따라 인증을 받은 자가 아닌 자는 해당 고효율에너지인증대상기자재에 고효율에너지기자재의 인증 표시를 할 수 없다.

⑥산업통상자원부장관은 고효율에너지기자재의 보급을 촉진하기 위하여 필요하다고 인정하는 경우에는 제8조제1항 각 호에 따른 자에 대하여 고효율에너지기자재를 우선적으로 구매하게 하거나, 공장 · 사업장 및 집단주택단지 등에 대하여 고효율에너지기자재의 설치 또는 사용을 장려할 수 있다.

⑦제2항의 고효율시험기관으로 지정받으려는 자는 다음 각 호의 요건을 모두 갖추어 산업통상자원부령으로 정하는 바에 따라 산업통상자원부장관에게 지정 신청을 하여야 한다.

1. 다음 각 목의 어느 하나에 해당할 것
   가. 국가가 설립한 시험 · 연구기관
   나. 「특정연구기관육성법」 제2조에 따른 특정연구기관
   다. 「국가표준기본법」 제23조에 따라 시험 · 검사기관으로 인정받은 기관
   라. 가목 및 나목의 연구기관과 동등 이상의 시험능력이 있다고 산업통상자원부장관이 인정하는 기관
2. 산업통상자원부장관이 고효율에너지인증대상기자재별로 정하여 고시하는 시험설비 및 전문인력을 갖출 것

⑧ 산업통상자원부장관은 고효율에너지인증대상기자재 중 기술 수준 및 보급 정도 등을 고려하여 고효율에너지인증대상기자재로 유지할 필요성이 없다고 인정하는 기자재를 산업통상자원부령으로 정하는 기준과 절차에 따라 고효율에너지인증대상기자재에서 제외할 수 있다.

제23조 (고효율에너지기자재의 사후관리)

① 산업통상자원부장관은 고효율에너지기자재가 제1호에 해당하는 경우에는 인증을 취소하여야 하고, 제2호에 해당하는 경우에는 인증을 취소하거나 6개월 이내의 기간을 정하여 인증을 사용하지 못하도록 명할 수 있다.

1. 거짓이나 그 밖의 부정한 방법으로 인증을 받은 경우
2. 고효율에너지기자재가 제22조제1항제2호에 따른 인증기준에 미달하는 경우

② 산업통상자원부장관은 제1항에 따라 인증이 취소된 고효율에너지기자재에 대하여 그 인증이 취소된 날부터 1년의 범위에서 산업통상자원부령으로 정하는 기간 동안 인증을 하지 아니할 수 있다.

제24조 (시험기관의 지정취소 등) 관련판례

① 산업통상자원부장관은 효율관리시험기관, 대기전력시험기관 및 고효율시험기관이 다음 각 호의 어느 하나에 해당하는 경우에는 그 지정을 취소하거나 6개월 이내의 기간을 정하여 시험업무의 정지를 명할 수 있다. 다만, 제1호 또는 제2호에 해당하면 그 지정을 취소하여야 한다.

1. 거짓이나 그 밖의 부정한 방법으로 지정을 받은 경우
2. 업무정지 기간 중에 시험업무를 행한 경우
3. 정당한 사유 없이 시험을 거부하거나 지연하는 경우
4. 산업통상자원부장관이 정하여 고시하는 측정방법을 위반하여 시험한 경우
5. 제15조제5항, 제19조제5항 또는 제22조제7항에 따른 시험기관의 지정기준에 적합하지 아니하게 된 경우

② 산업통상자원부장관은 제15조제2항 단서, 제19조제2항 단서에 따라 자체측정의 승인을 받은 자가 제1호 또는 제2호에 해당하면 그 승인을 취소하여야 하고, 제3호 또는 제4호에 해당하면 그 승인을 취소하거나 6개월 이내의 기간을 정하여 자체측정업무의 정지를 명할 수 있다.

1. 거짓이나 그 밖의 부정한 방법으로 승인을 받은 경우
2. 업무정지 기간 중에 자체측정업무를 행한 경우
3. 산업통상자원부장관이 정하여 고시하는 측정방법을 위반하여 측정한 경우
4. 산업통상자원부장관이 정하여 고시하는 시험설비 및 전문인력 기준에 적합하지 아니하게 된 경우

제2절 산업 및 건물 관련 시책

제25조 (에너지절약전문기업의 지원)

① 정부는 제3자로부터 위탁을 받아 다음 각 호의 어느 하나에 해당하는 사업을 하는 자로서 산업통상자원부장관에게 등록을 한 자(이하 "에너지절약전문기업"이라 한다)가 에너지절약사업과 이를 통한 온실가스의 배출을 줄이는 사업을 하는 데에 필요한 지원을 할 수 있다.

1. 에너지사용시설의 에너지절약을 위한 관리 · 용역사업
2. 제14조제1항에 따른 에너지절약형 시설투자에 관한 사업
3. 그 밖에 대통령령으로 정하는 에너지절약을 위한 사업

② 에너지절약전문기업으로 등록하려는 자는 대통령령으로 정하는 바에 따라 장비, 자산 및 기술인력 등의 등록기준을 갖추어 산업통상자원부장관에게 등록을 신청하여야 한다.

제26조 (에너지절약전문기업의 등록취소 등)

산업통상자원부장관은 에너지절약전문기업이 다음 각 호의 어느 하나에 해당하면 그 등록을 취소하

거나 이 법에 따른 지원을 중단할 수 있다. 다만, 제1호에 해당하는 경우에는 그 등록을 취소하여야 한다.

1. 거짓이나 그 밖의 부정한 방법으로 제25조제1항에 따른 등록을 한 경우
2. 거짓이나 그 밖의 부정한 방법으로 제14조제1항에 따른 지원을 받거나 지원받은 자금을 다른 용도로 사용한 경우
3. 에너지절약전문기업으로 등록한 업체가 그 등록의 취소를 신청한 경우
4. 타인에게 자기의 성명이나 상호를 사용하여 제25조제1항 각 호의 어느 하나에 해당하는 사업을 수행하게 하거나 산업통상자원부장관이 에너지절약전문기업에 내준 등록증을 대여한 경우
5. 제25조제2항에 따른 등록기준에 미달하게 된 경우
6. 제66조제1항에 따른 보고를 하지 아니하거나 거짓으로 보고한 경우 또는 같은 항에 따른 검사를 거부·방해 또는 기피한 경우
7. 정당한 사유 없이 등록한 후 3년 이내에 사업을 시작하지 아니하거나 3년 이상 계속하여 사업수행실적이 없는 경우

제27조 (에너지절약전문기업의 등록제한)

제26조에 따라 등록이 취소된 에너지절약전문기업은 등록취소일부터 2년이 지나지 아니하면 제25조제2항에 따른 등록을 할 수 없다.

제27조의2 (에너지절약전문기업의 공제조합 가입 등)

① 에너지절약전문기업은 에너지절약사업과 이를 통한 온실가스의 배출을 줄이는 사업을 원활히 수행하기 위하여 「엔지니어링산업 진흥법」 제34조에 따른 공제조합의 조합원으로 가입할 수 있다.

② 제1항에 따른 공제조합은 다음 각 호의 사업을 실시할 수 있다.

1. 에너지절약사업에 따른 의무이행에 필요한 이행보증
2. 에너지절약사업을 위한 채무 보증 및 융자
3. 에너지절약사업 수출을 위한 주거래은행 설정에 관한 보증
4. 에너지절약사업으로 인한 매출채권의 팩토링
5. 에너지절약사업의 대가로 받은 어음의 할인
6. 조합원 및 조합원에 고용된 자의 복지 향상을 위한 공제사업
7. 조합원 출자금의 효율적 운영을 위한 투자사업

③ 제2항제6호의 공제사업을 위한 공제규정, 공제규정으로 정할 내용 등에 관한 사항은 대통령령으로 정한다.

제28조 (자발적 협약체결기업의 지원 등)

① 정부는 에너지사용자 또는 에너지공급자로서 에너지의 절약과 합리적인 이용을 통한 온실가스의 배출을 줄이기 위한 목표와 그 이행방법 등에 관한 계획을 자발적으로 수립하여 이를 이행하기로 정부나 지방자치단체와 약속(이하 "자발적 협약"이라 한다)한 자가 에너지절약형 시설이나 그 밖에 대통령령으로 정하는 시설 등에 투자하는 경우에는 그에 필요한 지원을 할 수 있다.

② 자발적 협약의 목표, 이행방법의 기준과 평가에 관하여 필요한 사항은 환경부장관과 협의하여 산업통상자원부령으로 정한다.

제28조의2 (에너지경영시스템의 지원 등)

① 산업통상자원부장관은 에너지사용자 또는 에너지공급자에게 에너지효율 향상을 위한 전사적(全社的) 에너지경영시스템의 도입을 권장하여야 하며, 이를 도입하는 자에게 필요한 지원을 할 수 있다.

② 제1항에 따른 에너지경영시스템의 내용, 권장 대상, 지원 기준 · 방법 등에 관하여 필요한 사항은 산업통상자원부령으로 정한다.

제29조 (온실가스배출 감축실적의 등록 · 관리)

① 정부는 에너지절약전문기업, 자발적 협약체결기업 등이 에너지이용 합리화를 통한 온실가스배출 감축실적의 등록을 신청하는 경우 그 감축실적을 등록 · 관리하여야 한다.

② 제1항에 따른 신청, 등록 · 관리 등에 관하여 필요한 사항은 대통령령으로 정한다.

제30조 (온실가스의 배출을 줄이기 위한 교육훈련 및 인력양성 등)

① 정부는 온실가스의 배출을 줄이기 위하여 필요하다고 인정하면 산업계종사자 등 온실가스배출 감축 관련 업무담당자에 대하여 교육훈련을 실시할 수 있다.

② 정부는 온실가스 배출을 줄이는 데에 필요한 전문인력을 양성하기 위하여 「고등교육법」 제29조에 따른 대학원 및 같은 법 제30조에 따른 대학원대학 중에서 대통령령으로 정하는 기준에 해당하는 대학원이나 대학원대학을 기후변화협약특성화대학원으로 지정할 수 있다.

③ 정부는 제2항에 따라 지정된 기후변화협약특성화대학원의 운영에 필요한 지원을 할 수 있다.

④ 제1항에 따른 교육훈련대상자와 교육훈련 내용, 제2항에 따른 기후변화협약특성화대학원 지정절차 및 제3항에 따른 지원내용 등에 필요한 사항은 대통령령으로 정한다.

제31조 (에너지다소비사업자의 신고 등) 과태료

① 에너지사용량이 대통령령으로 정하는 기준량 이상인 자(이하 "에너지다소비사업자"라 한다)는 다음 각 호의 사항을 산업통상자원부령으로 정하는 바에 따라 매년 1월 31일까지 그 에너지사용시설이 있는 지역을 관할하는 시 · 도지사에게 신고하여야 한다.

1. 전년도의 분기별 에너지사용량 · 제품생산량
2. 해당 연도의 분기별 에너지사용예정량 · 제품생산예정량
3. 에너지사용기자재의 현황
4. 전년도의 분기별 에너지이용 합리화 실적 및 해당 연도의 분기별 계획
5. 제1호부터 제4호까지의 사항에 관한 업무를 담당하는 자(이하 "에너지관리자"라 한다)의 현황

② 시 · 도지사는 제1항에 따른 신고를 받으면 이를 매년 2월 말일까지 산업통상자원부장관에게 보고하여야 한다.

③ 산업통상자원부장관 및 시 · 도지사는 에너지다소비사업자가 신고한 제1항 각 호의 사항을 확인하기 위하여 필요한 경우 다음 각 호의 어느 하나에 해당하는 자에 대하여 에너지다소비사업자에게 공급한 에너지의 공급량 자료를 제출하도록 요구할 수 있다.

1. 「한국전력공사법」에 따른 한국전력공사
2. 「한국가스공사법」에 따른 한국가스공사
3. 「도시가스사업법」 제2조제2호에 따른 도시가스사업자
4. 「집단에너지사업법」 제2조제3호에 따른 사업자 및 같은 법 제29조에 따른 한국지역난방공사
5. 그 밖에 대통령령으로 정하는 에너지공급기관 또는 관리기관

제32조 (에너지진단 등) 과태료

① 산업통상자원부장관은 관계 행정기관의 장과 협의하여 에너지다소비사업자가 에너지를 효율적으로 관리하기 위하여 필요한 기준(이하 "에너지관리기준"이라 한다)을 부문별로 정하여 고시하여야 한다.

② 에너지다소비사업자는 산업통상자원부장관이 지정하는 에너지진단전문기관(이하 "진단기관"이라 한다)으로부터 3년 이상의 범위에서 대통령령으로 정하는 기간마다 그 사업장의 에너지의 효율적 사용 여부에 대한 진단(이하 "에너지진단"이라 한다)을 받아야 한다. 다만, 물리적 또는 기술적으로 에너지진단을 실시할 수 없거나 에너지진단의 효과가 적은 아파트 · 발전소 등 산업통상자원부령으로 정하는 범위에 해당하는 사업장은 그러하지 아니하다.

③ 산업통상자원부장관은 대통령령으로 정하는 바에 따라 에너지진단업무에 관한 자료제출을 요구하는 등 진단기관을 관리 · 감독한다.

④ 산업통상자원부장관은 자체에너지절감실적이 우수하다고 인정되는 에너지다소비사업자에 대하여는 산업통상자원부령으로 정하는 바에 따라 에너지진단을 면제하거나 에너지진단주기를 연장할 수 있다.

⑤ 산업통상자원부장관은 에너지진단 결과 에너지다소비사업자가 에너지관리기준을 지키고 있지 아니한 경우에는 에너지관리기준의 이행을 위한 지도(이하 "에너지관리지도"라 한다)를 할 수 있다.

⑥ 산업통상자원부장관은 에너지다소비사업자가 에너지진단을 받기 위하여 드는 비용의 전부 또는 일부를 지원할 수 있다. 이 경우 지원 대상 · 규모 및 절차는 대통령령으로 정한다.

⑦ 진단기관의 지정기준은 대통령령으로 정하고, 진단기관의 지정절차와 그 밖에 필요한 사항은 산업통상자원부령으로 정한다.

⑧ 에너지진단의 범위와 방법, 그 밖에 필요한 사항은 산업통상자원부장관이 정하여 고시한다.

제33조 (진단기관의 지정취소 등)

산업통상자원부장관은 진단기관의 지정을 받은 자가 다음 각 호의 어느 하나에 해당하면 그 지정을 취소하거나 2년 이내의 기간을 정하여 그 업무의 정지를 명할 수 있다. 다만, 제1호에 해당하는 경우에는 그 지정을 취소하여야 한다.

1. 거짓이나 그 밖의 부정한 방법으로 지정을 받은 경우
2. 에너지관리기준에 비추어 현저히 부적절하게 에너지진단을 하는 경우
3. 제32조제7항에 따른 지정기준에 적합하지 아니하게 된 경우
4. 제66조제1항에 따른 보고를 하지 아니하거나 거짓으로 보고한 경우 또는 같은 항에 따른 검사를 거부 · 방해 또는 기피한 경우
5. 정당한 사유 없이 3년 이상 계속하여 에너지진단업무 실적이 없는 경우

제34조 (개선명령) 과태료

① 산업통상자원부장관은 에너지관리지도 결과, 에너지가 손실되는 요인을 줄이기 위하여 필요하다고 인정하면 에너지다소비사업자에게 에너지손실요인의 개선을 명할 수 있다.

② 제1항에 따른 개선명령의 요건 및 절차는 대통령령으로 정한다.

제35조 (목표에너지원단위의 설정 등)

① 산업통상자원부장관은 에너지의 이용효율을 높이기 위하여 필요하다고 인정하면 관계 행정기관의 장과 협의하여 에너지를 사용하여 만드는 제품의 단위당 에너지사용목표량 또는 건축물의 단위면

적당 에너지사용목표량(이하 "목표에너지원단위"라 한다)을 정하여 고시하여야 한다.

② 산업통상자원부장관은 산업통상자원부령으로 정하는 바에 따라 목표에너지원단위의 달성에 필요한 자금을 융자할 수 있다.

제35조의2 (붙박이에너지사용기자재의 효율관리)

① 산업통상자원부장관은 건설업자(「주택법」 제9조에 따라 등록한 주택건설업자 또는 「건축법」 제2조에 따른 건축주 및 공사시공자를 말한다. 이하 같다)가 설치하여 입주자에게 공급하는 붙박이 가전제품(건축물의 난방, 냉방, 급탕, 조명, 환기를 위한 제품은 제외한다)으로서 국토교통부장관과 협의하여 산업통상자원부령으로 정하는 에너지사용기자재(이하 "붙박이에너지사용기자재"라 한다)의 에너지이용 효율을 높이기 위하여 다음 각 호의 사항을 정하여 고시하여야 한다.

1. 에너지의 최저소비효율 또는 최대사용량의 기준
2. 에너지의 소비효율등급 또는 대기전력 기준
3. 그 밖에 붙박이에너지사용기자재의 관리에 필요한 사항으로서 산업통상자원부령으로 정하는 사항

② 산업통상자원부장관은 건설업자에게 제1항에 따라 고시된 사항을 준수하도록 권고할 수 있다.

③ 산업통상자원부장관은 붙박이에너지사용기자재를 설치한 건설업자에 대하여 국토교통부장관과 협의하여 산업통상자원부령으로 정하는 바에 따라 제2항에 따른 권고의 이행 여부를 조사할 수 있다.

제36조 (폐열의 이용)

① 에너지사용자는 사업장 안에서 발생하는 폐열을 이용하기 위하여 노력하여야 하며, 사업장 안에서 이용하지 아니하는 폐열을 타인이 사업장 밖에서 이용하기 위하여 공급받으려는 경우에는 이에 적극 협조하여야 한다.

② 산업통상자원부장관은 폐열의 이용을 촉진하기 위하여 필요하다고 인정하면 폐열을 발생시키는 에너지사용자에게 폐열의 공동이용 또는 타인에 대한 공급 등을 권고할 수 있다. 다만, 폐열의 공동이용 또는 타인에 대한 공급 등에 관하여 당사자 간에 협의가 이루어지지 아니하거나 협의를 할 수 없는 경우에는 조정을 할 수 있다.

③ 「집단에너지사업법」에 따른 사업자는같은 법 제5조에 따라 집단에너지공급대상지역으로 지정된 지역에 소각시설이나 산업시설에서 발생되는 폐열을 활용하기 위하여 적극 노력하여야 한다.

제36조의2 (냉난방온도제한건물의 지정 등) 과태료

① 산업통상자원부장관은 에너지의 절약 및 합리적인 이용을 위하여 필요하다고 인정하면 냉난방온도의 제한온도 및 제한기간을 정하여 다음 각 호의 건물 중에서 냉난방온도를 제한하는 건물을 지정할 수 있다.

1. 제8조제1항 각 호에 해당하는 자가 업무용으로 사용하는 건물
2. 에너지다소비사업자의 에너지사용시설 중 에너지사용량이 대통령령으로 정하는 기준량 이상인 건물

② 산업통상자원부장관은 제1항에 따라 냉난방온도의 제한온도 및 제한기간을 정하여 냉난방온도를 제한하는 건물을 지정한 때에는 다음 각 호의 구분에 따라 통지하고 이를 고시하여야 한다.

1. 제1항제1호의 건물: 관리기관(관리기관이 따로 없는 경우에는 그 기관의 장을 말한다. 이하 같다)에 통지
2. 제1항제2호의 건물: 에너지다소비사업자에게 통지

③ 제1항 및 제2항에 따라 냉난방온도를 제한하는 건물로 지정된 건물(이하 "냉난방온도제한건물"이라 한다)의 관리기관 또는 에너지다소비사업자는 해당 건물의 냉난방온도를 제한온도에 적합하도록 유지 · 관리하여야 한다.

④ 산업통상자원부장관은 냉난방온도제한건물의 관리기관 또는 에너지다소비사업자가 해당 건물의 냉난방온도를 제한온도에 적합하게 유지 · 관리하는지 여부를 점검하거나 실태를 파악할 수 있다.

⑤ 제1항에 따른 냉난방온도의 제한온도를 정하는 기준 및 냉난방온도제한건물의 지정기준, 제4항에 따른 점검 방법 등에 필요한 사항은 산업통상자원부령으로 정한다.

제36조의3 (건물의 냉난방온도 유지 · 관리를 위한 조치) 과태료

산업통상자원부장관은 냉난방온도제한건물의 관리기관 또는 에너지다소비사업자가 제36조의2제3항에 따라 해당 건물의 냉난방온도를 제한온도에 적합하게 유지 · 관리하지 아니한 경우에는 냉난방온도의 조절 등 냉난방온도의 적합한 유지 · 관리에 필요한 조치를 하도록 권고하거나 시정조치를 명할 수 있다.

제4장 열사용기자재의 관리

제37조 (특정열사용기자재)

열사용기자재 중 제조, 설치 · 시공 및 사용에서의 안전관리, 위해방지 또는 에너지이용의 효율관리가 특히 필요하다고 인정되는 것으로서 산업통상자원부령으로 정하는 열사용기자재(이하 "특정열사용기자재"라 한다)의 설치 · 시공이나 세관(세관 : 물이 흐르는 관 속에 낀 물때나 녹따위를 벗겨 냄)을 업(이하 "시공업"이라 한다)으로 하는 자는 「건설산업기본법」 제9조제1항에 따라 시 · 도지사에게 등록하여야 한다.

제38조 (시공업등록말소 등의 요청)

산업통상자원부장관은 제37조에 따라 시공업의 등록을 한 자(이하 "시공업자"라 한다)가 고의 또는 과실로 특정열사용기자재의 설치, 시공 또는 세관을 부실하게 함으로써 시설물의 안전 또는 에너지효율 관리에 중대한 문제를 초래하면 시 · 도지사에게 그 등록을 말소하거나 그 시공업의 전부 또는 일부를 정지하도록 요청할 수 있다.

제39조 (검사대상기기의 검사) 벌칙규정과태료

① 특정열사용기자재 중 산업통상자원부령으로 정하는 검사대상기기(이하 "검사대상기기"라 한다)의 제조업자는 그 검사대상기기의 제조에 관하여 시 · 도지사의 검사를 받아야 한다.

② 다음 각 호의 어느 하나에 해당하는 자(이하 "검사대상기기설치자"라 한다)는 산업통상자원부령으로 정하는 바에 따라 시 · 도지사의 검사를 받아야 한다.
  1. 검사대상기기를 설치하거나 개조하여 사용하려는 자
  2. 검사대상기기의 설치장소를 변경하여 사용하려는 자
  3. 검사대상기기를 사용중지한 후 재사용하려는 자

③ 시 · 도지사는 제1항이나 제2항에 따른 검사에 합격된 검사대상기기의 제조업자나 설치자에게는 지체 없이 그 검사의 유효기간을 명시한 검사증을 내주어야 한다.

④ 검사의 유효기간이 끝나는 검사대상기기를 계속 사용하려는 자는 산업통상자원부령으로 정하는 바에 따라 다시 시 · 도지사의 검사를 받아야 한다.

⑤ 제1항 · 제2항 또는 제4항에 따른 검사에 합격되지 아니한 검사대상기기는 사용할 수 없다. 다만,

시 · 도지사는 제4항에 따른 검사의 내용 중 산업통상자원부령으로 정하는 항목의 검사에 합격되지 아니한 검사대상기기에 대하여는 검사대상기기의 안전관리와 위해방지에 지장이 없는 범위에서 산업통상자원부령으로 정하는 기간 내에 그 검사에 합격할 것을 조건으로 계속 사용하게 할 수 있다.

⑥ 시 · 도지사는 제1항 · 제2항 및 제4항에 따른 검사에서 검사대상기기의 안전관리와 위해방지에 지장이 없는 범위에서 산업통상자원부령으로 정하는 바에 따라 그 검사의 전부 또는 일부를 면제할 수 있다.

⑦ 검사대상기기설치자는 다음 각 호의 어느 하나에 해당하면 산업통상자원부령으로 정하는 바에 따라 시 · 도지사에게 신고하여야 한다.

1. 검사대상기기를 폐기한 경우
2. 검사대상기기의 사용을 중지한 경우
3. 검사대상기기의 설치자가 변경된 경우
4. 제6항에 따라 검사의 전부 또는 일부가 면제된 검사대상기기 중 산업통상자원부령으로 정하는 검사대상기기를 설치한 경우

⑧ 검사대상기기에 대한 검사의 내용 · 기준, 그 밖에 필요한 사항은 산업통상자원부령으로 정한다.

제40조 (검사대상기기조종자의 선임) 벌칙규정과태료

① 검사대상기기설치자는 검사대상기기의 안전관리, 위해방지 및 에너지이용의 효율을 관리하기 위하여 검사대상기기의 조종자(이하 "검사대상기기조종자"라 한다)를 선임하여야 한다.

② 검사대상기기조종자의 자격기준과 선임기준은 산업통상자원부령으로 정한다.

③ 검사대상기기설치자는 검사대상기기조종자를 선임 또는 해임하거나 검사대상기기조종자가 퇴직한 경우에는 산업통상자원부령으로 정하는 바에 따라 시 · 도지사에게 신고하여야 한다.

④ 검사대상기기설치자는 검사대상기기조종자를 해임하거나 검사대상기기조종자가 퇴직하는 경우에는 해임이나 퇴직 이전에 다른 검사대상기기조종자를 선임하여야 한다. 다만, 산업통상자원부령으로 정하는 사유에 해당하는 경우에는 시 · 도지사의 승인을 받아 다른 검사대상기기조종자의 선임을 연기할 수 있다.

제5장 시공업자단체

제41조 (시공업자단체의 설립) 관련판례

① 시공업자는 품위 유지, 기술 향상, 시공방법 개선, 그 밖에 시공업의 건전한 발전을 위하여 산업통상자원부장관의 인가를 받아 시공업자단체를 설립할 수 있다.

② 시공업자단체는 법인으로 한다.

③ 시공업자단체는 설립등기를 함으로써 성립한다.

④ 시공업자단체의 설립, 정관의 기재사항과 감독에 관하여 필요한 사항은 대통령령으로 정한다.

제42조 (시공업자단체의 회원자격)

시공업자는 시공업자단체에 가입할 수 있다.

제43조 (건의와 자문)

시공업자단체는 시공업에 관한 사항을 정부에 건의하거나 정부의 자문에 응할 수 있다.

제44조 (「민법」의 준용)

시공업자단체에 관하여 이 법에 규정한 것 외에는 「민법」 중 사단법인에 관한 규정을 준용한다.

제6장 에너지관리공단

제45조 (에너지관리공단의 설립 등)

① 에너지이용 합리화사업을 효율적으로 추진하기 위하여 에너지관리공단(이하 "공단"이라 한다)을 설립한다.

② 정부 또는 정부 외의 자는 공단의 설립 · 운영과 사업에 드는 자금에 충당하기 위하여 출연을 할 수 있다.

③ 제2항에 따른 출연시기, 출연방법, 그 밖에 필요한 사항은 대통령령으로 정한다.

제46조 (법인격)

공단은 법인으로 한다.

제47조 (사무소)

① 공단의 주된 사무소의 소재지는 정관으로 정한다.

② 공단은 산업통상자원부장관의 승인을 받아 필요한 곳에 지부(支部), 연수원, 사업소 또는 부설기관을 둘 수 있다.

제48조 (정관)

공단의 정관에는 「공공기관의 운영에 관한 법률」 제16조제1항에 따른 기재사항 외에 다음 각 호의 사항을 포함하여야 한다.

1. 지부, 연수원 및 사업소에 관한 사항
2. 부설기관의 운영과 관리에 관한 사항
3. 재산에 관한 사항
4. 규약 · 규정의 제정, 개정 및 폐지에 관한 사항

제49조 (설립등기)

① 공단은 주된 사무소의 소재지에서 설립등기를 함으로써 성립한다.

② 제1항에 따른 설립등기 사항은 다음 각 호와 같다.

1. 목적
2. 명칭
3. 주된 사무소, 지부, 연수원 및 사업소
4. 임원의 성명과 주소
5. 공고의 방법

③ 설립등기 외의 등기에 관하여 필요한 사항은 대통령령으로 정한다.

제50조 (유사명칭의 사용금지) 과태료

공단이 아닌 자는 에너지관리공단 또는 이와 유사한 명칭을 사용하지 못한다.

제51조 (임원)

공단에 임원으로 이사장과 부이사장을 포함한 이사와 감사를 두며, 그 정수는 다음 각 호와 같이 한다.

1. 이사장 1명
2. 부이사장 1명
3. 이사장, 부이사장을 제외한 이사 9명 이내(6명 이내의 비상임이사를 포함한다)
4. 감사 1명

제53조 (임원의 직무)

① 이사장은 공단을 대표하고, 공단의 업무를 총괄한다.
② 부이사장은 이사장을 보좌한다.
③ 이사는 정관으로 정하는 바에 따라 공단의 업무를 분장한다.
④ 감사는 공단의 업무와 회계를 감사한다.

제56조 (직원의 임면)

공단의 직원은 정관으로 정하는 바에 따라 이사장이 임면한다.

제57조 (사업)

공단은 다음 각 호의 사업을 한다.

1. 에너지이용 합리화 및 이를 통한 온실가스의 배출을 줄이기 위한 사업
2. 에너지기술의 개발 · 도입 · 지도 및 보급
3. 에너지이용 합리화, 신에너지 및 재생에너지의 개발과 보급, 집단에너지공급사업을 위한 자금의 융자 및 지원
4. 제25조제1항 각 호의 사업
5. 에너지진단 및 에너지관리지도
6. 신에너지 및 재생에너지 개발사업의 촉진
7. 에너지관리에 관한 조사 · 연구 · 교육 및 홍보
8. 에너지이용 합리화사업을 위한 토지 · 건물 및 시설 등의 취득 · 설치 · 운영 · 대여 및 양도
9. 「집단에너지사업법」 제2조에 따른 집단에너지사업의 촉진을 위한 지원 및 관리
10. 에너지사용기자재 · 에너지관련기자재의 효율관리 및 열사용기자재의 안전관리
11. 제1호부터 제10호까지의 사업에 딸린 사업
12. 제1호부터 제11호까지의 사업 외에 산업통상자원부장관, 시 · 도지사, 그 밖의 기관 등이 위탁하는 에너지이용의 합리화와 온실가스의 배출을 줄이기 위한 사업

제58조 (비용부담)

공단은 산업통상자원부장관의 승인을 받아 그 사업에 따른 수익자로 하여금 그 사업에 필요한 비용을 부담하게 할 수 있다.

제59조 (자금의 차입)

공단이 제57조제4호에 따른 사업을 하는 경우에는 정부, 정부가 설치한 기금, 국내외 금융기관, 외국정부 또는 국제기구로부터 자금을 차입할 수 있다.

제60조 (회계 등)

① 공단은 매 회계연도 시작 전에 예산 총칙 · 추정손익계산서 · 추정대차대조표와 자금계획서로 구분하여 예산안을 편성하여 이사회의 의결을 거쳐 산업통상자원부장관의 승인을 받아야 한다. 이를 변경하는 경우에도 또한 같다.

제61조 (이익금의 처리)

공단은 매 회계연도의 결산결과 이익금이 생긴 경우에는 이월손실금을 보전하는 데에 충당하고, 나머지는 산업통상자원부장관이 정하는 바에 따라 적립하여야 한다.

제62조 (업무의 지도 및 감독)

① 산업통상자원부장관은 다음 각 호의 업무에 대하여 공단을 지도 · 감독하며, 그 사업의 수행에 필요한 지시 · 처분 또는 명령을 할 수 있다.

1. 사업계획 및 예산편성
2. 사업실적 및 결산
3. 제57조에 따라 공단이 수행하는 사업
4. 제69조제3항에 따라 산업통상자원부장관이 위탁한 업무

② 산업통상자원부장관은 공단에 업무 · 회계 및 재산에 관하여 필요한 사항을 보고하게 하거나 소속 공무원으로 하여금 공단의 장부 · 서류, 그 밖의 물건을 검사하게 할 수 있다.

③ 제2항에 따라 검사를 하는 공무원은 그 권한을 표시하는 증표를 지니고 이를 관계인에게 내보여야 한다.

제63조 (비밀누설 등의 금지) 벌칙규정

공단의 임직원으로 근무하거나 근무하였던 사람은 그 직무상 알게 된 비밀을 누설하거나 도용하여서는 아니 된다.

제64조 (「민법」의 준용)

공단에 관하여 이 법 및 「공공기관의 운영에 관한 법률」에 규정한 것 외에는 「민법」 중 재단법인에 관한 규정을 준용한다.

제7장 보칙

제65조 (교육) 과태료

① 산업통상자원부장관은 에너지관리의 효율적인 수행과 특정열사용기자재의 안전관리를 위하여 에너지관리자, 시공업의 기술인력 및 검사대상기기조종자에 대하여 교육을 실시하여야 한다.

② 에너지관리자, 시공업의 기술인력 및 검사대상기기조종자는 제1항에 따라 실시하는 교육을 받아야 한다.

③ 에너지다소비사업자, 시공업자 및 검사대상기기설치자는 그가 선임 또는 채용하고 있는 에너지관리자, 시공업의 기술인력 또는 검사대상기기조종자로 하여금 제1항에 따라 실시하는 교육을 받게 하여야 한다.

④ 제1항에 따른 교육담당기관 · 교육기간 및 교육과정, 그 밖에 교육에 관하여 필요한 사항은 산업통상자원부령으로 정한다.

제66조 (보고 및 검사 등) 과태료

① 산업통상자원부장관이나 시·도지사는 이 법의 시행을 위하여 필요하면 산업통상자원부령으로 정하는 바에 따라 효율관리기자재·대기전력저감대상제품·고효율에너지인증대상기자재의 제조업자·수입업자·판매업자 및 각 시험기관, 에너지절약전문기업, 에너지다소비사업자, 진단기관과 검사대상기기설치자에 대하여 그 업무에 관한 보고를 명하거나 소속 공무원 또는 공단으로 하여금 효율관리기자재 제조업자 등의 사무소·사업장·공장이나 창고에 출입하여 장부·서류·에너지사용기자재, 그 밖의 물건을 검사하게 할 수 있다.

② 제1항에 따른 검사를 하는 공무원이나 공단의 직원은 그 권한을 표시하는 증표를 지니고 이를 관계인에게 내보여야 한다.

제67조 (수수료)

다음 각 호의 어느 하나에 해당하는 자는 산업통상자원부령으로 정하는 바에 따라 수수료를 내야 한다.

1. 제22조제3항에 따라 고효율에너지기자재의 인증을 신청하려는 자
2. 제32조제2항 본문에 따른 에너지진단을 받으려는 자
3. 제39조제1항·제2항 또는 제4항에 따라 검사대상기기의 검사를 받으려는 자

제68조 (청문)

산업통상자원부장관은 다음 각 호의 어느 하나에 해당하는 처분을 하려면 청문을 하여야 한다.

1. 제16조제2항에 따른 효율관리기자재의 생산 또는 판매의 금지명령
2. 제23조제1항에 따른 고효율에너지기자재의 인증 취소
3. 제24조제1항에 따른 각 시험기관의 지정 취소
4. 제24조제2항에 따른 자체측정을 할 수 있는 자의 승인 취소
5. 제26조에 따른 에너지절약전문기업의 등록 취소. 다만, 같은 조 제3호에 따른 등록 취소는 제외한다.
6. 제33조에 따른 진단기관의 지정 취소

제69조 (권한의 위임·위탁)

① 이 법에 따른 산업통상자원부장관의 권한은 대통령령으로 정하는 바에 따라 그 일부를 시·도지사에게 위임할 수 있다.

② 시·도지사는 제1항에 따라 위임받은 권한의 일부를 산업통상자원부장관의 승인을 받아 시장·군수 또는 구청장(자치구의 구청장을 말한다)에게 재위임할 수 있다.

③ 산업통상자원부장관 또는 시·도지사는 대통령령으로 정하는 바에 따라 다음 각 호의 업무를 공단·시공업자단체 또는 대통령령으로 정하는 기관에 위탁할 수 있다.

1. 제11조에 따른 에너지사용계획의 검토
2. 제12조에 따른 이행 여부의 점검 및 실태파악
3. 제15조제3항에 따른 효율관리기자재의 측정결과 신고의 접수
4. 제19조제3항에 따른 대기전력경고표지대상제품의 측정결과 신고의 접수
5. 제20조제2항에 따른 대기전력저감대상제품의 측정결과 신고의 접수
6. 제22조제3항 및 제4항에 따른 고효율에너지기자재 인증 신청의 접수 및 인증
7. 제23조제1항에 따른 고효율에너지기자재의 인증취소 또는 인증사용정지 명령

8. 제25조제1항에 따른 에너지절약전문기업의 등록
9. 제29조제1항에 따른 온실가스배출 감축실적의 등록 및 관리
10. 제31조제1항에 따른 에너지다소비사업자 신고의 접수
11. 제32조제3항에 따른 진단기관의 관리 · 감독
12. 제32조제5항에 따른 에너지관리지도
12의2. 제36조의2제4항에 따른 냉난방온도의 유지 · 관리 여부에 대한 점검 및 실태 파악
13. 제39조제1항부터 제4항까지 및 제7항에 따른 검사대상기기의 검사, 검사증의 교부 및 검사대상기기 폐기 등의 신고의 접수
14. 제40조제3항 및 제4항 단서에 따른 검사대상기기조종자의 선임 · 해임 또는 퇴직신고의 접수 및 검사대상기기조종자의 선임기한 연기에 관한 승인

제70조 (벌칙 적용 시의 공무원 의제)

산업통상자원부장관이 제69조제3항에 따라 위탁한 업무에 종사하는 기관 또는 단체의 임직원은 「형법」 제129조부터 제132조까지를 적용할 때에는 공무원으로 본다.

제71조 (다른 법률과의 관계)

① 「집단에너지사업법」 제4조에 따라 집단에너지의 공급타당성에 관한 협의를 한 경우에는 제10조에 따른 에너지사용계획의 협의내용 중 집단에너지공급에 관한 사항을 협의한 것으로 본다.

제8장 벌칙

제72조 (벌칙)

다음 각 호의 어느 하나에 해당하는 자는 2년 이하의 징역 또는 2천만원 이하의 벌금에 처한다.

1. 제7조제1항에 따른 에너지저장시설의 보유 또는 저장의무의 부과시 정당한 이유 없이 이를 거부하거나 이행하지 아니한 자
2. 제7조제2항제1호부터 제8호까지 또는 제10호에 따른 조정 · 명령 등의 조치를 위반한 자
3. 제63조를 위반하여 직무상 알게 된 비밀을 누설하거나 도용한 자

제73조 (벌칙)

다음 각 호의 어느 하나에 해당하는 자는 1년 이하의 징역 또는 1천만원 이하의 벌금에 처한다.

1. 제39조제1항 · 제2항 또는 제4항을 위반하여 검사대상기기의 검사를 받지 아니한 자
2. 제39조제5항을 위반하여 검사대상기기를 사용한 자

제74조 (벌칙)

제16조제2항에 따른 생산 또는 판매 금지명령을 위반한 자는 2천만원 이하의 벌금에 처한다.

제75조 (벌칙)

제40조제1항 또는 제4항을 위반하여 검사대상기기조종자를 선임하지 아니한 자는 1천만원 이하의 벌금에 처한다.

제76조 (벌칙)

다음 각 호의 어느 하나에 해당하는 자는 500만원 이하의 벌금에 처한다.

1. 제15조제3항을 위반하여 효율관리기자재에 대한 에너지사용량의 측정결과를 신고하지 아니한 자
2. 제19조제3항에 따라 대기전력경고표지대상제품에 대한 측정결과를 신고하지 아니한 자
3. 제19조제4항에 따른 대기전력경고표지를 하지 아니한 자
4. 제20조제1항을 위반하여 대기전력저감우수제품임을 표시하거나 거짓표시를 한 자
5. 제21조제1항에 따른 시정명령을 정당한 사유 없이 이행하지 아니한 자
6. 제22조제5항을 위반하여 인증 표시를 한 자

제77조 (양벌규정)

법인의 대표자나 법인 또는 개인의 대리인, 사용인, 그 밖의 종업원이 그 법인 또는 개인의 업무에 관하여 제72조부터 제76조까지의 어느 하나에 해당하는 위반행위를 하면 그 행위자를 벌하는 외에 그 법인 또는 개인에게도 해당 조문의 벌금형을 과(科)한다. 다만, 법인 또는 개인이 그 위반행위를 방지하기 위하여 해당 업무에 관하여 상당한 주의와 감독을 게을리하지 아니한 경우에는 그러하지 아니하다.

제78조 (과태료)

① 다음 각 호의 어느 하나에 해당하는 자에게는 2천만원 이하의 과태료를 부과한다.
  1. 제15조제2항을 위반하여 효율관리기자재에 대한 에너지소비효율등급 또는 에너지소비효율을 표시하지 아니하거나 거짓으로 표시를 한 자
  2. 제32조제2항을 위반하여 에너지진단을 받지 아니한 에너지다소비사업자

② 다음 각 호의 어느 하나에 해당하는 자에게는 1천만원 이하의 과태료를 부과한다.
  1. 제10조제1항이나 제3항을 위반하여 에너지사용계획을 제출하지 아니하거나 변경하여 제출하지 아니한 자. 다만, 국가 또는 지방자치단체인 사업주관자는 제외한다.
  2. 제34조에 따른 개선명령을 정당한 사유 없이 이행하지 아니한 자
  3. 제66조제1항에 따른 검사를 거부 · 방해 또는 기피한 자

③ 제15조제4항에 따른 광고내용이 포함되지 아니한 광고를 한 자에게는 500만원 이하의 과태료를 부과한다.

④ 다음 각 호의 어느 하나에 해당하는 자에게는 300만원 이하의 과태료를 부과한다. 다만, 제1호, 제4호부터 제6호까지, 제8호, 제9호 및 제9호의2부터 제9호의4까지의 경우에는 국가 또는 지방자치단체를 제외한다.
  1. 제7조제2항제9호에 따른 에너지사용의 제한 또는 금지에 관한 조정 · 명령, 그 밖에 필요한 조치를 위반한 자
  2. 제9조제1항을 위반하여 정당한 이유 없이 수요관리투자계획과 시행결과를 제출하지 아니한 자
  3. 제9조제2항을 위반하여 수요관리투자계획을 수정 · 보완하여 시행하지 아니한 자
  4. 제11조제1항에 따른 필요한 조치의 요청을 정당한 이유 없이 거부하거나 이행하지 아니한 공공사업주관자
  5. 제11조제2항에 따른 관련 자료의 제출요청을 정당한 이유 없이 거부한 사업주관자
  6. 제12조에 따른 이행 여부에 대한 점검이나 실태 파악을 정당한 이유 없이 거부 · 방해 또는 기피한 사업주관자
  7. 제17조제4항을 위반하여 자료를 제출하지 아니하거나 거짓으로 자료를 제출한 자
  8. 제20조제3항 또는 제22조제6항을 위반하여 정당한 이유 없이 대기전력저감우수제품 또는 고효율에너지기자재를 우선적으로 구매하지 아니한 자
  9. 제31조제1항에 따른 신고를 하지 아니하거나 거짓으로 신고를 한 자

9의2. 제36조의2제4항에 따른 냉난방온도의 유지 · 관리 여부에 대한 점검 및 실태 파악을 정당한 사유 없이 거부 · 방해 또는 기피한 자
9의3. 제36조의3에 따른 시정조치명령을 정당한 사유 없이 이행하지 아니한 자
9의4. 제39조제7항 또는 제40조제3항에 따른 신고를 하지 아니하거나 거짓으로 신고를 한 자
10. 제50조를 위반하여 에너지관리공단 또는 이와 유사한 명칭을 사용한 자
11. 제65조제2항을 위반하여 교육을 받지 아니한 자 또는 같은 조제3항을 위반하여 교육을 받게 하지 아니한 자
12. 제66조제1항에 따른 보고를 하지 아니하거나 거짓으로 보고를 한 자

⑤ 제1항부터 제4항까지의 규정에 따른 과태료는 대통령령으로 정하는 바에 따라 산업통상자원부장관이나 시 · 도지사가 부과 · 징수한다.

저탄소 녹색성장 기본법

제1장 총칙

1. (목적)

1. 경제와 환경의 조화로운 발전을 위하여 저탄소(低炭素) 녹색성장에 필요한 기반을 조성
2. 녹색기술과 녹색산업을 새로운 성장동력으로 활용
3. 국민경제의 발전을 도모하며 저탄소 사회 구현을 통하여 국민의 삶의 질을 높이고
4. 국제사회에서 책임을 다하는 성숙한 선진 일류국가로 도약하는 데 이바지함

2. (정의)

1. “저탄소”란 화석연료(化石燃料)에 대한 의존도를 낮추고 청정에너지의 사용 및 보급을 확대하며 녹색기술 연구개발, 탄소흡수원 확충 등을 통하여 온실가스를 적정수준 이하로 줄이는 것을 말한다.
2. “녹색성장”이란 에너지와 자원을 절약하고 효율적으로 사용하여 기후변화와 환경훼손을 줄이고 청정에너지와 녹색기술의 연구개발을 통하여 새로운 성장동력을 확보하며 새로운 일자리를 창출해 나가는 등 경제와 환경이 조화를 이루는 성장을 말한다.
3. “녹색기술”이란 온실가스 감축기술, 에너지 이용 효율화 기술, 청정생산기술, 청정에너지 기술, 자원순환 및 친환경 기술(관련 융합기술을 포함한다) 등 사회 · 경제 활동의 전 과정에 걸쳐 에너지와 자원을 절약하고 효율적으로 사용하여 온실가스 및 오염물질의 배출을 최소화하는 기술을 말한다.
4. “녹색산업”이란 경제 · 금융 · 건설 · 교통물류 · 농림수산 · 관광 등 경제활동 전반에 걸쳐 에너지와 자원의 효율을 높이고 환경을 개선할 수 있는 재화(財貨)의 생산 및 서비스의 제공 등을 통하여 저탄소 녹색성장을 이루기 위한 모든 산업을 말한다.
5. “녹색제품”이란 에너지 · 자원의 투입과 온실가스 및 오염물질의 발생을 최소화하는 제품을 말한다.
6. “녹색생활”이란 기후변화의 심각성을 인식하고 일상생활에서 에너지를 절약하여 온실가스와 오염물질의 발생을 최소화하는 생활을 말한다.
7. “녹색경영”이란 기업이 경영활동에서 자원과 에너지를 절약하고 효율적으로 이용하며 온실가스 배출 및 환경오염의 발생을 최소화하면서 사회적, 윤리적 책임을 다하는 경영을 말한다.

8. "지속가능발전"이란 지속가능발전을 말한다.
9. "온실가스"란 이산화탄소(CO_2), 메탄(CH_4), 아산화질소(N_2O), 수소불화탄소(HFCs), 과불화탄소(PFCs), 육불화황(SF_6) 및 적외선 복사열을 흡수하거나 재방출하여 온실효과를 유발하는 대기 중의 가스 상태의 물질을 말한다.
10. "온실가스 배출"이란 사람의 활동에 수반하여 발생하는 온실가스를 대기 중에 배출 · 방출 또는 누출시키는 직접배출과 다른 사람으로부터 공급된 전기 또는 열(연료 또는 전기를 열원으로 하는 것만 해당한다)을 사용함으로써 온실가스가 배출되도록 하는 간접배출을 말한다.
11. "지구온난화"란 사람의 활동에 수반하여 발생하는 온실가스가 대기 중에 축적되어 온실가스 농도를 증가시킴으로써 지구 전체적으로 지표 및 대기의 온도가 추가적으로 상승하는 현상을 말한다.
12. "기후변화"란 사람의 활동으로 인하여 온실가스의 농도가 변함으로써 상당 기간 관찰되어 온 자연적인 기후변동에 추가적으로 일어나는 기후체계의 변화를 말한다.
13. "자원순환"이란 「자원의 절약과 재활용촉진에 관한 법률」 제2조제1호에 따른 자원순환을 말한다.
14. "신 · 재생에너지"란 신에너지 및 재생에너지를 말한다.
15. "에너지 자립도"란 국내 총소비에너지량에 대하여 신 · 재생에너지 등 국내 생산에너지량 및 우리나라가 국외에서 개발(지분 취득을 포함한다)한 에너지량을 합한 양이 차지하는 비율을 말한다.

2. (저탄소 녹색성장 추진의 기본원칙)

1. 정부는 기후변화 · 에너지 · 자원 문제의 해결, 성장동력 확충, 기업의 경쟁력 강화, 국토의 효율적 활용 및 쾌적한 환경 조성 등을 포함하는 종합적인 국가 발전전략을 추진한다.
2. 정부는 시장기능을 최대한 활성화하여 민간이 주도하는 저탄소 녹색성장을 추진한다.
3. 정부는 녹색기술과 녹색산업을 경제성장의 핵심 동력으로 삼고 새로운 일자리를 창출 · 확대할 수 있는 새로운 경제체제를 구축한다.
4. 정부는 국가의 자원을 효율적으로 사용하기 위하여 성장잠재력과 경쟁력이 높은 녹색기술 및 녹색산업 분야에 대한 중점 투자 및 지원을 강화한다.
5. 정부는 사회 · 경제 활동에서 에너지와 자원 이용의 효율성을 높이고 자원순환을 촉진한다.
6. 정부는 자연자원과 환경의 가치를 보존하면서 국토와 도시, 건물과 교통, 도로 · 항만 · 상하수도 등 기반시설을 저탄소 녹색성장에 적합하게 개편한다.
7. 정부는 환경오염이나 온실가스 배출로 인한 경제적 비용이 재화 또는 서비스의 시장가격에 합리적으로 반영되도록 조세(租稅)체계와 금융체계를 개편하여 자원을 효율적으로 배분하고 국민의 소비 및 생활 방식이 저탄소 녹색성장에 기여하도록 적극 유도한다. 이 경우 국내산업의 국제경쟁력이 약화되지 않도록 고려하여야 한다.
8. 정부는 국민 모두가 참여하고 국가기관, 지방자치단체, 기업, 경제단체 및 시민단체가 협력하여 저탄소 녹색성장을 구현하도록 노력한다.
9. 정부는 저탄소 녹색성장에 관한 새로운 국제적 동향(動向)을 조기에 파악 · 분석하여 국가 정책에 합리적으로 반영하고, 국제사회의 구성원으로서 책임과 역할을 성실히 이행하여 국가의 위상과 품격을 높인다.

3. (국가의 책무) 국가는 정치 · 경제 · 사회 · 교육 · 문화 등 국정의 모든 부문에서 저탄소 녹색성장의 기본원칙이 반영될 수 있도록 노력

4. (지방자치단체의 책무) 지방자치단체는 저탄소 녹색성장 실현을 위한 국가시책에 적극 협력

5. (사업자의 책무) 사업자는 녹색경영을 선도하여야 하며 기업활동의 전 과정에서 온실가스와 오염물질의 배출을 줄이고 녹색기술 연구개발과 녹색산업에 대한 투자 및 고용을 확대하는 등 환경에 관한 사회적 · 윤리적 책임을 다하여야 한다.

제2장 저탄소 녹색성장 국가전략

1. (저탄소 녹색성장 국가전략)

   녹색성장국가전략
   1. 녹색경제 체제의 구현에 관한 사항
   2. 녹색기술 · 녹색산업에 관한 사항
   3. 기후변화대응 정책, 에너지 정책 및 지속가능발전 정책에 관한 사항
   4. 녹색생활, 녹색국토, 저탄소 교통체계 등에 관한 사항
   5. 기후변화 등 저탄소 녹색성장과 관련된 국제협상 및 국제협력에 관한 사항
   6. 그 밖에 재원조달, 조세 · 금융, 인력양성, 교육 · 홍보 등 저탄소 녹색성장을 위하여 필요하다고

2. (중앙추진계획의 수립)

   ① 중앙행정기관의 장은 국가전략 또는 5개년 계획이 수립되거나 변경된 날부터 3개월 이내에 국가전략 및 5개년 계획을 이행하기 위하여 다음 각 호의 사항이 포함된 소관 분야의 추진계획을 5년 단위로 수립
   1. 소관 분야의 녹색성장 추진과 관련된 현황 분석, 국내외 동향, 추진경과 및 추진실적
   2. 소관 분야의 녹색성장 비전과 정책방향, 정책과제에 관한 사항
   3. 소관 분야의 연차별 추진계획
   4. 그 밖에 국가전략 및 5개년 계획을 이행하기 위하여 필요한 사항

3. (지방자치단체의 추진계획 수립 · 시행) 특별시장 · 광역시장 · 도지사 또는 특별자치도지사

4. (녹색성장위원회의 구성 및 운영)

   ① 국가의 저탄소 녹색성장과 관련된 주요 정책 및 계획과 그 이행에 관한 사항을 심의하기 위하여 국무총리 소속으로 녹색성장위원회

   ② 위원회는 위원장 2명을 포함한 50명 이내의 위원으로 구성

   ③ 위원의 임기는 1년으로 하되, 연임할 수 있다.

5. (위원회의 기능)
   1. 저탄소 녹색성장 정책의 기본방향에 관한 사항
   2. 녹색성장국가전략의 수립 · 변경 · 시행에 관한 사항
   3. 기후변화대응 기본계획, 에너지기본계획 및 지속가능발전 기본계획에 관한 사항
   4. 저탄소 녹색성장 추진의 목표 관리, 점검, 실태조사 및 평가에 관한 사항
   5. 관계 중앙행정기관 및 지방자치단체의 저탄소 녹색성장과 관련된 정책 조정 및 지원에 관한 사항
   6. 저탄소 녹색성장과 관련된 법제도에 관한 사항

7. 저탄소 녹색성장을 위한 재원의 배분방향 및 효율적 사용에 관한 사항
8. 저탄소 녹색성장과 관련된 국제협상 · 국제협력, 교육 · 홍보, 인력양성 및 기반구축 등에 관한 사항
9. 저탄소 녹색성장과 관련된 기업 등의 고충조사, 처리, 시정권고 또는 의견표명
10. 다른 법률에서 위원회의 심의를 거치도록 한 사항
11. 그 밖에 저탄소 녹색성장과 관련하여 위원장이 필요하다고 인정하는 사항

제4장 저탄소 녹색성장의 추진

1. (녹색경제 · 녹색산업의 육성 · 지원) 녹색경제 · 녹색산업의 육성 · 지원 시책

1. 국내외 경제여건 및 전망에 관한 사항
2. 기존 산업의 녹색산업 구조로의 단계적 전환에 관한 사항
3. 녹색산업을 촉진하기 위한 중장기 · 단계별 목표, 추진전략에 관한 사항
4. 녹색산업의 신성장동력으로의 육성 · 지원에 관한 사항
5. 전기 · 정보통신 · 교통시설 등 기존 국가기반시설의 친환경 구조로의 전환에 관한 사항
6. 녹색경영을 위한 자문서비스 산업의 육성에 관한 사항
7. 녹색산업 인력 양성 및 일자리 창출에 관한 사항
8. 그 밖에 녹색경제 · 녹색산업의 촉진에 관한 사항

2. (자원순환의 촉진) 자원순환 산업의 육성 · 지원 시책

1. 자원순환 촉진 및 자원생산성 제고 목표설정
2. 자원의 수급 및 관리
3. 유해하거나 재제조 · 재활용이 어려운 물질의 사용억제
4. 폐기물 발생의 억제 및 재제조 · 재활용 등 재자원화
5. 에너지자원으로 이용되는 목재, 식물, 농산물 등 바이오매스의 수집 · 활용
6. 자원순환 관련 기술개발 및 산업의 육성
7. 자원생산성 향상을 위한 교육훈련 · 인력양성 등에 관한 사항

3. (기업의 녹색경영 촉진) 기업의 녹색경영을 지원 · 촉진

1. 친환경 생산체제로의 전환을 위한 기술지원
2. 기업의 에너지 · 자원 이용 효율화, 온실가스 배출량 감축, 산림조성 및 자연환경 보전, 지속가능발전 정보 등 녹색경영 성과의 공개
3. 중소기업의 녹색경영에 대한 지원
4. 그 밖에 저탄소 녹색성장을 위한 기업활동 지원에 관한 사항

4. (녹색기술의 연구개발 및 사업화 등의 촉진)

1. 녹색기술과 관련된 정보의 수집 · 분석 및 제공
2. 녹색기술 평가기법의 개발 및 보급
3. 녹색기술 연구개발 및 사업화 등의 촉진을 위한 금융지원
4. 녹색기술 전문인력의 양성 및 국제협력 등

5. (정보통신기술의 보급 · 활용)

1. 방송통신 네트워크 등 정보통신 기반 확대
2. 새로운 정보통신 서비스의 개발 · 보급
3. 정보통신 산업 및 기기 등에 대한 녹색기술 개발 촉진

6. (금융의 지원 및 활성화)

1. 녹색경제 및 녹색산업의 지원 등을 위한 재원의 조성 및 자금 지원
2. 저탄소 녹색성장을 지원하는 새로운 금융상품의 개발
3. 저탄소 녹색성장을 위한 기반시설 구축사업에 대한 민간투자 활성화
4. 기업의 녹색경영 정보에 대한 공시제도 등의 강화 및 녹색경영 기업에 대한 금융지원 확대
5. 탄소시장(온실가스를 배출할 수 있는 권리 또는 온실가스의 감축 · 흡수 실적 등을 거래하는 시장을 말한다. 이하 같다)의 개설 및 거래 활성화 등

7. (중소기업의 지원 등)

1. 대기업과 중소기업의 공동사업에 대한 우선 지원
2. 대기업의 중소기업에 대한 기술지도 · 기술이전 및 기술인력 파견에 대한 지원
3. 중소기업의 녹색기술 사업화의 촉진
4. 녹색기술 개발 촉진을 위한 공공시설의 이용
5. 녹색기술 · 녹색산업에 관한 전문인력 양성 · 공급 및 국외진출
6. 그 밖에 중소기업의 녹색기술 및 녹색경영을 촉진하기 위한 사항

8. (녹색기술 · 녹색산업 집적지 및 단지 조성 등)

1. 산업단지별 산업집적 현황에 관한 사항
2. 기업 · 대학 · 연구소 등의 연구개발 역량강화 및 상호연계에 관한 사항
3. 산업집적기반시설의 확충 및 우수한 녹색기술 · 녹색산업 인력의 유치에 관한 사항
4. 녹색기술 · 녹색산업의 사업추진체계 및 재원조달방안

제5장 저탄소 사회의 구현

1. (기후변화대응의 기본원칙)

1. 지구온난화에 따른 기후변화 문제의 심각성을 인식하고 국가적 · 국민적 역량을 모아 총체적으로 대응하고 범지구적 노력에 적극 참여한다.
2. 온실가스 감축의 비용과 편익을 경제적으로 분석하고 국내 여건 등을 감안하여 국가온실가스 중장기 감축 목표를 설정하고, 가격기능과 시장원리에 기반을 둔 비용효과적 방식의 합리적 규제체제를 도입함으로써 온실가스 감축을 효율적 · 체계적으로 추진한다.
3. 온실가스를 획기적으로 감축하기 위하여 정보통신 · 나노 · 생명 공학 등 첨단기술 및 융합기술을 적극 개발하고 활용한다.
4. 온실가스 배출에 따른 권리 · 의무를 명확히 하고 이에 대한 시장거래를 허용함으로써 다양한 감축수단을 자율적으로 선택할 수 있도록 하고, 국내 탄소시장을 활성화하여 국제 탄소시장에 적극 대비한다.

5. 대규모 자연재해, 환경생태와 작물상황의 변화에 대비하는 등 기후변화로 인한 영향을 최소화하고 그 위험 및 재난으로부터 국민의 안전과 재산을 보호한다.

2. (에너지정책 등의 기본원칙)

1. 석유 · 석탄 등 화석연료의 사용을 단계적으로 축소하고 에너지 자립도를 획기적으로 향상시킨다.
2. 에너지 가격의 합리화, 에너지의 절약, 에너지 이용효율 제고 등 에너지 수요관리를 강화하여 지구 온난화를 예방하고 환경을 보전하며, 에너지 저소비 · 자원순환형 경제 · 사회구조로 전환한다.
3. 친환경에너지인 태양에너지, 폐기물 · 바이오에너지, 풍력, 지열, 조력, 연료전지, 수소에너지 등 신 · 재생에너지의 개발 · 생산 · 이용 및 보급을 확대하고 에너지 공급원을 다변화한다.
4. 에너지가격 및 에너지산업에 대한 시장경쟁 요소의 도입을 확대하고 공정거래 질서를 확립하며, 국제규범 및 외국의 법제도 등을 고려하여 에너지산업에 대한 규제를 합리적으로 도입 · 개선하여 새로운 시장을 창출한다.
5. 국민이 저탄소 녹색성장의 혜택을 고루 누릴 수 있도록 저소득층에 대한 에너지 이용 혜택을 확대하고 형평성을 제고하는 등 에너지와 관련한 복지를 확대한다.
6. 국외 에너지자원 확보, 에너지의 수입 다변화, 에너지 비축 등을 통하여 에너지를 안정적으로 공급함으로써 에너지에 관한 국가안보를 강화한다.

3. (기후변화대응 기본계획)

① 정부는 기후변화대응의 기본원칙에 따라 20년을 계획기간으로 하는 기후변화대응 기본계획을 5년마다 수립 · 시행하여야 한다.

② 기후변화대응 기본계획

1. 국내외 기후변화 경향 및 미래 전망과 대기 중의 온실가스 농도변화
2. 온실가스 배출 · 흡수 현황 및 전망
3. 온실가스 배출 중장기 감축목표 설정 및 부문별 · 단계별 대책
4. 기후변화대응을 위한 국제협력에 관한 사항
5. 기후변화대응을 위한 국가와 지방자치단체의 협력에 관한 사항
6. 기후변화대응 연구개발에 관한 사항
7. 기후변화대응 인력양성에 관한 사항
8. 기후변화의 감시 · 예측 · 영향 · 취약성평가 및 재난방지 등 적응대책에 관한 사항
9. 기후변화대응을 위한 교육 · 홍보에 관한 사항
10. 그 밖에 기후변화대응 추진을 위하여 필요한 사항

4. (에너지기본계획의 수립)

1. 국내외 에너지 수요와 공급의 추이 및 전망에 관한 사항
2. 에너지의 안정적 확보, 도입 · 공급 및 관리를 위한 대책에 관한 사항
3. 에너지 수요 목표, 에너지원 구성, 에너지 절약 및 에너지 이용효율 향상에 관한 사항
4. 신 · 재생에너지 등 환경친화적 에너지의 공급 및 사용을 위한 대책에 관한 사항
5. 에너지 안전관리를 위한 대책에 관한 사항
6. 에너지 관련 기술개발 및 보급, 전문인력 양성, 국제협력, 부존 에너지자원 개발 및 이용, 에너지 복지 등에 관한 사항

5. (기후변화대응 및 에너지의 목표관리)

1. 온실가스 감축 목표
2. 에너지 절약 목표 및 에너지 이용효율 목표
3. 에너지 자립 목표
4. 신 · 재생에너지 보급 목표

6. (교통부문의 온실가스 관리)

① 자동차 등 교통수단을 제작하려는 자는 그 교통수단에서 배출되는 온실가스를 감축하기 위한 방안을 마련하여야 하며, 온실가스 감축을 위한 국제경쟁 체제에 부응할 수 있도록 적극 노력하여야 한다.

② 정부는 온실가스 배출량이 적은 자동차 등을 구매하는 자에 대하여 재정적 지원을 강화하고 온실가스 배출량이 많은 자동차 등을 구매하는 자에 대해서는 부담금을 부과하는 등의 방안을 강구할 수 있다.

제6장 녹색생활 및 지속가능발전의 실현

1. (녹색생활 및 지속가능발전의 기본원칙)

1. 국토는 녹색성장의 터전이며 그 결과의 전시장이라는 점을 인식하고 현세대 및 미래세대가 쾌적한 삶을 영위할 수 있도록 국토의 개발 및 보전 · 관리가 조화될 수 있도록 한다.
2. 국토 · 도시공간구조와 건축 · 교통체제를 저탄소 녹색성장 구조로 개편하고 생산자와 소비자가 녹색제품을 자발적 · 적극적으로 생산하고 구매할 수 있는 여건을 조성한다.
3. 국가 · 지방자치단체 · 기업 및 국민은 지속가능발전과 관련된 국제적 합의를 성실히 이행하고, 국민의 일상생활 속에 녹색생활이 내재화되고 녹색문화가 사회전반에 정착될 수 있도록 한다.
4. 국가 · 지방자치단체 및 기업은 경제발전의 기초가 되는 생태학적 기반을 보호할 수 있도록 토지이용과 생산시스템을 개발 · 정비함으로써 환경보전을 촉진한다.

2. (지속가능발전 기본계획의 수립 · 시행) 지속가능발전 기본계획

1. 지속가능발전의 현황 및 여건변화와 전망에 관한 사항
2. 지속가능발전을 위한 비전, 목표, 추진전략과 원칙, 기본정책 방향, 주요지표에 관한 사항
3. 지속가능발전에 관련된 국제적 합의이행에 관한 사항
4. 그 밖에 지속가능발전을 위하여 필요한 사항

3. (녹색국토의 관리)

1. 에너지 · 자원 자립형 탄소중립도시 조성
2. 산림 · 녹지의 확충 및 광역생태축 보전
3. 해양의 친환경적 개발 · 이용 · 보존
4. 저탄소 항만의 건설 및 기존 항만의 저탄소 항만으로의 전환
5. 친환경 교통체계의 확충
6. 자연재해로 인한 국토 피해의 완화
7. 그 밖에 녹색국토 조성에 관한 사항

4. (기후변화대응을 위한 물 관리)

1. 깨끗하고 안전한 먹는 물 공급과 가뭄 등에 대비한 안정적인 수자원의 확보
2. 수생태계의 보전 · 관리와 수질개선
3. 물 절약 등 수요관리, 빗물 이용 · 하수 재이용 등 순환 체계의 정비 및 수해의 예방

신에너지 및 재생에너지 개발 · 이용 · 보급 촉진법

1. (목적)

1. 신에너지 및 재생에너지의 기술개발 및 이용 · 보급 촉진과 신에너지 및 재생에너지 산업의 활성화를 통하여 에너지원을 다양화
2. 에너지의 안정적인 공급, 에너지 구조의 환경친화적 전환 및 온실가스 배출의 감소를 추진
3. 환경의 보전, 국가경제의 건전하고 지속적인 발전 및 국민복지의 증진에 이바지함

2. (정의)

1. "신에너지 및 재생에너지"란 기존의 화석연료를 변환시켜 이용하거나 햇빛 · 물 · 지열(地熱) · 강수(降水) · 생물유기체 등을 포함하는 재생 가능한 에너지를 변환시켜 이용하는 에너지로서
   가. 태양에너지
   나. 생물자원을 변환시켜 이용하는 바이오에너지
   다. 풍력
   라. 수력
   마. 연료전지
   바. 석탄을 액화 · 가스화한 에너지 및 중질잔사유(重質殘渣油)를 가스화한 에너지
   사. 해양에너지
   아. 폐기물에너지
   자. 지열에너지
   차. 수소에너지
   카. 그 밖에 석유 · 석탄 · 원자력 또는 천연가스가 아닌 에너지로서 대통령령으로 정하는에너지
2. "신 · 재생에너지 설비"란 신 · 재생에너지를 생산하거나 이용하는 설비로서 산업통상자원부령으로 정하는 것을 말한다.

3. (신 · 재생에너지 설비)

1. 태양에너지 설비
   가. 태양열 설비: 태양의 열에너지를 변환시켜 전기를 생산하거나 에너지원으로 이용하는 설비
   나. 태양광 설비: 태양의 빛에너지를 변환시켜 전기를 생산하거나 채광(採光)에 이용하는 설비
2. 바이오에너지 설비: 바이오에너지를 생산하거나 이를 에너지원으로 이용하는 설비
3. 풍력 설비: 바람의 에너지를 변환시켜 전기를 생산하는 설비
4. 수력 설비: 물의 유동(流動) 에너지를 변환시켜 전기를 생산하는 설비
5. 연료전지 설비: 수소와 산소의 전기화학 반응을 통하여 전기 또는 열을 생산하는 설비
6. 석탄을 액화 · 가스화한 에너지 및 중질잔사유(重質殘渣油)를 가스화한 에너지 설비: 석탄 및 중질

잔사유의 저급 연료를 액화 또는 가스화시켜 전기 또는 열을 생산하는 설비

7. 해양에너지 설비: 해양의 조수, 파도, 해류, 온도차 등을 변환시켜 전기 또는 열을 생산하는 설비
8. 폐기물에너지 설비: 폐기물을 변환시켜 연료 및 에너지를 생산하는 설비
9. 지열에너지 설비: 물, 지하수 및 지하의 열 등의 온도차를 변환시켜 에너지를 생산하는 설비
10. 수소에너지 설비: 물이나 그 밖에 연료를 변환시켜 수소를 생산하거나 이용하는 설비

3. "신 · 재생에너지 발전"이란 신 · 재생에너지를 이용하여 전기를 생산하는 것을 말한다.
4. "신 · 재생에너지 발전사업자"란 발전사업자 또는 자가용전기설비를 설치한 자로서 신 · 재생에너지 발전을 하는 사업자

4. (기본계획의 수립)

① 기본계획의 계획기간은 10년 이상으로 하며, 기본계획

1. 기본계획의 목표 및 기간
2. 신 · 재생에너지원별 기술개발 및 이용 · 보급의 목표
3. 총전력생산량 중 신 · 재생에너지 발전량이 차지하는 비율의 목표
4. 온실가스의 배출 감소 목표
5. 기본계획의 추진방법
6. 신 · 재생에너지 기술수준의 평가와 보급전망 및 기대효과
7. 신 · 재생에너지 기술개발 및 이용 · 보급에 관한 지원 방안
8. 신 · 재생에너지 분야 전문인력 양성계획
9. 그 밖에 기본계획의 목표달성을 위하여 산업통상자원부장관이 필요하다고 인정하는 사항

5. (연차별 실행계획) 신에너지 및 재생에너지 기술개발 및 이용 · 보급에 관한 계획을 협의하려는 자는 그 시행 사업연도 개시 4개월 전까지 산업통상자원부장관에게 계획서를 제출하여야 한다.

6. (조성된 사업비의 사용)

1. 신 · 재생에너지의 자원조사, 기술수요조사 및 통계작성
2. 신 · 재생에너지의 연구 · 개발 및 기술평가
3. 신 · 재생에너지 이용 건축물의 인증 및 사후관리
4. 신 · 재생에너지 공급의무화 지원
5. 신 · 재생에너지 설비의 성능평가 · 인증 및 사후관리
6. 신 · 재생에너지 기술정보의 수집 · 분석 및 제공
7. 신 · 재생에너지 분야 기술지도 및 교육 · 홍보
8. 신 · 재생에너지 분야 특성화대학 및 핵심기술연구센터 육성
9. 신 · 재생에너지 분야 전문인력 양성
10. 신 · 재생에너지 설비 설치전문기업의 지원
11. 신 · 재생에너지 시범사업 및 보급사업
12. 신 · 재생에너지 이용의무화 지원
13. 신 · 재생에너지 관련 국제협력
14. 신 · 재생에너지 기술의 국제표준화 지원

15. 신 · 재생에너지 설비 및 그 부품의 공용화 지원
16. 그 밖에 신 · 재생에너지의 기술개발 및 이용 · 보급을 위하여 필요한 사업으로서 대통령령으로 정하는 사업

6. (신 · 재생에너지 설비 설치의무기관)

① "대통령령으로 정하는 금액 이상"이란 연간 50억원 이상을 말한다.
② "대통령령으로 정하는 비율 또는 금액 이상을 출자한 법인"
  1. 납입자본금의 100의 50 이상을 출자한 법인
  2. 납입자본금으로 50억원 이상을 출자한 법인
③ 산업통상자원부장관은 설치계획서를 받은 날부터 30일 이내에 타당성을 검토한 후 그 결과를 해당 설치의무기관의 장 또는 대표자에게 통보하여야 한다.

7. (건축물인증의 취소)

1. 거짓이나 그 밖의 부정한 방법으로 건축물인증을 받은 경우
2. 건축물인증을 받은 자가 그 인증서를 건축물인증기관에 반납한 경우
3. 건축물인증을 받은 건축물의 사용승인이 취소된 경우
4. 건축물인증을 받은 건축물이 건축물인증 심사기준에 부적합한 것으로 발견된 경우

8. (신 · 재생에너지 공급의무자)

① "대통령령으로 정하는 자"
  1. 50만킬로와트 이상의 발전설비(신 · 재생에너지 설비는 제외한다)를 보유하는 자
  2. 한국수자원공사
  3. 한국지역난방공사

9. (신 · 재생에너지의 가중치)

1. 환경, 기술개발 및 산업 활성화에 미치는 영향
2. 발전 원가
3. 부존(賦存) 잠재량
4. 온실가스 배출 저감(低減)에 미치는 효과

② 공급인증서의 유효기간은 발급받은 날부터 3년

10. (운영규칙의 제정 등)

1. 공급인증서의 발급, 등록, 거래 및 폐기 등에 관한 사항
2. 신에너지 및 재생에너지(이하 "신 · 재생에너지"라 한다) 공급량의 증명에 관한 사항
3. 공급인증서의 거래방법에 관한 사항
4. 공급인증서 가격의 결정방법에 관한 사항
5. 공급인증서 거래의 정산 및 결제에 관한 사항
6. 제1호와 관련된 정보의 공개 및 분쟁조정에 관한 사항
7. 그 밖에 공급인증서의 발급 및 거래시장 운영에 필요한 사항

11. (공급인증기관 지정의 취소 등)

1. 거짓이나 그 밖의 부정한 방법으로 지정을 받은 경우
2. 업무정지 처분을 받은 후 그 업무정지 기간에 업무를 계속한 경우
3. 지정기준에 부적합하게 된 경우
4. 시정명령을 시정기간에 이행하지 아니한 경우

12. (설비인증의 심사 일정 통보) 설비인증기관은 설비인증의 신청을 받은 경우에는 그 신청일부터 7일 이내에 신청인에게 설비인증의 심사 일정을 통보(설비인증의 취소 및 성능검사

13. (기관 지정의 취소) 기술표준원장에게 위임

1. 거짓이나 부정한 방법으로 지정을 받은 경우
2. 정당한 사유 없이 지정을 받은 날부터 1년 이상 성능검사 업무를 시작하지 아니하거나 1년 이상 계속하여 성능검사 업무를 중단한 경우
3. 지정기준에 적합하지 아니하게 된 경우

14. (발전차액의 지원을 위한 기준가격의 산정기준)

1. 신 · 재생에너지 발전소의 표준공사비, 운전유지비, 투자보수비 및 각종 세금과 공과금
2. 신 · 재생에너지 발전소의 설비 이용률, 수명 기간, 사고 보수율과 발전소에서의 신 · 재생에너지 소비율 등의 설계치 및 실적치
3. 신 · 재생에너지 발전사업자의 송전 · 배전 선로 이용요금
4. 신 · 재생에너지 발전기술의 상용화 수준 및 시장 보급 여건
5. 운전 중인 신 · 재생에너지 발전사업자의 경영 여건 및 운전 실적
6. 전기요금 및 전력시장에서의 신 · 재생에너지 발전에 의하여 공급한 전력의 거래가격의 수준

15. (신 · 재생에너지 설비의 설치 및 확인 등) 설치의무기관의 장 또는 대표자는 검토결과를 반영하여 신 · 재생에너지 설비를 설치하여야 하며, 설치를 완료하였을 때에는 30일 이내에 신 · 재생에너지 설비 설치확인신청서를 산업통상자원부장관에게 제출

16. (지원 중단 등)

1. 거짓이나 부정한 방법으로 발전차액을 지원받은 경우
2. 자료요구에 따르지 아니하거나 거짓으로 자료를 제출한 경우

① 산업통상자원부장관은 발전차액을 지원받은 신 · 재생에너지 발전사업자가 그 발전차액을 환수(還收)할 수 있다. 이 경우 산업통상자원부장관은 발전차액을 반환할 자가 30일 이내에 이를 반환하지 아니하면 국세 체납처분의 예에 따라 징수할 수 있다.

17. (신 · 재생에너지 기술의 국제표준화를 위한 지원 범위) 지원 범위는 다음 각 호와 같다.

1. 국제표준 적합성의 평가 및 상호인정의 기반 구축에 필요한 장비 · 시설 등의 구입비용
2. 국제표준 개발 및 국제표준 제안 등에 드는 비용
3. 국제표준화 관련 국제협력의 추진에 드는 비용
4. 국제표준화 관련 전문인력의 양성에 드는 비용

18. 산업통상자원부장관은 공용화 품목의 개발, 제조 및 수요 · 공급 조절에 필요한 자금을 다음 각 호의 구분에 따른 범위에서 융자할 수 있다.

1. 중소기업자: 필요한 자금의 80퍼센트
2. 중소기업자와 동업하는 중소기업자 외의 자: 필요한 자금의 70퍼센트
3. 그 밖에 산업통상자원부장관이 인정하는 자: 필요한 자금의 50퍼센트

19. (보급사업) 특별시장, 광역시장, 도지사 또는 특별자치도지사에게 위임

1. 신기술의 적용사업 및 시범사업
2. 환경친화적 신 · 재생에너지 집적화단지(集積化團地) 및 시범단지 조성사업
3. 지방자치단체와 연계한 보급사업
4. 실용화된 신 · 재생에너지 설비의 보급을 지원하는 사업
5. 그 밖에 신 · 재생에너지 기술의 이용 · 보급을 촉진하기 위하여 필요한 사업으로서 산업통상자원부장관이 정하는 사업

20. (신 · 재생에너지 기술의 사업화)

1. 시험제품 제작 및 설비투자에 드는 자금의 융자
2. 신 · 재생에너지 기술의 개발사업을 하여 정부가 취득한 산업재산권의 무상 양도
3. 개발된 신 · 재생에너지 기술의 교육 및 홍보
4. 그 밖에 개발된 신 · 재생에너지 기술을 사업화하기 위하여 필요하다고 인정하여 산업통상자원부장관이 정하는 지원사업

② 제1항에 따른 지원의 대상, 범위, 조건 및 절차, 그 밖에 필요한 사항은 산업통상자원부령으로 정한다.

21. (신 · 재생에너지센터)

1. 신 · 재생에너지의 기술개발 및 이용 · 보급사업의 실시자에 대한 지원 · 관리
2. 건축물인증에 관한 지원 · 관리
3. 공급인증기관의 업무에 관한 지원 · 관리
4. 설비인증에 관한 지원 · 관리
5. 이미 보급된 신 · 재생에너지 설비에 대한 기술지원
6. 신 · 재생에너지 기술의 국제표준화에 대한 지원 · 관리
7. 신 · 재생에너지 설비 및 그 부품의 공용화에 관한 지원 · 관리
8. 신 · 재생에너지전문기업에 대한 지원 · 관리
9. 통계관리
10. 신 · 재생에너지 보급사업의 지원 · 관리
11. 신 · 재생에너지 기술의 사업화에 관한 지원 · 관리
12. 교육 · 홍보 및 전문인력 양성에 관한 지원 · 관리
13. 국내외 조사 · 연구 및 국제협력 사업
14. 제1호부터 제6호까지의 사업에 딸린 사업
15. 그 밖에 신 · 재생에너지의 이용 · 보급 촉진을 위하여 필요한 사업으로서 산업통상자원부장관이 위탁하는 사업

22. (벌칙)

① 거짓이나 부정한 방법으로 발전차액을 지원받은 자와 그 사실을 알면서 발전차액을 지급한 자는 3년 이하의 징역 또는 지원받은 금액의 3배 이하에 상당하는 벌금에 처한다.

② 거짓이나 부정한 방법으로 공급인증서를 발급받은 자와 그 사실을 알면서 공급인증서를 발급한 자는 3년 이하의 징역 또는 3천만원 이하의 벌금에 처한다.

③ 공급인증기관이 개설한 거래시장 외에서 공급인증서를 거래한 자는 2년 이하의 징역 또는 2천만원 이하의 벌금에 처한다.

④ 법인의 대표자나 법인 또는 개인의 대리인, 사용인, 그 밖의 종업원이 그 법인 또는 개인의 업무에 관하여 제1항부터 제3항까지의 어느 하나에 해당하는 위반행위를 하면 그 행위자를 벌하는 외에 그 법인 또는 개인에게도 해당 조문의 벌금형을 과(科)한다. 다만, 법인 또는 개인이 그 위반행위를 방지하기 위하여 해당 업무에 관하여 상당한 주의와 감독을 게을리하지 아니한 경우에는 그러하지 아니하다.

23. **(과태료) 1천만원 이하의 과태료**

1. 거짓이나 부정한 방법으로 설비인증을 받은 자
2. 건축물인증기관으로부터 건축물인증을 받지 아니하고 건축물인증의 표시 또는 이와 유사한 표시를 하거나 건축물인증을 받은 것으로 홍보한 자
3. 설비인증기관으로부터 설비인증을 받지 아니하고 설비인증의 표시 또는 이와 유사한 표시를 하거나 설비인증을 받은 것으로 홍보한 자

제5편

기출문제

2011 보일러취급기능사 · 보일러시공기능사
2012 보일러기능사
2013 에너지관리기능사
2014 에너지관리기능사
2015 에너지관리기능사

국가기술자격 필기시험문제

2011년 7월 31일 필기시험

자격종목	종목코드	시험시간	형별	수험번호	성명
보일러취급기능사	7761	60분			

01 다음 중 수트 블로어 사용 시 주의사항으로 틀린 것은?

① 부하가 50% 이하이거나 소화 후에 사용하여야 한다.
② 분출기 내의 응축수를 배출시킨 후 사용한다.
③ 분출하기 전 연도 내 배풍기를 사용하여 유인통풍을 증가하여야 한다.
④ 한곳에 집중적으로 사용함으로 전열면에 무리를 가하지 말아야 한다.

해설

수트 블로어는 보일러 부하가 50% 이하이거나 소화 후에 사용을 피한다.

02 가정용 온수 보일러의 용량표시로 가장 많이 사용하는 것은?

① 상당증발량 ② 시간당
③ 전열면적 ④ 최고사용압력

해설

보일러 용량표시
- 증기 보일러 : 시간당 증발량(상당증발량)
- 온수 보일러 : 시간당 발열량(kcal/h)

03 보일러 점화나 소화가 정해진 순서에 따라 진행되는 제어는?

① 피드백 제어
② 인터록 제어
③ 시퀀스 제어
④ ABC 제어

해설

- **피드백 제어** : 결과에 따라 원인을 가감하여 결과에 맞게 수정을 반복하는 제어
- **인터록 제어** : 어떤 조건이 충족되지 않으면 다음 동작을 멈추게 하는 제어
- **시퀀스 제어** : 보일러 점화나 소화 같이 정해진 순서에 따라 진행되는 제어

04 기체연료 연소장치의 특징 설명으로 틀린 것은?

① 연소조절이 용이하다.
② 연소의 조절범위가 넓다.
③ 속도가 느려 자동제어 연소에 부적합하다.
④ 회분생성이 없고 대기오염의 발생이 적다.

해설

기체연료 연소장치는 연소속도가 빠르므로 자동제어 연소가 필요하다.

05 다음 중 캐리오버에 대한 설명으로 틀린 것은?

① 보일러에서 분출물과 수분이 증기와 함께 송기되는 현상이다.
② 기계식 캐리오버와 선택적 캐리오버로 분류한다.
③ 프라이밍이나 포밍은 캐리오버와 관계가 없다.
④ 캐리오버가 일어나면 여러 가지 장애가 발생한다.

해설

캐리오버 : 프라이밍, 포밍 등에 의해 발생증기 중에 물이 포함되어 송기되는 현상

06 1kg의 습증기 속에 건증기가 0.4 kg이라 하면 건도는 얼마인가?

① 0.2 ② 0.4
③ 0.6 ④ 0.8

해설
건도 : 습증기 전 질량 중 증기가 차지하는 질량 비

07 보일러 개조검사 중 검사의 준비에 대한 설명으로 맞는 것은?

① 화염을 받는 곳에는 그을음을 제거하여야 하여, 얇아지기 쉬운 관 끝부분을 해머로 두들겨 보았을 때 두께의 차이가 다소 나야 한다.
② 관의 부식 등을 검사할 수 있도록 스케일은 제거되어야 하며, 관 끝부분의 손모, 취하 및 빠짐이 있어야 한다.
③ 연료를 가스로 변경하는 검사의 경우 가스용 보일러의 누설시험 및 운전 성능을 검사할 수 있도록 준비하여야 한다.
④ 정전, 단수, 화재, 천재지변 등 부득이 한 사정으로 검사를 실시할 수 없는 경우에는 재신청을 하여야만 검사를 받을 수 있다.

해설
개조검사
- 부득이한 사정으로 검사를 실시할 수 없는 경우에는 재신청 없이 다시 검사를 받을 수 있다.
- 얇아지기 쉬운 관 끝부분을 해머로 두들겨 보았을 때 두께의 차이가 없어야 한다.
- 관 끝부분의 손모, 취하 및 빠짐이 없어야 한다.

08 온수난방의 특징 설명으로 틀린 것은?

① 실내의 쾌감도가 좋다.
② 온도 조절이 용이하다.
③ 예열시간이 짧다.
④ 화상의 우려가 적다.

해설
온수난방은 예열시간이 길고 식는 시간도 길어 한냉시 동파의 위험이 쉽다.

09 안전밸브 및 압력방출장치의 크기를 호칭지름 20A 이상으로 할 수 있는 보일러에 해당되지 않는 것은?

① 최대증발량 4t/ha인 관류 보일러
② 소용량 주철제 보일러
③ 소용량 강철제 보일러
④ 최고사용압력이 1MPa(10kgf/cm²)인 강철제 보일러

해설
안전밸브의 지름을 20A 이상으로 할 수 있는 경우
- 최고사용압력이 0.1MPa(1kgf/cm²) 이하인 강철제 보일러
- 최대증발량 5t/h 이하인 관류 보일러
- 소용량 강철제 및 주철제 보일러

10 드럼 없이 초임계 압력 이상에서 고압증기를 발생시키는 보일러는?

① 복사 보일러 ② 관류 보일러
③ 수관 보일러 ④ 노통 연관 보일러

해설
관류 보일러는 드럼 없이 관만으로 구성된 초고압 보일러로 벤슨 보일러, 슬저 보일러 등이 있다.

11 과열기가 설치된 경우 과열증기의 온도조절 방법으로 틀린 것은?

① 열가스량을 댐퍼로 조절하는 방법
② 화염의 위치를 변환시키는 방법
③ 고온의 가스를 연소실 내로 재순환시키는 방법
④ 과열 저감기를 사용하는 방법

해설
과열증기의 온도조절방법
- 화염의 위치를 변환시키는 방법

- 과열 저감기를 사용하는 방법
- 연소가스량을 댐퍼로 조절하는 방법
- 전용화로를 사용하는 방법

12 **건물의 각 실내를 방열기를 설치하여 증기 또는 온수로 난방하는 방식은?**

① 복사난방법 ② 간접난방법
③ 개별난방법 ④ 직접난방법

해설

중앙집중식 난방의 분류
- 복사난방법(패널 히팅) : 바닥이나 벽 등에 방열관을 묻고, 증기 또는 온수를 공급하여 난방하는 방식
- 간접난방법 : 온풍기를 이용한 난방방식
- 직접난방법 : 방열기를 이용한 난방방식

13 **강철제 보일러의 수압시험에 관한 사항으로 (　　) 안에 알맞은 것은?**

보일러의 최고사용압력이 0.43MPa 초과 1.5MPa 이하일 때에는 그 최고사용압력의 (㉠)배에 (㉡)MPa를 더한 압력으로 한다.

① ㉠ 1.3, ㉡ 0.3 ② ㉠ 1.5, ㉡ 3.0
③ ㉠ 2.0, ㉡ 0.3 ④ ㉠ 2.0, ㉡ 1.0

해설

수압시험은 보일러의 최고사용압력이 0.43MPa 초과 1.5MPa 이하일 때 최고사용압력×1.3+0.3 MPa의 압력으로 한다.

14 **유류연소 수동 보일러의 운전을 정지했을 때 조치사항으로 틀린 것은?**

① 운전정지 직전에 유류예열기의 전원을 차단하고 유류예열기의 온도를 낮춘다.
② 보일러의 수위를 정상 수위보다 조금 높이고 버너의 운전을 정지한다.
③ 연소실 내에서 분리하여 청소를 하고 기름이 누설되는지 점검한다.
④ 연소실 내 연도를 환기시키고 댐퍼를 열어 둔다.

해설

유류연소 보일러의 운전정지 시 연소실 내 연도를 환기시키고 댐퍼를 닫아 둔다.

15 **증기난방의 분류에서 응축수 환수방식에 해당하는 것은?**

① 고압식 ② 상향 공급식
③ 기계환수식 ④ 단관식

해설

응축수 환수방식 : 중력 기계환수식, 환수식, 진공환수식 등

16 **지위발열량 10,000kcal/kg인 열료를 매시 360kg 연소시키는 보일러에서 엘탈피 661.4kcal/kg인 증기를 매시간당 4.500kg 발생시킨다. 급수온도 20℃인 경우 보일러 효율은 약 얼마인가?**

① 56% ② 68%
③ 75% ④ 80%

해설

보일러 효율
= 4,500×(661.4−20)/(360×10,000)×100
= 80.18%

17 **다음 그림은 몇 요소 수위제어를 나타낸 것인가?**

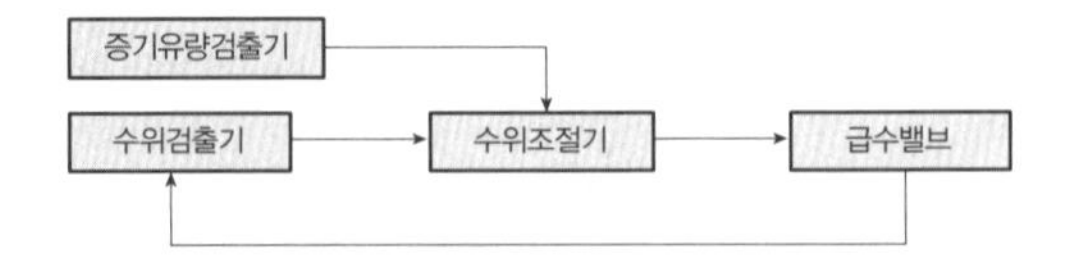

① 1요소 수위제어 ② 2요소 수위제어
③ 3요소 수위제어 ④ 4요소 수위제어

해설

2요소 수위제어 방식의 검출요소 : 수위, 증기량

18 다음 보기는 보일러 설치 검사 기준에 관한 내용이다. ( )에 들어갈 숫자로 맞는 것은?

> 관류 보일러에서 보일러와 압력방출 장치와의 사이에 체크밸브를 설치할 경우 압력방출 장치는 ( )개 이상이어야 한다.

① 1 ② 2
③ 3 ④ 4

19 다음 중 화염의 유무를 검출하는 장치는?

① 윈드 박스 ② 보염기
③ 버너타일 ④ 플레임 아이

해설

화염검출기의 종류는 플레임 아이, 플레임 로드, 스택 스위치 등이 있다.

20 보일러 점화 전 수위 확인 및 조정에 대한 설명으로 틀린 것은?

① 수면계의 기능 테스트가 가능한 정도의 증기압력이 보일러 내에 남아 있을 때는 수면계의 기능시험을 해서 정상인지를 확인한다.
② 2개의 수면계의 수위를 비교하고 동일 수위인지 확인한다.
③ 수면계에 수주관이 설치되어 있을 때는 수주 연락관의 체크밸브가 바르게 닫혀 있는지 확인한다.
④ 유리관이 더러워졌을 때는 수위를 오인하는 경우가 있기 때문에 필히 청소하거나 또는 교환하여야 한다.

해설

수주 연락관은 정시밸브를 설치하여 개폐 여부를 확인한다.

21 보일러 스케일 및 슬러지의 장해에 대한 설명으로 틀린 것은?

① 보일러 연결하는 콕, 밸브 기타의 작은 구멍을 막히게 한다.
② 스케일 성분의 성질에 따라서는 보일러 강판을 부식시킨다.
③ 연관의 내면에 부착하여 물의 순환을 방해한다.
④ 보일러 강판이나 수관 등의 파열의 원인이 된다.

22 난방부하가 9,000kcal/h인 장소에 온수 방열기를 설치하는 경우 필요한 방열기 쪽수는?(단, 방열기 1쪽당 표면적은 0.2m^2이고, 방열량은 표준방열량으로 계산한다)

① 70 ② 100
③ 110 ④ 120

해설

방열기 쪽수 = 9000/(450×0.2) = 100

23 증기압력 상승 후의 증기송출 방법에 대한 설명으로 틀린 것은?

① 주증기밸브는 특별한 경우를 제외하고는 완전히 열었다가 다시 조금 되돌려 놓는다.
② 증기를 보내기 전에 증기를 보내는 측의 주증기관의 드레인 밸브를 다 열고 응축수를 완전히 배출한다.
③ 주증기 스톱밸브 전후를 연결하는 바이패스 밸브가 설치되어 있는 경우에는 먼저 바이패스밸브를 닫아 주증기관을 따뜻하게 한다.
④ 관이 따뜻해지면 주증기밸브를 단계적으로 천천히 열어 간다.

해설

증기의 송기 시 주증기밸브 전후를 연결하는 바이패스 밸브를 열어 응축수를 제거한다.

24 증기난방설비에서 배관구배를 주는 이유는?

① 증기의 흐름을 빠르게 하기 위해서
② 응축수의 체류를 방지하기 위해서
③ 배관시공을 편리하게 하기 위해서
④ 증기와 응축수의 흐름마찰을 줄이기 위해서

해설

증기난방에서 배관구배의 필요성은 응축수를 제거하여 수격작용의 방지를 위해서이다.

25 보일러의 안전관리 상 가장 중요한 것은?

① 안전밸브작동 요령 숙지
② 안전 저수위 이하 감수 방지
③ 버너조절 요령 숙지
④ 화염검출기 및 댐퍼 작동상태 확인

26 다음 중 기름여과기(Oil Strainer)에 대한 설명으로 틀린 것은?

① 여과기 전후에 압력계를 설치한다.
② 여과기는 사용압력의 1.5배 이상의 압력에 견딜 수 있는 것이어야 한다.
③ 여과기 입출구의 압력차가 $0.05kgf/cm^2$ 이상일 때는 여과기를 청소해 주어야 한다.
④ 여과기는 단식의 복식이 있으며, 단식은 유량계, 밸브 등의 입구 측에 설치한다.

해설

여과기는 입출구의 압력차가 $0.2kgf/cm^2$ 이상일 때 청소한다.

27 보일러 점화 시 역화현상이 발생하는 원인이 아닌 것은?

① 기름탱크에 기름이 부족할 때
② 연료밸브를 과다하게 급히 열었을 때
③ 점화 시에 착화가 늦어졌을 때
④ 댐퍼가 너무 닫힐 때나 흡입통풍이 부족할 때

해설

탱크에 기름이 부족 할 경우는 점화 또는 연소불량이 일어난다.

28 보일러 열정산의 조건과 측정방법을 설명한 것 중 틀린 것은?

① 열정산 시 기준온도는 시험 시의 외기온도를 기준으로 하나, 필요에 따라 주위온도로 할 수 있다.
② 급수량 측정은 중량.탱크식 또는 용량탱크식 혹은 용적식 유량계, 오리피스 등으로 한다.
③ 공기 온도는 공기예열기의 입구 및 출구에서 측정한다.
④ 발생증기의 일부를 연료가열, 노내 취입 또는 공기예열기에 사용하는 경우에는 그 양을 측정하여 급수량에 더한다.

해설

열정산의 경우는 발생증기의 일부를 노내 분입, 연료가열 등에 사용하는 경우 그 양을 급수량에서 뺀다.

29 프로판 가스의 연소식은 다음과 같다. 프로판 가스 10kg을 완전 연소시키는 데 필요한 이론 산소량은?

$$C_3H_8+5O_2 \rightarrow 3CO_2+4H_2O$$

① 약 $11.6Nm^3$
② 약 $25.5Nm^3$
③ 약 $13.8Nm^3$
④ 약 $22.4Nm^3$

해설

$C_3H_8+5O_2 \rightarrow 3CO_2+4H_2O$
44kg $5\times22.4Nm^3$
1kg $5\times22.4/44 = 2.54Nm^3$
$\therefore 10\times2.545 = 25.45Nm^3$

30 부탄가스(C_4H_{10}) 1Nm^3을 완전연소시킬 경우 H_2O는 몇 Nm^3가 생성되는가?

① 4.0 ② 5.0
③ 6.5 ④ 7.5

해설

$C_4H_{10}+6.5O_2 \rightarrow 4CO_2+5H_2O$
부탄가스 1Nm^3일 때, 산소량이 6.5Nm^3, 연소생성물 생성비의 경우 CO_2는 4Nm^3, H_2O는 5Nm^3이 생성된다.

31 아래 그림기호의 관조인트 종류의 명칭으로 맞는 것은?

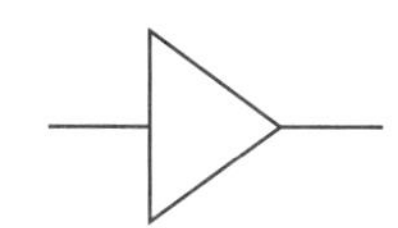

① 엘보
② 리듀서
③ 티
④ 디스트리뷰터

해설

리듀서는 배관 이음쇠의 한 종류로 관경이 서로 다른 관을 접속할 때 사용되는 연결용 부품이다.

32 다음 제어동작 중 연속제어 특성과 관계가 없는 것은?

① P 동작(비례동작)
② I 동작(적분동작)
③ D 동작(미분동작)
④ ON-OFF(2위치동작)

해설

연속동작 : 미분동작, 비례동작, 적분동작

33 외기온도 20℃ 배기가스온도 200℃이고, 연돌 높이가 20m일 때 통풍력은 약 얼마인가?

① 5.5mmAq ② 7.2mmAq
③ 9.2mmAq ④ 12.2mmAq

해설

통풍력 = 355×(1/273+20−1/273+200)×20
= 9.22mmAq

34 소형 관류 보일러(다관식 관류 보일러)를 구성하는 주요 구성요소로 맞는 것은?

① 노통과 연관
② 노통과 수관
③ 수관과 드럼
④ 수관과 헤더

해설

관류 보일러는 드럼이 없는 수관식 보일러로, 수관과 헤더로 구성되어 있다.

35 보일러 급수장치에서 인젝터의 특징 설명으로 틀린 것은?

① 구조가 간단하고 소형이다.
② 급수량의 조절이 가능하고 급수효율이 높다.
③ 증기와 물이 혼합하여 급수가 예열된다.
④ 인젝터가 과열되면 급수가 곤란하다.

해설

인젝터는 급수조절이 곤란하고, 양수능력이 부족하다.

36 보일러에 설치되는 스테이의 종류가 아닌 것은?

① 바 스테이
② 경사 스테이
③ 관 스테이
④ 본체 스테이

해설

스테이(버팀)의 종류 : 관, 나사, 경사, 막대, 가제트, 행거, 도그 버팀 등이 있다.

37 다음 중 증기 보일러의 상당증발량의 단위는?

① kg/h
② kcal/h
③ kcal/kg
④ kg/s

해설
상당증발량은 보일러 용량으로 사용하여 단위는 kg/h로 표시한다.

38 연소효율을 구하는 식으로 맞는 것은?

① 공급열/실제연소열×100
② 실제연소열/공급열×100
③ 유효열/실제연소열×100
④ 실제연소열/유효열×100

해설
- **연소효율** = 실제연소열/공급열×100 = 실제연소열량/연료의 저위발열량×100
- **전열효율** = 유효열/실제연소열×100

39 보일러 내부 부식인 점식의 방지대책과 가장 관계가 적은 것은?

① 보일러수를 산성으로 유지한다.
② 보일러수 중의 용존산소를 배제한다.
③ 보일러 내면에 보호피막을 입힌다.
④ 보일러수 중에 아연판을 설치한다.

해설
보일러수가 산성일 경우에는 내부 부식의 원인이 된다.

40 보일러의 연소 관리에 관한 설명으로 잘못된 것은?

① 연료의 점도는 가능한 한 높은 것을 사용한다.
② 점화 후에는 화염감시를 잘한다.
③ 저수위 현상이 있다고 판단되면 즉시 연소를 중단한다.
④ 연소량의 급격한 증대와 감소를 하지 않는다.

해설
연료의 점도가 높으면 유동성 및 무화상태가 불량하여 연료의 공급이나 연소상태가 나빠진다.

41 안전 보건표시의 색채, 색도 및 용도에서 화학물질 취급 장소에서의 유해, 위험경고를 나타내는 색채는?

① 흰색
② 빨간색
③ 녹색
④ 청색

42 가스 보일러 점화 시의 주의사항으로 틀린 것은?

① 점화는 순차적으로 작은 불씨로부터 큰 불씨로 2~3회로 나누어 서서히 한다.
② 노내 환기에 주의하고, 실화 시에도 충분한 환기가 이루어진 뒤 점화한다.
③ 연료 배관계통의 누설유무를 정기적으로 점검한다.
④ 가스압력이 적정하고 안정되어 있는지 점검한다.

해설
가스 보일러 점화는 큰 불씨로 1회에 빠르게 점화한다.

43 개방식 팽창탱크에 연결되어 있는 것이 아닌 것은?

① 배기관
② 안전관
③ 급수관
④ 압력계

해설
개방식 팽창탱크의 연결관 : 배기관, 급수관, 배수관, 팽창관, 안전관(방출관), 오버플로우

44 지역난방의 특징 설명으로 틀린 것은?

① 각 건물에 보일러를 설치하는 경우에 비해 건물의 유효면적이 증대한다.
② 각 건물에 보일러를 설치하는 경우에 비해 열효율이 좋아진다.
③ 설비의 고도화에 따라 도시 매연이 감소한다.
④ 열매체는 증기보다 온수를 사용하는 것이 관내 저항 손실이 적으므로 주로 온수를 사용한다.

해설

지역난방의 열매체는 온수보다 증기가 관내 저항 손실이 적으므로 주로 온수를 사용한다.

45 가스유량과 일정한 관계가 있는 다른 양을 측정함으로써 간접적으로 가스유량을 구하는 방식인 추량식 가스미터의 종류가 아닌 것은?

① 델터형
② 터빈
③ 벤튜리형
④ 루트형

해설

루트형은 용적식 유량계에 속한다.

46 사용 시 예열이 필요 없고 비중이 가장 작은 중유는?

① 타르 중유
② A급 중유
③ B급 중유
④ C급 중유

해설

중유의 분류는 점도에 따라 A 중유, B 중유, C 중유로 나누어지며 A 중유는 점도가 낮아 예열이 필요 없다.

47 오일 예열기의 역할과 특징 설명으로 잘못된 것은?

① 연료를 예열하여 과잉공기율을 높인다.
② 기름의 점도를 낮추어 준다.
③ 전기나 증기 등의 열매체를 이용한다.
④ 분무상태를 양호하게 한다.

해설

중유의 예열은 점도를 낮추어 무화상태를 양호하게 하고, 연소에 작은 과잉공기를 사용하게 한다.

48 공기-연료제어장치에서 공기량 조절 방법으로 올바르지 않는 것은?

① 보일러 온수온도에 따라 연료조절밸브와 공기 댐퍼를 동시에 작동시킨다.
② 연료와 공기량은 서로 반비례 관계로 조절한다.
③ 최고부하에서는 일반적으로 공기비가 가장 낮게 조절한다.
④ 공기량과 연료량을 버너 특성에 따라 공기선도를 참조하여 조절한다.

해설

공기-연료제어장치는 연료와 공기량은 서로 비례관계로 조절한다.

49 다음 중 가압수식 집진장치의 종류에 속하는 것은?

① 백필터 ② 세정탑
③ 코트럴 ④ 배플식

해설

가압수식 집진장치의 종류 : 벤튜리 스크러버, 사이클론 스크러버, 충진탑(세정탑) 등이 있다.

50 이온교환처리장치의 운전 공정 중 재생탑에 원수를 통과시켜, 수중의 일부 또는 전부의 이온을 제거시키는 공정은?

① 압출
② 수세
③ 부하
④ 통약

해설

이온교환처리장치의 운전 공정
- 압출 : 통약수 수지층에 남아 있는 재생액을 하향으로 천천히 압출시키는 공정
- 수세 : 수지층에 남아 있는 재생액을 완전히 제거하는 공정
- 역세 : 수지층의 아래에서 위로 물을 흐르게 하여 수지층에 고여 있는 현탁물을 제거하는 공정
- 통약 : 재생액을 수지탑의 위에서 아래로 흘려내리는 공정

51 온수난방 설비에서 개방형 팽창탱크의 수면은 최고층의 방열기와 몇 m 이상이어야 하는가?

① 1m ② 2m
③ 3m ④ 4m

해설

개방형 팽창탱크의 높이는 최고소 방열관보다 1m 높게 설치해야 한다.

52 보일러에서 송기 및 증기 사용 중 유의사항으로 틀린 것은?

① 항상 수면계, 압력계 연소실의 연소상태 등을 잘 감시하면서 운전하도록 할 것
② 점화 후 증기발생 시까지는 가능한 한 서서히 가열시킬 것
③ 2조의 수면계를 주시하여 항상 정상수면을 유지하도록 할 것
④ 점화 후 주증기관 내의 응축수를 배출시킬 것

해설

송기 중 유의사항 : 송기 전에 주증기관 내의 응축수를 배출시킬 것

53 다음 중 유기질 보온재에 해당되는 것은?

① 석면
② 규조토
③ 암면
④ 코르크

해설

유기질 보온재 : 코르크류, 펠트류, 텍스류, 기포성 수지 등이 있다.

54 보일러의 점검에서 정기점검의 기시에 대한 설명으로 틀린 것은?

① 계속사용 안전검사 등을 한 후
② 중간 청소를 한 때
③ 연소실, 연도 등의 내화벽돌 등을 수리한 경우
④ 누수 그 외의 손상이 생겨서 보일러를 휴지한 때

해설

계속사용 안전검사는 재사용 검사 후 안전부문에 대한 유효기간을 연장하고자 하는 경우의 검사이다.

55 다음 대통령령으로 정하는 에너지공급자가 수립, 시행해야 하는 계획으로 맞는 것은?

① 지역에너지계획
② 에너지이용합리화 실시 계획
③ 에너지기술개발계획
④ 연차별 수요관리투자계획

해설

대통령령이 정한 에너지공급자
- 연차별 수요관리투자계획을 수립, 시행한다.
- 대상 : 한국전력공사, 한국가스공사, 한국지역난방공사 등이 해당된다.

56 다음은 저탄소 녹색 성장 기본법의 목적에 관한 내용이다. (　　)에 들어갈 내용이 순서대로 맞는 것은?

이 법은 경제와 환경의 조화로운 발전을 위해서 저탄소 녹색성장에 필요한 기반을 조성하고 (　　)과 (　　)을 새로운 성장동력으로 활용함으로써 국민경제의 발전을 도모하며 저탄소 사회구현을 통하여 국민의 삶의 질을 높이고 국제사회에서 책임을 다하는 성숙한 선진 일류국가로 도약하는 데 이바지함을 목적으로 한다.

① 녹색기술, 녹색산업
② 녹색성장, 녹색산업
③ 녹색물질, 녹색기술
④ 녹색기업, 녹색성장

57 검사에 합격하지 아니한 검사대상기기를 사용한 자에 대한 벌칙기준은?

① 300만원 이하의 벌금
② 500만원 이하의 벌금
③ 1년 이하의 징역 또는 1천만원 이하의 벌금
④ 2년 이하의 징역 또는 2천만원 이하의 벌금

해설

1년 이하의 징역 또는 1천만원 이하의 벌금

58 저탄소 녹색성장 기본법상 온실가스에 해당되지 않는 것은?

① 이산화탄소
② 메탄
③ 수소
④ 육불화황

해설

온실가스 : 이산화탄소, 메아산화질소, 수수불화탄소, 메탄, 과불화탄소, 육불화황

59 온실가스 배출, 감축 실적의 등록 및 관리는 누가 하는가?

① 산업통상자원부장관
② 고용노동부장관
③ 에너지관리공단이사장
④ 환경부장관

60 특정 열사용기자재 및 설치, 시공 범위에서 기관에 속하지 않는 것은?

① 축열식 전기 보일러
② 온수 보일러
③ 태양열 집열기
④ 철금속 가열로

해설

- **특정 열사용기자재** : 기관, 압력용기, 요업요로, 금속요로 등
- **기관** : 보일러 및 태양열 집열기

보일러취급기능사 [2011년 7월 31일]

01	02	03	04	05	06	07	08	09	10
①	②	③	③	③	②	③	③	④	②
11	12	13	14	15	16	17	18	19	20
③	④	①	④	③	④	②	②	④	③
21	22	23	24	25	26	27	28	29	30
③	②	③	②	②	③	①	④	②	②
31	32	33	34	35	36	37	38	39	40
②	④	③	④	②	④	①	②	①	①
41	42	43	44	45	46	47	48	49	50
②	①	④	④	④	②	①	②	②	③
51	52	53	54	55	56	57	58	59	60
①	④	④	①	④	①	③	③	③	④

국가기술자격 필기시험문제

2011년 10월 9일 필기시험

자격종목	종목코드	시험시간	형별	수험번호	성명
보일러취급기능사	7761	60분			

01 비교적 저압에서 고온을 얻을 수 있는 특수 열매체 보일러는?

① 스코치 보일러 ② 슈미트 보일러
③ 다우섬 보일러 ④ 레플러 보일러

해설
다우섬 보일러 : 저압에서 고온을 얻기 위한 특수 열매체 보일러로 밀폐식 안전밸브를 부착한다.

02 자동제어계에 있어서 신호전달방법의 종류에 해당되지 않는 것은?

① 전기식 ② 유압식
③ 기계식 ④ 공기식

해설
신호전송방법 : 유압식, 전기식, 공기압식

03 다음 중 배관용 탄소강관의 기호로 맞는 것은?

① SPP ② SPPS
③ SPPH ④ SPA

해설
- SPP : 배관용 탄소강관
- SPPS : 압력 배관용 탄소강관
- SPPH : 고압 배관용 탄소강관
- SPA : 배관용 합금강 강관

04 보일러의 연소 시 주의 사항 중 급격한 연소가 되어서는 안 되는 이유로 가장 옳은 것은?

① 보일러수(水)의 순환을 해친다.
② 급수탱크 파손의 원인이 된다.
③ 보일러와 벽돌 쌓은 접촉부에 틈을 증가시킨다.
④ 보일러 효율을 증가시킨다.

05 가스 보일러에서 역화가 일어나는 경우가 아닌 것은?

① 버너가 과열된 경우
② 1차 공기의 흡인이 너무 많은 경우
③ 가스압이 낮아질 경우
④ 버너가 부식되어 염공이 없는 경우

해설 **불꽃이 염공으로 역화되는 원인**
- 버너가 과열된 경우
- 1차 공기의 흡인이 너무 많은 경우
- 가스압력이 낮은 경우
- 버너의 부식으로 염공이 크게 된 경우

06 온수난방설비의 밀폐식 팽창탱크에 설치되지 않는 것은?

① 수위계 ② 압력계
③ 배기관 ④ 안전밸브

해설
밀폐식 팽창탱크의 주위 부속품 및 배관 : 수위계, 방출밸브, 배수관, 압력계, 압축공기 주입관, 급수관

07 온수방열기의 온수온도가 90℃, 출구온도가 70℃이고, 온수공급량이 400kg/h일 때 이 방열기의 방열량은 몇 kcal/h인가?(단, 온수의 비열은 1kcal/kg℃이다)

① 35,000 ② 32,000
③ 26,000 ④ 24,000

08 단위중량당 연소열량이 가장 큰 연료성분은?

① 탄소(C) ② 수소(H)
③ 일산화탄소(CO) ④ 황(S)

해설

연료성분 1kg(Nm^3)의 발열량
C : 8,100kcal, H : 34,000kcal,
S : 2,500kcal, CO : 3,050kcal

09 유류버너의 종류 중 2~7kgf/cm^2 정도 기압의 분무 매체를 이용하여 연료를 분무하는 형식의 버너로서 이류체 버너라고도 하는 것은?

① 유압식 버너 ② 고압 기류식 버너
③ 회전식 버너 ④ 환류식 버너

해설

이류체 분무식 버너
공기나 증기 등 매체를 이용한 무화방법으로 기류(氣流) 분무식이라고도 하며, 종류로 저압 공기분무식과 고압 공기분무식이 있다.

10 연료의 연소열을 이용하여 보일러 열효율을 증대시키는 부속장치로 거리가 가장 먼 것은?

① 과열기 ② 공기예열기
③ 연료예열기 ④ 절탄기

해설

폐열회수장치 : 과열기, 재열기, 절탄기, 공기예열기

11 방열기의 설치 시 외기에 접한 창문 아래에 설치하는 이유를 올바르게 설명한 것은?

① 설비비가 싸기 때문에
② 실내의 공기가 대류작용에 의해 순환되도록 하기 위해서
③ 시원한 공기가 필요하기 때문에
④ 더운 공기 커텐 형성으로 온수의 누입을 방지하기 위해서

해설

방열기 설치는 외기와 접한 창문 아래에 벽과 50~60mm 간격을 두고 설치한다. 실내의 공기가 대류작용에 의해 순환되도록 하기 위함과 동시에 찬 공기의 직접 침입을 방지하고 방열기 방열량을 많게 하기 위해서이다.

12 온수 보일러를 설치, 시공하는 시공업자가 보일러를 설치한 후 확인하는 사항이 아닌 것은?

① 수압시험
② 자동제어의 의한 성능시험
③ 시공기준 작성
④ 연소계통 누설 확인

13 온수발생 보일러에서 보일러의 전열면적이 15m^2~20m^2 미만일 경우 방출관의 안지름은 몇 mm 이상으로 해야 하는가?

① 25 ② 30
③ 40 ④ 50

해설

방출관의 관경
- 전열면적 10~15m^2 : 30mm 이상
- 전열면적 15~20m^2 : 40mm 이상
- 전열면적 20m^2 이상 : 50mm 이상

14 다음 중 인젝터의 급수불량원인으로 틀린 것은?

① 인젝터 자체온도가 높을 때
② 노즐이 마모되었을 때
③ 흡입관(급수관)에 공기침입이 없을 때
④ 증기압력이 2kgf/cm^2 이하로 낮을 때

해설

인젝터의 급수불량원인
- 급수온도가 높은 경우
- 증기압력이 낮은 경우
- 급수관에 공기가 누입되는 경우

15 유체의 역류를 방지하여 유체가 한쪽 방향으로 흐르게 하기 위해 사용하는 밸브는?

① 앵글밸브 ② 글로브 밸브
③ 슬루스 밸브 ④ 체크밸브

해설
- 앵글밸브 : 유체의 흐름을 90° 전환시키기 위한 밸브
- 글로브 밸브 : 유량조절용 밸브
- 슬르스밸브 : 관로 개폐용 밸브

16 서로 다른 두 종류의 금속판을 하나로 합쳐 온도차이에 따라 팽창정도가 다른 점을 이용한 온도계는?

① 바이메탈 온도계 ② 압력식 온도계
③ 전기저항 온도계 ④ 열전대 온도계

해설
바이메탈 : 팽창이 다른 2금속을 맞붙여 열팽창에 의한 휨 변형을 이용하는 금속

17 발열량 6,000kcal/kg인 연료 80kg을 연소시켰을 때 실제로 보일러에 흡수된 유효열량이 408,000kcal이면 이 보일러의 효율은?

① 70% ② 75%
③ 80% ④ 85%

해설
보일러 효율
= 실제증발량×(h"−h')/연료사용량×연료발열량 ×100
= 408,000/(80×6,000)×100 = 85%

18 보일러 1마력을 상당증발량으로 환산하면 약 얼마인가?

① 14.65kg/h ② 15.65kg/h
③ 16.65kg/h ④ 17.65kg/h

해설
1보일러 마력
- 상당증발량 : 15.65kg/h
- 열량 : 8435kcal/h

19 여러 개의 섹션(Section)을 조합하여 용량을 가감할 수 있으나 구조가 복잡하여 내부 청소, 검사가 곤란한 보일러는?

① 연관 보일러
② 스코치 보일러
③ 관류 보일러
④ 주철제 보일러

해설
주철제 보일러 : 섹션 보일러로 난방용 보일러 또는 저압용 보일러

20 보일러 분출밸브의 크기와 개수에 대한 설명으로 틀린 것은?

① 보일러 전열면적이 $10m^2$ 이하인 경우에는 호칭지름 20mm 이상으로 할 수 있다.
② 최고사용압력이 $7kgf/cm^2$ 이상인 보일러(이동식 보일러는 제외)의 분출관에는 분출밸브 2개 또는 분출밸브와 분출코크를 직렬로 갖추어야 한다.
③ 2개 이상의 보일러에는 분출관을 공동으로 하여서는 안 된다. 다만, 개별 보일러마다 분출관에 체크밸브를 설치할 경우에는 예외로 한다.
④ 정상 시 보유수량 400kg 이하의 강제순환 보일러에는 열린 상태에서 전개하는데 회전축을 적어도 3회전 이상 회전을 요하는 분출밸브 1개를 설치하여야 한다.

해설
분출밸브는 닫힌 상태에서 5회전 이상 회전을 요하는 밸브 1개를 설치한다.

21 가스 보일러의 점화 시 주의 사항으로 틀린 것은?

① 점화용 가스는 화력이 좋은 것을 사용하는 것이 필요하다.
② 연소실 및 굴뚝의 환기는 완벽하게 하는 것이 필요하다.
③ 착화 후 연소가 불안정할 때에는 즉시 가스공급을 중단한다.
④ 콕(Cock), 밸브에 소다수를 이용하여 가스가 새는지 확인한다.

해설

가스밸브의 누설검사 : 비눗물 이용

22 보일러 검사의 종류 중 개조검사의 적용대상으로 틀린 것은?

① 증기 보일러를 온수 보일러로 개조하는 경우
② 보일러 섹션의 증감에 의하여 용량을 변경하는 경우
③ 동체 경판 및 이와 유사한 부분을 용접으로 제조하는 경우
④ 연료 및 연소방법을 변경하는 경우

해설

개조검사

- 보일러 섹션의 증감에 의하여 용량을 변경하는 경우
- 증기 보일러를 온수 보일러로 개조하는 경우
- 연료 및 연소방법을 변경하는 경우

23 증기를 송기할 때 주의사항으로 틀린 것은?

① 과열기의 드레인을 배출시킨다.
② 증기관 내의 수격작용을 방지하기 위해 응축수가 배출되지 않도록 한다.
③ 주증기밸브를 조금 열어서 주증기관을 따뜻하게 한다.
④ 주증기밸브를 완전하게 개폐한 후 조금 되돌려 놓는다.

해설

수격작용 방지 : 증기를 송기하기 전 관 내의 응축수를 미리 배출한다.

24 보일러 분출압력이 10kgf/cm²이고 추식 안전밸브에 작용하는 힘이 200kgf이면 안전밸브의 단면적은 얼마인가?

① 10cm²　　② 20cm²
③ 40cm²　　④ 50cm²

해설

압력(kg/cm²) = 중량(kgf)/면적(cm²)
∴ 면적 = 200/10 = 20cm²

25 저위발열량은 고위발열량에서 어떤 값을 뺀 것인가?

① 물의 엔탈피량　　② 수증기의 열량
③ 수증기의 온도　　④ 수증기의 압력

해설

$H_\ell = H_H +$ 물의 증발잠열(kcal/kg)
물의 증발잠열 = 수증기의 응축잠열

26 노통 연관식 보일러의 설명으로 틀린 것은?

① 노통 보일러와 연관식 보일러의 단점을 보완한 구조이다.
② 설치가 복잡하고 또한 수관 보일러에 비해 일반적으로 제작 및 취급이 어렵다.
③ 최고사용압력이 2MPa 이하의 산업용 또는 난방용으로서 많이 사용된다.
④ 전열면적이 20~400m², 최대증발량은 20t/h 정도이다.

해설

노통 연관식 보일러는 노통과 연관을 조합하여 구조가 복잡하지만, 설치가 간단하고 수관식에 비해 취급이 용이하다.

27 보일러 자동제어 중 제어동작이 연속적으로 일어나는 연속동작에 속하지 않는 것은?

① 비례 동작 ② 적분 동작
③ 미분 동작 ④ 다위치 동작

해설

연속 동작 : 적분 동작, 비례 동작, 미분 동작

28 관류 보일러의 특징 설명으로 틀린 것은?

① 증기의 발생속도가 빠르다.
② 자동제어장치를 필요로 하지 않는다.
③ 효율이 좋으며 가동시간이 짧다.
④ 임계압력 이상의 고압에 적당하다.

해설

관류 보일러는 부하변동에 대한 압력 및 수위변화가 크므로 자동연소제어가 필요하다.

29 건물을 구성하는 구조체, 즉 바닥, 벽 등에 난방용 코일을 묻고 열매체를 통과시켜 난방을 하는 것은?

① 대류 난방 ② 복사난방
③ 간접난방 ④ 전도난방

해설

복사난방(패널히팅) : 바닥이나 벽체 내부에 방열관을 묻고 관내에 온수를 공급하여 실내를 난방하는 방식이다.

30 이온교환법에서 재생탑에 원수를 통과시켜 수중의 일부 또는 전부의 이온을 이온 교환 또는 제거하는 공정을 무엇이라 하는가?

① 수세 ② 역세
③ 부하 ④ 통약

해설

- **이온 교환 처리공정** : 역세-통약-압출-수세-부하
- **수세(세정)** : 수지층에 남아 있는 재생액을 완전히 씻어 내리는 공정이다.
- **역세** : 수지탑의 아래에서 위로 물을 흐르게 하여 수지층에 고여 있는 현탁물을 제거하는 공정
- **통약** : 재생액을 위에서 아래로 흘러내리는 공정

31 보일러 파열사고 원인 중 취급자의 부주의로 발생하는 사고가 아닌 것은?

① 미연소가스 폭발
② 저수위 사고
③ 레미네이션
④ 압력 초과

해설

재료 불량에 의한 사고 : 브리스터, 레미네이션

32 온수 보일러에서 팽창탱크를 설치할 경우 설명으로 잘못된 것은?

① 내식성 재료를 사용하거나 내식 처리된 탱크를 설치하여야 한다.
② 100℃의 온수에도 충분히 견딜 수 있는 재료를 사용하여야 한다.
③ 밀폐식 팽창탱크의 경우 상부에 물빼기 관이 있어야 한다.
④ 동결 우려가 있을 경우에는 보온을 한다.

해설

물빼기 밸브는 팽창탱크 하부 바닥면과 연결하여 부착한다.

33 중유 예열기의 종류에 속하지 않는 것은?

① 증기식 예열기 ② 압력식 예열기
③ 온수식 예열기 ④ 전기식 예열기

해설

오일 프리히터(중유 예열기)의 종류 : 증기식, 온수식, 전기식

34 환수관 내 유속이 타 방식에 비하여 빠르고 방열기 내의 공기도 배제할 수 있을 뿐 아니

라 방열량을 광범위하게 조절할 수 있어서 대규모 난방에 많이 채택되는 증기난방방법은?

① 습식 환수방식　② 건식 환수방식
③ 기계 환수방식　④ 진공 환수방식

해설
진공 환수식은 진공펌프를 설치하여 배관 내의 진공도가 100~250mmHg 정도이며 증기의 순환이 빠르며 방열량 조절이 쉽고 대규모 난방에 적합한 증기난방방법이다.

35 50kcal의 열량을 전부 일로 변환시키면 몇 kgf · m의 일을 할 수 있는가?

① 13,650　② 21,350
③ 31,600　④ 43,000

해설
열역학 제1법칙 : 1kcal = 427kgf · m
427×50 = 21,350kgf · m

36 배기가스의 압력손실이 낮고 집진 효율이 가장 좋은 집진기는?

① 원심력 집진기　② 세정 집진기
③ 여과 집진기　④ 전기 집진기

해설
전기식 집진장치는 정전기를 이용한 집진장치로 집진효율이 높고, 압력손실이 적다.

37 보일러용 연료에 관한 설명 중 틀린 것은?

① 석탄 등과 같은 고체연료의 주성분은 탄소와 수소이다.
② 연소효율이 가장 좋은 연료는 기체연료이다.
③ 대기오염이 큰 순서로 나열하면 액체연료 〉 고체연료 〉 기체연료의 순이다.
④ 액체연료는 수송 · 하역 작업이 용이하다.

해설
매연발생이 큰 순서 : 고체연료 〉 액체연료 〉 기체연료

38 증기설비에 사용되는 증기 트랩으로 과열증기에 사용할 수 있고, 수격작용에 강하며 배관이 용이하나 소음발생, 공기장애, 증기누설등의 단점이 있는 트랩은?

① 오리피스형 트랩　② 디스크형 트랩
③ 벨로스형 트랩　④ 바이메탈형 트랩

해설
디스크식 증기트랩은 열역학적 성질을 이용한 증기트랩으로 소형이며 구조가 간단하고, 과열증기에 적합하며 수격작용에 강하지만 공기장애가 발생한다.

39 다음 중 기체 연료의 특징 설명으로 틀린 것은?

① 저장이나 취급이 불편하다.
② 연소조절 및 점화나 소화가 용이하다.
③ 회분이나 매연발생이 없어서 연소 후 청결하다.
④ 시설비가 적게 들어 다른 연료보다 연료비가 저가이다.

해설
기체 연료의 단점
- 가격이 비싸다.
- 저장 및 수송이 곤란하다.
- 누설 시 폭발 화재의 위험이 있다.

40 탄소 12kg을 완전 연소시키는 데 필요한 산소량은 약 얼마인가?

① 8kg　② 6kg
③ 32kg　④ 44kg

해설
$C + O_2 \rightarrow CO_2$
12kg + 32kg = 44kg

41 보일러 조종자의 직무로 가장 적절하지 않은 것은?

① 압력, 수위 및 연소상태를 감시할 것
② 급격한 부하의 변동을 주지 않도록 노력할 것
③ 1주일에 1회 이상 수면측정장치의 기능을 점검할 것
④ 최고사용압력을 초과하지 않도록 할 것

해설

수면측정창치의 기능점검은 1주일에 1회 이상 실시한다.

42 방열기 도시기호에서 W-H란?

① 벽걸이 종형
② 벽걸이 주형
③ 벽걸이 횡형
④ 벽걸이 세주형

43 주철제 방열기로 온수난방을 하는 사무실의 난방부하가 4300kcal/h일 때, 방열면적은 약 몇 m^2인가?

① 6.5
② 7.6
③ 9.3
④ 11.7

해설

- **난방부하** = 방열량×방열면적(kcal.h)
- **방열면적** = 4200/450 = 9.3m^3

44 수관 보일러를 외부청소할 때 사용하는 작업방법에 속하지 않는 것은?

① 에어 쇼킹법
② 스팀 쇼킹법
③ 워터 쇼킹법
④ 통풍 쇼킹법

해설

수관 보일러의 외부청소
전열면에 부착된 그을음 등을 제거하여 재무 부식을 방지하고 전열을 좋게 하기 위한 청소로 워터 쇼킹법, 에어 쇼킹법, 스팀 쇼킹법, 워싱법, 샌드블로우업 등이 있다.

45 보일러에 가장 많이 사용되는 안전밸브의 종류는?

① 중추식 안전밸브
② 지랫대식 안전밸브
③ 중력식 안전밸브
④ 스프링식 안전밸브

해설

보일러에 많이 사용되는 안전밸브는 스프링식 안전밸브이다.

46 전열면적이 25m^2인 연관 보일러를 5시간 연소시킨 결과 6,000kg의 증기가 발생했다면 이 보일러의 전열면 증발율은 얼마인가?

① 40kg/m^2h
② 48kg/m^2h
③ 65kg/m^2h
④ 240kg/m^2h

해설

전열면의 증발율
= 시간당 증발량/전열면적(kg/m^2h)
= 6000/(5×25) = 48kg/m^2h

47 보염장치 중 공기와 분무연료와 혼합을 촉진시키는 것은?

① 보염기 ② 콤버스터
③ 윈드박스 ④ 버너타일

해설

윈드박스는 연소용 공기와 분사연료와 혼합을 좋게하는 보염장치로 보염기는 공기량을 조절하여 착화를 안정시켜 주고 화염의 꺼짐을 방지하는 보염장치이다.

48 **대형 보일러인 경우 송풍기가 작동하지 않으면 전자밸브가 열리지 않아 점화를 차단하는 인터록은?**

① 프리퍼지 인터록
② 불착화 인터록
③ 압력초과 인터록
④ 저수위 인터록

해설

송풍기 : 연소용 공기의 공급 및 노내 환기(프리퍼지)를 위한 장치이다.

49 **제어편차가 설정치에 대하여 정(+), 부(−)에 따라 제어되는 2위치 동작은?**

① 미분 동작 ② 적분 동작
③ 온 · 오프 동작 ④ 다위치 동작

해설

불연속 동작 : 온 · 오프 동작(2위치 동작)

50 **중유의 첨가제 중 슬러지의 생성방지제 역할을 하는 것은?**

① 회분 개질제 ② 탈수제
③ 연소 촉진제 ④ 안정제

해설

- **슬러지 안정제** : 슬러지 생성을 방지하기 위한 중유 첨가제이다.
- **연소 촉진제** : 분무를 순조롭게 하기 위한 중유 첨가제이다.

51 **전열면적이 10m² 이하의 보일러에서는 급수 밸브 및 체크밸브의 크기는 호칭 몇 A 이상이어야 하는가?**

① 10 ② 15
③ 40 ④ 50

해설

전열면적 10m² 이상은 관경 20mm 이상, 이하는 관경 15mm 이상으로 한다.

52 **보일러의 과열방지 대책으로 틀린 것은?**

① 보일러 동 내벽에 스케일 고착을 유도할 것
② 보일러 수위를 너무 낮게 하지 말 것
③ 보일러수를 농축시키지 말 것
④ 보일러 수위 순환을 좋게 할 것

해설

스케일은 전열을 나쁘게 하여 전열면의 과열을 유발시킨다.

53 **안전관리목적과 가장 거리가 먼 것은?**

① 생산성의 향상
② 경제성의 향상
③ 사회복지의 증진
④ 작업기준의 명확화

54 **다음 내용 중 ( )에 들어가기에 적당한 용어는?**

> 하트포드 접속법이란 저압 증기난방의 습식 환수방식에서 보일러 수위가 환순관의 누설로 인해 저수위 사고가 발생하는 것을 방지하기 위해 증기관과 환수관 사이에 (A)에서 50mm 아래에 균형관을 설치하는 것을 말한다.

① 표준수위 ② 안전수면
③ 상용수면 ④ 안전저수면

해설

하트포드 배관법에서 환수관의 접속 위치

- 표준수면보다 약간 낮게(50mm 정도) 한다.
- 안전저수면보다 약간 높게 한다.

55 **정부가 녹색국토를 조성하기 위하여 마련하는 시책에 포함하는 사항이 아닌 것은?**

① 산림 · 녹지의 확충 및 광역생태축 보존
② 친환경 교통체계의 확충
③ 자연재해로 인한 국토피해의 완화

④ 저탄소 항만의 건설 및 기존 항만의 고탄소 항만으로 전환

56 **열사용기자재인 축열식 전기 보일러는 정격소비전력은 몇 kW 이하이며, 최고사용압력은 몇 MPa 이하인 것인가?**

① 30kW, 0.35MPa
② 40kW, 0.5MPa
③ 50kW, 0.75MPa
④ 100kW, 0.1MPa

해설

축열식 전기 보일러 : 정격소비전력 30kW 이하로 최고사용압력 0.35MPa 이하인 것

57 **녹색성장위원회의 위원장 2명 중 1명은 국무총리가 되고 또 다른 한명은 누가 지명하는 사람이 되는가?**

① 대통령
② 국무총리
③ 산업통상자원부장관
④ 환경부장관

58 **특정 열사용기자재 중 검사대상기기를 설치하거나 제조하며 사용하려는 자는 누구의 검사를 받아야 하는가?**

① 검사대상기기 제조업자
② 시 · 도지사
③ 에너지관리공단이사장
④ 시고업자단체의 장

해설

- **검사대상기기 검사** : 에너지관리공단이사장
- **검사신청** : 유효기간 만료 10일 전

59 **효율관리기자재에 대한 에너지소비효율, 소비효율등급 등을 측정하는 효율관리시험기관은 누가 지정하는가?**

① 대통령
② 시 · 도지사
③ 산업통상자원부장관
④ 에너지관리공단이사장

해설

효율관리시험기관의 지정은 산업통상자원부장관이 한다.

60 **에너지이용합리화법 시행령에서 산업통상자원부장관은 에너지이용합리화에 관한 기본계획을 몇 년마다 수립하여야 하는가?**

① 1년 ② 2년
③ 3년 ④ 5년

해설

기본계획은 5년마다, 산업통상자원부장관이 수립하여야 한다.

보일러취급기능사 [2011년 10월 9일]

01	02	03	04	05	06	07	08	09	10
③	③	①	③	④	③	③	②	②	③
11	**12**	**13**	**14**	**15**	**16**	**17**	**18**	**19**	**20**
②	③	③	③	④	①	④	②	④	④
21	**22**	**23**	**24**	**25**	**26**	**27**	**28**	**29**	**30**
④	③	②	②	②	②	④	②	②	③
31	**32**	**33**	**34**	**35**	**36**	**37**	**38**	**39**	**40**
③	③	②	④	②	④	③	②	④	③
41	**42**	**43**	**44**	**45**	**46**	**47**	**48**	**49**	**50**
③	③	③	④	④	②	③	①	③	④
51	**52**	**53**	**54**	**55**	**56**	**57**	**58**	**59**	**60**
②	①	④	①	④	①	①	③	③	④

국가기술자격 필기시험문제

2011년 4월 17일 필기시험

자격종목	종목코드	시험시간	형별	수험번호	성명
보일러시공기능사	7761	60분			

1 **배관을 피복하지 않았을 때 방산열량이 520kcal/m², 보온재로 피복하였을 때 방산열량이 350kcal/m²이다. 보온효율은 약 얼마인가?**

① 60%　　② 80%
③ 33%　　④ 100%

해설

보온효율 = 보온전 손실열−보온 후 손실열/보온 전 손실열×100
= (520−350)/520×100 = 32.7%

2 **다음 그림은 방열기의 도시기호이다. 이를 설명한 것 중 틀린 것은?**

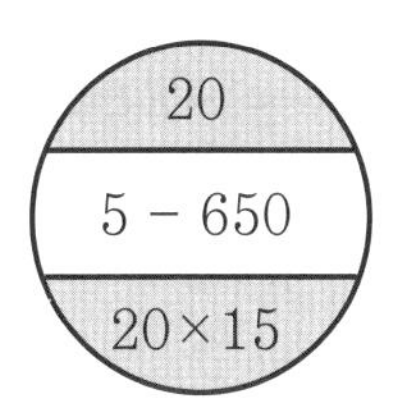

① 5세주 높이 650mm 주철제 방열기이다.
② 20쪽(절)짜리 방열기이다.
③ 온수난방용 방열기이다.
④ 방열기 출구 배관경이 15A이다.

해설

- 방열기 도시기호는 증기 및 온수난방에 동일하게 적용된다.
- 직접난방는 방열기에 의한 난방방법으로 열매에 따라 증기난방과 온수난방으로 구분된다.

3 **보일러 연소에서 공기비가 적정 공기비보다 클 때 나타나는 현상으로 맞는 것은?**

① 연소실 내의 온도가 상승한다.
② 배기가스에 의한 열손실이 감소한다.
③ 미연소가스로 인한 역화의 위험성이 있다.
④ 연소가스 중의 NO_2량이 증대하여 대기오염을 초래한다.

해설

공기비가 과다할 때의 현상

- 연소실 내의 온도가 저하된다.
- 배기가스에 의한 열손실이 증가한다.
- 연료사용량이 증가하고, 열효율이 저하된다.
- 미연분이 남지 않고, 회백색 화염이 형성된다.
- 배기가스 중 O_2 및 NO_2량이 증가한다.

4 **보일러의 증기관 중 반드시 보온을 해야 하는 곳은?**

① 난방하고 있는 실내에 노출된 배관
② 방열기 주위 배관
③ 주증기 공급관
④ 관말 증기 트랩장치의 냉각 레그

해설

주증기관은 관내 증기가 응축이 되면 열손실 또는 수격작용을 초래하므로 응축을 방지하기 위해 보온처리를 한다.

5 **강관 배관에서 유체의 흐름방향을 바꾸는 데 사용되는 이음쇠는?**

① 부싱　　② 리턴 벤드
③ 리듀서　　④ 소켓

해설

- 유체의 흐름방향 전환 : 리턴 벤드, 엘보
- 관줄이개 : 리듀셔, 부싱

6 벽체의 열관류에 의한 손실열량(Hℓ)을 계산하는 다음 식의 기호 설명으로 잘못된 것은?

Hℓ = K×A(tr−to)

① K : 벽체의 연관류율
② A : 벽체의 부피
③ tr : 벽체 내부(고온부)의 온도
④ to : 벽체 외부(저온부)의 온도

해설
A는 벽체 의면적(m^2)을 나타낸다.

7 분진가스를 방해판 등에 충돌시키거나 급격한 방향전환 등에 의해 매연을 분리 포집하는 집진방법은?

① 중력식　② 여과식
③ 관성력식　④ 유슈식

해설
- 중력식 : 집진실 내에서 분진자체의 중력에 의해 자연 침강시켜 분진을 처리하는 방법이다.
- 여과식 : 분진 가스를 양모, 테프론, 유리섬유 등 여과재에 통과시켜 분진을 처리하는 방법이다.

8 유류 연소 시의 일반적인 공기비는?

① 1.0~1.2　② 1.6~1.8
③ 1.2~1.4　④ 1.8~2.0

해설
공기비(m)
- 고체연료 m = 1.5 이상
- 액체연료 및 미분탄 m = 1.2~1.4
- 기체연료 m = 1.1~.13

9 다음 그림은 몇 요소 수위제어를 나타낸 것인가?

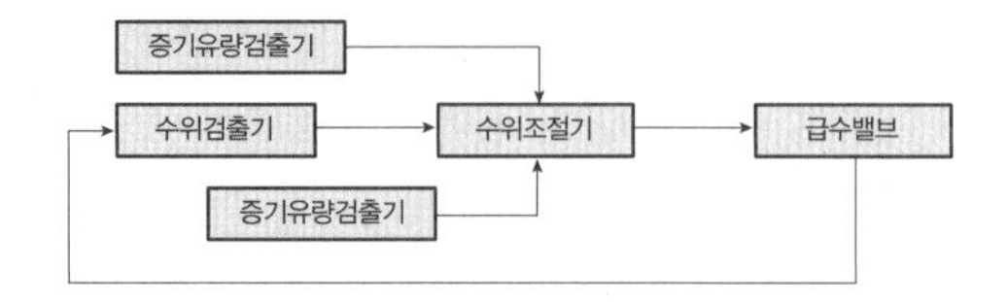

① 1요소 수위제어
② 2요소 수위제어
③ 3요소 수위제어
④ 4요소 수위제어

해설
3요소식의 검출 요소는 수위, 증기량, 급수량이다.

10 난방 부하를 구성하는 인자에 속하는 것은?

① 관류 열손실
② 유리창으로 통한 취득열량
③ 벽, 지붕 등을 통한 취득열량
④ 환기에 의한 취득열량

11 보일러 자동제어 중 어느 조건이 불충분하거나 다음 진행에 이루어 불합리한 동작으로 변환하게 될 때 다음 단계에 도달하기 전에 기관을 정지하는 제어방식은?

① 피드백　② 피드포워드
③ 포워드 백　④ 인터록

해설
인터록의 종류는 저수위, 불착화, 저연소, 압력초과, 프리퍼지 등이 있다.

12 방열기의 호칭 표시방법으로 옳은 것은?

① 종별−형×쪽수
② 종별−쪽수×폭
③ 종별×높이−쪽수
④ 폭×형−쪽수

해설
방열기 도시기호는 W−H×20 → 종별−형×쪽수로 표시한다.

13 일정지역에서 다량의 고압 증기 또는 고온수를 만들어 대단위의 지역에 공급하는 난방 방식은?

① 고온수 난방　② 중앙 난방
③ 지역 난방　④ 복사 난방

해설
- 지역 난방은 대규모의 열발전 설비를 한곳에 설치하여 일정 지역 내의 건축물을 난방하는 방식이다.
- 열매는 고압증기(1~10kg/cm^2) 또는 고온수(100~150℃)이다.

14 증기의 압력이 커질 때 그 값이 증가하는 것이 아닌 것은?

① 현열　② 증발잠열
③ 전열량　④ 포화온도

해설
증기압력이 높아지면 증발잠열은 감소된다.

15 석탄을 간이 분석하여 회분 27%, 휘발분 33%, 수분 3%라는 결과를 얻었다. 고정탄소는 몇 %인가?

① 37%　② 45%
③ 52%　④ 61%

해설
고정탄소 = 100−(수분+회분+휘발분)
= 100−(3+27+33) = 37%

16 일반적으로 보일러 통(드럼) 내부에는 물을 어느 정도로 채워야 하는가?

① 1/4~1/3　② 1/6~1/5
③ 1/4~2/5　④ 2/3~4/5

해설
- 보유수량은 동체 내부의 2/3~4/5가 수부, 나머지는 증기부이다.
- 수부가 크면 부하변동에 대한 적응이 쉬우나 사고 시 피해가 크다.

17 다음 중 증기에 관한 사항 중 옳지 않은 설명은?

① 과열증기는 포화증기를 가열한 증기이다.
② 습포화증기는 건포화증기보다 엔탈피 값이 적다.
③ 과열증기는 보일러에서 처음 생긴 증기이다.
④ 과열증기는 건포화증기보다 온도가 높다.

해설
- 보일러의 발생증기는 건조도가 0.97~0.98 정도인 습포화증기이다.
- 과열증기는 포화증기의 압력변화 없이 온도만 높인 증기이다.

18 과열기의 종류 중 열가스 흐름에 의한 구분방식에 속하지 않는 것은?

① 병류식　② 접촉식
③ 향류식　④ 혼류식

해설
- 전열방식에 따른 분류 : 복사형, 대류형, 복사 대류형
- 열가스 흐름에 따른 분류 : 병류형, 향류형, 혼류형

19 분출밸브의 최고사용압력은 보일러 최고사용압력의 몇 배 이상이어야 하는가?

① 0.5배　② 1.25배
③ 1.0배　④ 1.03배

해설
분출밸브의 최고사용압력은 최고사용압력의 1.25배 이상이다.

20 보일러 급수펌프가 갖추어야 할 구비 조건으로 틀린 것은?

① 작동이 확실하며 조작이 간편할 것
② 부하변동에 신속히 대응할 수 있을 것

③ 저부하 시는 효율이 낮을 것
④ 병렬운전을 할 수 있는 구조일 것

해설

급수펌프는 원심식 터빈펌프로 병렬운전에 지장이 없으며, 고속회전이 가능하여 저부하 운전에도 효율이 좋아야 한다.

21 서비스 탱크의 일반사항에 관한 설명으로 맞지 않는 것은?

① 서비스 탱크의 용량은 2~3시간 연소할 수 있는 연료량을 저장할 수 있는 크기의 것으로 한다.
② 버너에서 가까운 위치에 버너보다 1.5m 이상 높은 장소에 설치한다.
③ 서비스 탱크의 연료유가 일정량 이하일 때 저장 탱크에서 자동 급유하도록 하는 것이 좋다.
④ 용량이 커서 오버플로우가 되지 않으므로 경보장치 및 차단장치가 필요 없다.

해설

서비스 탱크는 소량의 증류를 저장하는 보조저장 탱크로 중유의 넘침을 방지하기 위해 오버플로우관을 설치하며 그렇지 않을 경우 경보장치를 설치한다.

22 보일러를 6개월 이상 장시간 보존할 때 가장 적합한 보존방법은?

① 양질의 물에 가성소다 등을 첨가하여 만수상태로 보존한다.
② 내부에 페인트를 두껍게 도포하여 보존한다.
③ 내부를 건조시킨 후 흡습제를 넣고 밀폐 보존한다.
④ 보일러수의 pH를 12~13 정도로 높게 유지하여 보존한다.

해설

건조보존은 6개월 이상의 장기 보존법으로 흡습제를 사용하는 방법과 질소가스를 봉입하는 방법으로 흡습제의 종류는 염화칼슘, 실리카겔, 생석회, 활성알루미나 등이 있다.

23 포화증기는 압력이 높아질수록 증발잠열의 크기는 어떻게 되나?

① 증가한다. ② 감소한다.
③ 변하지 않는다. ④ 감소 후 증가한다.

해설

증기압력이 높아지면 증발잠열은 감소하고, 증기 엔탈피는 증가 후 감소된다.

24 보일러의 안전정치에 대한 설명 중 잘못된 것은?

① 전열면적이 50m² 이상의 증기 보일러에는 2개 이상의 안전밸브를 설치해야 한다.
② 안전밸브의 분출용량은 보일러 최대증발량을 분출하도록 그 크기와 수량을 결정한다.
③ 안전밸브는 형식 승인을 받은 제품을 이용하므로 현장에서 수시로 압력 설정을 조정하여도 된다.
④ 저수위 안전장치는 연료차단 전에 경보가 울려야 하며, 경보음은 70dB 이상이어야 한다.

해설

안전밸브는 2개 이상 설치하며 그중 하나는 최고사용압력 이하에서, 나머지는 최고사용압력의 1.03배의 압력으로 분출하도록 설정한다.

25 저위발열량이 9,650kcal/kg인 기름은 240kg/h 연소하여 증기 엔탈피가 668 kcal/kg인 증기 3,000kg/h을 발생하였다면 이 보일러의 효율(%)은 약 얼마인가? (단, 급수 엔탈피는 20kcal/kg로 한다)

① 78.6 ② 83.9
③ 85.1 ④ 89.6

해설 **효율**
= 실제증발량×(h''−h')/연료사용량×연료발열량 ×100
= 3,000×(668−20)/(240×9,650)×100 = 83.9%

26 **보일러의 부속설비 중 연료공급계통에 해당하는 것은?**

① 콤버스터 ② 버너타일
③ 수트 블로어 ④ 오일 프리히터

해설
보염장치는 화염의 안정 및 형상을 조절, 점화를 쉽게 하고, 보호하는 장치로 종류는 윈드 박스, 콤버스터, 버너타일, 보염기 등이다.

27 **어떤 보일러의 급수온도가 50℃에서 압력 7kgf/cm², 온도 250℃의 증기를 1시간당 2,500kg 발생할 때 상당증발량은 약 얼마인가? (단, 급수 엔탈피는 50kcal/kg이고, 발생증기의 엔탈피는 660kcal/kg이다)**

① 2,829kg/h ② 2,960kg/h
③ 3,265kg/h ④ 3,415kg/h

해설
상당증발량 = 실제증발량×(h''−h')/539
= 2,500×(660−50)/539 = 2,829kg/h

28 **프로판(C_3H_8) 1kg이 완전연소하는 경우 필요한 이론산소량은 약 몇 Nm^3인가?**

① 3.47 ② 2.55
③ 1.25 ④ 1.5

해설
프로판(C_3H_8) 가스의 연소반응
$C_3H_8+5O_2 \rightarrow 3CO_2+4H_2O$
44kg 5 × 22.4Nm^3
∴ C_3H_8 1kg당 O_2량 : 5×22.4/44 = 2.545Nm^3

29 **보일러 용량 표시에서 정격출력(kcal/h)을 올바르게 설명한 것은?**

① 보일러의 실제증발열량을 기준증발열량으로 나눈 값을 말한다.
② 한 시간에 15.65kg의 상당증발량을 말한다.
③ 매시간 보일러에서 증기는 온수가 발생할 때의 보유열량을 말한다.
④ 난방부하와 급탕부하의 합을 말한다.

해설
보일러의 용량 표시
- 증기 보일러 : 시간당 증발량(kg/h)
- 온수 보일러 : 시간당 발생열량(kcal/h)

30 **보일러의 부하율에 대한 설명으로 맞는 것은?**

① 상당증발량에 대한 실제증발량과의 비율이다.
② 최대 연속증발량에 대한 실제증발량과의 비율이다.
③ 증발배수와 증발계수의 차이다.
④ 최대 연속증발량과 상당증발량과의 차이다.

해설
보일러 부하율 = 실제증발량/최대연속증발량×100

31 **체크밸브(Check valve)에 관한 설명으로 잘못된 것은?**

① 유체의 역류 방지용으로 사용된다.
② 풋형은 펌프 운전 중에 흡입측 배관 내 물이 없어지지 않도록 하기 위하여 사용한다.
③ 스윙형은 수직, 수평 배관에 모두 사용할 수 있다.
④ 리프트형은 수직 배관에만 사용할 수 있다.

해설

- 체크밸브는 유체의 역류방지용으로 리프트식과 스윙식이 있다.
- 리프트식은 수직 배관에는 사용이 곤란하다.

32 배관계에 설치한 밸브의 오작동 방지 및 배관계 취급의 적정화를 도모하기 위해 식별(識別) 표시를 하는 데 관계가 없는 것은?

① 지지하중
② 식별색
③ 상태표시
④ 물질표시

해설

배관 식별 표시는 상태표시, 물질표시, 식별색, 안전표시 등이다.

33 보일러 점화 시 역화의 원인과 관계가 없는 것은?

① 착화가 지연될 경우
② 연료의 인화점이 낮은 경우
③ 점화원을 사용한 경우
④ 연료공급밸브를 급개하여 다량으로 분무한 경우

해설

역화의 원인

- 흡입통풍이 너무 약한 경우
- 무리한 연소로 노내에 미연가스가 발생한 경우
- 착화가 늦어졌을 경우
- 연료의 인화점이 낮은 경우
- 압입통풍이 너무 강한 경우

34 보일러 관석(스케일) 중 고온에서 주로 석출되어 증발관 등에 부착되기 쉬운 것은?

① 황산칼슘
② 중탄산칼슘
③ 염화마그네슘
④ 실리카

해설

- 황산칼슘은 수온의 상승에 따라 용해도가 저하되어 고온 전열면에 석출 부착되는 스케일이다.
- 실리카(SiO_2)는 규산염 스케일의 주성분이다.

35 전송기에서 신호전달거리를 가장 멀리 할 수 있는 방식은?

① 공기압식 ② 팽창식
③ 유압식 ④ 전기식

해설

신호전송거리가 가장 긴 순서는 전기식>유압식>공기압식이다.

36 유입분무식 버너에 대한 설명으로 틀린 것은?

① 유량조절범위가 협소하다.
② 분무각도는 기름의 압력, 점도에 의해서 변화한다.
③ 고점도의 연료는 무화가 곤란하다.
④ 유압이 $5kgf/cm^2$ 이하에서 무화가 안 된다.

해설

유입분무식 버너는 유량조절범위가 좁고 분무각도는 기름의 압력, 점도에 의해서 변화하며 고점도의 연료는 무화가 곤란하다.

37 증기난방과 비교한 온수난방의 특징을 잘못 설명한 것은?

① 가열시간은 길지만 잘 식지 않으므로 동결의 우려의 적다.
② 난방부하의 변동에 따라 온도조절이 용이하다.
③ 취급이 용이하고 표면의 온도가 낮아 화상의 염려가 없다.
④ 방열기에는 증기 트랩을 반드시 부착해야 한다.

해설

증기 트랩은 증기관 내의 응축수를 배출하여 수격작용을 방지하기 위한 장치이다.

38 **일반적으로 단열재와 보온재, 보냉재는 무엇을 기준으로 하여 구분하는가?**

① 압축 강도　② 열전도율
③ 안전사용온도　④ 내화도

해설

안전사용온도
- 단열재 : 800~1200℃에서 단열효과가 있다.
- 보온재 : 100~800℃에서 보온효과가 있다.
- 보냉재 : 100℃ 이하에서 보냉효과가 있다.

39 **증기난방과 비교한 온수난방의 특징 설명으로 틀린 것은?**

① 현열을 사용하는 난방방식이다.
② 방열면적이 다소 적게 필요하며, 배관지름이 굵다.
③ 방열기 표면온도가 낮으므로 화상의 염려가 적다.
④ 예열시간이 다소 걸리나 쉽게 식지 않는다.

해설

- 온수난방의 발열량이 작아 방열면적이 넓어야 한다.
- 온수발열량은 450kcal/m²h이다.
- 증가발열량은 650kcal/m²h이다.

40 **증기 축열기(Steam accumulator)를 옳게 설명한 것은?**

① 송기압력을 일정하게 유지하기 위한 장치
② 보일러 출력을 증가시키는 장치
③ 보일러에서 온수를 저장하는 장치
④ 증기를 저장하여 과부하 시에 증기를 방출하는 장치

해설

증기 축열기는 저부하 시 잉여증기를 저장하여 최대부하 시 증기를 공급하기 위한 장치이다.

41 **고온고압의 관 플랜지 이음 시 사용하는 패킹의 재질로 산, 알칼리, 기타 부식성 물체에 잘 견디는 것은?**

① 주석
② 테프론
③ 가죽
④ 모넬 메탈

해설

- 주석은 알칼리, 산에 약하며, 안전사용온도는 400℃ 정도이다.
- 테프론은 기름이나 약품에 침해되지 않으며, 탄성이 부족하고, 사용범위가 -260~260℃ 정도이다.
- 모넬 메탈는 고압, 고온의 플랜지용 패킹으로 알칼리, 산, 기타 부식성 물체에 잘견디는 금속의 패킹이다.

42 **보일러의 안전밸브 및 압력방출장치에 관한 설명으로 잘못된 것은?**

① 안전밸브는 쉽게 검사할 수 있는 장소에 밸브축을 수직으로 하여 가능한 한 보일러의 동체에 직접 부착시킨다.
② 전열면적이 50m² 이하의 증기 보일러에서는 1개 이상의 안전밸브를 설치한다.
③ 최대증발량 5t/h 이하의 관류 보일러의 안전밸브 호칭지름은 15mm 이상으로 한다.
④ 안전밸브 및 압력방출방치의 분출용량은 최대증발량을 분출하도록 그 크기와 수를 결정하여야 한다.

해설

안전밸브의 관경은 25mm 이상이며 용량 5t/h 이하의 관류 보일러는 20mm 이상이어야 한다.

43 **보일러의 화학세관 작업 중 산세척 처리 순서를 설명한 것으로 맞는 것은?**

① 전처리 → 산액처리 → 수세 → 중화 → 수세 → 방청처리
② 수세 → 전처리 → 산액처리 → 수세 → 중화 → 방청처리
③ 전처리 → 수세 → 산액처리 → 수세 → 중화 → 방청처리
④ 전처리 → 수세 → 산액처리 → 중화 → 수세 → 방청처리

해설

- 중화방청은 pH 9 이상이 될 때까지 중화시킨다.
- 중화방청제는 탄산소다, 암모니아, 인산소다, 가성소다 등이다.

44 **보일러 용량을 표시하는 방법으로 사용되지 않는 것은?**

① 보일러 수부의 크기
② 보일러의 마력
③ 정격 출력
④ 상당증발량

해설

보일러 용량 표시방법은 보일러 마력, 시간당 발생열량, 시간당 증발량, 전열면적 등이다.

45 **온수 보일러 시공에 따른 용어 설명 중 틀린 것은?**

① 팽창탱크란 온수의 온도상승으로 인한 체적팽창에 의한 보일러의 파손을 막기 위해 설치하는 장치이다.
② 상향 순환식이란 송수주관을 상향 구배로 하고 반방 개소의 방열면을 보일러 설치기준보다 높게 하여 온수 순환이 상향으로 송수되어 환수하는 방식이다.
③ 환수주관이란 보일러에서 발생된 온수를 난방 개소에 매설된 방열관 및 온수탱크에 온수를 공급하는 관을 말한다.
④ 급수탱크랑 팽창탱크에 물이 부족할 때 급수할 수 있는 장치이다.

해설

환수주관은 방열관을 통하여 냉각된 온수를 회수하는 관이다.

46 **다음 제어계 중 변환량에 의한 변환요소가 올바른 것은?**

① 온도 → 전압 : 열전대
② 방사선 → 가변저항기 : 광전관
③ 변위 → 압력 : 벨로스, 다이어프램
④ 압력 → 변위 : 유압분사관

해설

- 광전관은 방사선 → 필라멘트 휘도
- 벨로스, 다이어프램은 탄성 → 압력

47 **중유의 종류를 A 중유, B 중유, C 중유로 구분하는 기준 중 기본이 되는 사항은?**

① 비중
② 점도
③ 발열량
④ 인화점

해설

점도에 따라 중유를 구분한다.

48 **탄성체 압력계의 교정용 또는 검사용으로 사용되는 압력계는?**

① 기준분동식 압력계
② 부르동관식 압력계
③ 벨로스식 압력계
④ 다이어프램식 압력계

해설

기준분동식 압력계는 압력의 실측보다 압력계의 검사용, 교정으로 사용되며 측정범위가 높고(0.5~ 3000 kg/cm²), 정도가 높다(0.1% 정도).

49 호칭지름이 25A인 강관으로 양쪽에 90° 엘보를 사용하여 중심선의 길이를 250mm로 조립하고자 할 때 관의 실제 소요길이는? (단, 나사의 물림 길이는 15mm로 한다)

① 204mm
② 209mm
③ 210mm
④ 215mm

해설

실제 파이프 절단 길이 = 250−2×(38−15)
= 204mm

50 보일러 운전 중 취급상의 사고 원인이 아닌 것은?

① 부속장치 미비
② 압력 초과
③ 급수처리 불량
④ 부식

해설

보일러 사고는 제작상 원인과 취급상 원인으로 구분된다. 부속장치 미비는 제작상의 원인에 해당한다.

51 연소용 버너 중 2중관으로 구성되어 중상부에서는 유류가 분사되고 외측에는 가스가 분사되는 형태로 유류와 가스를 동시에 연소시킬 수 있는 버너로 센터파이어라고도 하는 버너는?

① 건형 가스버너
② 링형 가스버너
③ 다분기관형 가스버너
④ 스크롤형 가스버너

해설

건타입 버너는 유압기류 분무방식으로 경유와 가스의 겸용이 가능하며 소형으로 자동화가 쉽고 일명 센터 파이어 버너라고도 한다.

52 자연 통풍력에 관한 사항 설명으로 틀린 것은?

① 연돌의 단면적을 크게 하면 통풍력이 증가한다.
② 배기가스온도를 낮게 하면 통풍력이 증가한다.
③ 연돌의 높이를 높게 하면 통풍력이 증가한다.
④ 외기와 배기가스의 밀도차가 클수록 통풍력이 증가한다.

해설

자연 통풍력은 배기가스온도가 높을수록 통풍력은 증가하며 연돌의 높이를 높게 하면 통풍력이 증가한다.

53 보일러 화염검출장치의 보수나 점검에 대한 설명 중 틀린 것은?

① 프레임 아이 장치의 주위온도는 50℃ 이상이 되지 않게 한다.
② 광전관식은 유리나 렌즈를 매주 1회 이상 청소하고 감도유지에 유의한다.
③ 프레임 로드는 검출부가 불꽃에 직접 접하므로 소손에 유의하고 자주 청소해 준다.
④ 프레임 아이는 불꽃의 직사광이 들어가면 오동작하므로 불꽃의 중심을 향하지 않도록 설치한다.

해설

프레임 아이는 화염의 빛을 검출하여 불꽃의 유무를 확인하는 화염분출장치로 불꽃의 중심을 향하도록 하여 오동작이 일어나지 않도록 한다.

54 배관 지지구의 종류가 아닌 것은?

① 파이프 슈
② 콘스탄트 행거
③ 리지드 서포트
④ 소켓

해설
소켓은 동일 직경의 관을 직선 이음에 사용되는 관 이음식이다.

55 에너지사용자가 에너지의 절약과 합리적인 이용을 통한 온실가스의 배출을 줄이기 위한 목표와 그 이행방법 등에 관한 계획을 자발적으로 수립하여 이를 이행하기로 정부나 지방자치단체와 약속하는 협약은?

① 에너지절감이행협약
② 에너지사용계획협약
③ 자발적협약
④ 수요관리투자협약

해설
자발적협약 수립 계획
- 협약체경 전년도의 에너지소비현황
- 에너지관리체제 및 에너지관리방법
- 효율향상목표 등의 이행을 위한 투자계획
- 에너지를 사용하여 만드는 제품, 부가가치 등의 단위당 에너지 이용효율 향상 목표 또는 온실가스 배출 감축 목표 및 그 이행방법
- 그 밖에 효율향상목표 등을 이행하기 위하여 필요한 사항

56 에너지이용합리화법에 규정된 특정 열사용기가재 구분 중 기관에 포함되지 않는 것은?

① 온수 보일러
② 태열열 집열기
③ 1종 압력용기
④ 구멍탄용 온수 보일러

해설
- 특정 열사용기자재는 기관, 압력용기, 요업요로, 금속요로 등이 있다.
- 기관은 보일러 및 태양열 집열기가 포함된다.

57 저탄소 녹색성장 기본법에서 사람의 활동에 수반하여 발생하는 온실가스가 대기 중에 축적되어 온실가스 농도를 증가시킴으로써 지구 전체적으로 지표 및 대기의 온도가 추가적으로 상승하는 현상을 말하는 용어는?

① 지구온난화
② 기후변화
③ 자원순환
④ 녹색경영

해설
- 기후변화는 사람의 활동으로 인하여 온실가스의 농도가 변함으로써 상당시간 관찰되어 온자연적인 기후변동에 추가적으로 일어나는 기후체계의 변화를 말한다.
- 녹색경영은 기업이 경영활동에서 자원과 에너지를 절약하고 효율적으로 이용하며 온실가스 배출 및 환경오염의 발생을 최소화하면서 사회적, 윤리적, 책임을 다하는 경영을 말한다.

58 에너지이용합리화 기본계획은 몇 년마다 수립하여야 하는가?

① 3년
② 5년
③ 10년
④ 15년

해설
기본계획은 5년마다 산업통상자원부장관이 수립한다.

59 에너지이용합리화법의 목적이 아닌 것은?

① 에너지의 수급 안정
② 에너지의 개발 및 보급
③ 에너지의 합리적이고 효율적인 이용
④ 에너지 소비로 인한 환경피해를 줄임

60 검사대상기기 조종자의 자격에 해당되지 않는 것은?

① 에너지관리기사
② 보일러산업기사
③ 보일러시공기능사
④ 보일러기능사

해설

보일러 시공기능사는 난방시공의 기술요원이다.

보일러시공기능사 [2011년 4월 17일]

01	02	03	04	05	06	07	08	09	10
③	③	④	③	②	②	③	③	③	①
11	12	13	14	15	16	17	18	19	20
④	①	③	②	①	④	③	②	②	③
21	22	23	24	25	26	27	28	29	30
④	③	②	③	②	④	①	②	③	②
31	32	33	34	35	36	37	38	39	40
④	①	③	①	④	④	④	③	②	④
41	42	43	44	45	46	47	48	49	50
④	③	③	①	③	①	②	①	①	①
51	52	53	54	55	56	57	58	59	60
①	②	④	④	③	③	①	②	②	③

국가기술자격 필기시험문제

2011년 10월 9일 필기시험

자격종목	종목코드	시험시간	형별	수험번호	성명
보일러시공기능사	**7761**	**60분**			

1 **가스 절단 방법으로 관 재료를 절단할 때 가장 양호한 절단면을 얻을 수 있는 관은?**

① 강관 ② 동관
③ 주철관 ④ 황동관

해설
가스 절단은 가스 절단 시 발생하는 산화철의 용융온도가 탄소강보다 낮아 절단이 쉽게 이루어진다.

2 **다음 중 유기질 보온재가 아닌 것은?**

① 기포성 수지 ② 코르크
③ 유리섬유 ④ 펠트

해설
유리섬유는 무기질 보온재이다.

3 **가정용 온수 보일러를 등에 설치하는 팽창탱크의 주된 기능은?**

① 배관 중의 이물질 제거
② 온수순환의 맥동 방지
③ 열효율의 증대
④ 온수의 가열에 따른 체적팽창 흡수

해설
팽창탱크를 설치하는 이유는 온수온도상에 따른 팽창압을 흡수하고, 부족수를 보충 급수하기 위해서이다.

4 **가교화 폴리에틸렌관의 특징 설명으로 틀린 것은?**

① 보통 100℃ 이상의 온수용으로 주로 사용된다.
② 동파, 녹, 부식이 없고 스케일이 생기지 않는다.
③ 기계적 특성 및 내화확성이 우수하다.
④ 시공 및 운반비가 저렴하여 경제적이다.

해설
가교화 폴리에틸렌관은 온수온돌난방에 사용되며 가볍고 시공성이 우수하며, 부식 및 스케일의 생성이 없으며 사용온도 범위는 −40~95℃이다.

5 **보일러 고온 부식의 방지대책에 속하지 않는 것은?**

① 공기비를 많게 하여 바나듐의 산화를 촉진한다.
② 연료 중의 바나듐(V) 성분을 제거한다.
③ 첨가제를 사용하여 바나듐의 융점을 높인다.
④ 고온의 전열면에 내식재료를 사용한다.

해설
부식방지는 공기비를 적게 해야 바나듐의 산화를 방지하여 고온 부식을 방지할 수 있다.

6 **보일러 열효율을 높이는 여열장치의 종류에 모두 해당하는 것으로만 구성된 것은?**

① 공기예열기, 압력계, 안전변
② 버너, 댐퍼, 절탄기
③ 절탄기, 공기예열기, 과열기
④ 인젝터, 재열기, 배풍기

해설
여열장치(폐열회수장치)의 종류에는 과열기, 재열기, 절탄기, 공기예열기가 있다.

7 **수면계의 개수에 대한 설명으로 맞는 것은?**

① 증기 보일러에는 1개 이상의 유리수면계를 부착하여야 한다.
② 2개 이상의 원격지시 수면계를 시설하는 경우에는 유리수면계를 부착하지 않는다.
③ 소용량 및 1종 관류 보일러는 2개 이상의 유리수면계를 부착하여야 한다.
④ 최고사용압력이 1MPs 이하로서 동체 안지름이 750mm 미만인 경우에 있어서는 수면계 중 1개는 다른 종류의 수면 특정장치로 할 수 있다.

해설

증기 보일러에는 2개 이상의 유리수면계를 부착하여야 한다. 다음의 경우엔 1개 이상으로 할 수 있다.

- 2개 이상의 원격지시 수면계를 시설하는 경우
- 최고사용압력이 1MPs 이하로서 동체 안지름이 750mm 미만인 경우
- 소용량 및 1종 관류 보일러의 경우

8 **탄산마그네슘 보온재는 염기성 탄산마그네슘에 석면을 몇 % 정도 배합하는가?**

① 10% ② 15%
③ 20% ④ 25%

해설

탄산마그네슘 보온재는 탄산마그네슘 85%, 석면 15%로 배합된 안전사용온도 250℃ 정도인 무기질 보온재이다.

9 **통풍장치 중 송풍기의 풍량이 1,500m³/min,송풍압력이 20mmH₂O, 효율이 0.6이라면 이 송풍기의 소요동력은 약 몇 kW인가?**

① 4.25 ② 8.17
③ 14.46 ④ 22.56

해설

kW = P×Q/102×60×η
= 20×1,500/(102×60×0.6) = 8.17kW

10 **공기량이 지나치게 많을 때 나타나는 현상 중 틀린 것은?**

① 연소실 온도가 떨어진다.
② 열효율이 저하한다.
③ 연료소비량이 증가한다.
④ 배기가스온도가 높아진다.

해설

공기량이 과다할 때의 현상

- 열효율이 저하한다.
- 연료소비량이 증가한다.
- 연소실 온도가 낮아진다.
- 배기가스량이 많아지고, 열손실이 증가한다.
- 저온 부식이 촉진된다.

11 **아래 방열기 도시기호에 대한 설명으로 잘못된 것은?**

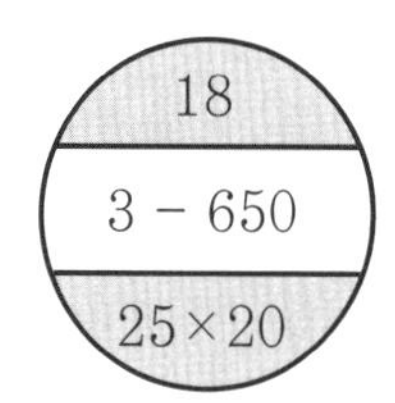

① 3 : 3세주형
② 18 : 쪽수
③ 650 : 유출관경
④ 25 : 유입관경

해설

650은 방열기의 높이(mm)이다.

12 다음과 같은 동관 이음쇠의 올바른 호칭은?

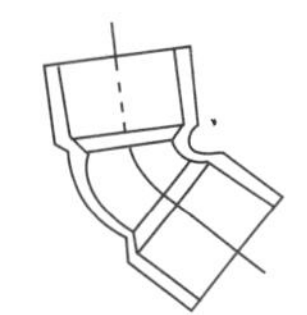

① 45°엘보 C×C ② 45°엘보 M×M
③ 45°엘보 F×F ④ 45°엘보 T×T

해설

C×C는 암나사×암나사이다.

13 보일러 보존 시 동결사고가 예상될 때 실시하는 밀폐식 보존법은?

① 건조 보존법 ② 만수 보존법
③ 화학적 보존법 ④ 습식 보존법

해설

• 건조 보존법은 장기보존방법으로 동결의 위험이 있는 겨울철 보존방법이다.
• 만수 보존법은 단기보존방법으로 습기가 많은 여름철 보존방법이다.

14 자동제어 종류 중 목표값이 시간적으로 변화되는 제어로 자기조정제어라고도 하는 것은?

① 추종 제어 ② 비율 제어
③ 프로그램 제어 ④ 캐스케이드 제어

해설

추종 제어는 목표값이 임의로 변화되는 추치 제어이다.

15 다음 중 가스 홀더의 종류에 속하지 않는 것은?

① 고압 홀더 ② 혼합식 홀더
③ 무수식 홀더 ④ 유수식 홀더

해설

가스 홀더는 가스의 품질 및 압력을 균일하게 하고, 가스공급을 일정하게 유지하기 위한 저장 탱크로 종류는 고압식, 무수식, 유수식이 있다.

16 1보일러 마력이란, 1시간에 100℃의 물 몇 kg을 전부 증기로 만들 수 있는 능력을 말하는가?

① 13.65kg ② 14.65kg
③ 15.65kg ④ 17.65kg

해설

1보일러의 마력은 1시간에 100℃의 물 15.65kg을 100℃의 증기로 만드는 보일러 능력이다.

17 다음 중 동력 파이프 나사 절삭기의 종류가 아닌 것은?

① 호브식 ② 오스터식
③ 다이헤드식 ④ 압착식

해설

• 동력 나사 절삭기의 종류는 오스터식, 호브식, 다이헤드식 등이 있다.
• 다이헤드식은 나사 절삭용 전용기계로 관의 절단, 절삭 및 리머작업이 가능하여 현장에서 많이 사용된다.

18 외부 공기를 되도록 보온재의 겉쪽에서 차단하여 보온재의 내부나 관 표면의 결로현상을 방지하기 위하여 보온, 단열 시공 후 반드시 시행해야 할 작업은?

① 보습 ② 방습
③ 도장 ④ 방청

해설

보온 단열재는 수분을 흡수하면 열전도율이 증가한다.

19 수면계의 기능시험이 필요한 시기에 대한 설명으로 가장 적절하지 않은 것은?

① 가마울림 현상이 나타날 때
② 두 개의 수면계 수위에 차이가 있을 때
③ 보일러 가동 전 또는 가동하여 압력이 상승하기 시작했을 때

④ 유리관의 교체 또는 그 외의 보수를 했을 때

해설

가마울림은 2착 연소에 의한 공명 현상이다.

20 **어떤 보일러의 증발량이 2,000kg/h, 발생 증기 엔탈피가 600kcal/kg, 급수온도가 60℃일 때, 이 보일러의 상당증발량은 약 얼마인가?**

① 2226kg/h ② 3125kg/h
③ 4105kg/h ④ 5216kg/h

해설

상당증발량 = 실제증발량×(h"−h')/539
= 2,000×(660−60)/539 = 2,226.3kg/h

21 **구조가 간단하고 취급이 용이하며 수부가 크고 부하변동에 따른 증기압력의 변동이 작으나 폭발 시 재해가 큰 보일러는?**

① 수관식 보일러
② 원통형 보일러
③ 복사 보일러
④ 관류 보일러

해설

원통형 보일러는 보유수량이 많아 부하변동에 대한 적응이 쉽지만 폭발 시 피해가 크다.

22 **보일러의 출열 항목에 속하지 않는 것은?**

① 불완전연소에 의한 열손실
② 연소 잔재물 중의 미연소분에 의한 열손실
③ 공기의 현열손실
④ 방산에 의한 손실열

해설

입열 항목

- 연료의 발열량
- 공기의 현열
- 연료의 현열
- 노내 분입 증기열

23 **다음 중 보일러수 분출의 목적이 아닌 것은?**

① 보일러수의 농축을 방지한다.
② 포화증기를 과열증기로 증기의 온도를 상승시킨다.
③ 캐리오버 현상을 방지한다.
④ 관수의 순환을 좋게 한다.

해설

분출의 목적

- 스케일의 생성을 방지한다.
- 프라이밍, 포밍을 방지한다.
- 보일러수의 농축을 방지한다.
- 보일러수의 pH를 조절한다.

24 **도시가스 등 보일러의 기체연료의 특징 설명으로 잘못된 것은?**

① 적은 과잉공기로 완전연소가 가능하다.
② 회분이나 매연발생이 없어 연소 후 청결하다.
③ 누출이나 폭발위험이 크다.
④ 연소의 자동제어가 불가능하다.

해설

기체연료의 연소는 버너연소로 전자동이 가능하다.

25 **보일러 부속장치의 분류와 그 종류가 잘못 연결된 것은?**

① 송기장치–주증기 밸브, 증기 헤더
② 급수장치–비수방지관, 유수분리기
③ 안전장치– 안전밸브, 저수위 경보장치
④ 여열장치– 절탄기, 공기예열기

해설

비수방지관은 증기장치이며, 유수분리기는 급유장치이다.

26 **소형 온수 보일러의 적용범위에 대한 설명 중 맞는 것은?**

① 전열면적이 14m² 이하이며, 최고사용압력이 0.35MPa 이하의 온수를 발생하는 것
② 전열면적이 16m² 이하이며, 최고사용압력이 0.45MPa 이하의 온수를 발생하는 것
③ 전열면적이 18m² 이하이며, 최고사용압력이 0.55MPa 이하의 온수를 발생하는 것
④ 전열면적이 20m² 이하이며, 최고사용압력이 0.65MPa 이하의 온수를 발생하는 것

해설

소형 온수 보일러는 최고사용압력이 0.35MPa 이하, 전열면적이 14m² 이하의 온수 보일러를 말한다.

27 **크기가 가장 작은 분진을 포집할 수 있는 집진장치는?**

① 사이클론식 집진기
② 여과 집진지
③ 벤튜리 스크러버
④ 코트렐 집진지

해설

코트렐 집진지는 전기식 집진장치로 미세입자의 포집이 가능하며 집진효율이 가장 높다.

28 **보일러 동체 또는 드럼 내부 증기 취출구에 부착하여 수면에서 발생하는 증기의 압력차 없이 증기관으로 취출시키는 관은?**

① 배기관 ② 환수주관
③ 팽창관 ④ 비수방지관

해설

비수방지관은 증기 취출구 입구에 설치하여 증기 중의 수분을 제거하여 건조도가 높은 증기를 송기시키는 장치이다.

29 **어떤 보일러의 실제증발량이 2,000kg/h, 증기엔탈피가 668kcal/kg, 급수 엔탈피가 18kcal/kg, 연료사용량이 240kg/h이다. 이때 증발계수는 약 얼마인가?**

① 2.0 ② 1.2
③ 2.5 ④ 3.5

해설

증발계수 = 증기엔탈피−급수엔탈피/539
= 668−18/539 = 1.2

30 **건식 환수관 방식의 관말에 설치하는 것이 아닌 것은?**

① 드레인 포켓
② 냉각 레그
③ 관말 트랩
④ 리프트 피팅

해설

리프트 피팅은 진공 환수식에서 설치하는 배관방법이다.

31 **액화천연가스(LNG)의 장점에 대한 설명 중 틀린 것은?**

① 비중이 공기보다 무겁다.
② 고열량의 가스이다.
③ 누설되면 대기 중으로 확산되어 폭발위험이 적다.
④ 저장 및 수송이 편리하다.

해설

액화천연가스(LNG)는 비중이 공기의 1/2 정도로 가볍다.

32 **액체연료 연소 보일러에서 보일러 운전 중 공기의 공급이 적정할 때 나타나는 연기 색깔로 가장 적당한 것은?**

① 엷은 회색 ② 흑색
③ 암흑색 ④ 백색

해설
• 엷은 회색 : 적정 공기
• 흑색 : 공기 부족
• 백색 : 공기 과다

33 **안전사고 조사의 목적으로 가장 타당한 것은?**

① 사고 관련자의 책임규명을 위하여
② 사고의 원인을 파악하여 사고의 재발방지를 위하여
③ 사고 관련자의 처벌을 정확하고 명확히 하기 위하여
④ 재산, 인명 등의 피해 정도를 정확히 파악하기 위하여

해설
안전사고 조사의 목적은 사고의 원인을 파악하여 사고의 재발을 방지하는 것이다.

34 **신축 이음쇠 종류 중 고온고압에 적당하며, 신축에 따른 자체응력이 생기는 결점이 있는 신축 이음쇠는?**

① 루프형(Loop type)
② 스위블형(Swivel type)
③ 벨로스형(Bellows type)
④ 슬리브형(Sleeve type)

해설
루프형은 고압, 옥외 배관에 사용되고, 신축량은 크지만 응력이 발생하는 만곡형 신축 이음이다.

35 **자동연료 차단장치가 작동하는 경우에 대한 설명으로 틀린 것은?**

① 증기압력이 설정압력보다 높은 경우
② 중유의 사용온도가 너무 낮은 경우
③ 연료용 유류의 압력이 너무 낮은 경우
④ 송풍기 팬이 가동 중일 경우

해설
자동연료 차단장치 작동은 프리퍼지가 되지 않을 때와 중유의 사용온도가 너무 낮은 경우이다.

36 **보일러 연소에서 공기비(m)를 옳게 나타낸 식은?**

① m = 이론공기량/실제공기량
② m = 실제공기량/이론공기량
③ m = 실제산소량/이론산소량
④ m = 실제공기량/이론공기량

해설
공기비(m) = 실제공기량(A)/이론공기량(Ao)
A = m×Ao

37 **보일러 자동제어에서 인터록의 종류가 아닌 것은?**

① 저온도 인터록 ② 불착화 인터록
③ 저수위 인터록 ④ 압력초과 인터록

해설
인터록의 종류는 압력초과, 불착화, 저수위, 저연소, 프리퍼지 등이 있다.

38 **다음 중 보일러 연소장치와 가장 거리가 먼 것은?**

① 스테이 ② 버너
③ 연도 ④ 화격자

해설
스테이는 압력에 약한 경관을 보강하기 위한 버팀장치이다.

39 **연소온도에 영향을 미치는 인자와 관계가 없는 것은?**

① 산소의 농도 ② 연료의 발열량
③ 공기비 ④ 연료의 가격

해설
연소온도를 높이는 방법
• 연료를 완전연소시킬 것
• 연료나 공기를 예열할 것
• 연료의 발열량이 클 것
• 연소에 적은 공기를 사용할 것

40 **분출을 행하는 시기에 대한 설명으로 틀린 것은?**

① 관수가 농축되어 있을 때 실시한다.
② 프라이밍, 포밍 현상을 일으키면 실시한다.
③ 보일러 점화 직후에 실시한다.
④ 계속 운전 중인 보일러는 부하가 가장 가벼운 시기에 실시한다.

해설
분출의 시기는 다음 날 아침 보일러를 가동하기 전에 한다.

41 **배관설비의 열팽창에 의한 이동을 구속 또는 제한하는 배관지지장치는?**

① 서포트(Support)
② 행거(Hanger)
③ 레스트레인트(Restraint)
④ 브레이스(Brace)

해설
레스트레인트는 열팽창에 의한 이동을 구속 또는 제한하는 배관지지장치로서 종류는 앵커, 가이드, 스토퍼 등이 있다.

42 **보일러 급수장치의 일종인 인젝터 사용 시의 장점 설명으로 틀린 것은?**

① 설치에 넓은 장소를 요하지 않는다.
② 급수예열 효과가 있다.
③ 급수량 조절이 양호하여 급수의 효율이 높다.
④ 구조가 간단하고 소형이다.

해설
인젝터는 급수조절이 어렵고, 양수능력이 부족하며 소형이다.

43 **자동제어의 비례동작(P동작)에서 조작량(Y)은 제어편차량(e)과 어떤 관계가 있는가?**

① 제곱에 비례한다.
② 비례한다.
③ 제곱에 반비례한다.
④ 반비례한다.

해설
비례동작은 제어편차에 비례(발생)하는 동작이다.

44 **흑체 복사력은 흑체 표면의 온도에 의해서만 구해진다는 법칙은?**

① 뉴톤의 냉각 법칙
② 스테판 볼츠만 법칙
③ 퓨리에 열전도 법칙
④ 줄의 법칙

해설
스테판 볼츠만 법칙은 완전흑체로부터의 전복사 에너지는 절대온도 4승에 비례한다.

45 **다음 중 지역난방의 특징으로 틀린 것은?**

① 연료비 및 인건비가 절감된다.
② 건물 내의 유효면적이 증대된다.
③ 배관에 의한 손실열량이 없다.
④ 설비의 합리화로 매연처리를 할 수 있다.

해설
지역난방은 한곳에 설치한 대규모 열설비로 일정 지역 내의 건축물을 난방하는 방식으로 배관에 의한 열손실이 많다.

46 **관류 보일러에 관한 설명 중 잘못된 것은?**

① 보일러 보유수량이 많기 때문에 열용량이 크다.
② 임계압력 이상의 고압증기를 얻을 수 있다.
③ 증기발생 속도가 매우 빠르다.
④ 벤슨 보일러, 슐저 보일러가 있다.

해설
관류 보일러는 드럼 없이 관만으로 구성되어 보유수량이 적어 열용량이 비교적 적다.

47 다음 중 보일러 효율의 관계식으로 맞는 것은?

① 연소효율－전열효율
② 연소효율/전열효율
③ 전열효율/연소효율
④ 연소효율×전열효율

해설

열효율 = 연소효율×전열효율

48 보일러의 파열 사고를 일으키는 구조상 결함에 해당하지 않는 것은?

① 설계 불량
② 재료 불량
③ 공장 불량
④ 용수관리 불량

해설

용수관리 불량은 취급상 원인이다.

49 중유의 성상을 개선하기 위한 첨가제 중 분무를 순조롭게 하기 위하여 사용하는 것은?

① 연소 촉진제
② 슬러지 분산제
③ 회분 개질제
④ 탈수제

해설

- 슬러지 분산제 : 슬러지의 생성을 방지하기 위한 첨가제
- 회분 개질제 : 회분의 융점을 높여 고온 부식을 방지하기 위한 첨가제

50 증기난방 배관방법에서 중력 환수식 및 기계 환수식과 비교한 진공 환수식 증기난방법의 특징 중 틀린 것은?

① 방열량의 조절이 어렵다.
② 환수관의 직경이 작아도 된다.
③ 다른 환수법에 비해 순환이 빠르다.
④ 방열기 설치 장소에 제한을 받지 않는다.

해설

진공 환수식은 방열기 밸브로 펙레스밸브를 사용하며 방열량을 광범위하게 조절할 수 있고, 대규모 난방에 적합한 난방방식이다.

51 다음 중 오일 프리히터의 종류에 속하지 않는 것은?

① 증기식 ② 직화식
③ 온수식 ④ 전기식

해설

오일 프리히터는 중유를 예열하여 점도를 낮추고 무화상태를 좋게 하기 위한 장치로 열원에 따른 종류는 전기식, 증기식, 온수식이 있다.

52 화염에서 발생하는 발광체를 이용하여 화염을 검출하는 것은?

① 플레임 로드
② 스택 스위치
③ 플레임 아이
④ 아쿠아스태트

해설

화염검출기의 종류

- 플레임 로드 : 이온화를 이용한다.
- 스택 스위치 : 발열체를 이용한다.
- 플레임 아이 : 발광체를 이용한다.

53 난방부하가 2,000kcal/h인 건물에 효율 80%인 기름 보일러로 난방하는 경우 소요되는 기름의 양은? (단, 기름의 저위발열량은 10,000kcal/kg이다)

① 1.8kg/h ② 2.5kg/h
③ 3.0kg/h ④ 3.6kg/h

해설

연료사용량

= 난방부하(kcal/h)/연료발열량×효율kg/h

= 20,000/(10,000×0.8) = 2.5kg/h

54 **온수 순환펌프를 설정할 때 고려할 사항으로 가장 거리가 먼 것은?**

① 배관의 재질
② 온수의 순환량
③ 설치방법 및 장소
④ 펌프의 양정과 동력

해설

온수 순환펌프의 설정은 온수의 순환량, 설치방법 및 장소, 펌프의 양정과 동력이다.

55 **특정 열사용기가재의 시공업 등록은 어느 법에 따라 하도록 되어 있는가?**

① 건설기술관리법
② 건축법
③ 에너지이용합리화법
④ 건설산업기본법

해설

시공업의 등록은 건설산업기본법에 의해 시 · 도지사가 지정한다.

56 **에너지법에서 정의하는 '에너지공급설비' 에 해당되지 않는 것은?**

① 에너지를 전환하기 위하여 설치하는 설비
② 에너지를 수송하기 위하여 설치하는 설비
③ 에너지를 개발하기 위하여 설치하는 설비
④ 에너지를 생산하기 위하여 설치하는 설비

해설

에너지 공급설비는 에너지를 생산, 저장, 수송, 전환하기 위하여 설치하는 설비이다.

57 **에너지이용합리화법상 에너지의 최저소비효율 기준에 미달하는 효율관리기자재의 생산 또는 판매금지 명령을 위반한 자에 대한 벌칙 기준은?**

① 1년 이하의 징역 또는 1천만원 이하의 벌금
② 1천만원 이하의 벌금
③ 2년 이하의 징역 또는 2천만원 이하의 벌금
④ 2천만원 이하의 벌금

해설

기준 미달 기자재의 생산 및 판매금지
- 명령 : 산업통상자원부장관
- 벌칙 : 2,000만원 이하의 벌금

58 **에너지이용합리화법 시행령에 의거 국가, 지방자치단체 등이 에너지를 효율적으로 이용하고 온실가스의 배출을 줄이기 위하여 추진하여야 하는 필요한 조치의 구체적인 내용이 아닌 것은?**

① 지역별, 주요 수급자별 에너지 보급
② 에너지 절약 및 온실가스 배출 감출을 위한 제도, 시책의 마련 및 정비
③ 에너지 절약 및 온실가스 배출 감축 관련 홍보 및 교육
④ 건물 및 수송 부문의 에너지이용합리화 및 온실가스 배출 감축

59 **화석연료(化石燃料)에 대한 의존도를 낮추고 청정에너지의 사용 및 보급을 확대하며 녹색기술 연구개발, 탄소흡수원 확충 등을 통하여 온실가스를 적정수준 이하로 줄이는 것을 뜻하는 용어는?**

① 녹색성장
② 온실가스
③ 저탄소
④ 녹색기술

해설

- 저탄소는 화석연료에 대한 의존도를 낮추고 청정에너지의 사용 및 보급을 확대하며 녹색기술 연구개발, 탄소흡수원 확충 등을 통하여 온실가스를 적정 수준 이하로 줄이는 것을 말한다.
- 녹색성장은 에너지와 자원을 절약하고 효율적으로 사용하여 기후변화와 환경훼손을 줄이고 청정에너지와 녹색기술의 연구개발을 통하여 새로운 성장동력을 확보하며 새로운 일자리를 장출해 나가는 등 경제와 환경이 조화를 이루는 성장을 말한다.
- 녹색기술은 온실가스 감축기술, 에너지 이용 효율화기술, 청정생산기술, 청정에너지기술, 자원순환 및 친환경 기술 등 사회 · 경제활동의 전과정에 걸쳐 에너지와 자원을 절약하고 효율적으로 사용하여 온실가스 및 오염물질의 배출을 최소화하는 기술을 말한다.

60 에너지이용합리화법 시행령에서 '에너지사용의 시기, 방법 및 에너지사용기자재의 사용 제한 또는 금지 등 대통령령으로 정하는 사항' 중 틀린 것은?

① 위생접객업소 및 그 밖의 에너지사용시설에 대한 에너지사용의 제한
② 에너지사용의 시기 및 방법의 제한
③ 차량 등 에너지사용기자재의 사용 제한
④ 특정지역에 대한 에너지개발의 제한

보일러시공기능사 [2011년 10월 9일]

01	02	03	04	05	06	07	08	09	10
①	③	④	①	①	③	④	②	②	④
11	12	13	14	15	16	17	18	19	20
③	①	①	①	②	③	④	②	①	①
21	22	23	24	25	26	27	28	29	30
②	④	②	④	②	①	④	④	②	④
31	32	33	34	35	36	37	38	39	40
①	①	②	①	④	④	①	①	④	③
41	42	43	44	45	46	47	48	49	50
③	③	②	②	③	①	④	④	①	①
51	52	53	54	55	56	57	58	59	60
②	③	②	①	④	③	④	①	③	④

국가기술자격 필기시험문제

2012년 2월 12일 필기시험

자격종목	종목코드	시험시간	형별	수험번호	성명
보일러기능사	**7761**	**60분**			

1 **보일러 효율을 올바르게 설명한 것은?**

① 증기발생에 이용된 열량과 보일러에 공급한 연료가 완전연소할 때의 열량과의 비
② 배기가스 열량과 연소실에서 발생한 열량과의 비
③ 연도에서 열량과 보일러에 공급한 연료가 완전연소할 때의 열량과의 비
④ 총 손실열량과 연료의 연소열량과의 비

해설

보일러 효율 = 유효열/입열(공급열)×100(%)
= 발생증기보유열/연료의 연소열(발열량)×100(%)

2 **수관식 보일러의 종류에 속하지 않는 것은?**

① 자연순환식 ② 강제순환식
③ 관류식 ④ 노통연관식

해설

노통연관식 보일러는 원통형 보일러이다.

3 **건포화 증기 100℃의 엔탈피는 얼마인가?**

① 639kcal/kg ② 539kcal/kg
③ 100kcal/kg ④ 439kcal/kg

해설

대기압(0.1MPa = 100℃)일 때 건포화증기 엔탈피는 639kcal/kg이다.

4 **분사관을 이용해 선단에 노즐을 설치하여 청소하는 것으로 주로 고온의 전열면에 사용하는 수트 블로워(Soot blower)의 형식은?**

① 롱 레트랙터블(Long retractable)형
② 로터리(Rotary)형
③ 건(Gun)형
④ 에어히터클리너(Air heater cleaner)형

해설

수트 블로워의 종류
- 롱 레트랙터블형은 과열기 등 고온 전열면에 사용한다.
- 건 타입형은 연소노벽이나 보일러 전열면에 사용한다.
- 로터리형은 절탄기 등 저온 전열면에 사용한다.

5 **공기과잉계수(Excess air coefficient)를 증가시킬 때, 연소가스 중의 성분 함량이 공기과잉계수에 맞춰서 증가하는 것은?**

① CO_2 ② SO_2
③ O_2 ④ CO

해설

과잉공기가 증가하면 연소가스 중 O_2가 증가한다.

6 **보일러의 연소가스 폭발 시에 대비한 안전장치는?**

① 방폭문 ② 안전밸브
③ 파괴판 ④ 맨홀

해설

- 연소가스 폭발을 대비한 안전장치는 방폭문이다.
- 노내 폭발을 방지하기 위한 안전장치는 화염검출기이다.

7 연료의 인화점에 대한 설명으로 가장 옳은 것은?

① 가연물을 공기 중에서 가열했을 때 외부로부터 점화원 없이 발화하여 연소를 일으키는 최저온도
② 가연성 물질이 공기 중의 산소와 혼합하여 연소할 경우에 필요한 혼합가스의 농도 범위
③ 가연성 액체의 증기 등이 불씨에 의해 불이 붙는 최저온도
④ 연료의 연소를 계속시키기 위한 온도

해설

- **인화점** : 가연성분이 외부의 점화원에 의해 불이 붙는 최저온도를 말한다.
- **착화점** : 가연성분이 외부의 불씨 없이 스스로 불이 붙는 최저온도를 말한다.

8 다음 중 파형 노통의 종류가 아닌 것은?

① 모리슨형 ② 아담슨형
③ 파브스형 ④ 브라운형

해설

- **아담슨 조인트** : 노통의 신축을 조절하기 위한 이음이다.
- **파형 노통의 종류** : 모리슨형, 폭스형, 리즈포지형, 파브스형, 브라운형, 데이튼형 등이 있다.

9 주철제 보일러의 일반적인 특징 설명으로 틀린 것은?

① 내열성과 내식성이 우수하다.
② 대용량의 고압 보일러에 적합하다.
③ 열에 의한 부동팽창으로 균열이 발생하지 쉽다.
④ 쪽수의 증감에 따라 용량조절이 편리하다.

해설

주철제 보일러 : 1kg/cm^2 이하의 저압 보일러로 조립식 섹션 보일러이다.

10 증기의 압력에너지를 이용하여 피스톤을 작동시켜 급수를 행하는 비동력펌프는?

① 워싱턴펌프 ② 기어펌프
③ 볼류트펌프 ④ 디퓨저펌프

해설

비동력 왕복식펌프 : 워싱턴펌프, 웨어펌프 등이 있다.

11 다음 중 매연 발생의 원인이 아닌 것은?

① 공기량이 부족할 때
② 연료와 연소장치가 맞지 않을 때
③ 연소실의 온도가 낮을 때
④ 연소실의 용적이 클 때

해설

- 매연발생 원인은 불완전연소일 때이다.
- 연소실 용적이 클 때는 완전연소의 조건이다.

12 절탄기에 대한 설명 중 옳은 것은?

① 절탄기의 설치방식은 혼합식과 분배식이 있다.
② 절탄기의 급수 예열온도는 포화온도 이상으로 한다.
③ 연료의 절약과 증발량의 감소 및 열효율을 감소시킨다.
④ 급수와 보일러수의 온도차 감소로 열응력을 줄여 준다.

해설

절탄기는 급수의 예열로 연료절감 및 열효율이 향상되고, 동판의 열응력이 감소된다.

13 어떤 고체연료의 저위발열량이 6940kcal/kg이고 연소효율이 92%라 할 때 이 연료의 단위량의 실제발열량을 계산하면 약 얼마인가?

① 6,385kcal/kg
② 6,943kcal/kg
③ 7,543kcal/kg
④ 8,900kcal/kg

해설

- **연소효율** = 실제연소열/저위발열량×100
- **실제연소열** = 0.92×6,940 = 6,385kcal

14 보일러의 마력을 옳게 나타낸 것은?

① 보일러 마력 = 15.65×매시 상당증발량
② 보일러 마력 = 15.65×매시 실제증발량
③ 보일러 마력 = 15.65÷매시 실제증발량
④ 보일러 마력 = 매시 상당증발량÷15.65

해설

보일러 마력 = 상당증발량/15.65

15 다음 중 비접촉식 온도계의 종류가 아닌 것은?

① 광전관식 온도계 ② 방사 온도계
③ 광고 온도계 ④ 열전대 온도계

해설

접촉식 온도계는 열전대 온도계이다.

16 다음 중 보일러에서 연소가스의 배기가 잘되는 경우는?

① 연도의 단면적이 작을 때
② 배기가스 온도가 높을 때
③ 연도에 급한 굴곡이 있을 때
④ 연도에 공기가 많이 침입될 때

해설

통풍력이 증가되는 경우

- 연돌의 단면적이 넓은 경우이다.
- 배기가스 온도가 높은 경우이다.
- 연돌의 높이가 높은 경우이다.
- 연도의 길이가 짧거나, 굴곡부가 적은 경우이다.

17 일반적으로 보일러 판넬 내부온도는 몇 ℃를 넘지 않도록 하는 것이 좋은가?

① 70℃ ② 60℃
③ 80℃ ④ 90℃

18 수관식 보일러에서 건조증기를 얻기 위하여 설치하는 것은?

① 급수내관 ② 기수분리기
③ 수위경보기 ④ 과열저감기

해설

기수분리기는 발생증기 중 수분을 분리하여 건조증기를 얻기 위한 장치이다.

19 온수 보일러의 수위계 설치 시 수위계의 눈금은 보일러의 최고사용압력의 몇 배로 하여야 하는가?

① 1배 이상 3배 이하
② 3배 이상 4배 이하
③ 4배 이상 6배 이하
④ 7배 이상 8배 이하

해설

최고지시눈금

- **압력계** : 최고사용압력×1.5~3배 이하
- **수위계** : 최고사용압력×1~3배 이하

20 액체연료의 연소용 공기공급방식에서 1차 공기를 설명한 것으로 가장 적합한 것은?

① 연료의 무화와 산화방증에 필요한 공기
② 연료의 후열에 필요한 공기
③ 연료의 예열에 필요한 공기
④ 연료의 완전연소에 필요한 부족한 공기를 추가로 공급하는 공기

해설

- 1차 공기는 연료의 무화용 공기이다.
- 2차 공기는 무화된 연료의 연소용 공기이다.

21 기체연료의 연소방식과 관계가 없는 것은?

① 확산 연소방식 ② 예혼합 연소방식
③ 포트형과 버너형 ④ 회전 분무식

해설

회전 분무식 버너는 중유 연소장치이다.

22 **건도를 x라고 할 때 습증기는 어느 것인가?**

① x = 0　② 0 〈 x 〈 1
③ x = 1　④ x 〉 1

해설

- **건조도(x) = 0** : 포화수
- **건조도(x) = 1** : 건포화증기

23 **보일러 급수펌프인 터빈펌프의 일반적인 특징이 아닌 것은?**

① 효율이 높고 안정된 성능을 얻을 수 있다.
② 구조가 간단하고 취급이 용이하므로 보수관리가 편리하다.
③ 토출 시 흐름이 고르고 운전상태가 조용하다.
④ 저속회전에 적합하며 소형이면서 경량이다.

해설

터빈펌프 : 고양정펌프로 안내 깃이 부착되어 있고, 고속회전에 적합하다.

24 **보일러 부속장치 설명 중 잘못된 것은?**

① 기수분리기 – 증기 중에 혼입된 수분을 분리하는 장치이다.
② 수트 블로워 – 보일러 동 저면의 스케일, 침전물 등을 밖으로 배출하는 장치이다.
③ 오일스트레이너 – 연료 속의 불순물 방지 및 유량계, 펌프 등의 고장을 방지하는 장치이다.
④ 스팀 트랩 – 응축수를 자동으로 배출하는 장치이다.

해설

수트 블로워는 전열을 좋게 하기 위해 전열면에 부착된 그을음을 제거하는 장치이다.

25 **고체연료와 비교하여 액체연료 사용 시의 장점을 잘못 설명한 것은?**

① 인화의 위험성이 없으며 역화가 발생하지 않는다.
② 그을음이 적게 발생하고 연소효율도 높다.
③ 품질이 비교적 균일하여 발열량이 크다.
④ 저장 및 운반, 취급이 용이하다.

해설

액체연료는 인화점이 낮고 역화의 위험이 매우 크다.

26 **집진 효율이 대단히 좋고, 0.5μm 이하 정도의 미세한 입자도 처리할 수 있는 집진장치는?**

① 관성력 집진기
② 전기식 집진기
③ 원심력 집진기
④ 멀티사이클론식 집진기

해설

전기식 집진장치는 집진효율이 매우 높고, 미세입자의 제거가 용이하다.

27 **열정산의 방법에서 입열항목에 속하지 않는 것은?**

① 발생증기의 흡수열　② 연료의 연소열
③ 연료의 현열　④ 공기의 현열

해설 **출열**

- 유효열은 발생증기 보유열이다.
- 손실열
  - 불완전연소의 손실열
  - 미연분의 손실열
  - 배기가스 손실열
  - 전열 및 방열의 손실열

28 **보일러의 자동제어장치로 쓰이지 않는 것은?**

① 화염검출기　② 안전밸브
③ 수위검출기　③ 압력조절기

해설

안전밸브는 스프링의 장력에 의해 작동한다.

29 급수온도 30℃에서 압력 1MPa, 온도 180℃의 증기를 1시간당 10,000kg 발생시키는 보일러에서 효율은 약 몇 %인가?(단, 증기엔탈피는 664kcal/kg, 표준상태에서 가스 사용량은 500m³/h, 이 연료의 저위발열량은 15,000kcal/m³이다)

① 80.5% ② 84.5%
③ 87.5% ④ 91.65%

해설 보일러 효율
= 실제증발량(h"−h')/연료사용량×연료의 발열량 ×100(%)
= 10,000×(664−30)/500×15,000×100
= 84.5%

30 보일러의 사고발생 원인 중 제작상의 원인에 해당되지 않는 것은?

① 용접 불량 ② 가스 폭발
③ 강도 부족 ④ 부속장치 미비

해설
제작상의 원인 : 재료 불량, 구조 불량, 용접 불량, 강도 부족, 설제 불량, 부속 장치 미비 등이 있다.

31 오른쪽 기호와 같은 밸브의 종류 명칭은?

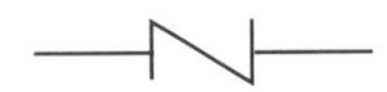

① 게이트밸브 ② 체크밸브
③ 볼밸브 ④ 안전밸브

해설
용도는 유체의 역류방지용이다.

32 보일러의 검사기준에 관한 설명으로 틀린 것은?

① 수압시험은 보일러의 최고사용압력이 15kgf/cm³를 초과할 때에는 그 최고사용압력의 1.5배의 압력으로 한다.
② 보일러 운전 중에 비눗물 시험 또는 가스누설 검사기로 배관접속부위 및 밸브류 등의 누설 유무를 확인한다.
③ 시험수압은 규정된 압력의 8% 이상을 초과하지 않도록 모든 경우에 대한 적절한 제어를 마련하여야 한다.
④ 화재, 천재지변 등 부득이한 사정으로 검사를 실시할 수 없는 경우에는 재신청 없이 다시 검사를 하여야 한다.

해설
수압시험은 규정된 수압의 6%를 초과하면 안 되고, 시험압력까지 높인 후 30분 경과 뒤에 검사한다.

33 보일러 보존 시 건조제로 주로 쓰이는 것이 아닌 것은?

① 실리카겔 ② 활성 알루미나
③ 염화마그네슘 ④ 염화칼슘

해설
건조제(흡습제) : 생석회, 실리카겔, 염화칼슘, 활성 알루미나 등이 있다.

34 배관의 신축이음 종류가 아닌 것은?

① 슬리브형 ② 벨로스형
③ 루프형 ④ 파일럿형

해설
신축이음의 종류 : 루프형, 벨로스형, 슬리브형, 스위블형 등이 있다.

35 진공환수식 증기배관에서 리프트 피팅으로 흡상할 수 있는 1단의 최고흡상높이는 몇 m 이하로 하는 것이 좋은가?

① 1m 이하 ② 1.5m 이하
③ 2m 이하 ④ 2.5m 이하

해설
리프트 피팅은 주관보다 높게 분기하여펌프나 증기트랩을 설치하는 배관방식으로 1단 높이를 1.5m로 한다.

36 난방부하 계산과정에서 고려하지 않아도 되는 것은?

① 난방 형식
② 주위환경의 조건
③ 유리창의 크기 및 문의 크기
④ 실내와 외기의 온도

해설

난방부하 = 열관류율×전열면적×(실내온도－외기온도)×방위계수(kcal/h)

37 다음의 보온재의 종류 중 안전사용(최고)온도(℃)가 가장 낮은 것은?

① 펄라이트 보온판, 통
② 탄화코르크판
③ 글라스울 블랭킷
④ 내화단열벽돌

해설

보온재의 안전사용온도
- 펄라이트 보온판, 통 : 650℃
- 탄화코르크판 : 130℃
- 글라스울 블랭킷 : 300℃
- 내화단열벽돌 : 900~1500℃

38 다음 중 보일러 손상의 하나인 압궤가 일어나기 쉬운 부분은?

① 수관　② 노통
③ 동체　④ 겔로웨이관

해설

- 압궤는 노통에 발생한다.
- 팽출은 수관, 횡연관식 보일러의 동저부 등에서 발생한다.

39 다음 중 보일러의 안전장치에 해당되지 않는 것은?

① 방출밸브　② 방폭문
③ 화염검출기　④ 감압밸브

해설

감압밸브 : 증기장치로 고압증기를 저압으로 감압시키는 장치

40 열전도율이 다른 여러 층의 매체를 대상으로 정상 상태에서 고온 측으로부터 저온 측으로 열이 이동할 때의 평균 열통과율을 의미하는 것은?

① 엔탈피　② 열복사율
③ 열관류율　④ 열용량

해설

열관류율 : 고체면을 통행 유체에서 유체로의 열이동을 의미, 일명 열통과율이라고도 한다(kcal/m²h℃).

41 엘보와 티와 같이 내경이 나사로 된 부품을 폐쇄할 필요가 있을 때 사용되는 것은?

① 캡　② 니플
③ 소켓　④ 플러그

해설

관 끝을 막을 때 사용되는 관 이음쇠
- 캡 : 암사나 형태로 관 끝을 씌워 막을 때 사용
- 플러그 : 수나사 형태로 관 끝을 틀어막을 때 사용

42 사용 중인 보일러의 점화 전 주의사항으로 잘못된 것은?

① 연료계통을 점검한다.
② 각 밸브의 개폐상태를 확인한다.
③ 댐퍼를 닫고 프리퍼지를 한다.
④ 수면계의 수위를 확인한다.

해설

점화 전 준비 : 댐퍼를 열고 프리퍼지를 한다.

43 호칭지름 15A의 강관을 굽힘 반지름 80mm, 각도 90℃로 굽힐 때 굽힘부의 필요한 곡선부 길이는 약 몇 mm인가?

① 126mm　② 135mm
③ 182mm　④ 251mm

해설

곡선부의 길이
= πD×회전각(θ)/360 = 3.14×160×90/360
= 125.6mm

44 난방부하가 2,250kcal/h인 온수방열기의 방열면적은 몇 m^2인가?(단, 방열기의 방열량은 표준방열량으로 한다)

① $3.5m^2$ ② $4.5m^2$
③ $5.0m^2$ ④ $8.3m^2$

해설

방열면적
= 난방부하(kcal/h)/방열량(kcal/m^2h)
= 2,250/450 = $5m^2$

45 증기트랩을 기계식 트랩, 온도조절식 트랩, 열역학적 트랩으로 구분할 때 온도조절식 트랩에 해당하는 것은?

① 버켓 트랩 ② 플로트 트랩
③ 열동식 트랩 ④ 디스크형 트랩

해설

- **기계식** : 플로트식, 버켓식
- **온도조절식** : 벨로스식(열동식), 바이메탈식
- **열역학적 트랩** : 오리피스식, 디스크식

46 철금속 가열로란 단조가 가능하도록 가열하는 것을 주목적으로 하는 노로서 정격용량이 몇 kcal/h를 초과하는 것을 말하는가?

① 200,000 ② 500,000
③ 100,000 ④ 300,000

해설

검사대상기기는 50만 kcal/h 초과의 철금속 가열로이다.

47 연소시작 시 부속설비관리에서 급수예열기에 대한 설명으로 틀린 것은?

① 바이패스 연도가 있는 경우에는 연소가스를 바이패스시켜 물이 급수예열기 내를 유통하게 한 후 연소가스를 급수예열기 연도에 보낸다.
② 댐퍼조작은 급수예열기 연도의 입구 댐퍼를 먼저 연 다음에 출구댐퍼를 열고 최후에 바이패스 연도댐퍼를 닫는다.
③ 바이패스 연도가 없는 경우 순환관을 이용하여 급수예열기 내의 물을 유통시켜 급수예열기 내의 물을 유통시켜 급수예열기 내부에 증기가 발생하지 않도록 주의한다.
④ 순환관이 없는 경우는 보일러에 급수하면서 적량의 보일러수 분출을 실시하여 급수예열기 내의 물을 정체시키지 않도록 한다.

해설

절탄기 설치 시 댐퍼조작방법 : 절탄기 출구 댐퍼를 먼저 열고, 입구 댐퍼를 연 다음에 바이패스 댐퍼를 닫는다.

48 급수탱크의 설치에 대한 설명 중 틀린 것은?

① 급수탱크를 지하에 설치하는 경우에는 지하수, 하수, 침출수 등이 유입되지 않도록 한다.
② 급수탱크의 크기는 용도에 따라 1~2시간 정도 급수를 공급할 수 있는 크기로 한다.
③ 급수탱크는 얼지 않도록 보온 등 방호조치를 하여야 한다.
④ 탈기기가 없는 시스템의 경우 급수에 공기용입 우려로 인해 가열장치를 설치해서는 안 된다.

해설

탈기기가 없는 경우는 적절한 급수온도를 유지하기 위해 가열장치가 필요하다.

49 온수난방에서 역귀환방식을 채택하는 주된 이유는?

① 각 방열기에 연결된 배관의 신축을 조정하기 위해서
② 각 방열기에 연결된 배관의 길이를 짧게 하기 위해서
③ 각 방열기에 공급되는 온수를 식지 않게 하기 위해서
④ 각 방열기에 공급되는 유량분배를 균등하게 하기 위해서

해설
역환수관방식은 각 방열기에 공급되는 유량분배를 균등하게 하기 위함이다.

50 본래 배관의 회전을 제한하기 위하여 사용되어 왔으나 근래에는 배관계의 축 방향의 안내 역할을 하며 축과 직각 방향의 이동을 구속하는 데 사용되는 레스트레인트의 종류는?

① 앵커(Anchor) ② 가이드(Guide)
③ 스토퍼(Stopper) ④ 이어(Ear)

해설
레스트레인트의 종류 : 가이드, 앵커, 스토퍼

51 다음 중 유기질 보온재에 속하지 않는 것은?

① 펠트 ② 세라크울
③ 코르크 ④ 기포성 수지

해설
유기질 보온재 : 펠트, 텍스, 코르크, 기포성

52 동관작업용 공구의 사용목적이 바르게 설명된 것은?

① 플레어링 툴 세트 : 관 끝을 소켓으로 만듦
② 익스팬더 : 직관에서 분기관을 성형 시 사용
③ 사이징 툴 : 관 끝을 원형으로 정형
④ 튜브벤더 : 동관을 절단함

해설
• 플레어링 툴 세트는 관 끝을 나팔관 모양으로 확관, 압축이음에 사용한다.
• 익스팬더는 관 끝을 소켓용으로 확관용이다.
• 튜브벤더는 동관을 구부리는 데 사용한다.

53 온수난방의 배관 시공법에 관한 설명으로 틀린 것은?

① 배관구배는 일반적으로 1/250 이상으로 한다.
② 운전 중에 온수에서 분리한 공기를 배제하기 위해 개방식 팽창탱크로 선상향구배로 한다.
③ 수평배관에서 관지름을 변경할 경우 동심 이음쇠를 사용한다.
④ 온수 보일러에서 팽창탱크에 이르는 팽창관에는 되도록 밸브를 달지 않는다.

해설
편심 레듀서 : 수평배관에서 관지름을 변경할 경우 선상향 구배에 사용한다.

54 환수관의 배관방식에 의한 분류 중 환수주관을 보일러 표준수위보다 낮게 배관하여 환수하는 방식은 어떤 배관방식인가?

① 건식 환수 ② 중력환수
② 기계환수 ④ 습식 환수

해설
• **건식 환수법** : 환수관을 보일러의 표준수위보다 높게 접속한 배관방식이다.
• **습식 환수법** : 환수관을 보일러의 표준부위보다 낮게 접속한 배관방식

55 에너지이용합리화법의 위반사항과 벌칙내용이 맞게 짝지워진 것은?

① 효율관리기자재 판매금지 명령 위반 시 – 1천만원 이하의 벌금
② 검사대상기기 조종자를 선임하지 않을 시 – 5백만원 이하의 벌금

③ 검사대상기기 검사의 위반 시 – 1년 이하의 징역 또는 1천만원 이하의 벌금
④ 효율관리기자재 생산명령 위반 시 – 5백만원 이하의 벌금

해설
- 효율관리지자재 판매금지 명령 위반 시 – 5백만원 이하의 벌금
- 검사대상기기 조종자를 선임하지 않을 시 – 1천만원 이하의 벌금
- 효율관리기자재 생산명령 위반 시 – 2천만원 이하의 벌금

56 **온실가스 배출량 및 에너지 온실가스 배출량 및 에너지 사용량 등의 보고와 관련하여 관리업체는 해당 연도 온실가스 배출량 및 에너지 소비량에 관한 명세서를 작성하고 이에 대한 검증기관의 검증결과를 언제까지 부문별 관장기관에게 제출하여야 하는가?**

① 해당 연도 12월 31일까지
② 다음 연도 1월 31일까지
③ 다음 연도 3월 31일까지
④ 다음 연도 6월 30일까지

해설
온실가스 배출량 명세서 검증결과 보고
- 다음 연도 3월 31일까지
- 제출 : 관장기관에게(전자적 방식)

57 **에너지이용합리화법의 목적이 아닌 것은?**

① 에너지의 수급 안정
② 에너지의 합리적이고 효율적인 증진
③ 에너지소비로 인한 환경피해를 줄임
④ 에너지소비 촉진 및 자원 개발

58 **정부는 국가전략을 효율적 · 체계적으로 이행하기 위하여 몇 년마다 저탄소 녹색성장 국가전략 5개년 계획을 수립하는가?**

① 2년 ② 3년
③ 4년 ④ 5년

해설
저탄소 녹색성장 국가전략은 5년마다, 5년 계획기간으로 수립한다.

59 **에너지이용합리화법상 효율관리 기자재가 아닌 것은?**

① 삼상유도전동기 ② 선박
③ 조명기기 ④ 전기냉장고

해설 효율관리지자재
전기냉방기, 전기냉장고, 전기세탁기, 자동차, 조명기기, 삼상유도전동기 등이 있다.

60 **신축, 증축 또는 개축하는 건축물에 대하여 그 설치 시 산출된 예상 에너지사용량의 일정 비율 이상을 신 · 재생에너지를 이용하여 공급되는 에너지를 사용하도록 신 · 재생에너지 설비를 의무적으로 설치하게 할 수 있는 기관이 아닌 것은?**

① 공기업
② 종교단체
③ 국가 및 지방자치단체
④ 특별법에 따라 설립된 법인

보일러기능사 [2012년 2월 12일]

01	02	03	04	05	06	07	08	09	10
①	④	①	①	③	①	③	②	②	①
11	12	13	14	15	16	17	18	19	20
④	④	①	④	④	②	②	②	①	①
21	22	23	24	25	26	27	28	29	30
④	②	④	②	①	②	①	②	②	②
31	32	33	34	35	36	37	38	39	40
②	③	③	④	②	①	②	②	④	③
41	42	43	44	45	46	47	48	49	50
④	③	①	③	③	②	②	④	④	②
51	52	53	54	55	56	57	58	59	60
②	③	③	④	③	③	④	④	②	②

국가기술자격 필기시험문제

2012년 4월 8일 필기시험

자격종목	종목코드	시험시간	형별	수험번호	성명
보일러기능사	7761	60분			

01 상당증발량 = Ge(kg/h), 보일러 효율 1 = η, 연료소비량 = B(kg/h), 저위발열량 = H_L (kcal/kg), 증발잠열 = 539(kcal/kg) 일 때 상당증발량(Ge)를 옳게 나타낸 것은?

① $Ge = 539\eta H_1/B$
② $Ge = BH_1/539\eta$
③ $Ge = \eta BH_1/539$
④ $Ge = 539\eta B/H_1$

해설

보일러 효율 = 상당증발량×539/연료사용량 ×연료발열량×100

02 액체연료 중 경질유에 주로 사용하는 기화연소 방식의 종류에 해당하지 않는 것은?

① 포트식 ② 심지식
③ 증발식 ④ 무화식

해설

액체연료 연소방법
- 경질유는 증발연소
- 중질유는 무화연소

03 수소15%, 수분 0.5%인 중유의 고위발열량이 10,000kcal/kg이다. 이 중유의 저위발열량은 몇 kcal/kg인가?

① 8795 ② 8984
③ 9085 ④ 9187

해설

$H\ell$ = Hh−600(9H+W)kcal/kg
= 10,000−600×(9×0.15+0.005)
= 9187kcal/kg

04 슈미트 보일러는 보일러 분류에서 어디에 속하는가?

① 관류식
② 자연순환식
③ 강제순환식
④ 간접가열식

해설

간접가열식 보일러는 특수 보일러로 슈미트 보일러와 레플러 보일러가 있다.

05 보일러의 열정산 목적이 아닌 것은?

① 보일러의 성능 개선 자료를 얻을 수 있다.
② 열의 행방을 파악할 수 있다.
③ 연소실의 구조를 알 수 있다.
④ 보일러 효율을 알 수 있다.

해설

열정산의 목적 : 보일러 내의 열의 흐름을 파악하고 열효율을 높이며, 열관리를 위한 자료를 수집하여 보일러의 성능개선의 자료를 얻기 위함이다.

06 미리 정해진 순서에 따라 순차적으로 제어의 각 단계가 진행되는 제어방식으로 자동명령이 타이머나 릴레이에 의해서 수행되는 제어는?

① 시퀀스 제어 ② 피드백 제어
③ 프로그램 제어 ④ 캐스케이드 제어

해설

시퀀스 제어 : 제어의 각 단계가 미리 정해진 순서에 따라 순차적으로 진행되는 제어방식으로 보일러의 점화, 소화에 적용한다.

07 급수탱크의 수위조절기에서 전극형만의 특징에 해당하는 것은?

① 기계적으로 작동이 확실하다.
② 내식성이 강하다.
③ 수면의 유동에서도 영향을 받는다.
④ On-Off의 스펜이 긴 경우는 적합하지 않다.

해설

수위조절기의 종류
- 플로트식은 기계적으로 작동이 확실하다.
- 전극형은 On-Off의 스팬이 긴 경우는 적합하지 않다.
- 부력형은 내식성이 강하다.
- 수은스위치는 수면의 유동에서도 영향을 받는다.

08 주철제 보일러의 특징에 관한 설명으로 틀린 것은?

① 내식성이 우수하다.
② 섹션의 증감으로 용량조절이 용이하다.
③ 주로 고압용으로 사용된다.
④ 전열효율 및 연소효율은 낮은 편이다.

해설

주철제 보일러는 0.1MPa 이하의 보일러로 사고 시 피해가 적다.

09 증기난방 시공에서 관말 증기트랩 장치에서 냉각레그(Colling leg)의 길이는 일반적으로 몇 m 이상으로 해주어야 하는가?

① 0.7m 이상　② 1.2m 이상
③ 1.5m 이상　④ 2.0m 이상

해설

냉각레그는 완전한 응축수를 얻기 위해 증기트랩 입구에서 1.5m 이상의 보온피복을 제거하여 응축수를 냉각시키기 위한 나관(裸管)부분이다.

10 1보일러의 마력에 대한 설명으로 괄호안에 들어갈 숫자로 옳은 것은?

"표준상태에서 한 시간에 ( )kg의 상당증발량을 나타낼 수 있는 능력이다."

① 16.56　② 14.65
③ 15.65　④ 13.56

해설

보일러의 마력은 표준상태에서 한 시간에 15.65kg의 상당증발량을 나타낼 수 있는 능력이다.

11 버너에서 연료분사 후 소정의 시간이 경과하여도 착화를 볼 수 없을 때 전자밸브를 닫아서 연소를 저지하는 제어는?

① 저수위 인터록
② 저연소 인터록
③ 불착화 인터록
④ 프리퍼지 인터록

해설

- 프리퍼지 인터록은 송풍기가 작동되지 않을 경우 전자밸브가 열리지 않는다.
- 저연소 인터록은 유량조절밸브가 저연소 상태로 되지 않을 경우 전자밸브가 열리지 않아 점화를 저지한다.

12 안전밸브의 수동시험은 최고사용압력의 몇 % 이상의 압력으로 행하는가?

① 50%　② 55%
③ 65%　④ 75%

해설

안전밸브의 수동시험은 분출압력의 75% 이상일 때 실시한다.

13 보일러 실제증발량 7,000kg/h이고, 최대 연속증발량이 8t/h일 때, 이 보일러 부하율은 몇 %인가?

① 80.5% ② 85%
③ 87.5% ④ 90%

해설

보일러의 부하율
= 실제증발량/최대연속증발량×100
= 7,000/8,000×100 = 87.5%

14 과잉공기량에 관한 설명으로 옳은 것은?

① 과잉공기량 = 실제공기량×이론공기량
② 과잉공기량 = 실제공기량/이론공기량
③ 과잉공기량 = 실제공기량+이론공기량
④ 과잉공기량 = 실제공기량−이론공기량

해설

실제공기량 = 이론공기량+과잉공기량

15 10℃의 물 400kg과 90℃의 더운물 100kg을 혼합한 물의 온도는?

① 26℃ ② 36℃
③ 54℃ ④ 78℃

해설

$G_1 \times C_1 \times (T_1 - T) = G_2 \times C_2 \times (T - T_2)$
$\therefore T = G_1 \times C_1 \times T_1 + G_2 \times C_2 \times T_2 / G_1 \times C_1 + G_2 \times C_2$
$= 100 \times 1 \times 90 + 400 \times 1 \times 10 / 100 \times 1 + 400 \times 1$
= 26℃

16 원통형 보일러에 관한 설명으로 틀린 것은?

① 입형 보일러는 설치면적이 적고 설치가 간단하다.
② 노통이 2개인 횡형 보일러는 코르니시 보일러이다.
③ 패키지형 노통연관 보일러는 내분식이므로 방산 손실열량이 적다.
④ 기관본체를 둥글게 제작하여 이를 입형이나 횡형으로 설치, 사용하는 보일러를 말한다.

해설

노통보일러 : 노통 1개는 코니시, 노통 2개는 랭카셔이다.

17 다음에서 설명한 송풍기의 종류는?

> • 경향 날개형이며 6~12매의 철판재 직선 날개를 보스에서 방사한 스포크에 리벳죔을 한 것이며, 측판이 있는 임펠러와 측판이 없는 것이 있다.
> • 구조가 견고하며 내마모성이 크고 날개를 바꾸기도 쉬우며 회전이 많은 가스의 흡출 통풍기, 미분탄장치의 배탄기 등에 사용된다.

① 터보송풍기
② 다익송풍기
③ 축류송풍기
④ 플레이트송풍기

해설

원심송풍기
• 터보형은 후향 날개
• 다익형은 전향 날개
• 플레이트형은 방사형 날개

18 연료유 탱크에 가열장치를 설치한 경우에 대한 설명으로 틀린 것은?

① 열원에는 증기, 온수, 전기 등을 사용한다.
② 전열기 가열장치에 있어서는 직접식 또는 저항 밀봉 피복식의 구조로 한다.
③ 온수, 증기 등의 열매체가 동절기에 동결할 우려가 있는 경우에는 동결을 방지하는 조치를 취해야 한다.
④ 연료유 탱크의 기름 취출구 등에 온도계를 설치하여야 한다.

해설

전열식 가열장치 : 간접식 또는 저항 밀봉 피복식의 구조로 한다.

19 플레임 아이에 대하여 옳게 설명한 것은?

① 연도의 가스온도로 화염의 유무를 검출한다.
② 화염의 도전성을 이용하여 화염의 유무를 검출한다.
③ 화염의 방사선을 감지하여 화염의 유무를 검출한다.
④ 화염의 이온화 현상을 이용해서 화염의 유무를 검출한다.

해설

화염검출기의 종류 및 작동원리
- 플레임 로드는 화염의 이온을 검출(이온화 현상)
- 플레임 아이는 화염의 빛을 검출(발광제)
- 스택스위치는 화염의 온도(열)를 검출(발열체)

20 수트 블로워 사용에 관한 주의사항으로 틀린 것은?

① 분출기 내의 응축수를 배출시킨 후 사용할 것
② 부하가 적거나 소화 후 사용하지 말 것
③ 원활한 분출을 위해 분출하기 전 연도내 배풍기를 사용하지 말 것
④ 한 곳에 집중적으로 사용하여 전열면에 무리를 가하지 말 것

해설

수트블로워는 매연의 완활한 배출을 위해 흡입통풍을 증기시키고 댐퍼를 만개한다.

21 액화석유가스(LPG)의 일반적인 성질에 대한 설명으로 틀린 것은?

① 기화 시 체적이 증가된다.
② 액화 시 적은 용기에 충전이 가능하다.
③ 기체 상태에서 비중이 도시가스보다 가볍다.
④ 압력이나 온도의 변화에 따라 쉽게 액화, 기화 시킬 수 있다.

해설

- 액화도시가스의 비중은 공기의 1.5~2배
- 도시가스의 비중은 공기의 1/2

22 보일러 본체에서 수부가 클 경우의 설명으로 틀린 것은?

① 부하변동에 대한 압력변화가 크다.
② 증기발생시간이 길어진다.
③ 열효율이 낮아진다.
④ 보유수량이 많으므로 과열 시 피해가 크다.

해설

보유수량이 많으면 부하변동에 대한 압력변화가 적은 반면 사고 시 피해가 크다.

23 다음 중 임계점에 대한 설명으로 틀린 것은?

① 물의 임계온도는 374.15℃이다.
② 물의 임계압력은 225.65kg/cm²이다.
③ 물의 임계점에서의 증발잠열은 539 kcal/kg이다.
④ 포화수에서 증발의 현상이 없고 액체와 기체의 구별이 없어지는 지점을 말한다.

해설

임계점에서의 증발잠열은 0kcal/kg

24 다음 중 확산연소방식에 의한 연소장치에 해당하는 것은?

① 선회형 버너　② 저압 버너
③ 소형 버너　④ 송풍 버너

해설

예혼합연소방식 : 고저압식, 송풍식, 압식

25 급유장치에서 보일러 가동 중 연소의 소화, 압력초과 등 이상현상 발생 시 긴급히 연료를 차단하는 것은?

① 압력초과 스위치 ② 압력제한 스위치
③ 감압밸브 ④ 전자밸브

해설

전자밸브(긴급연료차단밸브) : 보일러 운전 중 압력초과, 저수위, 불착화 등 이상이 발생하였을 때 연료공급을 자동으로 차단하는 장치이다.

26 제어장치의 제어동작 종류에 해당되지 않는 것은?

① 비례동작 ② 온 오프동작
③ 비례적분 동작 ④ 반응 동작

해설

제어동작
- 연속동작 : 적분동작, 비례동작, 미분동작 등
- 불연속동작 : 온오프동작

27 급수예열기(절탄기, Economizer)의 형식 및 구조에 대한 설명으로 틀린 것은?

① 설치방식에 따라 부속식과 집중식으로 분류된다.
② 급수의 가열도에 따라 증발식과 비증발식으로 구분하며, 일반적으로 증발식을 많이 사용한다.
③ 평관급수예열기는 부착하기 쉬운 먼지를 함유하는 배기가스에서도 사용할 수 있지만 설치공간이 넓어야 한다.
④ 핀 튜브 급수예열기를 사용할 경우 배기가스의 먼지 성상에 주의할 필요가 있다.

해설

절탄기는 급수의 가열도에 따라 증발식과 비증발식으로 구분하며, 일반적으로 비증발식을 많이 사용한다.

28 가장 미세한 입자의 먼지를 집진할 수 있고, 압력손실이 적으며, 집진효율이 높은 집진장치 형식은?

① 전기식 ② 중력식
③ 세정식 ④ 사이클론식

해설

전기식 집진장치는 가장 미세한 입자의 먼지를 집진할 수 있고, 집진효율이 높은 집진장치 종류로 코트렐이 있다.

29 가스버너에서 종류를 유도혼합식과 강제혼합식으로 구분할 때 유도혼합식에 속하는 것은?

① 슬리트 버너
② 리본 버너
③ 라디언트 튜브 버너
④ 혼소 버너

해설

연소용 공기의 공급방식에 따른 종류
- 강제혼합식은 송풍기에 의해 연소용 공기를 압입하는 형식 : 외부혼합식, 내부혼합식 등이 있다.
- 유도혼합식은 통풍력 및 가스분출에 의한 흡입력에 의해 연소용 공기를 공급하는 형식으로 적화식, 분젠식 등이 있다.

30 배관에서 바이패스관의 설치 목적으로 가장 적합한 것은?

① 트랩이나 스트레이너 등의 고장 시 수리, 교환을 위해 설치한다.
② 고압증기를 저압증기로 바꾸기 위해서 사용한다.
③ 온수공급관에서 온수의 신속한 공급을 위해 설치한다.
④ 고온의 유체를 중간과정 없이 직접 저온의 배관부로 전달하기 위해 설치한다.

해설

- **바이패스배관** : 트랩이나 스트레이너 등 고장 시 수리, 교환을 위해 설치한다.
- **설치방법** : 감압밸브, 유량계, 자동온도조절밸브 등으로 한다.

31 보일러의 보존법 중 장기보존법에 해당되지 않는 것은?

① 가열건조법
② 석회밀폐건조법
③ 질소가스봉입법
④ 소다만수보존법

해설

보일러의 보존법
- 단기보존법 : 보통만수법, 가열건조법,
- 장기보존법 : 질소가스봉입법, 석회밀폐건조법, 소다만수보존법

32 난방부하 설계 시 고려하여야 할 사항으로 거리가 먼 것은?

① 유리창 및 문
② 천정높이
③ 교통여건
④ 건물의 위치(방위)

해설

- 난방부하 : 열관류율 × 면적 × (실내온도 − 외기온도)×방수계수(kcal/h)
- 면적 : 벽체면적 + 천장면적 + 바닥면적 + 창문의 면적 등

33 열팽창에 의한 배관의 이동을 구속 또는 제한하는 배관 지지구인 레스트레인트(Rest raint)의 종류가 아닌 것은?

① 가이드
② 앵커
③ 스토퍼
④ 행거

해설

- **행거** : 위에서 매달아 관을 지지하는 기구로, 종류로는 리지드, 스프링, 콘스탄트 등이 있다.

34 배관의 신축이음 중 지웰이음이라고도 불리며, 주로 증기 및 온수 난방용 배관에 사용되나, 신축량이 너무 큰 배관에서는 나사이음부가 헐거워져 누성의 염려가 있는 신축이음 방식은?

① 루프식 ② 벨로스식
③ 볼 조인트식 ④ 스위블식

해설

스위블식 : 방열기 입구 수직관에 설치, 엘보의 회전운동 신축 조절을 한다.

35 보일러를 비상정지시키는 경우의 일반적인 조치사항으로 잘못된 것은?

① 압력은 자연히 떨어지게 기다린다.
② 연소공기의 공급을 멈춘다.
③ 주증기 스톱밸브를 열어 놓는다.
④ 연료공급을 중단한다.

해설

급격한 압력저하를 방지하기 위해 주증기밸브는 닫아 놓는다.

36 보일러 운전자가 송기 시 취할 사항으로 맞는 것은?

① 증기헤더, 과열기 등의 응축수는 배출되지 않도록 한다.
② 송기 후에는 응축수밸브를 완전히 열어 놓는다.
③ 기수공발이나 수격작용이 일어나지 않도록 주의한다.
④ 주증기관은 스톱밸브를 신속히 열어 열손실이 없도록 한다.

해설

기수공발, 수격작용 방지를 위해 주증기밸브는 서서히 연다.

37 **다음 중 구상부식(Grooving)의 발생장소로 거리가 먼 것은?**

① 경판의 급수구멍
② 노통의 플랜지 원형부
③ 접시형 경판의 구석 원통부
④ 보일러 속의 유속이 늦은 부분

해설
부식은 보일러수와 접촉하는 부분, 응력이 집중되는 곳에 많이 발생한다.

38 **다음 그림과 같은 동력 나사절삭기의 종류의 형식으로 맞는 것은?**

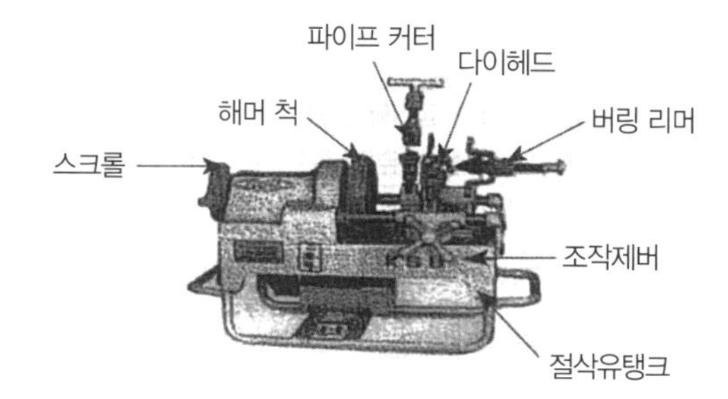

① 오스터형 ② 호브형
③ 다이헤드형 ④ 파이프형

해설
다이헤드형 동력 나사절삭기의 기능 : 관의 절단, 나사절삭, 거스러미 제거

39 **난방부하가 5600kcal/h, 방열기 계수 7kcal/m²h℃, 송수온도 80℃, 환수온도 60℃, 실내온도 20℃일 때 방열기의 소요방열면적은 몇 m²인가?**

① 8 ② 16
③ 24 ④ 32

해설
방열면적 = 5600/7×[(80+60/2)−20]

40 **보일러에서 포밍이 발생하는 경우로 거리가 먼 것은?**

① 증기의 부하가 너무 적을 때
② 보일러 수가 너무 농축되었을 때
③ 수위가 너무 높을 때
④ 보일러수 중에 유지분이 다량 함유 되었을 때

해설
프라이밍, 포밍은 보일러 부하가 과부하일 때 발생한다.

41 **링겔만 농도표는 무엇을 계측하는 데 사용되는가?**

① 배출가스의 매연 농도
② 중유 중의 유황 농도
③ 미분탄의 입도
④ 보일러 수의 고형물 농도

해설
링겔만 농도표는 배기가스의 매연농도를 측정하여 연소상태를 좋게 하는 장치로 No.1 ~ No.5번까지 6종류로 되어 있다.

42 **온수난방 배관시공 시 배관구배는 일반적으로 얼마 이상이어야 하는가?**

① 1/100 이상 ② 1/150 이상
③ 1/200 이상 ④ 1/250 이상

해설
증기난방의 경우 배관구배는 1/200 이상이어야 한다.

43 **배관이음 중 슬리브형 신축이음에 관한 설명으로 틀린 것은?**

① 슬리브 파이프를 이음쇠 본체측과 슬라이드시킴으로써 신축을 흡수하는 이음 방식이다.
② 신축 흡수율이 크고 신축으로 인한 응력 발생이 적다.
③ 배관의 곡선부분이 있어도 그 비틀림을 슬리브에서 흡수하므로 파손의 우려가 적다.

④ 장기간 사용 시에는 패킹의 마모로 인한 누설이 우려된다.

해설

슬리브형 신축이음
- 구조상 과열증기에 부적합하다.
- 배관에 곡선부분이 있으면 비틀림이 발생하여 파손의 우려가 적다.

44 보일러 사고를 제작상의 원인과 취급상의 원인으로 구별할 때 취급상의 원인에 해당하지 않는 것은?

① 구조 불량 ② 압력 초과
③ 저수위 사고 ④ 가스 폭발

해설

제작상 원인의 사고원인 : 강도 부족, 구조 및 설계 불량, 재료 불량, 용접 불량 등이 있다.

45 보일러의 옥내설치 시 보일러 동체 최상부로부터 천장배관 등 보일러 상부에 있는 구조물까지의 거리는 몇 m 이상이어야 하는가?

① 0.5m 이상 ② 0.8m 이상
③ 1.0m 이상 ④ 1.2m 이상

해설

옥내설치 시 보일러 동체 최상부로부터 천장과의 거리는 1.2m 이상이다.

46 글랜드 패킹의 종류에 해당하지 않는 것은?

① 편조 패킹
② 액상 합성수지 패킹
③ 플라스틱 패킹
④ 메탈 패킹

해설

나사용 패킹 : 일산화면, 페인트, 액상 합성수지

47 서비스탱크는 자연압에 의하여 유류연료가 잘 공급될 수 있도록 버너보다 몇 m 이상 높은 장소에 설치하여야 하는가?

① 0.5m 이상 ② 0.8m 이상
③ 1.0m 이상 ④ 1.2m 이상

해설

서비스탱크
- 보일러 외측에서 2m 이상 거리에 설치한다.
- 버너 중심에서 1.2~1.5m 이상 높게 설치한다.

48 보일러의 증기압력 상승 시의 운전관리에 관한 일반적 주의사항으로 거리가 먼 것은?

① 보일러에 불을 붙일 때는 어떠한 이유가 있어도 급격한 연소를 시켜서는 안 된다.
② 급격한 연소는 보일러 본체의 부동팽창을 일으켜 보일러와 벽돌 쌓은 접촉부에 틈을 증가시키고 벽동 사이에 벌어짐이 생길 수 있다
③ 특히 주철제 보일러는 급랭 급열 시에 쉽게 갈라질 수 있다.
④ 찬물을 가열할 경우에는 일반적으로 최저 10~20분 정도로 천천히 가열한다.

해설

찬물을 가열할 경우에는 일반적으로 최저 20~30분 정도로 천천히 가열한다.

49 사용 중인 보일러의 점화 전에 점검해야 할 사항으로 가장 거리가 먼 것은?

① 급수장치, 급수계통 점검
② 보일러 동내 물 때 점검
③ 연소장치, 통풍장치의 점검
④ 수면계의 수위확인 및 조정

해설

물 때 점검은 보일러 청소 또는 약품 첨가 시에 점검한다.

50 저온배관용 탄소강관의 종류의 기호로 맞는 것은?

① SPPG ② SPLT
③ SPPH ④ SPPS

해설
- SPPH는 고압배관용 탄소강관
- SPPS는 압력배관용 탄소강관

51 **보온재를 유기질 보온재와 무기질 보온재로 구분할 때 무기질 보온재에 해당하는 것은?**

① 펠트 ② 코르크
③ 글라스 폼 ④ 기포성 수지

해설
유기질 보온재는 코르크, 텍스, 펠트, 기포성수지 등이다.

52 **온수난방 배관방법에서 귀환관의 종류 중 직접귀환방식의 특징 설명으로 옳은 것은?**

① 각 방열기에 이르는 배관길이가 다르므로 마찰저항에 의한 온수의 순환율이 다르다
② 배관길이가 길어지고 마찰저항이 증가한다.
③ 건물 내 모든 실(室)의 온도를 동일하게 할 수 있다.
④ 동일층 및 각 층 방열기의 순환율이 동일하다.

해설
- **연귀환방식** : 동일층 및 각 층 방열기의 순환율이 동일하여 유량분배를 균등하게 하고 온도차를 최소화한 형식이다.
- **직접귀환방식** : 각 방열기에 이르는 배관길이가 다르므로 마찰저항에 의한 온수의 순환율이 다르고, 현저한 온도차가 발생한다.

53 **보일러의 유류배관의 일반사항에 대한 설명으로 틀린 것은?**

① 유류배관은 최대공급압력 및 사용온도에 견디어야 한다.
② 유류배관은 나사이음을 원칙으로 한다.
③ 유류배관에는 유류가 새는 것을 방지하기 위해 부식방지 등의 조치를 한다.
④ 유류배관은 모든 부분의 점검 및 보수할 수 있는 구조로 하는 것이 바람직하다.

해설
유류배관은 용접이음을 원칙으로 한다.

54 **합성수지 또는 고무질 재료로 사용하여 다공질 제품으로 만든 것이며 열전도율이 극히 낮고 가벼우며 흡수성은 좋지 않으나 굽힘성이 풍부한 보온재는?**

① 펠트 ② 기포성수지
③ 하이울 ④ 프리웨브

해설
- 펠트는 양모, 우모 펠트가 있으며 −60℃정도까지 유지할 수 있어 보냉용으로 사용되며, 관의 곡면부분에 시공이 가능한 유기질 보온재이다.
- 하이울은 900℃ 이상의 표면보온 단열재로 사용되는 암면 보온재의 일종이다.

55 **에너지법에서 사용하는 "에너지"의 정의를 가장 올바르게 나타낸 것은?**

① "에너지"라 함은 석유, 가스 등 열을 발생하는 열원을 말한다.
② "에너지"라 함은 제품의 원료로 사용되는 것을 말한다.
③ "에너지"라 함은 태양, 조파, 수력과 같은 일을 만들어낼 수 있는 힘이나 능력을 말한다.
④ "에너지"라 함은 연료, 열 및 전기를 말한다.

56 **저탄소 녹색성장 기본법에서 국내 총소비에너지량에 대하여 신재생에너지 등 국내 생산에너지량 및 우리나라가 국외에서 개발(지분취득 포함)한 에너지량을 합한 양이 차지하는 비율을 무엇이라고 하는가?**

① 에너지원단위 ② 에너지생산도
③ 에너지비축도 ④ 에너지자립도

57 에너지사용계획의 검토기준, 검토방법, 그밖에 필요한 사항을 정하는 시행령은?

① 산업통상자원부령
② 국토교통부령
③ 대통령령
④ 고용노동부령

58 에너지이용합리화법상 검사대상기기 조종자를 반드시 선임해야 함에도 불구하고 선임하지 아니한 자에 대한 벌칙은?

① 2천만원 이하의 벌금
② 2년 이하의 징역 또는 2천만원 이하의 벌금
③ 1년 이하의 징역 또는 5백만원 이하의 벌금
④ 1천만원 이하의 벌금

59 열사용기자재 관리규칙에서 용접검사가 면제될 수 있는 보일러의 대상 범위로 틀린 것은?

① 강철제 보일러 중 전열면적이 $5m^2$ 이하이고, 최고사용압력이 0.35MPa 이하인 것
② 주철제 보일러
③ 제2종 관류 보일러
④ 온수 보일러 중 전열면적이 $18m^2$ 이하이고, 최고사용압력이 0.35MPa 이하인 것

해설

용접검사가 면제되는 보일러

- 강철제 보일러 중 전열면적이 $5m^2$ 이하이고, 최고사용압력이 0.35MPa 이하인 것
- 주철제 보일러
- 1종 관류 보일러
- 온수 보일러 중 전열면적이 $18m^2$ 이하이고, 최고사용압력이 0.35MPa 이하인 것

60 관리업체(대통령령으로 정하는 기준량 이상의 온실가스 배출업체 및 에너지 소비업체)가 사업장별 명세서를 거짓으로 장성하여 정부에 보고 하였을 경우 부과하는 과태료로 맞는 것은?

① 300만원의 과태료 부과
② 500만원의 과태료 부과
③ 700만원의 과태료 부과
④ 1천만원의 과태료 부과

해설

1천만원의 과태료는 관리업체는 사업장별로 매년 온실가스 매출량 및 에너지 소비량에 대하여 측정, 보고, 검증한 방식으로 명세서를 작성하여 정부에 보고를 하지 아니하거나 거짓으로 보고한 자

보일러기능사 [2012년 4월 8일]

01	02	03	04	05	06	07	08	09	10
③	④	④	④	③	①	④	③	③	③
11	12	13	14	15	16	17	18	19	20
③	④	③	④	①	②	④	②	③	③
21	22	23	24	25	26	27	28	29	30
③	①	③	①	④	④	②	①	①	①
31	32	33	34	35	36	37	38	39	40
①	③	④	④	③	③	④	③	②	①
41	42	43	44	45	46	47	48	49	50
①	④	③	①	④	②	④	④	②	②
51	52	53	54	55	56	57	58	59	60
③	①	②	②	④	④	①	④	③	④

국가기술자격 필기시험문제

2012년 7월 22일 필기시험

자격종목	종목코드	시험시간	형별	수험번호	성명
보일러기능사	7761	60분			

1 배관의 높이를 표시할 때 포장된 지표면을 기준으로 하여 배관장치의 높이를 표시하는 경우 기입하는 기호는?

① BOP ② TOP
③ GL ④ FL

해설

- BOP : 관의 아랫면을 기준으로 하여 치수를 표시한 것
- TOP : 관의 윗면을 기준으로 하여 치수를 표시한 것
- FL : 1층 바닥면을 기준으로 하여 치수를 표시한 것

2 기름연소 보일러의 수동점화 시 5초 이내에 점화되지 않으면 어떻게 해야 하는가?

① 연료밸브를 더 많이 열어 연료공급을 증가시킨다.
② 연료 분무용 증기 및 공기를 더 많이 분사시킨다.
③ 점화봉은 그대로 두고 프리퍼지를 행한다.
④ 불착화 원인을 완전히 제거한 후에 처음 단계부터 재점화 조작한다.

3 보일러 수처리에서 순환계통 외 처리에 관한 설명으로 틀린 것은?

① 탁수를 침전지에 넣어서 침강 분기시키는 방법은 침전법이다.
② 증류법은 경제적이며 양호한 급수를 얻을 수 있어 많이 사용한다.
③ 여과법은 침전속도가 느린 경우 주로 사용하며 여과기 내로 급수를 통과시켜 여과한다.
④ 침전이나 여과로 분리가 잘 되지 않는 미세한 입자들에 대해서는 응집법을 사용하는 것이 좋다.

해설

증류법은 증발기로 물을 증류하는 방법으로 비경제적이다.

4 신설 보일러의 사용 전 점검사항으로 틀린 것은?

① 노벽은 가동 시 열을 받아 과열 건조되므로 습기가 약간 남아있도록 한다.
② 연도의 배플, 그을음 제거상태, 댐퍼의 개폐상태를 점검한다.
③ 기수분리기와 기타 부속품의 부착상태와 공구나 볼트, 너트, 헝겊 조각 등이 남아 있는가를 확인한다.
④ 압력계, 수위제어기, 급수장치 등 본체와의 접속부 풀린, 누설, 콕의 개폐 등을 확인한다.

해설

노벽은 시공 후 2주 정도 자연건조를 시키는 것이 좋다.

5 보일러의 용량을 나타내는 것으로 부적합한 것은?

① 상당증발량 ② 보일러의 마력
③ 전열면적 ④ 연료사용량

해설

보일러 용량표시 : 보일러 마력, 시간당 증발량, 전열면적 등으로 표시한다.

6 **진공환수식 증기난방에 대한 설명으로 틀린 것은?**

① 환수관의 직경을 작게 할 수 있다.
② 방열기의 설치장소에 제한을 받지 않는다.
③ 중력식이나 기계식보다 증기의 순환이 느리다.
④ 방열기의 방열량 조절을 광범위하게 할 수 있다.

해설

진공환수식은 배관 내의 진공도가 100~250mmHg 이며 증기의 순환이 빠르게 된다.

7 **열사용기자재 검사기준에 따라 안전밸브 및 압력방출장치의 규격기준에 관한 설명으로 옳지 않은 것은?**

① 소용량 강철제 보일러에서 안전밸브의 크기는 호칭지름 20A로 할 수 있다.
② 전열면적50m^2 이하의 증기 보일러에서 안전밸브의 크기는 호칭지름 20A로 할 수 있다.
③ 최대증발량 5t/h 이하의 관류 보일러에서 안전밸브의 크기는 호칭지름 20A로 할 수 있다.
④ 최고사용압력 0.1MPa 이하의 보일러에서 안전밸브의 크기는 호칭지름 20A로 할 수 있다.

해설

안전밸브는 전열면적 50m^2 이하의 1개 이상을 부착한다.

8 **육상용 보일러의 열정산 방식에서 환산증발배수에 대한 설명으로 맞는 것은?**

① 증기의 보유열량을 실제연소열로 나눈 값이다.
② 발생 증기엔탈피와 급수엔탈피의 차를 539로 나눈 값이다.
③ 매시 환산증발량을 매시 연료소비량으로 나눈 값이다.
④ 매시 환산증발량을 전열면적으로 나눈 값이다.

해설

환산증발배수 = 매시 상당증발량 / 매시 연료사용량(kg/kg)

9 **보일러의 오일 버너 선정 시 고려해야 할 사항으로 틀린 것은?**

① 노의 구조에 적합할 것
② 부하변동에 따는 유량조절 범위를 고려할 것
③ 버너용량이 보일러 용량보다 적을 것
④ 자동제어 시 버너의 형식과 관계를 고려할 것

해설

버너용량이 가열용량에 알맞는 것을 선택할 것

10 **보일러 자동제어를 의미하는 용어 중 급수제어를 뜻하는 것은?**

① A.B.C ② F.W.C
③ S.T.C ④ A.C.C

해설

- A.B.C : 보일러 자동제어
- S.T.C : 증기온도제어
- A.C.C : 자동연소제어

11 보일러의 정격출력이 7,500kcal/h, 보일러 효율이 85%, 연료의 저위발열량이 9,500kcal/kg인 경우, 시간당 연료소모량은 약 얼마인가?

① 1.49kg/h
② 0.93kg/h
③ 1.38kg/h
④ 0.67kg/h

해설

- **열효율** = 유효열(정격출력)/입열(연료사용량×연료발열량)×100
- **연료사용량** = 7,500/0.85×9,500
  = 0.929kg/h

12 철금속 가열로 설치검사 기준에서 다음 괄호 안에 들어갈 항목으로 옳은 것은?

> 송풍기의 용량은 정격부하에서 필요한 이론 공기량의 (　　)를 공급할 수 있는 용량 이하이어야 한다

① 80%　　② 100%
③ 120%　　④ 140%

13 보일러 과열의 요인 중 하나인 저수위의 발생 원인으로 거리가 먼 것은?

① 분출밸브의 이상으로 보일러수가 누설
② 급수장치가 증발능력에 비해 과소한 경우
③ 증기토출량이 과소한 경우
④ 수면계의 막힘이나 고장

해설

증기토출량 과소는 압력초과

14 중유예열기(Oil preheater)를 사용 시 가열온도가 낮을 경우 발생하는 현상이 아닌 것은?

① 무화상태 불량
② 그을음, 분진 발생
③ 기름의 분해
④ 불길의 치우침 발생

해설

중유의 예열온도가 높은 경우
- 탄화물 생성
- 기름의 분해
- 분사각도가 흐트러짐

15 보일러 급수제어방식의 3요소식에서 검출대상이 아닌 것은?

① 수위
② 증기유량
③ 급수유량
④ 공기압

해설

3요소식 자동급수제어방식의 검출요소 : 수위, 증기량, 급수량

16 물질의 온도는 변하지 않고 상(phase) 변화만 일으키는 데 사용되는 열량은?

① 잠열　　② 비열
③ 현열　　④ 반응열

해설

현열 : 상태는 변하지 않고 온도변화에 필요한 열

17 충전탑은 어떤 집진장법에 해당되는가?

① 여과식 집진법
② 관성력식 집진법
③ 세정식 집진법
④ 중력식 집진법

해설

기압수식 세정집진장치 : 밴튜리 스크러버, 사이클론 스크러버, 충전탑

18 증기난방 배관 시공에 관한 설명으로 틀린 것은?

① 저압 증기난방에서 환수관을 보일러에 직접 연결할 경우 보일러수의 역류현상을 방지하기 위해서 하트포드(Hartford) 접속법을 사용한다.
② 진공환수방식에서 방열기의 설치위치가 보일러보다 위쪽에 설치된 경우 리프트 피팅 이음방식을 적용하는 것이 좋다.
③ 증기가 식어서 발생하는 응축수를 증기와 분리하기 위하여 증기트랩을 설치한다.
④ 방열기에는 주로 열동식 트랩이 사용되고, 응축수량이 많이 발생하는 증기관에는 버킷트랩 등 다량 트랩을 장치한다.

해설

리프트 피팅은 진공 환수식에서 주관에서 분기하여 펌프나 트랩을 높게 설치할 경우 적용하는 배관방식이다

19 보일러 송기 시 주증기밸브 작동요령 설명으로 잘못된 것은?

① 만개 후 조금 되돌려 놓는다.
② 빨리 열고 만개 후 3분 이상 유지한다.
③ 주증기관 내에 소량의 증기를 공급하여 예열한다.
④ 송기하기 전 주증기밸브 등의 드레인을 제거한다.

해설

주증기밸브는 캐리오버를 방지하지 위해 서서히 연다.

20 다른 보온재에 비하여 단열효과가 낮으며 500℃ 이하의 파이프, 탱크, 노벽 등에 사용하는 것은?

① 규조토 ② 암면
③ 글라스울 ④ 펠트

해설

- **규조토** : 단열효과는 다소 낮으며 500℃ 이하의 탱크, 파이프, 노벽 등에 사용된다.
- **암면** : 현무암, 암산암에 석회석을 혼합 용융하여 만든 성형 보온재 등을 사용한다.

21 신설 보일러의 설치 제작 시 부착된 페인트, 유지, 녹 등을 제거하기 위해 소다보링(Soda boiling)할 때 주입하는 양액 조성에 포함되지 않는 것은?

① 탄산나트륨 ② 수산화나트륨
③ 불화수소산 ④ 제3인산나트륨

해설

불화수소산은 규산염을 처리하기 위한 용해 촉진제로 사용한다.

22 보일러에서 사용하는 급유펌프에 대한 일반적인 설명으로 틀린 것은?

① 급유펌프는 점성을 가진 기름을 이송하므로 기어펌프나 스크루펌프 등을 주로 사용한다.
② 급유탱크에서 버너까지 연료를 공급하는펌프를 수송펌프(Supply pump)라 한다.
③ 급유펌프의 용량은 서비스탱크를 1시간 내의 급유할 수 있는 것으로 한다.
④ 펌프 구동용 전동기는 작동유의 정도를 고려하여 30% 정도 여유를 주어 선정한다

해설

- 급유펌프는 서비스탱크의 연료를 버너에 공급하기 위한펌프로 종류는 플런저펌프, 기어펌프, 스크루펌프 등이다.
- 이송펌프는 메인탱크의 연료를 서비스탱크로 운반시키기 위한 펌프이다.

23 보일러 연소실 열부하의 단위로 맞는 것은?

① kcal/m³h ② kcal/m²
③ kcal/h ④ kcal/kg

해설

연소실 열부하(kcal/m³h)
= 연소사용량×연료발열량/연소실용적

24 과열증기에서 과열도는 무엇인가?

① 과열증기온도와 포화증기온도와의 차이다.
② 과열증기온도에 증발열을 합한 것이다.
③ 과열증기의 압력과 포화증기의 압력 차이다.
④ 과열증기온도에서 증발열을 뺀 것이다.

해설

과열도 = 과열증기온도와 포화증기온도와의 차

25 연소 시 공기비가 많은 경우 단점에 해당하는 것은?

① 배기가스량이 많아져서 배기가스에 의한 열손실이 증가한다.
② 불완전연소가 되기 쉽다.
③ 미연소에 의한 열손실이 증가한다.
④ 미연소가스에 의한 역화의 위험성이 있다.

해설

과잉공기가 과다하면 배기 가스량이 많아지고 배기가스에 의한 열손실이 증가하여 열효율이 떨어진다.

26 다음 연료 중 단위 중량당 발열량이 가장 큰 것은?

① 등유 ② 경유
③ 중유 ④ 석탄

해설

연료의 발열량
- 등유 10,500kcal/kg
- 경유 10,300kcal/kg
- 중유 9,750kcal/kg
- 석탄 7,000kcal/kg

27 육상용 보일러 열정산 방식에서 강철제 보일러 증기의 건도는 몇 % 이상인 경우에 시험함을 원칙으로 하는가?

① 98% 이상 ② 93% 이상
③ 88% 이상 ④ 83% 이상

해설

증기의 건도
- 육상용 주철제 보일러는 96% 이상
- 육상용 강철제 보일러는 98% 이상

28 연소에 있어서 환원염이란?

① 과잉산소가 많이 포함되어 있는 화염
② 공기비가 커서 완전연소된 상태의 화염
③ 과잉공기가 많이 연소가스가 많은 상태의 화염
④ 산소 부족으로 불완전연소하여 미연분이 포함된 화염

해설

산화염은 과잉공기를 많이 사용하여 화염 중 O_2가 포함된 화염이다.

29 다음 중 무기질 보온재에 속하는 것은?

① 펠트(Felt) ② 규조토
③ 코르크(Cork) ④ 기포성수지

해설

유기질 보온재 : 코르크, 텍스, 펠트, 기포성수지 등이 있다.

30 글라스울 보온통의 안전사용(최고) 온도는?

① 100℃ ② 200℃
③ 300℃ ④ 400℃

해설

글라스울 보온통 : 용융상태의 유리에 압축공기 또는 증기를 분사하여 만든 섬유상태의 단열효과가 우수, 성형보온재로 보온 및 안전사용온도가 300℃ 정도이다.

31 관 속에 흐르는 유체의 화학적 성질에 따라 배관재료 선택 시 고려해야 할 사항으로 가장 관계가 먼 것은?

① 수송유체에 따른 관의 내식성
② 수송유체와 관의 화학반응으로 유체의 변질여부
③ 지중 매설 배관할 때 토질과의 화학변화
④ 지리적 조건에 따른 수송 문제

해설

화학적 성질에 따라 배관재료 선택 시 고려해야 할 사항
- 수송유체에 따른 관의 내식성
- 수송유체와 관의 화학반응으로 유체의 변질여부 등

32 온수난방은 고온수난방과 저온수난방으로 분류한다. 저온수난방의 일반적인 온수온도는 몇 ℃ 정도를 많이 사용하는가?

① 40～50℃
② 60～90℃
③ 100～120℃
④ 130～150℃

해설

온수온도 100℃ 이상은 고온수난방, 이하는 저온수난방을 사용한다.

33 동관의 이음방법 중 압축이음에 대한 설명으로 틀린 것은?

① 한쪽 동관의 끝을 나팔 모양으로 넓히고 압축이음쇠를 이용하여 체결하는 이음 방법이다.
② 진동 등으로 인한 풀림을 방지하기 위하여 더블너트(Doule nut)로 체결한다.
③ 점검, 보수 등이 필요한 장소에 쉽게 분해, 조립하기 위하여 사용한다.
④ 압축이음을 플랜지이음이라고도 한다.

해설

압축이음을 플레어이음이라 한다.

34 강철제 증기 보일러의 최고사용압력이 4kgf/cm²이면 수압시험압력은 몇 kgf/cm²로 하는가?

① 2.0kgf/cm² ② 5.2kgf/cm²
③ 6.0kgf/cm² ④ 8.0kgf/cm²

해설

수압시험은 최고사용압력 4.3kgf/cm² 이하 – 최고사용압력×2이다.

35 보일러에서 노통의 약한 단점을 보완하기 위해 설치하는 약 1m정도의 노통이음을 무엇이라고 하는가?

① 아담스 조인트 ② 보일러 조인트
③ 브르징 조인트 ④ 라몽트 조인트

해설

아담슨 조인트 : 평형노통의 단점인 신축을 조절하기 위한 이음이다.

36 연소방식을 기화연소방식과 무화연소방식으로 구분할 때 일반적으로 무화연소방식을 착용해야 하는 연료는?

① 톨루엔 ② 중유
③ 등유 ④ 경유

해설

중유는 무화연소를 하며 경유는 증발연소를 한다.

37 보일러의 인터록 제어 중 송풍기 작동 유무와 관련이 가장 큰 것은?

① 저수위 인터록 ② 불착화 인터록
③ 저연소 인터록 ④ 프리퍼지 인터록

해설

프리퍼지 인터록은 점화 전 노내의 통풍

38 보일러를 본체 구조에 따라 분류하면 원통형 보일러와 수관식 보일러로 크게 나눌 수 있다. 수관식 보일러에 속하지 않는 것은?

① 노통 보일러 ② 타쿠마 보일러
③ 라몬트 보일러 ④ 슐저 보일러

해설
노통 보일러는 원통형 보일러의 일종이다.

39 다음 중 복사난방의 일반적인 특징이 아닌 것은?

① 외기온도의 급변화에 따른 온도조절이 곤란하다.
② 배관길이가 짧아도 되므로 설비비가 적게 든다.
③ 방열기가 없으므로 바닥면의 이용도가 높다.
④ 공기의 대류가 적으므로 바닥면의 먼지가 상승하지 않는다.

해설
복사난방은 배관길이가 길 경우 전후방의 온도 차가 크므로 50m 이내로 하여야 한다.

40 빔에 턴버클을 연결하여 파이프의 아랫부분을 받쳐 달아올린 것이며 수직방향에 변위가 없는 곳에 사용하는 것은?

① 리지드 서포트 ② 리지드 행거
③ 스토퍼 ④ 스프링 서포트

해설
행거의 종류
- 리지드 행거는 수직방향 변위가 없을 때 사용되는 행거이다.
- 콘스탄트는 변위가 큰 곳에 사용되는 행거이다.
- 스프링 서포트는 변위가 적은 개소에 사용되는 행거이다.

41 수관 보일러에 설치하는 기수분리기의 종류가 아닌 것은?

① 스크러버형 ② 사이클론형
③ 배플형 ④ 벨로스형

해설
기수분리기의 종류 : 스크러버형, 사이클론형, 베플형, 스크린형 등이 있다.

42 수관식 보일러의 일반적인 장점에 해당하지 않는 것은?

① 수관의 관경이 작아 고압이 잘 견디며 전열면적이 커서 증기발생이 빠르다.
② 용량에 비해 소요면적이 적으며 효율이 좋고 운반, 설치가 쉽다.
③ 급수의 순도가 나빠도 스케일이 잘 발생하지 않는다.
④ 과열기, 공기예열기 설치가 용이하다.

해설
수관식 보일러는 청소가 어렵고 수질의 영향을 많이 받게 된다.

43 다음 중 임계압력은 어느 정도인가?

① $100.43kgf/cm^2$
② $225.65kgf/cm^2$
③ $374.15kgf/cm^2$
④ $539.15kgf/cm^2$

해설
- **임계압력** : $225.65kgf/cm^2$
- **입계온도** : 374.15℃
- **증발잠열** : 0kcal/kg

44 급수온도 21℃에서 압력 $14kgf/cm^2$, 온도 250℃의 증기를 1시간당 14,000kg을 발생하는 경우의 상당증발량은 약 몇 kg/h인가?(단, 발생증기의 엔탈피는 635kcal/kg이다)

① 15,948 ② 25,326
③ 3,235 ④ 48,159

해설

상당발량 = 실제증발량×(h"−h')/539
= 14,000×(635−21)/539
= 15,948kg/h

45 수관식 보일러 중에서 기수드럼 2~3개와 수드럼 1~2개를 갖는 것으로 관의 양단을 구부려서 각 드럼에 수직으로 결합하는 구조로 되어 있는 보일러는?

① 타쿠마 보일러 ② 야로우 보일러
③ 스털링 보일러 ④ 가르베 보일러

해설

곡관식 보일러 = 스털링 보일러

46 절탄기(Economizer) 및 공기예열기에서 유황(S) 성분에 의해 주로 발생되는 부식은?

① 고온부식 ② 저온부식
③ 산화부식 ④ 점식

해설

- **고온부식** : 연료성분 중 회분(바나듐V)에 의한 부식으로 과열기 등에 발생한다.
- **저온부식** : 연료성분 중 황분(S)에 의한 부식으로 절탄기, 공기예열기 등에 발생한다.

47 회전이음, 지블이음이라고도 하며, 주로 증기 및 온수난방용 배관에 설치하는 신축이음 방식은?

① 벨로스형 ② 스위블형
③ 슬리브형 ④ 루프형

해설

스위블형 신축이음 : 저압증기난방 및 온수난방의 방열기 입구 배관에 사용되며 엘보의 회전운동으로 신축 조절한다.

48 증기난방을 고압증기난방과 저압증기난방으로 구분할 때 저압증기난방의 특징에 해당하지 않는 것은?

① 증기의 압력은 약 0.15~0.35kgf/cm² 이다.
② 증기 누성의 염려가 적다.
③ 장거리 증기소송이 가능하다.
④ 방열기의 온도는 낮은 편이다.

해설

저압증기난방의 특징 : 증기의 압력은 0.15~0.35 kgf/cm²으로 단거리 증기수송에 사용한다.

49 스프링식 안전밸브에서 저양정식인 경우는?

① 밸브의 양정이 밸브시트 구경의 1/7 이상 1/5 미만인 것
② 밸브의 영정이 밸브시트 구경의 1/15이상 1/7 미만인 것
③ 밸브의 영정이 밸브시트 구경의 1/40이상 1/15 미만인 것
④ 밸브의 영정이 밸브시트 구경의 1/45이상 1/40 미만인 것

해설

- **고양정식** : 밸브의 양정이 밸브시트 구경의 1/15 이상 1/7 미만인 것
- **저양정식** : 밸브의 양정이 밸브시트 구경의 1/40 이상 1/5 미만인 것
- **전양정식** : 밸브의 양정이 밸브시트 구경의 1/7 이상인 것

50 인젝터의 작동불량 원인과 관계가 먼 것은?

① 부품이 마모되어 있는 경우
② 내부노즐에 이물질이 부착되어 있는 경우
③ 체크밸브가 고장 난 경우
④ 증기압력이 높은 경우

해설

인젝터의 작동불량 원인
- 급수온도가 높을 때
- 흡입변에 공기가 누입된 때
- 증기압력이 낮을 때

51 **증기 보일러에서 압력계 부착방법에 대한 설명으로 틀린 것은?**

① 압력계의 콕은 그 핸들을 수직인 증기관과 동일 방향에 놓은 경우에 열려 있어야 한다.
② 압력계에는 안지름 12.7mm 이상의 사이펀관 또는 동등한 작용을 하는 장치를 설치한다.
③ 압력계는 원칙적으로 보일러의 증기실에 눈금판의 눈금이 잘 보이는 위치에 부착한다.
④ 증기온도가 483K(210℃)를 넘을 때에는 황동관 또는 동관을 사용하여서는 안 된다.

해설

- 사이펀관은 관경 6.5mm 이상일 것
- 증기온도가 210℃ 이상은 12.7mm 이상의 강관을 사용, 이하는 6.5mm 상의 동관을 사용한다.

52 **보일러용 가스버너에서 외부혼합형 가스버너의 대표적 형태가 아닌 것은?**

① 분젠형 ② 스크롤형
③ 센터파이어형 ④ 다분기관형

해설

분젠형 버너는 내부혼합형 버너이다.

53 **보일러 분출장치의 분출시기로 적절하지 않는 것은?**

① 보일러 가동 직전
② 프라이밍, 포밍현상이 일어날 때
③ 연속가동 시 열부하가 가장 높을 때
④ 관수가 농축되어 있을 때

해설

분출시기는 계속 사용 중인 경우 보일러 부하가 가장 가벼울 때 실시한다.

54 **보일러 자동제어에서 신호전달방식이 아닌 것은?**

① 공기압식 ② 자석식
③ 유압식 ④ 전기식

해설

신호전송방법 : 공기압식, 전기식, 유압식 등

55 **에너지이용합리화법에 따라 고효율 에너지인증 대상기자재에 포함하지 않는 것은?**

① 펌프
② 전력용 변압기
③ LED 조명기기
④ 산업건물용 보일러

해설

고효율 에너지 인증 대상기자재

- 펌프
- 산업건물용 보일러
- 무정전전원장치
- 폐열회수형 환기장치
- 발광다이오드(LED)등 조명기기

56 **열사용기자재관리규칙상 검사대상기기의 검사 종류 중 유효기간이 없는 것은?**

① 구조검사 ② 계속사용검사
③ 설치검사 ④ 설치장소변경검사

해설

유효기간이 없는 검사 : 용접검사, 구조검사, 개조검사

57 **에너지법에서 정의한 에너지가 아닌 것은?**

① 연료 ② 열
③ 풍력 ④ 전기

해설

에너지 : 연료, 열, 전기

58 신에너지 및 재생에너지 개발 · 이용 · 보급촉진법에서 규정하는 신 · 재생에너지 설비 중 "지열에너지 설비"의 설명으로 옳은 것은?

① 바람의 에너지를 변환시켜 전기를 생산하는 설비
② 물의 유동에너지를 변환시켜 전기를 생산하는 설비
③ 폐기물을 변환시켜 연료 및 에너지를 생산하는 설비
④ 물, 지하수 및 지하의 열 등의 온도차를 변환시켜 에너지를 생산하는 설비

해설

① 풍력설비, ② 수력설비, ③ 폐기물 에너지 설비
※ 수소에너지설비는 물이나 그밖에 연료를 변환시켜 수소를 생산하거나 이용하는 설비이다.

59 에너지이용합리화법에 따라 에너지다소비업자가 산업통상자원부령으로 정하는 바에 따라 매년 1월 31일까지 시 · 도지사에게 신고해야 하는 사항과 관련이 없는 것은?

① 전년도의 에너지 사용량, 제품생산량
② 전년도의 에너지이용합리화 실적 및 해당 연도의 계획
③ 에너지사용기자재의 현황
④ 향후 5년간의 에너지사용예정량, 제품생산예정량

해설

에너지다소비사업자의 신고

- 전년도의 에너지 사용량, 제품생산량
- 해당연도의 에너지사용예정량, 제품생산량
- 에너지사용기자재의 현황
- 전년도의 에너지이용 합리화 실적 및 해당연도의 계획
- 에너지관리자의 현황

60 저탄소 녹색성장 기본법에 따라 온실가스 감축목표의 설정, 관리 및 필요한 조치에 관하여 총괄, 조정기능은 누가 수행하는가?

① 해양수산부 장관
② 산업통상자원부장관
③ 농림축산식품부장관
④ 환경부장관

보일러기능사 [2012년 7월 22일]

01	02	03	04	05	06	07	08	09	10
③	④	②	①	④	③	②	③	③	②
11	12	13	14	15	16	17	18	19	20
②	④	③	③	④	①	③	②	②	①
21	22	23	24	25	26	27	28	29	30
③	②	①	①	①	①	①	③	②	③
31	32	33	34	35	36	37	38	39	40
④	②	④	④	①	②	④	①	②	②
41	42	43	44	45	46	47	48	49	50
④	③	②	①	③	②	②	③	③	④
51	52	53	54	55	56	57	58	59	60
②	①	③	②	②	①	③	④	④	④

국가기술자격 필기시험문제

2012년 10월 20일 필기시험

자격종목	종목코드	시험시간	형별	수험번호	성명
보일러기능사	7761	60분			

1 **보일러 통풍에 대한 설명으로 틀린 것은?**

① 자연통풍은 일반적으로 별도의 동력을 사용하지 않고 연돌로 인한 통풍을 말한다.
② 압입통풍은 연소용 공기를 송풍기로 노입구에서 대기압보다 높은 압력으로 밀어 넣고 굴뚝의 통풍작용과 같이 통풍을 유지하는 방식이다.
③ 평형통풍은 통풍조절은 용이하나 통풍력이 약하여 주로 소용량 보일러에서 사용한다.
④ 흡입통풍은 크게 연소가스를 직접 통풍기에 빨아들이는 직접 흡입식과 통풍기로 대기를 빨아들이게 하고 이를 이젝터로 보내어 그 작용에 의해 연소가스를 빨아들이는 간접흡입식이 있다.

해설

평형통풍 : 압입통풍과 흡입통풍을 병용한 통풍방식으로 대용량 보일러에 사용된다.

2 **전기식 온수온도제한기의 구성요소에 속하지 않는 것은?**

① 온도 설정 다이얼
② 마이크로 스위치
③ 온도차 설정 다이얼
④ 확대용 링게이지

해설

전기식 온수온도제한기의 구성
온도 설정 다이얼, 마이크로 스위치, 온도 설정 지침, 온도차 설정 다이얼, 감온체, 도관 등

3 **KS에서 규정하는 육상용 보일러의 열정산 조건과 관련된 설명으로 틀린 것은?**

① 보일러의 정상 조업상태에서 적어도 2시간 이상의 운전결과에 따른다.
② 발열량은 원칙적으로 사용 시 연료의 저발열량(진발열량)으로 하며, 고발열량(총발열량)으로 사용하는 경우에는 기준 발열량을 분명하게 명시해야 한다.
③ 최대출열량을 시험할 경우에는 반드시 정격부하에서 시험을 한다.
④ 열정산과 관련한 시험 시 시험 보일러는 다른 보일러와 무관한 상태로 하여 실시한다.

해설

열정산의 경우 연료의 발열량은 고발열량을 기준으로 한다.

4 **기체연료의 연소방식 중 버너의 연료노즐에서는 연료만을 분출하고 그 주위에서 공기를 별도로 연소실로 분출하여 연료가스와 공기가 혼합하면서 연소하는 방식으로 산업용 보일러의 대부분이 사용하는 방식은?**

① 예증발연소방식 ② 심지연소방식
③ 예혼합연소방식 ④ 확산연소방식

해설

- **확산연소방식** : 버너 끝에서 노즐로 분사되는 연료에 공기가 흡입되어 혼합되는 방식이다.
- **예혼합연소방식** : 버너 내의 혼합기에서 연료와 공기가 혼합되어 분사되는 방식이다.

5 **고압과 저압 배관사이에 부착하여 고압 측의 압력변화 및 증기소비량 변화에 관계없이 저압측의 압력을 일정하게 유지시켜 주는 밸브는?**

① 감압밸브　② 온도조절밸브
③ 안전밸브　④ 플랩밸브

해설

감압밸브 : 고압을 저압으로 낮추고 저압측의 압력을 일정하게 유지하기 위한 장치이다.

6 **보일러 급수처리의 목적으로 거리가 먼 것은?**

① 스케일의 생성방 지
② 점식 등의 내면 부식 방지
③ 캐리오버의 발생 방지
④ 황분 등에 의한 저온부식 방지

해설

저온부식은 연료성분 중 황분에 의한 부식으로 급수처리와는 무관하다.

7 **보일러의 분류 중 원통형 보일러에 속하지 않는 것은?**

① 다쿠마 보일러　② 랭카셔 보일러
③ 캐와니 보일러　④ 코르니시 보일러

해설

타쿠마 보일러는 경사각도가 45도인 자연순환식 수관 보일러이다.

8 **보일러에서 C중유를 사용할 경우 중유예열장치로 예열할 때 적정 예열 범위는?**

① 40℃~45℃　㉯ 80℃~105℃
③ 130℃~160℃　④ 200℃~250℃

해설

중유의 예열온도는 80℃~90℃이며 중유의 예열온도가 너무 높으면 기름이 분해가 되고, 너무 낮으면 무화상태가 불량해진다.

9 **어떤 액체 1200kg을 30℃에서 100℃까지 온도를 상승시키는 데 필요한 열량은 몇 kcal 인가?(단, 이 액체의 비열은 3kcal/kg℃이다)**

① 35,000　② 84,000
③ 126,000　④ 252,000

해설

• **열량** = 질량×비열×온도차
　= 1200×3×(100−30) = 252,000kcal

10 **매시간 1,000kg의 LPG를 연소시켜 15,000kg/h의 증기를 발생하는 보일러의 효율(%)은 약 얼마인가?(단, LPG의 총발열량은 12,980kcal/kg, 발생증기엔탈피는 750kcal/kg, 급수엔탈피는 18kcal/kg이다)**

① 79.8　② 84.6
③ 88.4　④ 94.2

해설

η = 실제증발량×(증기엔탈피 − 급수엔탈피)/연료사용량×연료발열량×100
= 15,000×(750−18)/1,000×12980×100
= 84.6%

11 **보일러 자동제어에서 3요소식 수위제어의 3가지 검출요소와 무관한 것은?**

① 노내 압력　② 수위
③ 증기유량　④ 급수유량

해설

3요소식 수위검출기의 검출요소 : 수위, 급수량, 증기량

12 **다음 부품 중 전후에 바이패스를 설치해서는 안 되는 부품은?**

① 급수관
② 연료차단밸브

③ 감압밸브
④ 유류배관의 유량계

해설

연료차단밸브(전자밸브)는 보일러 운전 중 위급할 때 연료공급을 차단하여 노내폭발을 방지하는 장치로 바이패스배관을 하지 않는다.

13 **피드백 제어를 가장 옳게 설명한 것은?**

① 일정하게 정해진 순서에 의해 행하는 제어
② 모든조건이 충족되지 않으면 정지되어 버리는 제어
③ 출력측의 신호를 입력측으로 되돌려 정정 동작을 행하는 제어
④ 사람의 손에 의해 조작되는 제어

해설

① 시퀀스 제어, ② 인터록

14 **메탄(CH4) 1Nm³ 연소에 소요되는 이론공기량이 9.52Nm³이고, 실제공기량이 11.43Nm³일 때 공기비(m)는 얼마인가?**

① 1.5　　② 1.4
③ 1.3　　④ 1.2

해설

공기비 = 실제공기량/이론 공기량 = 11.43/9.52
= 1.2

15 **세정식 집진장치 중 하나인 회전식 집진장치의 특징에 관한 설명으로 틀린 것은?**

① 가동부분이 적고 구조가 간단하다.
② 세정용수가 적게 들며, 급수배관을 따로 설치할 필요가 없으므로 설치공간이 적게 든다
③ 집진물을 회수할 때 탈수, 여과, 건조 등을 수행할 수 있는 별도의 장치가 필요하다.
④ 비교적 큰 압력손실을 견딜 수 있다.

해설

회전식 집진장치의 특징

- 가연성 함진가스의 세정에도 용이하다.
- 기동부분이 작고 구조 및 조작이 간단하다.
- 비교적 큰 압력손실을 견딜 수 있다.
- 연속운전이 가능하고 입도, 습도, 가스의 종류등에 의한 영향이 적고, 큰 동력이 필요하지 않다.

16 **보일러 부속장치에 대한 설명 중 잘못된 것은?**

① 인젝터 : 증기를 이용한 급수장치이다.
② 기수분리기 : 증기 중에 혼입된 수분을 분리하는 장치이다.
③ 스팀트랩 : 응축수를 자동으로 배출하는 장치이다.
④ 수트 블로워 : 보일러 동 저면의 스케일, 침전물을 밖으로 배출하는 장치이다.

해설

수트 블로워 : 고압의 증기나 공기를 분사하여 수관 외면에 부착된 그을음을 제거하는 장치이다.

17 **저수위 등에 따른 이상온도의 상승으로 보일러가 과열되었을 때 작동하는 안전장치는?**

① 가용마개　　② 인젝터
③ 수위계　　④ 증기헤더

해설

가용마개 : 납과 주석의 합금으로 저수위일 때 플러그가 녹아 전열면의 과열을 방지하기 위한 장치이다.

18 **보일러용 연료 중에서 고체연료의 일반적인 주성분은?(단, 중량%을 기준으로 한 주성분을 구한다)**

① 탄소　　② 산소
③ 수소　　④ 질소

해설

고체연료의 주성분 : 고정탄소, 휘발분

19 연소의 3대 조건이 아닌 것은?

① 이산화탄소 공급원 ② 가연성 물질
③ 산소공급원 ④ 점화원

해설

연소의 3대 조건 : 가연물, 산소공급원, 점화원

20 주철제 보일러인 섹셔널 보일러의 일반적인 조합방법이 아닌 것은?

① 전후조합 ② 좌우조합
③ 맞세움조합 ④ 상하조합

해설

섹션의 조합방법 : 맞세움조합, 전후조합, 좌우조합

21 수관식 보일러의 일반적인 특징이 아닌 것은?

① 구조상 저압으로 운용되어야 하며 소용량으로 제작해야 한다.
② 전열면적을 크게 할수 있으므로 열효율이 높은 편이다.
③ 급수 처리에 주의가 필요하다.
④ 연소실을 마음대로 크게 만들 수 있으므로 연소상태가 좋으며 또한 여러 종류의 연료 및 연소방식이 적용된다.

해설

수관식 보일러는 구조상 고압, 대량 보일러에 적합하다.

22 다음 중 자동연료차단장치가 작동하는 경우로 거리가 먼 것은?

① 버너가 연소상태가 아닌 경우(인터록이 작동한 상태)
② 증기압력이 설정압력보다 높은 경우
③ 송풍기 팬이 가동할 때
④ 관류 보일러에 급수가 부족한 경우

해설

자동연료차단장치가 작동되는 경우

- 송풍기 팬이 가동되지 않은 경우
- 인터록이 작동한 경우
- 압력이 설정압력을 초과한 경우
- 보일러가 저수위인 경우
- 보일러 가동 중 불착화 또는 실화인 경우

23 섭씨온도(℃), 화씨온도(℉), 캘빈온도(°K), 랭킨온도(°R)와의 관계식으로 옳은 것은?

① ℃ = 1.8 × (℉−32)
② ℉ = (℃+32) / 1.8
③ °K = (5/9) × °R
④ °R = K × (5/9)

해설

- ℃ = 1.8 ÷(℉−32)
- ℉ = 1.8×℃+32
- °R = K ÷ 5/9

24 환산증발배수에 관한 설명으로 가장 적합한 것은?

① 연료 1kg이 발생시킨 증발능력을 말한다.
② 보일러에서 발생한 순수열량을 표준상태의 증발잠열로 나눈 값이다.
③ 보일러의 전열면적 $1m^2$당 1시간 동안의 실제증발량이다.
④ 보일러 전열면적 $1m^2$당 1시간 동안의 보일러 열출력이다.

해설

- 환산증발배수 = 매시 환산(상당증발량)/매시 연료사용량(kg/kg)
- 환산증발배수는 연료 1kg당 증발량

25 원통형 보일러의 일반적인 특징에 대한 설명으로 틀린 것은?

① 보일러 내 보유수량이 많아 부하변동에 의한 압력변화가 적다.
② 고압 보일러나 대용량 보일러에는 부적당하다.
③ 구조가 간단하고 정비, 취급이 용이하다.
④ 전열면적이 커서 증기발생시간이 짧다.

해설

원통형 보일러는 보유수량에 비해 전열면적이 작아 증발이 느리다.

26 유류 보일러 시스템에서 중유를 사용할 때 흡입측의 여과망 눈 크기로 적합한 것은?

① 1~10mesh ② 20~60mesh
③ 100~150mesh ④ 300~500mesh

해설

공급펌프의 여과망의 크기
- **흡입측** : 중유 20~60mesh, 경유 80~120mesh
- **토출측** : 중유 60~120mesh, 경유 100~250mesh

27 다음 중 과열기에 관한 설명으로 틀린 것은?

① 연소방식에 따라 직접연소식과 간접연소식으로 구분된다.
② 전열방식에 따라 복사형, 대류형, 양자 병용형으로 구분된다.
③ 복사형 과열기는 관열관을 연소실내 또는 노벽에 설치하여 복사열을 이용하는 방식이다.
④ 과열기는 일반적으로 직접연소식이 널리 사용된다.

해설

과열기는 연소방식에 따라 직접연소식과 간접연소식으로 구분되며, 연소가스 통로에 설치하는 간접연소식을 널리 사용한다.

28 표준대기압 상태에서 0℃ 물 1kg이 100℃ 증기로 만드는 데 필요한 열량은 몇 kcal 인가?(단, 물의 비열은 1kcal/kg℃ 이고, 증발잠열은 539kcal/kg 이다)

① 100kcal ② 500kcal
③ 539kcal ④ 639kcal

해설

- 표준대기압 상태에서 포화증기 엔탈피는 639 kcal/kg이다.
- 포화증기 엔탈피 = 포화수 엔탈피+증발잠열

29 다음 중 KS에서 규정하는 온수 보일러의 용량 단위는?

① Nm^3/h ② $kcal/m^2$
③ kg/h ④ kJ/h

해설

- 온수 보일러의 용량 : 매시간당
- 발생열량(kcal/h) · 1kcal = 4.1868kJ

30 열사용기자재 검사기준에 따라 온수발생 보일러에 안전밸브를 설치해야 되는 경우는 온수온도 몇 ℃ 이상인 경우인가?

① 60℃ 이상 ② 80℃ 이상
③ 100℃ 이상 ④ 120℃ 이상

해설

- **온수온도 120℃ 초과** : 안전밸브 부착
- **온수온도 120℃ 이하** : 방출밸브 부착

31 보일러에서 발생하는 부식을 크게 습식과 건식으로 구분할 때 다음 중 건식에 속하는 것은?

① 점식 ② 황화부식
③ 알칼리부식 ④ 수소취화

해설

부식의 종류는 건식과 습식으로 구분된다.
- 건식 : 고온부식, 고온산화, 황화부식
- 균열이 동반하는 부식(국부부식) : 수소취화, 부식피로, 응력부식 균열

32 보일러의 점화조작 시 주의사항에 대한 설명으로 잘못된 것은?

① 연료가스의 유출속도가 너무 빠르면 역화가 일어나고, 너무 늦으면 실화가 발생하기 쉽다.

② 연료의 예열온도가 낮으면 무화불량, 화염의 편류, 그을음, 분진이 발생하기 쉽다.
③ 유압이 낮으면 점화 및 분사가 불량하고 유압이 높으면 그을음이 축적되기 쉽다.
④ 프리퍼지 시간이 너무 길면 연소실의 냉각을 초래하고 너무 짧으면 역화를 일으키기 쉽다.

해설

연료가스의 유출속도가 너무 빠르면 실화가 발생하고, 너무 늦으면 실화가 발생하기 쉽다.

33 **보일러 작업 종료 시의 주요점검 사항으로 틀린 것은?**

① 전기의 스위치가 내려져 있는지 점검한다.
② 난방용 보일러에 대해서는 드레인의 회수를 확인하고 진공펌프를 가동시켜 놓는다.
③ 작업 종료 시 증기압력이 어느 정도인지 점검한다.
④ 증기밸브로부터 누설이 없는지 점검한다.

해설

작업 종료 시 난방용 보일러에 대해서는 드레인의 회수를 확인하고 진공펌프를 정지한다.

34 **보일러 급수 중의 현탁질 고형물을 제거하기 위한 외처리 방법이 아닌 것은?**

① 여과법　② 탈기법
③ 침강법　④ 응집법

해설

- **현탁질 고형물 제거방법** : 여과법, 침강법, 응집법
- **용존가스 제거방법** : 탈기법, 기폭법

35 **보일러설치기술규격(KBI)에 따라 열매체유 팽창탱크의 공간부에는 열매체의 노화를 방지하기 위해 N_2 가스를 봉입하는데 이 가스의 압력이 너무 높게 되지 않도록 설정하는 팽창탱크의 최소체적(VT)을 구하는 식으로 옳은 것은?(단, VE는 승온 시 시스템 내의 열매체유 팽창량(ℓ)이고, VM은 상온시 탱크내 열매체유 보유량(ℓ)이다)**

① VT = VE + 2VM
② VT = 2VE + VM
③ VT = 2VE + 2VM
④ VT = 3VE + VM

해설

- 팽창탱크의 최소체적(VT) = 2VE + VM
- 팽창탱크의 연결배관은 열매체유 순환펌프의 흡입배관에 연결한다.

36 **지역난방의 일반적인 장점으로 거리가 먼 것은?**

① 각 건물마다 보일러 시설이 필요 없고, 연료비와 인건비를 줄일 수 있다.
② 시설이 대규모이므로 관리가 용이하고 열효율 면에서 유리하다.
③ 지역난방설비에서 배관의 길이가 짧아 배관에 의한 열손실이 적다.
④ 고압증기나 고온수를 사용하여 관의 지름을 작게 할 수 있다.

해설

지역난방은 배관의 길이가 길어 배관에 의한 열 손실이 크다

37 **다음 보온재 중 유기질 보온재에 속하는 것은?**

① 규조토　② 탄산마그네슘
③ 유리섬유　④ 코르크

해설

유기질 보온재 : 펠트류, 텍스류, 코르크, 기포성수지

38 **수면측정장치 취급상의 주의사항에 대한 설명으로 틀린 것은?**

① 수주연결관은 수측연결관의 도중에 오물이 끼기 쉬우므로 하향경사하도록 배

관한다.

② 조명은 충분하게 하고 유리는 항상 청결하게 유지한다.

③ 수면계의 콕크는 누설되기 쉬우므로 6개월 주기로 분해 정비하여 조작하기 쉬운 상태로 유지한다.

④ 수주관 하부의 분출관은 매일 1회 분출하여 수측연결관의 찌꺼기를 배출한다.

해설

수주연결관은 수축연결관의 도중에 오물이 끼기 쉬우므로 배관을 하향경사로 하지 않는다.

39 보일러 수리 시의 안전사항으로 틀린 것은?

① 부식부위의 해머작업 시에는 보호안경을 착용한다.

② 파이프 나사절삭 시 나사 부는 맨손으로 만지지 않는다.

③ 토치램프 작업 시 소화기를 비치해 둔다.

④ 파이프렌치는 무거우므로 망치 대용으로 사용해도 된다.

40 관이음쇠로 사용되는 홈 조인트(Groove joint)의 장점에 관한 설명으로 틀린 것은?

① 일반 용접식, 플랜지식, 나사식 관이음 방식에 비해 빨리 조립이 가능하다.

② 배관 끝단 부분의 간격을 유지하여 온도변화 및 진동에 의한 신축, 유동성이 뛰어나다.

③ 홈 조인트의 경우 사용 시 용접 효율성이 뛰어나서 배관수명이 길어진다.

④ 플랜지식 관이음에 바해 볼트를 사용하는 수량이 적다.

해설

홈 조인트(Groove joint)의 장점

- 무용접 이음이므로 수명이 길다.
- 적은 비용으로 유지보수 및 교환이 용이하다.
- 기존 이음방식에 비해 조립이 빠르다.
- 배관 끝단 부분의 간격을 유지하여 온도변화 및 진도에 의한 신축, 유동성이 뛰어나다.
- 플랜지식 관이음에 비해 볼트를 사용하는 수량이 적다.
- 나사 또는 용접이음에 비해 기밀성이 우수하다.

41 배관의 나사이음과 비교하여 용접이음의 장점이 아닌 것은?

① 누수의 염려가 적다.

② 관 두께에 불균일한 부분이 생기지 않는다.

③ 이음부의 강도가 크다.

④ 열에 의한 잔류응력 발생이 거의 일어나지 않는다.

해설

용접은 용접작업 후 열응력을 제거하기 위해 풀림작업(잔류응력 제거작업)을 한다.

42 파이프 축에 대해서 직각 방향으로 개폐되는 밸브로 유체의 흐름에 따른 마찰저항 손실이 적으며 난방배관 등에 주로 이용되나 절반만 개폐하면 디스크 뒷면에 와류가 발생되어 유량 조절용으로는 부적합한 밸브는?

① 버터플라이밸브 ② 슬루스밸브

③ 글로브밸브 ④ 콕

해설

- 슬루스밸브 : 유체의 꺾임이 없어 마찰저항이 적으며 관로 개폐용으로 사용되는 밸브이다.
- 글로브밸브 : 유체의 꺾임이 발생하여 마찰저항이 크며 유량조절용으로 사용되는 밸브이다.

43 가동 중인 보일러를 정지시킬 때 일반적으로 가장 먼저 조치해야 할 사항은?

① 증기밸브를 닫고, 드레인밸브를 연다.

② 연료의 공급을 정지한다.

③ 공기의 공급을 정지한다.

④ 댐퍼를 닫는다.

해설

- **정지 시 가장 먼저 취할 조치** : 연료의 공급을 먼저 정지하고, 공기의 공급을 정지한다.
- **정지 시 가장 나중에 취할 조치** : 연도댐퍼를 닫는다.

44 증기 보일러에서 수면계의 점검시기로 적절하지 않은 것은?

① 2개의 수면계 수위가 다를 때 행한다.
② 프라이밍, 포밍 등이 발생할 때 행한다.
③ 수면계 유리관을 교체하였을 때 행한다.
④ 보일러의 점화 후 행한다.

해설

수면계의 점검시기

- 보일러를 가동하기 직전
- 프라이밍, 포밍 등이 발생할 경우
- 2개의 수면계 수위가 서로 다를 경우
- 수면계 유리관을 교체하였을 경우

45 보일러 내처리로 사용되는 약제 중 가성취화 방지, 탈산소, 슬러지 조정 등의 작용을 하는 것은?

① 수산화나트륨
② 암모니아
③ 탄닌
④ 고급지방산폴리알콜

해설

탄닌 : 급수처리 중 가성취화 방지, 슬러지 조정, 탈산소 등에 사용하는 청관제이다.

46 어떤 건물의 소요 난방부하가 54,600kcal/h이다. 주철제 방열기로 증기난방을 한다면 약 몇 쪽(Section)의 방열기를 설치해야 하는가?(단, 표준방열량으로 계산하며, 주철제 방열기의 쪽당 방열면적은 $0.24m^2$이다)

① 330쪽 ② 350쪽
③ 380쪽 ④ 400쪽

해설

- **방열기 소요수** : $54,600/650 \times 0.24 = 350$

47 관의 결합방식 표시방법 중 유니언식의 그림 기호로 맞는 것은?

해설

① 나사이음 ② 용접이음 ③ 플랜지이음

48 보일러에서 팽창탱크의 설치목적에 대한 설명으로 틀린 것은?

① 체적팽창, 이상팽창에 의한 압력을 흡수한다.
② 장치 내의 온도와 압력을 일정하게 유지한다.
③ 보충수를 공급하여 준다.
④ 관수를 배출하여 열손실을 방지한다.

해설

팽창탱크는 온수의 넘침을 방지하여 열손실을 방지한다.

49 열사용기자재 검사기준에 따라 전열면적 $12m^2$인 보일러의 급수밸브의 크기는 호칭 몇 A 이상이어야 하는가?

① 15A 이상 ② 20A 이상
③ 25A 이상 ④ 32A 이상

해설

급수밸브의 크기

- **전열면적 $10m^2$ 이상** : 20mm 이상
- **전열면적 $10m^2$ 이하** : 15mm 이상

50 다음 보온재 중 안전사용(최고)온도가 가장 낮은 것은?

① 탄산마그네슘 물반죽 보온재
② 규산칼슘 보온판
③ 경질 폼러버 보온통
④ 글라스울 블랭킷

해설

보온재의 안전사용온도

- 탄산마그네슘 물반죽 보온재 : 250℃
- 규산칼슘 보온판 : 650℃
- 경질 폼러버 보온통 : 50℃
- 글라스울 블랭킷 : 350℃

51 다음 중 동관이음의 종류에 해당하지 않는 것은?

① 납땜이음 ② 기볼트이음
③ 플레어이음 ④ 플랜지이음

해설

- **동관의 이음** : 플레어이음, 납땜이음, 플랜지이음
- **기볼트 이음** : 고무링 2개, 플랜지 2개, 슬리브 1개 등으로 구성된 석면 시멘트관의 이음에 사용되는 이음 방법이다.

52 보기와 같은 부하에 대해서 보일러의 "정격출력"을 올바르게 표시한 것은?

H1 : 난방부하, H2 : 급탕부하 H3 : 배관부하, H4 : 시동부하

① H1 + H2
② H1 + H2 + H3
③ H1 + H2 + H4
④ H1 + H2 + H3 + H4

해설

- **정격출력(부하)**
  = H1 + H2 + H3 + H4(kcal/h)
- **상용부하** = H1 + H2 + H3 (kcal/h)

53 다음 중 보온재의 일반적인 구비요건으로 틀린 것은?

① 비중이 크고 기계적 강도가 클 것
② 장시간 사용에도 사용온도에 변질되지 않을 것
③ 시공이 용이하고 확실하게 할 수 있을 것
④ 열전도율이 적을 것

해설

보온재는 비중이 적고, 흡습성이 적을 것

54 상용 보일러의 점화 전 연소계통의 점검에 관한 설명으로 틀린 것은?

① 중유예열기를 가동하되 예열기가 증기가열식인 경우에는 드레인을 배출시키지 않은 상태에서 가열한다.
② 연료배관, 스트레이너, 연료펌프 및 수동차단밸브의 개폐상태를 확인한다.
③ 연소가스 통로가 긴 경우와 구부러진 부분이 많을 경우에는 완전한 환기가 필요하다.
④ 연소실 및 연도 내의 잔류가스를 배출하기 위하여 연도의 각 댐퍼를 전부 열어놓고 통풍기로 환기시킨다.

해설

증기식 중유예열기의 경우는 가동 전 예열기내의 드레인을 제거한 후 예열한다.

55 에너지이용합리화법에 따라 연료 · 열 및 전력의 연간사용량의 합계가 몇 티오이(TOE) 이상인 자를 "에너지다소비사업자"라 하는가?

① 5백 ② 1천
③ 1천5백 ④ 2천

해설

에너지다소비사업자 : 연료 · 열 및 전력의 연간 사용량의 합계가 2000티오이(TOE) 이상인 에너지사용자를 말한다.

56 에너지이용합리화법에 따라 효율관리기자재 중 하나인 가정용 가스 보일러의 제조업자 또는 수입업자는 소비효율 또는 소비효율등급을 라벨에 표시하여 나타내야 하는데 이때 표시해야 하는 항목에 해당하지 않는 것은?

① 난방출력
② 표시난방열효율
③ 1시간 사용 시 CO_2 배출량
④ 소비효율등급

해설

• **표시항목** : 표시난방열효율, 난방출력, 소비효율등급 등이다.

57 **신에너지 및 재생에너지 개발 · 이용 · 보급 촉진법에 따라 신 · 재생에너지의 기술개발 및 이용보급을 촉진하기 위한 기본계획은 누가 수립하는가?**

① 교육부장관
② 환경부장관
③ 국토교통부장관
④ 산업통상자원부장관

해설

• **기본계획의 수립** : 산업통상자원부장관
• **계획기간** : 10년 이상

58 **에너지법에서 정의하는 "에너지사용자"의 의미로 가장 옳은 것은?**

① 에너지 보급 계획을 세우는 자
② 에너지를 생산, 수입하는 사업자
③ 에너지사용시설의 소유자 또는 관리자
④ 에너지를 저장, 판매하는 자

해설

에너지사용자 : 에너지사용시설의 소유자 또는 관리자(= 검사대상기기 설치자)를 말한다.

59 **에너지이용합리화법에 따라 국내외 에너지사정의 변동으로 에너지수급에 중대한 차질이 발생하거나 발생할 우려가 있다고 인정되면 에너지수급의 안정을 기하기 위하여 필요한 범위 내에 조치를 취할 수 있는데, 다음 중 그러한 조치에 해당하지 않는 것은?**

① 에너지의 비축과 저장
② 에너지공급설비의 가동 및 조업
③ 에너지의 배급
④ 에너지 판매시설의 확충

해설

에너지수급안정을 위한 조치
• 지역별 · 주요 수급자별 에너지 할당
• 에너지공급설비의 가동 및 조업
• 에너지의 비축과 저장
• 에너지의 도입 · 수출입 및 위탁가공
• 에너지공급자 상호간의 에너지의 교환 또는 분배 사용
• 에너지의 유통시설과 그 사용 및 유통경로
• 에너지의 배급
• 에너지의 양도 · 양수의 제한 또는 금지

60 **에너지이용합리화법에 따라 보일러의 개조검사의 경우 검사 유효기간으로 옳은 것은?**

① 6개월 ② 1년
③ 2년 ④ 5년

해설

보일러의 개조검사의 검사 유효기간 : 1년

보일러기능사 [2012년 10월 20일]

01	02	03	04	05	06	07	08	09	10
③	④	②	④	①	④	①	②	④	②
11	12	13	14	15	16	17	18	19	20
①	②	③	④	②	④	①	①	①	④
21	22	23	24	25	26	27	28	29	30
①	③	③	①	④	②	④	④	④	④
31	32	33	34	35	36	37	38	39	40
②	①	②	②	②	③	④	①	④	③
41	42	43	44	45	46	47	48	49	50
④	②	②	④	③	②	④	④	②	③
51	52	53	54	55	56	57	58	59	60
②	④	①	①	④	③	④	③	④	②

국가기술자격 필기시험문제

2013년 1월 27일 필기시험

자격종목	종목코드	시험시간	형별	수험번호	성명
에너지관리기능사	7761	60분			

1 오일 버너 종류 중 회전컵의 회전운동에 의한 원심력과 미립화용 1차공기의 운동에너지를 이용하여 연료를 분무시키는 버너는?

① 건타입 버너
② 로터리 버너
③ 유압식 버너
④ 기류 분무식 버너

해설

회전컵의 회전운동에 의한 원심력과 미립화용 1차공기의 운동에너지를 이용하여 연료를 분무시키는 버너로서 보일러의 기름연소장치를 말한다. 주로 중유용으로 사용된다.

2 프라이밍의 발생 원인으로 거리가 먼 것은?

① 보일러 수위가 높을 때
② 보일러수가 농축되어 있을 때
③ 송기 시 증기밸브를 급개할 때
④ 증발능력에 비하여 보일러수의 표면적이 클 때

해설

증발능력에 비하여 보일러수의 표면적이 적을 때 발생한다.

3 오일 여과기의 기능으로 거리가 먼 것은?

① 펌프를 보호한다.
② 유량계를 보호한다.
③ 연료노즐 및 연료조절밸브를 보호한다.
④ 분무효과를 높여 연소를 양호하게 하고 연소생성물을 활성화시킨다.

해설

여과기의 작동과 여과망의 여과 상태를 점검한 후 필요 시 여과망을 교체한다.

4 다음 중 목표값이 변화되어 목표값을 측정하면서 제어 목표량을 목표량에 맞도록 하는 제어에 속하지 않는 것은?

① 추종 제어 ② 비율 제어
③ 정치 제어 ④ 캐스케이드 제어

해설

정치 제어는 목표값이 시간적으로 일정한 자동 제어를 말하며, 제어계는 주로 외란의 변화에 대한 정정작용을 한다. 보일러의 동내(胴內) 압력, 여과지의 정속 여과, 터빈의 회전속도 등을 일정값으로 유지할 때 사용된다.

5 노통 보일러에서 갤러웨이관(Galloway tube)을 설치하는 목적으로 가장 옳은 것은?

① 스케일 부착을 방지하기 위하여
② 노통의 보강과 양호한 물 순환을 위하여
③ 노통의 진동을 방지하기 위하여
④ 연료의 완전연소를 위하여

해설

겔러웨이관은 노통의 보강과 물 순환을 양호하게 하기 위해서이다.

6 다음 중 수트 블로워의 종류가 아닌 것은?

① 장발형 ② 건타입형
③ 정치회전형 ④ 콤버스터형

해설

수트 블로워의 종류의 종류는 장발형, 건타입형, 정치회전형으로 보일러에서 그을음이나 재를 처리하는 장치이다. 보일러의 노(爐) 안이나 연도(煙道)에 배치된 전열면에 그을음이나 재가 부착하면 열의 전도가 나빠지므로 이따금 증기 또는 공기의 분류(噴流)를 내뿜어 부착물을 청소하는 장치를 말하며, 주로 수관 보일러에 사용된다.

7 **건 배기가스 중의 이산화탄소분 최대값이 15.7% 이다. 공기비를 1.2로 할 경우 건 배기가스 중의 이산화탄소 분은 몇 % 인가?**

① 11.21 % ② 12.07 %
③ 13.08 % ④ 17.58 %

8 **보일러 급수펌프 중 비용적식펌프로서 원심펌프인 것은?**

① 워싱턴펌프 ② 웨어펌프
③ 플런저펌프 ④ 볼류트펌프

해설

볼류트펌프는 소용돌이펌프 중에서 가장 간단한 것으로 스크류형으로 되어 있는 방과 프로펠러로 되어 있다. 프로펠러를 고속도로 회전시켜, 그 원심력을 이용하여 물을 송출하는 것으로 소형으로 되어 있기 때문에, 양수 고도가 30m 이하의 경우에 가장 널리 사용되고 있다.

9 **다음 자동제어에 대한 설명에서 온-오프(On-off) 제어에 해당되는 것은?**

① 제어량이 목표값을 기준으로 열거나 닫는 2개의 조작량을 가진다.
② 비교부의 출력이 조작량에 비례하여 변화한다.
③ 출력편차량의 시간 적분에 비례한 속도로 조작량을 변화시킨다.
④ 어떤 출력편차의 시간 변화에 비례하여 조작량을 변화시킨다.

해설

온-오프(On-off)제어장치는 그 대상에 대해서 제어하는 양을 목표로 하는 값에 일치시키도록 조작하는데, 그 조작량이 1 이나 0, 즉 목표값을 증가시키거나 감소시키는 두 가지 정보에 의해서 제어하는 방식이다. 시스템은 비교적 간단하나 복잡한 제어에는 문제가 많다. 릴레이 제어는 대표적인 온오프제어이며 경보용 · 조절용에 많이 사용된다. 점차 활발해지고 있는 디지털 제어도 미크로적으로는 이 방식에 연결되어 주목되고 있다

10 **다음 중 비열에 대한 설명으로 옳은 것은?**

① 비열은 물질 종류에 관계없이 1.4로 동일하다.
② 질량이 동일할 때 열용량이 크면 비열이 크다.
③ 공기의 비열이 물 보다 크다.
④ 기체의 비열비는 항상 1 보다 작다.

해설

비열은 질량이 동일할 때 열용량이 크면 비열이 크다.

11 **통풍방식에 있어서 소요동력이 비교적 많으나 통풍력 조절이 용이하고 노내압을 정압 및 부압으로 임의로 조절이 가능한 방식은?**

① 흡인통풍 ② 압입통풍
③ 평형통풍 ④ 자연통풍

12 **보일러 자동연소제어(ACC)의 조작량에 해당하지 않는 것은?**

① 연소가스량 ② 공기량
③ 연료량 ④ 급수량

해설

자동보일러 제어 A.B.C(Automatic Boiler Cotrol)

- 연소제어 A.C.C (Automatic Combustion Cotrol)
- 급수제어 F.W.C (Feed Water Cotrol)
- 증기온도제어 S.T.C (Steam Temperatur Cotrol)

13 다음 도시가스의 종류를 크게 천연가스와 석유계 가스, 석탄계 가스로 구분할 때 석유계 가스에 속하지 않는 것은?

① 코르크가스　② LPG 변성가스
③ 나프타 분해가스　④ 정제소가스

14 다음 중 증기의 건도를 향상시키는 방법으로 틀린 것은?

① 증기의 압력을 더욱 높여서 초고압 상태로 만든다.
② 기수분리기를 사용한다.
③ 증기주관에서 효율적인 드레인 처리를 한다.
④ 증기 공간내의 공기를 제거한다.

해설

증기의 건도는 고압을 저압으로 감압시킬 때 증가한다.

15 다음 중 연소 시에 매연 등의 공해 물질이 가장 적게 발생되는 연료는?

① 액화천연가스　② 석탄
③ 중유　④ 경유

16 다음 중 수관식 보일러에 해당되는 것은?

① 스코치 보일러　② 바브콕 보일러
③ 코크란 보일러　④ 케와니 보일러

17 보일러 마력을 열량으로 환산하면 몇 kcal/h 인가?

① 8435kcal/h　② 9435kcal/h
③ 7435kcal/h　④ 10173kcal/h

18 보일러 열효율 향상을 위한 방안으로 잘못 설명한 것은?

① 절탄기 또는 공기예열기를 설치하여 배기가스 열을 회수한다.
② 버너 연소부하조건을 낮게 하거나 연속운전을 간헐운전으로 개선한다.
③ 급수온도가 높으면 연료가 절감되므로 고온의 응축수는 회수한다.
④ 온도가 높은 블로우 다운수를 회수하여 급수 및 온수 제조 열원으로 활용한다.

19 석탄의 함유 성분에 대해서 그 성분이 많을수록 연소에 미치는 영향에 대한 설명으로 틀린 것은?

① 수분 : 착화성이 저하된다.
② 회분 : 연소효율이 증가한다.
③ 휘발분 : 검은 매연이 발생하기 쉽다.
④ 고정탄소 : 발열량이 증가한다.

해설

석탄의 함유 성분에 대해서 그 회분성분이 많을수록 연소효율이 떨어진다.

20 시간당 100kg의 중유를 사용하는 보일러에서 총손실열량이 200,000kcal/h일 때 보일러의 효율은 약 얼마인가?(단, 중유의 발열량은 10,000 kcal/kg 이다)

① 75%　② 80%
③ 85%　④ 90%

21 보일러 부속장치에 관한 설명으로 틀린 것은?

① 배기가스의 열을 이용하여 급수를 예열하는 장치를 절탄기라 한다.
② 배기가스의 열로 연소용 공기를 예열하는 것을 공기예열기라 한다.
③ 고압증기터빈에서 팽창되어 압력이 저하된 증기를 재과열하는 것을 과열기라 한다.
④ 오일 프리히터는 기름을 예열하여 점도를 낮추고, 연소를 원활히 하는데 목적이 있다.

해설

고압증기터빈에서 팽창되어 압력이 저하된 증기를 재과열하는 것을 재열기라 한다.

22 **KS에서 규정하는 보일러의 열정산은 원칙적으로 정격부하 이상에서 정상상태(Steady state)로 적어도 몇 시간 이상의 운전결과에 따라야 하는가?**

① 1시간　② 2시간
③ 3시간　④ 5시간

해설

KS에서 규정하는 보일러의 열정산은 원칙적으로 정격 부하 이상에서 정상상태(steady state)로 적어도 2시간 이상의 운전결과에 따라야 한다.

23 **전기식 증기압력조절기에서 증기가 벨로스 내에 직접 침입하지 않도록 설치하는 것으로 가장 적합한 것은?**

① 신축이음쇠
② 균압관
③ 사이폰관
④ 안전밸브

24 **열사용기자재의 검사 및 검사의 면제에 관한 기준에 따라 온수발생 보일러(액상식 열매체 보일러 포함)에서 사용하는 방출밸브와 방출관의 설치기준에 관한 설명으로 옳은 것은?**

① 인화성 액체를 방출하는 열매체 보일러의 경우 방출밸브 또는 방출관은 밀폐식 구조로 하든가 보일러 밖의 안전한 장소에 방출시킬수 있는 구조이어야 한다.
② 온수발생 보일러에는 압력이 보일러의 최고사용압력에 달하면 즉시 작동하는 방출밸브 또는 안전밸브를 2개 이상 갖추어야 한다.
③ 393K의 온도를 초과하는 온수발생 보일러에는 안전밸브를 설치하여야 하며, 그 크기는 호칭지름 10mm 이상이어야 한다.
④ 액상식 열매체 보일러 및 온도 393K 이하의 온수발생 보일러에는 방출밸브를 설치하여야 하며, 그 지름은 10mm 이상으로 하고, 보일러의 압력이 보일러의 최고사용압력에 5%(그 값이 0.035 MPa 미만인 경우에는 0.035 MPa로 한다)를 더한 값을 초과하지 않도록 지름과 개수를 정하여야 한다.

25 **외분식 보일러의 특징으로 거리가 먼 것은?**

① 연소실 개조가 용이하다.
② 노내온도가 높다.
③ 연료의 선택범위가 넓다.
④ 복사열의 흡수가 많다.

해설

외분식 보일러의 특징으로 틀리는 것은 복사열의 흡수가 많다.

26 **보일러와 관련한 기초 열역학에서 사용하는 용어에 대한 설명으로 틀린 것은?**

① 절대압력 : 완전 진공상태를 0으로 기준하여 측정한 압력이다.
② 비체적 : 단위 체적당 질량으로 단위는 kg/m^3 이다.
③ 현열 : 물질상태의 변화없이 온도가 변화하는데 필요한 열량이다.
④ 잠열 : 온도의 변화없이 물질상태가 변화하는데 필요한 열량이다.

해설

비체적은 단위 질량이 가지는 부피이다.

27 **보일러에서 사용하는 안전밸브 구조의 일반 사항에 대한 설명으로 틀린 것은?**

① 설정압력이 3MPa를 초과하는 증기 또는 온도가 508K를 초과하는 유체에 사용하는 안전밸브에는 스프링이 분출하는 유체에 직접 노출되지 않도록 하여야 한다.
② 안전밸브는 그 일부가 파손하여도 충분한 분출량을 얻을 수 있는 것이어야 한다.
③ 안전밸브는 쉽게 조정이 가능하도록 잘 보이는 곳에 설치하고 봉인하지 않도록 한다.
④ 안전밸브의 부착부는 배기에 의한 반동력에 대하여 충분한 강도가 있어야 한다.

28 **함진 배기가스를 액방울이나 액막에 충돌시켜 분진입자를 포집 분리하는 집진장치는?**

① 중력식 집진장치
② 관성력식 집진장치
③ 원심력식 집진장치
④ 세정식 집진장치

29 **보일러 가동 중 실화(失火)가 되거나, 압력이 규정치를 초과하는 경우는 연료공급을 자동적으로 차단하는 장치는?**

① 광전관 ② 화염검출기
③ 전자밸브 ④ 체크밸브

해설

전자밸브는 실화(失火)가 되거나, 압력이 규정치를 초과하는 경우는 연료 공급을 자동적으로 차단하는 장치이다.

30 **보일러 내처리로 사용되는 약제의 종류에서 pH, 알칼리 조정작용을 하는 내처리제에 해당하지 않는것은?**

① 수산화나트륨 ② 히드라진
③ 인산 ④ 암모니아

해설

히드라진은 무색의 액체로서 끓는 점이 114℃이고 암모니아를 산화하여 만든다. 수화물 $N_2H_4 \cdot H_2O$는 환원성이 강해서 보일러수의 탈산소제로서 사용된다. 고온이 되면 NH_3로 증발하고 수증기 속에 섞여 들어가 복수(復水)의 pH를 높인다. 가연성이고 유독하며 피부나 점막을 침해하고, 체내산소를 저해하기 때문에 취급상 주의가 필요하다.

31 **증기난방에서 응축수의 환수방법에 따른 분류 중 증기의 순환과 응축수의 배출이 빠르며, 방열량도 광범위하게 조절할 수 있어서 대규모 난방에서 많이 채택하는 방식은?**

① 진공환수식 증기난방
② 복관중력환수식 증기난방
③ 기계환수식 증기난방
④ 단관중력환수식 증기난방

32 **보일러의 휴지(休止) 보존 시에 질소가스 봉입보존법을 사용할 경우 질소가스의 압력을 몇 MPa 정도로 보존 하는가?**

① 0.2MPa ② 0.6MPa
③ 0.02MPa ④ 0.06MPa

해설

보일러의 휴지(休止) 보존 시에 질소가스 봉입보존법을 사용할 경우 질소가스의 압력을 0.06MPa 정도로 보존한다.

33 **증기, 물, 기름 배관 등에 사용되며 관내의 이물질, 찌꺼기 등을 제거할 목적으로 사용되는 것은?**

① 플로트밸브 ② 스트레이너
③ 세정밸브 ④ 분수밸브

해설

스트레이너(여과기)는 증기, 물, 기름배관 등에 사용되며 관내의 이물질, 찌꺼기 등을 제거할 목적으로 사용된다.

34 보일러 저수위 사고의 원인으로 가장 거리가 먼 것은?

① 보일러 이음부에서의 누설
② 수면계 수위의 오판
③ 급수장치가 증발능력에 비해 과소
④ 연료공급 노즐의 막힘

35 보일러에서 사용하는 수면계 설치기준에 관한 설명 중 잘못된 것은?

① 유리수면계는 보일러의 최고사용압력과 그에 상당하는 증기온도에서 원활히 작용하는 기능을 가져야 한다.
② 소용량 및 소형 관류 보일러에는 2개 이상의 유리 수면계를 부착해야 한다.
③ 최고사용압력 1 MPa이하로서 동체 안지름이 750mm 미만인 경우에 있어서는 수면계 중 1개는 다른 종류의 수면측정장치로 할 수 있다.
④ 2개 이상의 원격지시수면계를 시설하는 경우에 한하여 유리수면계를 1개 이상으로 할 수 있다.

해설
보일러에서 사용하는 수면계 설치기준에서 소용량 및 소형 관류 보일러에는 1개 이상의 유리수면계를 부착해야 한다.

36 보일러에서 발생하는 부식 형태가 아닌 것은?

① 점식 ② 수소취화
③ 알칼리 부식 ④ 라미네이션

37 온수난방을 하는 방열기의 표준방열량은 몇 kcal/m²h인가?

① 440 ② 450
③ 460 ④ 470

해설
온수난방을 하는 방열기의 표준방열량은 450kcal/m²h

38 증기난방과 비교하여 온수난방의 특징을 설명한 것으로 틀린 것은?

① 난방부하의 변동에 따라서 열량조절이 용이하다.
② 예열시간이 짧고, 가열 후에 냉각시간도 짧다.
③ 방열기의 화상이나, 공기 중의 먼지 등이 눌어붙어 생기는 나쁜 냄새가 적어 실내의 쾌적도가 높다.
④ 동일 발열량에 대하여 방열면적이 커야 하고 관경도 굵어야 하기 때문에 설비비가 많이드는 편이다.

39 배관 내에 흐르는 유체의 종류를 표시하는 기호 중 증기를 나타내는 것은?

① A ② G
③ S ④ O

40 보온시공 시 주의사항에 대한 설명으로 틀린 것은?

① 보온재와 보온재의 틈새는 되도록 적게 한다.
② 겹침부의 이음새는 동일 선상을 피해서 부착한다.
③ 테이프 감기는 물, 먼지 등의 침입을 막기 위해 위에서 아래쪽으로 향하여 감아내리는 것이 좋다.
④ 보온의 끝 단면은 사용하는 보온재 및 보온 목적에 따라서 필요한 보호를 한다.

해설
테이프 감기는 물, 먼지 등의 침입을 막기 위해 아래에서 위쪽으로 향하여 감아내리는 것이 좋다.

41 부식억제제의 구비조건에 해당하지 않는 것은?

① 스케일의 생성을 촉진할 것
② 정지나 유동 시에도 부식억제 효과가 클 것
③ 방식 피막이 두꺼우며 열전도에 지장이 없을 것
④ 이종금속과의 접촉부식 및 이종금속에 대한 부식촉진작용이 없을 것

42 로터리밸브의 일종으로 원통 또는 원뿔에 구멍을 뚫고 축을 회전함에 따라 개폐하는 것으로 플러그밸브라고도 하며 0~90° 사이에 임의의 각도로 회전함으로써 유량을 조절하는 밸브는?

① 글로브밸브 ② 체크밸브
③ 슬루스밸브 ④ 콕(Cock)

43 열사용기자재 검사기준에 따라 수압시험을 할 때 강철제 보일러의 최고사용압력이 0.43MPa를 초과, 1.5MPa 이하인 보일러의 수압시험 압력은?

① 최고사용압력의 2배 + 0.1 MPa
② 최고사용압력의 1.5배 + 0.2 MPa
③ 최고사용압력의 1.3배 + 0.3 MPa
④ 최고사용압력의 2.5배 + 0.5 MPa

해설

강철제 보일러의 최고사용압력이 0.43MPa를 초과, 1.5MPa 이하인 보일러의 수압시험압력은 최고사용압력의 1.3배 + 0.3 MPa이다.

44 방열기의 종류 중 관과 핀으로 이루어지는 엘리먼트와 이것을 보호하기 위한 덮개로 이루어지며 실내 벽면 아랫부분의 나비 나무 부분을 따라서 부착하여 방열하는 형식의 것은?

① 컨벡터
② 패널 라디에이터
③ 섹셔널 라디에이터
④ 베이스 보드 히터

45 신축곡관이라고도 하며 고온, 고압용 증기관 등의 옥외배관에 많이 쓰이는 신축이음은?

① 벨로스형 ② 슬리브형
③ 스위블형 ④ 루프형

46 표준방열량을 가진 증기방열기가 설치된 실내의 난방부하가 20000kcal/h일 때 방열면적은 몇 m^2인가?

① $30.8m^2$ ② $36.4m^2$
③ $44.4m^2$ ④ $57.1m^2$

47 보일러배관 중에 신축이음을 하는 목적으로 가장 적합한 것은?

① 증기 속의 이물질을 제거하기 위하여
② 열팽창에 의한 관의 파열을 막기 위하여
③ 보일러수의 누수를 막기 위하여
④ 증기속의 수분을 분리하기 위하여

48 가동 중인 보일러의 취급 시 주의사항으로 틀린 것은?

① 보일러수가 항시 일정(상용)수위가 되도록 한다.
② 보일러 부하에 응해서 연소율을 가감한다.
③ 연소량을 증가시킬 경우에는 먼저 연료량을 증가시키고 난 후 통풍량을 증가시켜야 한다.
④ 보일러수의 농축을 방지하기 위해 주기적으로 블로우다운을 실시한다.

해설

연소량을 증가시킬 경우에는 먼저 통풍량을 증가시키고 난 후 연료량을 증가시켜야 한다.

49 증기 보일러에는 원칙적으로 2개 이상의 안전밸브를 부착해야 하는데 전열면적이 몇 m^2 이하이면 안전밸브를 1개 이상 부착해도 되는가?

① $50m^2$ 이하 ② $30m^2$ 이하
③ $80m^2$ 이하 ④ $100m^2$ 이하

50 배관의 나사이음과 비교한 용접이음의 특징으로 잘못 설명된 것은?

① 나사이음부와 같이 관의 두께에 불균일한 부분이 없다.
② 돌기부가 없어 배관상의 공간효율이 좋다.
③ 이음부의 강도가 적고, 누수의 우려가 크다.
④ 변형과 수축, 잔류응력이 발생할 수 있다.

51 온수순환방법에서 순환이 빠르고 균일하게 급탕할 수 있는 방법은?

① 단관 중력순환식 배관법
② 복관 중력순환식 배관법
③ 건식순환식 배관법
④ 강제순환식 배관법

해설

강제순환식 배관법은 순환이 빠르고 균일하게 급탕할 수 있는 방법이다.

52 연료(중유)배관에서 연료저장탱크와 버너 사이에 설치되지 않는 것은?

① 오일펌프 ② 여과기
③ 중유가열기 ④ 축열기

53 보일러 점화조작 시 주의사항에 대한 설명으로 틀린 것은?

① 연소실의 온도가 높으면 연료의 확산이 불량해져서 착화가 잘 안된다.
② 연료가스의 유출속도가 너무 빠르면 실화 등이 일어나고, 너무 늦으면 역화가 발생한다.
③ 연료의 유압이 낮으면 점화 및 분사가 불량하고 높으면 그을음이 축적된다.
④ 프리퍼지 시간이 너무 길면 연소실의 냉각을 초래하고 너무 늦으면 역화를 일으킬 수 있다.

해설

연소실의 온도가 높으면 연료의 확산이 빨라지고 착화가 잘 된다.

54 보일러 가동 시 맥동연소가 발생하지 않도록 하는 방법으로 틀린 것은?

① 연료 속에 함유된 수분이나 공기를 제거한다.
② 2차 연소를 촉진시킨다.
③ 무리한 연소를 하지 않는다.
④ 연소량의 급격한 변동을 피한다.

55 에너지이용합리화법에서 정한 국가에너지절약추진위원회의 위원장은 누구인가?

① 산업통상자원부장관
② 지방자치단체의 장
③ 국무총리
④ 대통령

56 신 · 재생에너지 설비 중 태양의 열에너지를 변환시켜 전기를 생산하거나 에너지원으로 이용하는 설비로 맞는 것은?

① 태양열 설비

② 태양광 설비
③ 바이오에너지 설비
④ 풍력 설비

57 에너지이용합리화법에 따라 에너지사용계획을 수립하여 산업통상자원부장관에게 제출하여야 하는 민간사업주관자의 시설규모로 맞는 것은?

① 연간 2500TOE 이상의 연료 및 열을 사용하는 시설
② 연간 5000TOE 이상의 연료 및 열을 사용하는 시설
③ 연간 1천만 KW 이상의 전력을 사용하는 시설
④ 연간 500만 KW 이상의 전력을 사용하는 시설

58 에너지이용합리화법에 따라 산업통상자원부령으로 정하는 광고매체를 이용하여 효율관리기자재의 광고를 하는 경우에는 그 광고 내용에 에너지소비효율, 에너지소비 효율등급을 포함시켜야 할 의무가 있는 자가 아닌것은?

① 효율관리기자재 제조업자
② 효율관리기자재 광고업자
③ 효율관리기자재 수입업자
④ 효율관리기자재 판매업자

59 에너지이용합리화법상 효율관리기자재에 해당하지 않는 것은

① 전기냉장고
② 전기냉방기
③ 자동차
④ 범용선반

60 효율관리기자재 운용규정에 따라 가정용가스보일러에서 시험성적서 기재 항목에 포함되지 않는 것은?

① 난방열효율 ② 가스소비량
③ 부하손실 ④ 대기전력

에너지관리기능사 [2013년 1월 27일]

01	02	03	04	05	06	07	08	09	10
②	④	④	③	②	④	③	④	①	②
11	12	13	14	15	16	17	18	19	20
③	④	①	①	①	②	①	②	②	②
21	22	23	24	25	26	27	28	29	30
③	②	③	①	④	②	③	④	③	②
31	32	33	34	35	36	37	38	39	40
①	④	②	④	②	④	②	②	③	③
41	42	43	44	45	46	47	48	49	50
①	④	③	④	④	①	③	③	①	③
51	52	53	54	55	56	57	58	59	60
④	④	①	②	①	①	②	②	④	③

국가기술자격 필기시험문제

2013년 4월 14일 필기시험

자격종목	종목코드	시험시간	형별	수험번호	성명
에너지관리기능사	7761	60분			

1 다음 물질의 단위 질량(1kg)에서 온도를 1℃ 높이는데 소요되는 열량을 무엇이라하는가?

① 열용량 ② 비열
③ 잠열 ④ 엔탈피

해설

비열 : 물질의 단위 질량(1kg)에서 온도를 1℃높이는데 소요되는 열량을 말한다.

2 엔탈피가 25kcal/kg인 급수를 받아 시간당 20,000kg의 증기를 발생하는 경우 이 보일러의 매시 환산증발량은 몇 kg/h인가?(단, 발생증기 엔탈피는 725kcal/kg이다)

① 3,246kg/h ② 6,493kg/h
③ 12,967kg/h ④ 25,974kg/h

해설

$20,000 \times (725-25)/539 = 25,974$

3 보일러의 기수분리기를 가장 옳게 설명한 것은?

① 보일러에서 발생한 증기 중에 포함되어 있는 수분을 제거하는 장치이다.
② 증기 사용처에서 증기 사용 후 물과 증기를 분리하는 장치이다.
③ 보일러에 투입되는 연소용 공기 중의 수분을 제거하는 장치이다.
④ 보일러 급수 중에 포함되어 있는 공기를 제거하는 장치이다.

해설

기수분리기는 보일러에서 발생한 증기 중에 포함되어 있는 수분을 제거하는 장치이다.

4 다음 중 보일러 스테이(Stay)의 종류에 해당하지 않는 곳은?

① 거싯 스테이 ② 바 스테이
③ 튜브 스테이 ④ 너트 스테이

해설

보일러 스테이(stay)의 종류는 거싯 스테이, 바 스테이, 튜브 스테이 등이 있다.

5 보일러에 부착하는 압력계의 취급상 주의사항으로 틀리는 것은?

① 온도가 353K 이상 올라가지 않도록 한다.
② 압력계는 고장이 날때까지 계속 사용하는 것이 아니라 일정사용시간을 정하고 정기적으로 교체하여야 한다.
③ 압력계 사이폰관을 수직부에 콕크를 설치하고 콕크의 핸들이 축방향과 일치할 때에 열린 것이어야한다.
④ 부로돈관 내에 직접 증기가 들어가면 고장이 나기 쉬우므로 사이폰관에 물이 가득차지 않도록 한다.

6 증기 중에 수분이 많은 경우의 설명으로 잘못된 것은?

① 건조도가 저하한다.
② 증기의 손실이 많아진다.

③ 증기 엔탈피가 증가한다.
④ 수격작용이 발생할 수 있다.

해설

증기 엔탈피가 감소한다.

7 **다음 중 고체연료의 연소방식에 속하지 않는 것은?**

① 화격자연소방식
② 확산연소빙식
③ 미분탄연소방식
④ 유동층연소방식

해설

확산연소방식은 기체연료, 액체연료 연소방식이다.

8 **보일러 열정산 시 증기의 건도는 몇 % 이상에서 시행함을 원칙으로 하는가?**

① 86% 이상 ② 97% 이상
③ 98% 이상 ④ 99% 이상

9 **유류 보일러의 자동장치 점화방법의 순서가 맞는 것은?**

① 송풍기 가동 → 연료펌프 가동 → 프리퍼즈 → 점화용 버너 착화 → 주버너 착화
② 송풍기 가동 → 프리퍼즈 → 점화용 버너 착화 → 연료펌프 가동 → 주버너 착화
③ 연료펌프 가동 → 점화용 버너 착화 → 프리퍼즈 → 주버너 착화 → 송풍기 가동
④ 연료펌프 가동 → 주버너 착화 → 점화용 버너 착화 → 프리퍼즈 → 송풍기 가동

해설

유류 보일러의 자동장치 점화방법은 송풍기 가동 → 연료펌프 가동 → 프리퍼즈 → 점화용 버너 착화 →주버너 착화 순이다.

10 **액체연료의 일반적인 특징에 관한 설명으로 틀리는 것은?**

① 유황분이 거의 없어서 기기 부식의 염려가 거의 없다.
② 고체연료에 비해 단위 중량당 발열량이 높다.
③ 연소효율이 높고 연소조절이 용이하다.
④ 수송과 저장 및 취급이 용이하다.

해설

유황분이 있어 기기 부식의 염려가 된다.

11 **다음 중 수면계의 기능시험을 실시해야할 시기로 옳지 않은 것은?**

① 보일러를 가동하기 전
② 2개의 수면개 수위가 동일할 때
③ 수면계 유리의 교체 또는 보수를 행하였을 때
④ 프라이빙, 포밍이 등이 생길 때

해설

2개의 수면개 수위가 서로 다를 때 수면계의 기능시험을 실시한다.

12 **난방 및 온수사용열량이 400,000kcal/h의 건물에 효율 80%인 보일러로서 저위발열량이 10,000kcal/Nm³인 기체연료를 연소시키는 경우, 시간당 소요연료량은 Nm³/h인가?**

① 46 ② 60
③ 56 ④ 50

13 **공기예열기에서 전열방법에 따른 분류에 속하지 않는 것은?**

① 전도식 ② 재생식
③ 히트 파이프식 ④ 열팽창식

14 보일러 자동제어에서 급수제어 약호는?

① A,B,C ② F,W,C
③ S,T,C ④ A,C,C

15 외분식 보일러의 설명으로 잘못된 것은?

① 연소실의 크기나 형상을 자유롭게 할 수 있다.
② 연소율이 높다.
③ 사용 연료의 선택이 자유롭다.
④ 방사 손실이 거의 없다.

해설
다른 보일러에 비해 방사 손실이 많다.

16 수트 블로워에 관한 설명으로 잘못된 것은?

① 전열면 외측의 그을음 등을 재거하는 장치이다.
② 분출기 내의 응축수를 배출시킨 후 사용한다.
③ 블로우 시에는 댐퍼를 열고 흡입통풍울 증가시킨다.
④ 부하가 50% 이하인 경우에만 블로우를 한다.

17 보일러 마력에 대한정의로 가장 옳은 것은?

① 0℃의 물 15.65kg을 1시간에 증기로 만들 수 있는 능력
② 100℃의 물 15.65kg을 1시간에 증기로 만들 수 있는 능력
③ 0℃의 물 15.65kg을 10분에 증기로 만들 수 있는 능력
④ 100℃의 물 15.65kg을 10분에 증기로 만들 수 있는 능력

해설
보일러 마력은 100℃의 물 15.65kg을 1시간에 증기로 만들 수 있는 능력을 말한다.

18 원통형 보일러와 비교할 때 수관식 보일러의 특징으로 틀리는 것은?

① 수관의 관경이 적어 고압에 잘 견딘다.
② 보유수가 적어서 부하변동 시 압력변화가 적다.
③ 보일러수의 순환이 빠르고 효율이 높다.
④ 구조가 복잡하여 청소가 곤란하다.

19 다음 보기에서 그 연결이 잘못된 것은?

① 관성력 집진장치 – 충돌식, 반전식
② 전기식 집진장치 – 코트렐 집진장치
③ 저유수식 집진장치 – 로터리 스크러버식
④ 가압수식 집진장치 – 임펄스 스크러버식

① ① ② ②
③ ③ ④ ④

해설
가압수식 집진장치는 세정집진장치의 일종으로 물 또는 다른 액체를 가압해 분출시켜 충돌 또는 광산으로 집진을 실행하는 것이다. 벤투리 스크러버, 제트 스크러버, 사이클론 스크러버, 분무탑, 충전탑 등이 있다. 세정액은 일반적으로 다량 공급을 필요로 하므로 집진한 후, 고액을 분리해서 순환 재사용하는 것이 많다.

20 보일러의 안전장치와 거리가 먼 것은?

① 과열기 ② 안전밸브
③ 저수위 경보기 ④ 방폭문

해설
과열기는 폐열회수장치이다.

21 다음 보일러 중 특수열매체 보일러에 해당하는 것은?

① 타쿠마 보일러
② 카네크롤 보일러
③ 슬저 보일러
④ 하우덴 존슨 보일러

해설

특수열매체 보일러는 다우삼, 카네크롤 보일러 등이 있다.

22 다음 각각의 자동제어에 관한 설명 중 맞는 것은?

① 목표값이 일정한 자동제어를 추치제어라고 한다.
② 어느 한쪽이 구비되지 않으면 다른제어를 정지시키는 것은 피드백제어이다.
③ 결과가 원인으로 되어 제어단계를 진행시키는 것을 인터록제어라고한다.
④ 미리 정해진 순서에 따라 제어의 각 단계를 차례로 진행하는 제어는 시퀀스 제어이다.

해설

미리 정해진 순서에 따라 제어의 각 단계를 차례로 진행하는 제어는 시퀀스 제어이다.

23 보일러 자동제어에서 신호전달방식 종류에 해당되지 않는 것은?

① 팽창식　② 유압식
③ 전기식　④ 공기압식

24 연료의 연소 시 과잉공기계수(공기비)를 구하는 올바른 식은?

① 연소가스량/이론공기량
② 실제공기량/이론공기량
③ 배기가스량/사용공기량
④ 사용공기량/배기가스량

해설

과잉공기계수(공기비)는 실제공기량/이론공기량

25 저수위 경보장치의 종류에 속하지 않는 것은?

① 플루트식　② 전극식
③ 열팽창관식　④ 압력제어식

26 보일러에서 카본이 생성되는 원인으로 거리가 먼 것은?

① 유류원 분무상태 또는 공기와의 혼합이 불량할 때
② 버너타일공의 각도가 버너의 화염각도보다 작은 경우
③ 노통 보일러와 같이 가느다란 노통을 연소실로 하는것에서 화염각도가 현저하게 작은 버너를 설치하고 있는 경우
④ 직립 보일러와 같이 연소실의 길이가 짧은 노에다가 화염의 길이가 너무 긴 버너를 설치하고 있는 경우

27 고체연료의 경우 탄화가 많이 될수록 나타나는 현상으로 옳은 것은?

① 고정탄소가 감소하고, 휘발분은 증가되어 연료비는 감소한다.
② 고정탄소가 증가하고, 휘발분은 감소되어 열료비는 감소한다.
③ 고정탄소가 감소하고, 휘발분은 증가되어 열료비는 증가한다.
④ 고정탄소가 증가하고, 휘발분은 감소되어 열료비는 증가한다.

28 다음 중 여과식 집진장치의 분류가 아닌 것은?

① 유수식　② 원통식
③ 평판식　④ 역기류 분사식

해설

여과식 집진장치는 원통식, 평판식, 역기류 분사식, 필터(Bag Filter)로 널리 알려져 있으며 전기집진기와 병렬로 설치하면 집진효율이 높아 일반적인 설비의 집진에는 가장 많이 이용되고 있다. 테프론이나 유리섬유를 사용한 여과포로 분진을 함유한 배출가스를 여과하면 미세한 입자까지 집진할 수 있고 건식처리이므로 배출수 처리시설이 필요없게 된다.

29 절대온도 380K를 섭씨온도로 환산하면 약 몇 ℃인가?

① 107℃　　② 380℃
③ 653℃　　④ 926℃

30 파이프 또는 이음쇠의 나사이음 분해조립 시 파이프 등을 회전시키는데 사용되는 공구는?

① 파이프 리더　　② 파이프 익스팬더
③ 파이프 렌치　　④ 파이프 카터

해설
파이프 렌치는 파이프 또는 이음쇠의 나사이음의 분해조립 시 파이프 등을 회전시키는데 사용되는 공구이다.

31 보일러의 자동연료차단장치가 작동하는 경우가 아닌 것은?

① 최고사용압력이 0.1MPa 미만인 주철제 온수 보일러의 경우 온수온도가 105℃인 경우
② 최고사용압력이 0.1MPa를 초과하는 증기 보일러에서 보일러의 저수위안전장치가 동작한 경우
③ 관류 보일러에 공급하는 급수량이 부족한 경우
④ 증기압력이 설정압력보다 높은 경우

32 스케일의 종류 중 보일러 급수 중의 칼슘성분과 결합하여 규산칼슘을 생성하기도 하며, 이 성분이 많은 스케일은 대단히 경질이기 때문에 기계적, 화학적으로 제거하기 힘든 스케일 성분은?

① 실리카
② 황산마그네슘
③ 염화마그네슘
④ 유지

해설
실리카는 칼슘성분과 결합하여 규산칼슘을 생성하기도 하며, 이 성분이 많은 스케일은 대단히 경질이기 때문에 기계적, 화학적으로 제거하기 힘든 스케일 성분이다.

33 다음 열역학과 관계된 용어 중 그 단위가 다른 것은?

① 열전달계수　　② 열전도율
③ 열관류율　　④ 열통과율

34 증기트랩의 설치 시 주의사항으로 틀리는 것은?

① 응축수 배출점이 여러개 있는 경우 응축수 배출점을 묶어서 그룹 트랩핑을 하는 것이 좋다.
② 증기가 트랩에 유입되면 즉시 배출시켜 운전에 영향을 미치지 않도록 하는 것이 필요하다.
③ 트랩에서의 배출관은 응축수 회수주관의 상부에 연결하는 것이 필수적으로 요구되며, 특히 회수주관이 고가배관으로 되어 있을때에는 더욱 주의하여 연결하여야 한다.
④ 증기트랩에서 배출되는 응축수를 회수하여 재활용하는 경우에 응축수 회수관 내에는 원하지 않는 배압이 형성되어 증기트랩의 용량에 영향을 미칠수 있다.

35 회전이음, 지불이음 등으로 불리며 증기 및 온수난방배관으로 사용하고 현장에서 2개 이상의 엘보를 조립해서 설치하는 신축이음은?

① 벨로스 신축이음
② 루프형 신축이음
③ 스위블형 신축이음
④ 슬리브형 신축이음

해설

스위블형 신축이음은 증기 및 온수난방배관으로 사용하고 현장에서 2개 이상의 엘보를 조립해서 설치하는 신축이음이다.

36 그림과 같이 개방된 표면에서 구멍 형태로 깊게 침식하는 부식을 무엇이라 하는가?

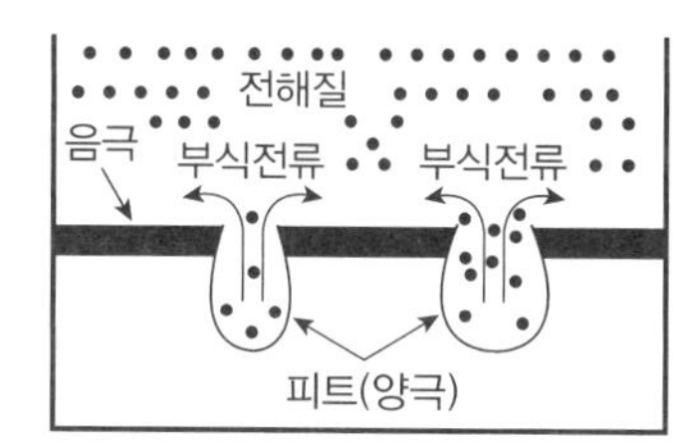

① 국부부식 ② 그루빙
③ 저온부식 ④ 점식

37 증기난방과 비교하여 온수난방의 특징에 대한 설명으로 틀리는 것은?

① 물의 현열을 이용하여 난방하는 방식이다.
② 예열에 시간이 걸리지만 쉽게 냉각되지는 않는다.
③ 동일방열량에 대하여 방열면적이 크고 관경도 굵어야 한다.
④ 실내 쾌감도가 증기난방에 비해 낮다.

해설

실내 쾌감도가 증기난방에 비해 높다.

38 파이프 커터로 관을 절단하면 안으로 거스러미가 생기는데 이것을 능동적으로 제거하는데 사용하는 공구는?

① 다이 스토크 ② 사각줄
③ 파이프 리머 ④ 체인 파이프 렌치

해설

파이프 리머는 파이프 커터로 관을 절단하면 안으로 거스러미가 생기는데 이것을 능동적으로 제거하는데 사용하는 공구이다.

39 진공환수식 증기난방 배관시공에 관한 설명 중 맞지 않는 것은?

① 증기주관은 흐름방향에1/200 – 1/300의 앞내림 기울기로 하고 도중에 수직 상향부가 필요한 때 트랩장치를 한다.
② 방열기 분리관 등에서 앞단에 트랩장치가 없을 때는 1/50 – 1/100의 앞올림 기울기로 하여 응축수를 주관에 역류시킨다.
③ 환수관에 수직 상향부가 필요한 때는 리프트 피팅을 써서 응축수가 위쪽으로 배출되게 한다.
④ 리프트 피팅은 될수있으면 사용개소를 많게하고 1단을 2.5m 이내로 한다.

40 액상 열매체 보일러시스템에서 열매체유의 액팽창을 흡수하기 위한 팽창탱크의 최소체적(V_T)을 구하는 식으로 옳은 것은? (단, V_E는 승온 시 시스템 내의 열매체유 팽창량, V_M은 상온 시 탱크내의 열매체유 보유량이다)

① $V_T = V_E + V_M$
② $V_T = V_E + 2V_M$
③ $V_T = 2V_E + V_M$
④ $V_T = 2V_E + 2V_M$

41 압축기 진동과 서징, 관의 수축작용, 지진 등에서 발생하는 진동을 억제하는데 사용되는 지지장치는?

① 벤드벤 ② 플랩밸브
③ 그랜드 패킹 ④ 브레이스

해설

브레이스는 압축기 진동과 서징, 관의 수축작용, 지진 등에서 발생하는 진동을 억제하는데 사용되는 지지장치이다.

42 점화장치로 이용되는 파이로트 버너는 화염을 안정시키기 위해 보염식 버너가 이용되고 있는데, 이 보염식 버너의 구조에 대한 설명으로 가장 옳은 것은?

① 동일한 화염 구멍이 8-9개 내외로 나누어져 있다.
② 화염구멍이 가느다란 타원형으로 되어 있다.
③ 중앙의 화염구멍 주변으로 여러개의 작은 화염구멍이 설치되어 있다.
④ 화염구멍부 내부가 원뿔형태와 같이 되어 있다.

43 증기난방의 분류 중 응축수 환수방식에 의한 분류에 해당되지 않는 것은?

① 중력환수식
② 기계환수식
③ 진공환수식
④ 상향환수식

해설
증기난방의 분류 중 응축수 환수방식으로 중력환수식, 기계환수식, 진공환수식 등이 있다.

44 천연고무와 비슷한 성질이 같은 합성고무로서 내유성, 내후성, 내산화성, 내열성 등이 우수하며, 석유용매에 대한 저항성이 크고 내열도는 -46℃~121℃ 범위에서 안정한 패킹 재료는?

① 과열석면
② 네오플렌
③ 테프론
④ 하스텔로이

해설
네오플렌은 -46℃~121℃ 범위에서 안정한 패킹 재료이다.

45 연료의 완전연소시키기 위한 구비조건으로 틀리는 것은?

① 연소실내의 온도는 낮게 유지할 것
② 연료와 공기의 혼합이 잘 이루워지도록 할 것
③ 연료와 연소장치가 맞을 것
④ 공급 공기를 충분히 예열할 것

46 관의 결합방식 표시방법 중 플랜지식의 표시 방법으로 맞는 것은?

① 

② 

③ 

④

47 어떤 거실의 난방부하가 5,000kcal/h이고 주철재 온수방열기로 난방할 때 필요한 방열기의 쪽수(절수)는? (단, 방열기 1쪽당 방열면적은 0.26m²이고 방열량은 표준방열량으로 한다)

① 11 ② 21
③ 30 ④ 43

48 다음 보기 중에서 보일러의 운전정지 순서로 올바르게 나열한 것은?

① 증기밸브를 닫고, 드레인밸브를 연다.
② 공기의 공급을 정지한다.
③ 댐퍼를 닫는다.
④ 연료공급을 정지시킨다.

① ② → ④ → ① → ③
② ④ → ② → ① → ③
③ ③ → ④ → ① → ②
④ ① → ④ → ② → ③

49 다음 관이음 중 진동이 있는 곳에 가장 적합한 이음은?

① MR조인트 이음
② 용접이음
③ 나사이음
④ 플렉시블이음

해설
플렉시블이음은 진동이 있는 곳에 가장 적합한 이음

50 보온재 선정 시 고려해야할 조건이 아닌 것은?

① 부피, 비중이 적을 것
② 보온능력이 클 것
③ 열전도율이 클 것
④ 기계적 강도가 클 것

해설
보온재 선정 시 고려할 사항은 열전도율이 작을 것

51 가스 폭발에 대한 방지대책으로 거리가 먼 것은?

① 점화 조작 시에는 연료를 먼저 분무시킨 후 무화용 증기나 공기를 공급한다.
② 점화할 때는 미리 충분한 프리퍼즈를 한다.
③ 연료속의 수분이나 슬러지 등은 충분히 배출한다.
④ 점화전에는 중유를 가열하여 필요한 점도로 해둔다.

해설
점화 조작 시에는 공기를 먼저 분무시킨 후 연료를 공급한다.

52 주증기관에서 증기의 건도를 향상시키는 방법으로 적당하지 않는 것은?

① 가압하여 증기의 압력을 높인다.
② 드레인 포켓을 설치한다.
③ 증기공간 내에 공기를 제거한다.
④ 기수분리기를 설치한다.

53 보일러 사고 원인 중 보일러 취급상의 사고원인이 아닌 것은?

① 재료 및 설계 불량
② 사용압력 초과 운전
③ 저수위 운전
④ 급수처리 불량

54 평소 사용하고 있는 보일러의 가동 전 준비사항으로 틀리는 것은?

① 각종기기의 기능을 점검하고 급수계통의 이상 유무를 확인한다.
② 댐퍼를 닫고 프리퍼즈를 한다.
③ 각 밸브의 개폐상태를 확인한다.
④ 보일러수의 물의 높이는 상용 수위로하여 수면계를 확인한다.

해설
댐퍼를 열고 프리퍼즈를 한다.

55 에너지이용합리화법에 따라 에너지다소비사업자에게 개선명령을 하는 경우는 에너지관리지도 결과 몇 % 이상의 에너지 효율개선이 기대되고 효율개선을 위한 투자의 경제성이 인정되는 경우인가?

① 5%
② 10%
③ 15%
④ 20%

56 다음 (   )안의 A, B에 각각 들어갈 용어로 옳은 것은?

> 에너지이용합리화법은 에너지 수급을 안정화시키고 그 에너지의 합리적이고 효율적인 이용을 증진하며 에너지소비로 인한 (A)을(를) 줄임으로서 국민경제의 건전한 발전 및 국민복지의 증진과 (B)의 최소화에 이바지함을 목적으로 한다.

① A = 환경파괴, B = 온실가스
② A = 자연파괴, B = 환경파괴
③ A = 환경파괴, B = 지구온난화
④ A = 온실가스 배출, B = 환경파괴

57 에너지이용합리화법에 따라 검사대상기기의 용량이 15t/h인 보일러인 경우 조종자의 자격기준으로 가장 옳은 것은?

① 보일러기능장 자격 소지자만이 가능하다.
② 보일러기능장, 에너지관리기사 자격 소지자만이 가능하다.
③ 보일러기능장, 에너지관리기사, 보일러산업기사, 에너지관리산업기사 자격 소지자만이 가능하다.
④ 보일러기능장, 에너지관리기사, 보일러산업기사, 에너지관리산업기사, 보일러기능사 자격 소지자만이 가능하다.

58 제3자로부터 위탁을 받아 에너지사용시설의 에너지 절약을 위한 관리, 용역사업을 하는 자로서 산업통상자원부장관에게 등록을한 자를 지칭하는 기업은?

① 에너지진단기업
② 수요관리투자기업
③ 에너지절약전문기업
④ 에너지기술개발전담기업

59 신 · 재생에너지 설비인증 심사기준을 일반심사기준과 설비심사기준으로 나눌때 다음 중 일반심사기준에 해당되지 않는 것은?

① 신 · 재생에너지 설비의 제조 및 생산 능력의 적정성
② 신 · 재생에너지 설비의 품질유지, 관리능력의 적정성
③ 신 · 재생에너지 설비의 에너지 효율의 적정성
④ 신 · 재생에너지 설비의 사후관리의 적정성

60 에너지법상 지역에너지계획에 포함되어야 할 사항이 아닌 것은?

① 에너지 수급의 추이와 전망에 관한 사항
② 에너지이용합리화와 이를 통한 온실가스 배출간소를 위한 대책에 관한 사항
③ 미활동에너지원의 개발 · 사용을 위한 대책에 관한 사항
④ 에너지소비촉진대책에 관한 사항

에너지관리기능사 [2013년 4월 14일]

01	02	03	04	05	06	07	08	09	10
②	④	①	④	④	③	②	③	①	①
11	12	13	14	15	16	17	18	19	20
②	④	④	②	④	④	②	①	④	①
21	22	23	24	25	26	27	28	29	30
②	④	①	②	④	③	④	①	①	③
31	32	33	34	35	36	37	38	39	40
①	①	②	①	③	④	④	③	④	③
41	42	43	44	45	46	47	48	49	50
④	③	④	②	①	③	④	②	④	③
51	52	53	54	55	56	57	58	59	60
①	①	①	②	②	③	③	③	③	④

국가기술자격 필기시험문제

2013년 7월 21일 필기시험				수험번호	성명
자격종목 **에너지관리기능사**	종목코드 **7761**	시험시간 **60분**	형별		

1 **과열기의 형식 중 증기와 열가스의 흐름의 방향이 서로 반대인 과열기의 형식은?**

① 병류식 ② 대향류식
③ 증류식 ④ 역류식

해설
대향류식은 증기와 열가스의 흐름의 방향이 서로 반대인 과열기의 형식이다.

2 **보일러에서 사용하는 화염검출기에 관한 설명으로 틀리는 것은?**

① 화염검출기는 검출이 확실하고 검출에 요구하는 응답시간이 길어야 한다.
② 사용하는 연료의 화염을 검출하는 것에 적합한 종류를 적용해야 한다.
③ 보일러용 화염검출기에는 주로 광학식 검출기와 화염검출봉식(Flame rod) 검출기가 사용된다.
④ 광학식 화염검출기는 자외선식을 사용하는 것이 효율적이지만 유류 보일러에는 일반적으로 가시광선식 또는 자외선식 화염검출기를 사용한다.

해설
화염검출기는 검출이 확실하고 검출에 요구하는 응답시간이 짧아야 한다.

3 **다음 중 보일러의 안전장치로 볼수 없는 것은?**

① 고저수위 경보기 ② 화염검출기
③ 급수펌프 ④ 압력조절기

해설
급수펌프는 안전장치가 아니라 급수장치이다.

4 **측정장소의 대기압력을 구하는 식으로 옳은 것은?**

① 절대압력+게이지압력
② 게이지압력−절대압력
③ 절대압력−게이지압력
④ 진공도×대기압력

해설
절대압력 = 게이지압력 + 대기압력

5 **원통보일러의 일반적인 특징에 관한 설명으로 틀리는 것은?**

① 구조가 간단하고 취급이 용이하다.
② 수부가 크므로 열 비축량이 크다.
③ 폭발 시에도 비산먼지가 적어 재해가 크게 발생하지 않는다.
④ 발생 증기의 변동에 따른 발생증기의 압력변동이 작다.

해설
원통 보일러는 폭발 시에도 비산먼지가 많아 재해가 크게 발생한다.

6 **포화증기와 비교하여 과열증기가 가지는 특징 설명으로 틀리는 것은?**

① 증기의 마찰손실치가 적다.
② 같은 압력의 포화증기에 비해 보유 열량이 많다.
③ 증기소비량이 적어도 된다.
④ 가열표면의 온도가 균일하다.

해설
가열표면의 온도가 서로 다르다.

7 **대기압에서 동일한 무게의 물 또는 얼음을 다음과 같이 변화시키는 경우 가장 큰 열량이 필요한 것은?(단, 물과 얼음의 비열은 각각 1kcal/kg · ℃, 0.46kcal/kg · ℃이고, 물의 증발잠열은 539kcal/kg, 융해잠열은 80kcal/kg 이다)**

① -20℃의 얼음을 0℃의 물로 변화
② 0℃의 얼음을 0℃의 물로 변화
③ 0℃의 물을 100℃의 물로 변화
④ 100℃의 물을 100℃의 증기로 변화

8 **보일러 효율이 85%, 실제증발량이 5t/h이고 발생증기의 엔탈피 656kcal/kg, 급수온도의 엔탈피 56kcal/kg, 연료의 저위발열량 9750kcal/kg 일 때 연료의 소비량은 약 몇 kd/h인가?**

① 315kd/h ② 362kd/h
③ 389kd/h ④ 405kd/h

9 **온수 보일러에서 배플 플래이트(Baffle plate) 의 설치목적으로 맞는 것은?**

① 급수를 예열하기 위해
② 연소효율을 감소시키기 위해
③ 강도를 보강하기 위해
④ 그을음 부착량을 감소시키기 위해

해설

배플 플래이트(Baffle plate) 의 설치목적은 그을음 부착량을 감소시키기 위해

10 **보일러 통풍에 대한 설명으로 잘못된 것은?**

① 자연통풍은 일반적으로 별도의 동력을 사용하지 않고 연돌로 인한 통풍을 말한다.
② 평형통풍은 통풍조절은 용이하나 통풍력이 약하여 주로 소용량 보일러에 사용한다.
③ 압입통풍은 연소용공기를 송풍기로 노입구에서 대기압보다 높은 압력으로 밀어 넣고 굴뚝의 통풍작용과 같이 통풍을 유지하는 방식이다.
④ 흡입통풍은 크게 연소가스를 직접 통풍기에 빨아들이는 직접흡입식과 통풍기로 대기를 빨아들이게 하고 이를 인젝터로 보내어 그 작용에 의해 연소가스를 빨아 들이는 간접흡입식이 있다.

11 **고압관과 저압관 사이에 설치하는 고압측의 압력변화 및 증기 사용량변화에 관계없이 저압측의 압력을 일정하게 유지시켜 주는 밸브는?**

① 감압밸브 ② 온도조절밸브
③ 안전밸브 ④ 플로트밸브

해설

감압밸브는 압력을 감압해서 압력을 일정하게 유지시켜 준다.

12 **보일러 2마력을 열량으로 환산하면 약 몇 kal/h인가?**

① 10,780 ② 13,000
③ 15,650 ④ 16,870

해설

8,435×2 = 16,870kal/h

13 **자동제어 신호전달방법에서 공기압식의 특징으로 맞는 것은?**

① 신호전달거리가 유압식에 비해 길다.
② 온도제어 등에 적합하고 화재의 위험이 많다.
③ 전송시 시간 지연이 생긴다.
④ 배관이 용이하지 않고 보존이 어렵다.

해설

공기압식의 특징은 전송 시 시간 지연이 생긴다.

14 보일러설치기술규격에서 보일러의 분류에 대한 설명 중 틀리는 것은?

① 주철제 보일러의 최고사용압력은 증기보일러인 경우0.5MPa까지, 온수온도는 373K(100℃)까지로 국한된다.
② 일반적으로 보일러는 사용매체에 따라 증기 보일러, 온수 보일러 및 열매체 보일러로 분류한다.
③ 보일러의 재질에 따라 강철제 보일러, 주철제보일러로 분류한다.
④ 연료에 따라 유류 보일러, 가스 보일러, 석탄 보일러, 목재 보일러, 폐열 보일러, 특수연료 보일러등이 있다.

15 연소 시 공기가 적을 때 나타나는 현상으로 거리가 먼 것은?

① 배기가스 중 NO 및 NO_2의 발생량이 많아 진다.
② 불완전연소가 되기 쉽다.
③ 미연소가스에 의한 가스 폭발이 일어나기 쉽다.
④ 미연소가스에 의한 열손실이 증가 될 수 있다.

16 기체연료의 일반적인 특징을 설명한 것으로 못된 것은?

① 적은 공기비로 완전연소가 가능하다.
② 수송 및 저장이 편리하다.
③ 연소효율이 높고 자동제어가 용이하다.
④ 누설 시 화재 및 폭발의 위험이 크다.

17 보일러의 수면계와 관련된 설명 중 틀리는 것은?

① 증기 보일러에는 2개(소용량 및 소형관류 보일러는 1개)이상의 유리수면계를 부착하여야 한다. 다만 단관식 관류 보일러는 제외한다.
② 유리수면계는 보일러동체에만 부착하여야하며 수주관에 부착하는 것은 금지 하고 있다.
③ 2개 이상의 원격지시수면개를 설치하는 경우에 한하여 유리수면개 1개이상으로 할 수 있다.
④ 유리수면개는 상 · 하에 밸브 또는 콕크를 갖추어야하며 한눈에 그것의 개폐여부를 알수 있는 구조이어야한다. 다만 소형관류 보일러에서는 밸브 또는 콕크를 갖추지 아니할수있다.

해설

유리수면계는 보일러동체에만 부착하지만 수주관에 부착할 수 있다.

18 전열면적이 $30m^2$인 수직연관 보일러를 2시간 연소시키는 결과 3,000kg의 증기가 발생하였다. 이 보일러의 증발율은 약 몇 kg/m^2h인가?

① 20　② 30
③ 40　④ 50

해설

3,000 ÷ 2 ÷ 30 = 50

19 보일러의 부속설비 중 연료공급계통에 해당하는 것은?

① 콤버스터　② 버너타일
③ 수트블로워　④ 오일프리히터

20 노내에 분사된 연료에 연소용 공기를 유효하게 공급 확산시켜 연소를 유효하게 하고 확실한 착화와 화염의 안정을 도보하기 위하여 설치하는 것은?

① 화염검출기　② 연료차단밸브
③ 버너정지 인터록　④ 보염장치

해설

보염장치는 연료에 연소용 공기를 유효하게 공급 확산시켜 연소를 유효하게하고 확실한 착화와 화염의 안정을 도보하기 위하여 설치한다.

21 노통이 하나인 코르니시 보일러에서 노통을 편심으로 설치하는 가장 큰 이유는?

① 연소장치의 설치를 쉽게하기 위함이다.
② 보일러 수의 순환을 좋게하기 위함이다.
③ 보일러 강도를 크게하기 위함이다.
④ 온도변화에 따른 신축량을 흡수하기 위함이다.

해설

노통을 편심으로 설치하는 가장 큰 이유는 보일러수의 순환을 좋게하기 위함이다.

22 보일러 부속장치에 대한 설명 중 잘못된 것은?

① 인젝터 : 증기를 이용한 급수 장치
② 기수분리기 : 증기 중에 흡수된 수분을 분리하는 장치
③ 스팀트랩 : 응축수를 자동으로 배출하는 장치
④ 절탄기 : 보일러 동 저면의 스케일, 침전물을 밖으로 배출하는 장치

23 어떤 보일러의 3시간동안 증발량이 450kg/h이고 그때의 급수 엔탈피가 25kcal/kg, 증기엔탈피가 680kcal/kg이라면 상당증발량은 약 몇 kg/h인가?

① 551 ② 1,684
③ 1,823 ④ 3,051

24 보일러 연료의 구비조건으로 틀리는 것은?

① 공기 중에 쉽게 연소할 것
② 단위 중량당 발열량이 클 것
③ 연소 시 회분배출량이 많을 것
④ 저장이나 운반, 취급이 용이할 것

해설

연료의 구비조건 중 연소 시 회분배출량이 적을 것

25 운전 중 화염이 불로우 오프(Bloe off)된 경우 특정한 경우에 한하여 재점화 및 재시동을 할 수 있다. 이때 재점화 와 재시동의 기준에 관한 설명으로 틀리는 것은?

① 재점화에서 점화장치는 화염의 소화 직후, 1초 이내에 자동으로 작동할 것
② 강제혼합식 버너의 경우 재점화 작동 시 화염검출장치가 부착된 버너에는 가스가 공급되지 아니할 것
③ 재점화가 실패한 경우에는 지정된 안전차단 시간내에 버너가 작동 폐쇄될 것
④ 재시동은 가스의 공급이 차단된 후 즉시 표준연속프로그램에 의하여 자동으로 이루어질 것

26 보일러의 급수장치에 해당되지 않는 것은?

① 비수방지관 ② 급수내관
③ 원심펌프 ④ 인젝터

해설

비수방지관은 증기속에 수분을 분리하는 장치이다.

27 전자밸브가 작동하여 연료공급을 차단하는 경우로 거리가 먼 것은?

① 보일러수의 이상 감소
② 증기압력 초과
③ 배기가스온도의 이상 저하 시
④ 점화 중 불탁화시

28 다음 집진장치 중 가압수를 이용한 집진장치는?

① 포켓식
② 임펠러식

③ 벤츄리 스크레버식
④ 타이젠 와셔식

해설
벤츄리 스크레버식은 가압수를 이용한 집진장치이다.

29 **연소가 이루어지기 위한 필수 요건에 속하지 않는 것은?**

① 가연물 ② 수소공급원
③ 점화원 ④ 산소공급원

해설
연소의 필요조건은 가연물, 점화원, 산소공급원이다.

30 **동관이음에서 한쪽 동관의 끝을 나팔관형으로 넓히고 압축이음쇠를 이용하여 체결하는 이음방법은?**

① 플레어이음 ② 플랜지이음
③ 플라스턴이음 ④ 몰코이음

해설
플레어이음은 동관이음에서 한쪽 동관의 끝을 나팔관형으로 넓히고 압축이음쇠를 이용하여 체결하는 이음방법이다.

31 **〈보기〉와 같은 부하에 대해서 보일러의 "정격출력"을 올바르게 표시한 것은?**

H1 : 난방부하	H2 : 급탕부하
H3 : 배관부하	H4 : 예열부하

① H1 + H2 + H3
② H2 + H3 + H4
③ H1 + H2 + H4
④ H1 + H2 + H3 + H4

해설
정격출력은 난방부하 + 급탕부하 + 배관부하 + 예열부하이다.

32 **보일러에서 이상 고수위를 초래한 경우 나타나는 현상과 그 조치에 관한 설명으로 옳지 않은 것은?**

① 이상 고수위를 확인한 경우에는 즉시 연료공급을 정지시킴과 동시에 급수펌프를 멈추고 급수를 정지시킨다.
② 이상 고수위를 넘어 만수상태가 되면 보일러파손이 일어날 수 있으므로 동체하부에 분출밸브(코크)를 전개하여 보일러수 전부 재빨리 배출시키는 것이 좋다.
③ 이상 고수위나 증기의 취출량이 많은 경우에는 케리오버나 프라이밍등을 일으켜 증기속에 물방울이나 수분 등이 포함되며, 심할 경우 수격작용을 일으킬수 있다.
④ 수위가 유리수면계의 상단에 달했거나 조금 초과한 경우에는 급수를 정지시켜야 하지만, 연소는 정지시키지 말고 저연소율로 계속유지하여 송기를 계속한 후 보일러 수위가 정상으로 회복되면 원래 운전상태로 돌아오는 것이 좋다.

33 **보일러가 최고사용압력 이하에서 파손되는 이유로 가장 옳은 것은?**

① 안전장치가 작동하지 않았기 때문에
② 안전밸브가 작동하지 않았기 때문에
③ 안전장치가 불안전하기 때문에
④ 구조상 결함이 있기 때문에

34 **손실열량 3,000kcal/h의 사무실에 온수방열기를 설치할 때 방열기의 소요 섹션수는 몇 쪽인가?(방열기의 방열량은 표준 방열량으로 하며 1섹션의 방열면적은 0.24m^2이다)**

① 12쪽 ② 15쪽
③ 26쪽 ④ 32쪽

35 **보일러를 옥내에 설치할 때의 설치 시공기준 설명으로 틀리는 것은?**

① 보일러에 설치된 계기들을 육안으로 관찰하는데 지장이 없도록 충분한 조명시설이 있어야 한다.
② 보일러 동체에서 벽, 배관 기타 보일러 측부에 있는 구조물(검사 및 청소에 지장이 없는 것은 제외)까지의 거리는 0.6m 이상 이어야 한다. 다만 소형보일러는 0.45m 이상으로 할 수 있다.
③ 보일러실은 연소 및 환경을 유지하기위해 충분한 급기구 및 환기구가 있어야하며 급기구는 보일러 배기가스 덕트의 유효면적 이상이어야 하고 도시가스를 사용하는 경우에는 환기구를 가능한 한 높이 설치하여 가스가 누설되었을 때 체류하지 않는 구조여야 한다.
④ 연료를 저장할 때에는 보일러 외측으로부터 2m 이상 거리를 두거나 방화격벽을 설치하여야 한다. 다만 소형보일러의 경우는 1m 이상거리를 두거나 반격벽으로 할 수 있다.

36 **점화조작 시 주의사항에 관한 설명으로 틀리는 것은?**

① 연료가스의 유출속도가 너무 빠르면 실화 등이 일어날 수 있고, 너무 늦으면 역화가 발생할 수 있다.
② 연소실의 온도가 낮으면 연료의 확산이 불량해지며 착화가 잘 안된다.
③ 연료의 예열온도가 너무 높으면 기름이 분해되고, 분사각도가 흐트러져 분무상태가 불량해지며, 탄화물이 생성될 수 있다.
④ 유압이 너무 낮으면 그을음이 축척될 수 있고 너무 높으면 점화 및 분사가 불량해질 수 있다.

37 **보일러에서 연소조작중의 역화의 원인으로 거리가 먼 것은?**

① 불완전연소의 상태가 두드러진 경우
② 흡입통풍이 부족한 경우
③ 연도댐퍼의 개도를 너무 넓힌 경우
④ 압입통풍이 너무 강한 경우

해설
연도댐퍼의 개도를 너무 좁힌 경우 역화가 발생한다.

38 **보온재가 갖추어야 할 조건으로 틀린 것은?**

① 열전도율이 작어야 한다.
② 부피, 비중이 커야 한다.
③ 적합한 기계적 강도를 가져야 한다.
④ 흡수성이 낮아야 한다.

해설
보온재는 비중이 적어야한다.

39 **관의 접속상태, 결합방식의 표시방법에서 용접이음을 나타내는 그림 기호로 맞는 것은?**

①　②

③　④

40 **어떤 주철제 방열기 내의 증기의 평균온도가 110℃이고, 실내온도가 18℃일 때, 방열기의 방열량은? (단, 방열기의 방열계수는 7.2 kcal/m² · h · ℃ 이다)**

① 236.4 kcal/m² · h
② 478.8 kcal/m² · h
③ 521.6 kcal/m² · h
④ 662.4 kcal/m² · h

41 원통 보일러에서 급수의 PH 범위(25℃ 기준)로 가장 적합한 것은?

① PH3 - PH5
② PH7 - PH9
③ PH11 - PH12
④ PH14 - PH15

해설

보일러 급수의 알카리도는 PH7 - PH9인 약알칼리성이 좋다.

42 가스 보일러에서 가스폭발의 예방을 위한 유의사항 중 틀린 것은?

① 가스압력이 적당하고 안정되어 있는지 점검한다.
② 화로 및 굴뚝의 통풍, 환기를 완벽하게 하는 것이 필요하다.
③ 점화용 가스의 종류는 가급적 화력이 낮은 것을 사용한다.
④ 착화 후 연소가 불안정할 때는 즉시 가스공급을 중단한다.

해설

점화용 가스의 종류는 가급적 화력이 높은 것을 사용한다.

43 보일러를 계획적으로 관리하기 위해서는 연간계획 및 일상보전계획을 세워 이에 따라 관리를 하는데 연간계획에 포함할 사항과 가장 거리가 먼 것은?

① 급수계획 ② 점검계획
③ 정비계획 ④ 운전계획

44 구상흑연 주철관이라고도 하며, 땅속 또는 지상에 배관하여 압력상태 또는 무압력상태에서 물의 수송 등에 주로 사용하는 주철관은?

① 덕타일 주철관
② 수도형 이형 주철관
③ 원심력 모르타르 라이닝 주철관
④ 수도용 원심력 금형 주철관

해설

덕타일 주철관은 땅속이나 지상에 배관하여 압력 또는 무압력 상태에서 물 등의 수송용으로 사용하는 주철관이다. 두께에 따라 1종관, 2종관, 3종관, 4종관의 4종류가 있다.

45 다음 중 보온재의 종류가 아닌 것은?

① 코르크 ② 규조토
③ 기포성수지 ④ 제게르콘

해설

제게르콘 내화물이나 그 원료 등의 가열에 따른 연화 변형 정도를 나타내는 특성을 말한다.

46 보일러 운전 중 연도내에서 폭발이 발생하면 제일 먼저 해야 할 일은?

① 급수를 중단한다.
② 증기밸브를 잠근다.
③ 송풍기 가동을 중지한다.
④ 연료공급을 차단하고 가동을 중지한다.

해설

연도내에서 폭발이 발생하면 제일 먼저 연료공급을 차단하고 가동을 중지한다.

47 강철제 보일러의 최고사용압력이 0.43MPa 초과, 1.5MPa 이하일 때 수압시험압력기준으로 옳은 것은?

① 0.2MPa로 한다.
② 최고사용압력의 1.3배에 0.3MPa를 더한 압력으로 한다.
③ 최고사용압력의 1.3배로 한다.
④ 최고사용압력의 12배에 0.5MPa를 더한 압력으로 한다

48 신축곡관이라고 하며 강관 또는 동관 등을 구부려서 구부림에 따른 신축을 흡수하는 이음쇠는?

① 루프형 신축이음
② 슬리브형 신축이음쇠
③ 스위블형 신축이음쇠
④ 벨로스형 신축이음쇠

해설
루프형 신축이음은 강관 또는 동관 등을 구부려서 구부림에 따른 신축을 흡수하는 이음쇠이다.

49 증기난방방식에서 응축수 환수방법에 의한 분류가 아닌 것은?

① 진공환수식 ② 세정환수식
③ 기계환수식 ④ 중력환수식

해설
응축수 환수방법에는 진공환수식, 기계환수식, 중력환수식이 있다.

50 온수온돌의 방수처리에 대한 설명으로 적절하지 않은 것은?

① 다층건물에 있어서도 전 층의 온수온돌에 방수처리를 하는 것이 좋다.
② 방수처리는 내식성이 있는 투핑, 비닐, 방수몰탈로 하여 습기가 스며들지 않도록 완전히 밀봉한다.
③ 벽면으로 습기가 올라오는 것을 대비하여 온돌바닥보다 약 10cm 이상 위까지 방수처리 하는 것이 좋다.
④ 방수처리를 함으로서 열손실을 감소시킬수 있다.

51 배관의 하중을 위에서 끌어당겨 지지할 목적으로 사용되는 지지구가 아닌 갓은?

① 리지드 행거(Rigid hanger)
② 앵거(Anchor)
③ 콘스탄트 행거(Constant hanger)
④ 스프링 행거(Spring hanger)

52 보일러 휴지기간이 1개월 이하인 단기보존에 적합한 방법은?

① 석회밀폐건조법 ② 소다만수보존법
③ 가열건조법 ④ 질소가스봉입법

53 온수난방에서 팽창탱크 용량 및 구조에 대하 설명으로 틀리는 것은?

① 개방식 팽창탱크는 저온수난방배관에 주로 사용한다.
② 밀폐식 팽창탱크는 고온수난방배관에 주로 사용한다.
③ 밀폐식 팽창탱크는 수면계를 설치한다.
④ 개방식 팽창탱크는 압력계를 설치한다.

54 난방설비와 관련된 설명 중 잘못된 것은?

① 증기난방의 표준방열량은 650kcal/m^2h℃이다.
② 방열기는 증기 또는 온수 등의 열매를 유입하여 열을 방산하는 기구로 난방의 목적을 달성하는 장치이다.
③ 하트포드 접속법은 고압증기난방에 필요한 접속법이다.
④ 온수난방에서 온수순환방식에 따라 크게 중력환수식과 강제환수식으로 구분한다.

55 에너지이용합리화법에 따라 주철제 보일러에서 설치검사를 먼저 받을 수 있는 기준으로 옳은 것은?

① 전열면적 30제곱미터 이하의 유류용 주철제 증기 보일러
② 전열면적 40제곱미터 이하의 유류용 주철제 온수 보일러
③ 전열면적 50제곱미터 이하의 유류용 주철제 증기 보일러
④ 전열면적 60제곱미터 이하의 유류용 주철제 온수 보일러

해설

주철제 보일러에서 설치검사를 먼저 받을 수 있는 기준은 전열면적 30제곱미터 이하의 유류용 주철제 증기 보일러이다.

56 신재생에너지 설비의 인증을 위한 심사기준 항목으로 거리가 먼 것은?

① 국제 또는 국내의 성능 및 규격에의 적합성
② 설비의 효율성
③ 설비의 우수성
④ 설비의 내구성

해설

신 재생에너지 설비의 인증을 위한 심사기준 항목은 국제 또는 국내의 성능 및 규격에의 적합성, 설비의 효율성, 설비의 내구성 등이다.

57 에너지이용합리화법의 목적이 아닌 것은?

① 에너지의 수급 안정을 기여한다.
② 에너지의 합리적이고 비효율적인 이용을 증진한다.
③ 에너지 소비로 인한 환경피해를 줄인다.
④ 지구온난화의 최소화에 이바지한다.

58 에너지이용합리화법에 따라 에너지이용합리화 기본계획에 포함될 사항으로 거리가 먼 것은?

① 에너지 절약형 경제구조로의 전환
② 에너지이용효율의 증대
③ 에너지이용합리화를 위한 홍보 및 교육
④ 열사용기자재의 품질관리

59 에너지이용합리화법 시행령상 에너지저장의무부과대상자에 해당하는 것은?

① 연간 2만 석유환산톤 이상의 에너지를 사용하는 자
② 연간 1만 5천 석유환산톤 이상의 에너지를 사용하는 자
③ 연간 1만 석유환산톤 이상의 에너지를 사용하는 자
④ 연간 5천 석유환산톤 이상의 에너지를 사용하는 자

해설

에너지이용합리화법 시행령상 에너지저장의무부과대상자는 연간 2만 석유환산톤 이상의 에너지를 사용하는 자이다.

60 저탄소녹색성장기본법에 따라 대통령령으로 정하는 기준량 이상의 에너지소비업체를 지정하는 기준으로 옳은 것은?(기준일은 2013년 7월 21일을 기준으로 한다)

① 해당연도 1월 1일을 기준으로 최근 3년간 업체의 모든 사업체에서 소비한 에너지의 연평균 총량이 650terajoules이상
② 해당연도 1월 1일을 기준으로 최근 3년간 업체의 모든 사업체에서 소비한 에너지의 연평균 총량이 550terajoules이상
③ 해당연도 1월 1일을 기준으로 최근 3년간 업체의 모든 사업체에서 소비한 에너지의 연평균 총량이 450terajoules이상
④ 해당연도 1월 1일을 기준으로 최근 3년간 업체의 모든 사업체에서 소비한 에너지의 연평균 총량이 350terajoules이상

에너지관리기능사 [2013년 7월 21일]

01	02	03	04	05	06	07	08	09	10
②	①	③	③	③	④	④	②	④	②
11	12	13	14	15	16	17	18	19	20
①	④	③	①	①	②	②	④	④	④
21	22	23	24	25	26	27	28	29	30
②	④	③	③	①	①	③	③	②	①
31	32	33	34	35	36	37	38	39	40
④	②	④	③	②	④	③	②	③	④
41	42	43	44	45	46	47	48	49	50
②	③	①	①	④	④	②	①	②	①
51	52	53	54	55	56	57	58	59	60
②	③	④	③	①	③	②	④	①	④

국가기술자격 필기시험문제

2013년 10월 12일 필기시험

자격종목	종목코드	시험시간	형별	수험번호	성명
에너지관리기능사	7761	60분			

01 보일러의 부속장치 중 축열기에 대한 설명으로 가장 옳은 것은?

① 통풍이 잘 이루어지게 하는 장치이다.
② 폭발방지를 위한 안전장치이다.
③ 보일러의 부하 변동에 대비하기 위한 장치이다.
④ 증기를 한 번 더 가열시키는 장치이다.

해설

축열기는 보일러의 부하 변동에 대비하기 위한 장치이다.

02 증기 보일러에 설치하는 압력계의 최고 눈금은 보일러 최고사용압력의 몇 배가 되어야 하는가?

① 0.5 ~ 0.8배 ② 1.0 ~ 1.4배
③ 1.5 ~ 3.0배 ④ 5.0 ~ 10. 0배

해설

압력계의 최고 눈금은 보일러 최고사용압력의 1.5 ~ 3.0 배

03 보일러의 연소장치에서 통풍력을 크게하는 조건으로 틀린 것은?

① 연돌의 높이를 높인다.
② 배기가스의 온도를 높인다.
③ 연도의 굴곡부를 줄인다.
④ 연돌의 단면적을 줄인다.

해설

연소장치에서 통풍력을 크게 하는 조건으로 연돌의 단면적을 넓힌다.

04 보일러 액체연료의 특징 설명으로 틀린 것은?

① 품질이 균일하여 발열량이 높다.
② 운반 및 저장, 취급이 용이하다.
③ 회분이 많고 연소조절이 쉽다.
④ 연소온도가 높아 국부과열 위험성이 높다.

해설

액체 연료의 특징은 회분이 적고 연소조절이 쉽다.

05 벽체 면적이 $24m^2$, 열관류율이 $0.5kcal/m^2 \cdot h \cdot ℃$, 벽체 내부의 온도가 40℃, 벽체 외부의 온도가 8℃일 경우 시간당 손실열량은 약 몇 kcal/h 인가?

① 294 kcal/h ② 380 kcal/h
③ 384 kcal/h ④ 394 kcal/h

해설

$24 \times (40-8) \times 0.5 = 384$kal/h

06 증기공급 시 과열증기를 사용함에 따른 장점이 아닌 것은?

① 부식 발생 저감
② 열효율 증대
③ 가열장치의 열응력 저하
④ 증기소비량 감소

해설

과열증기는 가열장치의 열응력 증가

07 화염검출기의 종류 중 화염의 발열을 이용한 것으로 바이메탈에 의하여 작동되며, 주로 소용량 온수 보일러의 연도에 설치되는 것은?

① 플레임 아이 ② 스택 스위치
③ 플레임 로드 ④ 적외선 광전관

해설

스택 스위치는 소용량 온수보일러의 연도에 설치

08 수위경보기의 종류에 속하지 않은 것은?

① 맥도널식 ② 전극식
③ 배플식 ④ 마그네틱식

해설

수위경보기의 종류는 맥도널식, 전극식, 마그네틱식

09 보일러의 3대 구성요소 중 부속장치에 속하지 않는 것은?

① 통풍장치 ② 급수장치
③ 여열장치 ④ 연소장치

해설

부속장치는 통풍장치, 급수장치, 여열장치

10 연소안전장치 중 플레임 아이(Flame eye)로 사용되지 않는 것은?

① 광전관 ② CdS cell
③ PbS cell ④ CdP cell

해설

화염검출기(플레임 아이)는 광전관, CdS cell

11 연료발열량은 9750kcal/kg, 연료의 시간당 사용량은 300kg/h인 보일러의 상당증발량이 5000kg/h 일 때 보일러 효율은 약 몇 % 인가?

① 83% ② 85%
③ 87% ④ 92%

12 보일러 예비 급수장치인 인젝터의 특징을 설명한 것으로 틀린 것은?

① 구조가 간단하다.
② 설치장소를 많이 차지하지 않는다.
③ 증기압이 낮아도 급수가 잘 이루어진다.
④ 급수온도가 높으면 급수가 곤란하다.

해설

인젝터의 특징은 증기압이 높아야 급수가 잘 이루어진다.

13 다음 중 액화천연가스(LNG)의 주성분은 어느 것인가?

① CH_4 ② C_2H_6
③ C_3H_8 ④ C_4H_{10}

해설

액화천연가스 [LNG]의 주성분은 CH_4(메탄)

14 보일러의 세정식 집진방법은 유수식과 가압수식, 회전식으로 분류할 수 있는 데, 다음 중 가압수식 집진장치의 종류가 아닌 것은?

① 타이젠 와셔 ② 벤투리 스크러버
③ 제트 스크러버 ④ 충전탑

해설

가압수식집진장치의 종류는 벤투리 스크러버, 제트 스크러버, 충전탑

15 중유 연소에서 버너에 공급되는 중유의 예열온도가 너무 높을 때 발생되는 이상 현상으로 거리가 먼 것은?

① 카본(탄화물) 생성이 잘 일어날 수 있다.
② 분무상태가 고르지 못할 수 있다.
③ 역화를 일으키기 쉽다.
④ 무화 불량이 발생하기 쉽다.

해설

예열온도가 너무 높으면 무화 불량이 발생하지 않는다.

16 1보일러 마력은 몇 kg/h의 상당증발량의 값을 가지는가?

① 15.65 ② 79.8
③ 539 ④ 860

해설

보일러 마력은 15.65 kg/h

17 보일러 증발률이 80 kg/m² · h 이고, 실제 증발량이 40t/h일 때, 전열면적은 약 몇 m² 인가?

① 200 ② 320
③ 450 ④ 500

해설

40000kg/h ÷ 80 = 500m²

18 보일러 자동제어에서 시퀀스(Sequence) 제어를 가장 옳게 설명한 것은?

① 결과가 원인으로 되어 제어단계를 진행하는 제어이다.
② 목표값이 시간적으로 변화하는 제어이다.
③ 목표값이 변화하지 않고 일정한 값을 갖는 제어이다.
④ 제어의 각 단계를 미리 정해진 순서에 따라 진행하는 제어이다.

해설

시퀀스(sequence)제어는 제어의 각 단계를 미리 정해진 순서에 따라 진행하는 제어

19 수관 보일러 중 자연순환식 보일러와 강제순환식 보일러에 관한 설명으로 틀린 것은?

① 강제순환식은 압력이 적어질수록 물과 증기와의 비중차가 적어서 물의 순환이 원활하지 않은 경우 순환력이 약해지는 결점을 보완하기 위해 강제로 순환시키는 방식이다.
② 자연순환식 수관 보일러는 드럼과 다수의 수관으로 보일러 물의 순환회로를 만들 수 있도록 구성된 보일러이다.
③ 자연순환식 수관 보일러는 곡관을 사용하는 형식이 널리 사용되고 있다.
④ 강제순환식 수관 보일러의 순환펌프는 보일러수의 순환회로 중에 설치한다.

20 공기예열기에서 발생되는 부식에 관한 설명으로 틀린 것은?

① 중유연소 보일러의 배기가스 노점은 연료유 중의 유황성분과 배기가스의 산소농도에 의해 좌우된다.
② 공기예열기에 가장 주의를 요하는 것은 공기 입구와 출구부의 고온부식이다.
③ 보일러에 사용되는 액체연료 중에는 유황 성분이 함유되어 있으며 공기예열기 배기가스 출구온도가 노점 이상인 경우에도 공기 입구온도가 낮으면 전열관 온도가 배기가스의 노점 이하가 되어 전열관에 부식을 초래한다.
④ 노점에 영향을 주는 SO_2에서 SO_3로의 변환율은 배기가스 중의 O_2에 영향을 크게 받는다.

21 프로판가스가 완전연소될 때 생성되는 것은?

① CO와 C_3H_8 ② C_4H_{10}와 CO_2
③ CO_2와 H_2O ④ CO와 CO_2

22 보일러 수위제어 방식인 2요소식에서 검출하는 요소로 옳게 짝지어진 것은?

① 수위와 온도 ② 수위와 급수유량
③ 수위와 압력 ④ 수위와 증기유량

해설

2요소식은 수위와 증기유량

23 일반적으로 보일러의 효율을 높이기 위한 방법으로 틀린 것은?

① 보일러 연소실 내의 온도를 낮춘다.
② 보일러장치의 설계를 최대한 효율이 높도록 한다.

③ 연소장치에 적합한 연료를 사용한다.
④ 공기예열기 등을 사용한다.

해설
효율을 높이기 위한 방법으로 보일러 연소실 내의 온도를 높인다.

24 보일러 전열면의 그을음을 제거하는 장치는?

① 수저분출장치 ② 수트 블로어
③ 절탄기 ④ 인젝터

해설
수트 블로워는 전열연의 그을음을 제거하는 장치

25 주철제 보일러의 특징 설명으로 옳은 것은?

① 내열성 및 내식성이 나쁘다.
② 고압 및 대용량으로 적합하다.
③ 섹션의 증감으로 용량을 조절할 수 있다.
④ 인장 및 충격에 강하다.

해설
주철제 보일러의 특징으로 섹션의 증감으로 용량을 조절할 수 있다.

26 고체연료의 고위발열량으로부터 저위발열량을 산출할 때 연료 속의 수분과 다른 한 성분의 함유율을 가지고 계산하여 산출할 수 있는데 이 성분은 무엇인가?

① 산소 ② 수소
③ 유황 ④ 탄소

27 노통 보일러에서 노통에 직각으로 설치하여 노통의 전열면적을 증가시키고, 이로 인한 강도보강, 관수순환을 양호하게 하는 역할을 위해 설치하는 것은?

① 갤로웨이 관
② 아담슨 조인트(Adamson joint)
③ 브리징 스페이스(breathing space)
④ 반구형 경판

해설
겔로웨이 관은 노통에 직각으로 설치하여 노통의 전열면적을 증가시킨다.

28 다음 중 열량(에너지)의 단위가 아닌 것은?

① J ② Cal
③ N ④ BTU

29 연료유 저장탱크의 일반사항에 대한 설명으로 틀린 것은?

① 연료를 저장하는 저장탱크 및 서비스 탱크는 보일러의 운전에 지장을 주지 않는 용량의 것으로 하여야 한다.
② 연료유 탱크에는 보기 쉬운 위치에 유면계를 설치하여야 한다.
③ 연료유 탱크에는 탱크 내의 유량이 정상적인 양보다 초과, 또는 부족한 경우에 경보를 발하는 경보장치를 설치하는 것이 바람직하다.
④ 연료유 탱크에 드레인을 설치할 경우 누유에 따른 화재 발생 소지가 있으므로 이 물질을 배출할 수 있는 드레인은 탱크 상단에 설치하여야 한다.

해설
드레인은 탱크 하단에 설치

30 강철제 증기 보일러의 안전밸브 부착에 관한 설명으로 잘못된 것은?

① 쉽게 검사할 수 있는 곳에 부착한다.
② 밸브 축을 수직으로 하여 부착한다.
③ 밸브의 부착은 플랜지, 용접 또는 나사 접합식으로 한다.
④ 가능한 한 보일러의 동체에 직접 부착시키지 않는다.

해설
안전밸브는 보일러의 동체에 직접 부착시킨다.

31 회전이음이라고도 하며 2개 이상의 엘보를 사용하여 이음부의 나사 회전을 이용해서 배관의 신축을 흡수하는 신축이음쇠는?

① 루프형 신축이음쇠
② 스위블형 신축이음쇠
③ 벨로스형 신축이음쇠
④ 슬리브형 신축이음쇠

해설
스위블형 신축이음쇠는 2개 이상의 엘보를 사용하여 이음부의 나사회전을 이용해서 배관의 신축을 흡수한다.

32 단열재의 구비조건으로 맞는 것은?

① 비중이 커야 한다.
② 흡수성이 커야 한다.
③ 가연성이어야 한다.
④ 열전도율이 적어야 한다.

33 보일러 사고 원인 중 취급 부주의가 아닌 것은?

① 과열 ② 부식
③ 압력 초과 ④ 재료 불량

34 보일러의 계속사용검사기준 중 내부 검사에 관한 설명이 아닌 것은?

① 관의 부식 등을 검사할 수 있도록 스케일은 제거되어야 하며, 관 끝부분의 손상, 취화 및 빠짐이 없어야 한다.
② 노벽 보호부분은 벽체의 현저한 균열 및 파손 등 사용상 지장이 없어야 한다.
③ 내용물의 외부 유출 및 본체의 부식이 없어야 한다. 이때 본체의 부식 상태를 판별하기 위하여 보온재 등 피복물을 제거하게 할 수 있다.
④ 연소실 내부에는 부적당하거나 결함이 있는 버너 또는 스토커의 설치 운전에 의한 현저한 열의 국부적인 집중으로 인한 현상이 없어야 한다.

35 배관계에 설치한 밸브의 오작동 방지 및 배관계 취급의 적정화를 도모하기 위해 배관에 식별 표시를 하는데 관계가 없는 것은?

① 지지하중 ② 식별색
③ 상태표시 ④ 물질표시

36 증기난방의 중력환수식에서 복관식인 경우 배관 기울기로 적당한 것은?

① $\frac{1}{50}$ 정도의 순 기울기
② $\frac{1}{100}$ 정도의 순 기울기
③ $\frac{1}{150}$ 정도의 순 기울기
④ $\frac{1}{200}$ 정도의 순 기울기

해설
중력 환수식에서 복관식인 경우 배관기울기는 1/200 정도의 순 기울기

37 스테인리스강관의 특징 설명으로 옳은 것은?

① 강관에 비해 두께가 얇고 가벼워 운반 및 시공이 쉽다.
② 강관에 비해 내열성은 우수하나 내식성은 떨어진다.
③ 강관에 비해 기계적 성질이 떨어진다.
④ 한랭지배관이 불가능하며 동결에 대한 저항이 적다.

38 증기난방의 시공에서 환수배관에 리프트 피팅(Lift fitting)을 적용하여 시공할 때 1단의 흡상 높이로 적당한 것은?

① 1.5m 이내 ② 2m 이내
③ 2.5m 이내 ④ 3m 이내

해설
리프트 피팅은 1.5m이내 1단의 흡상높이

39 기름 보일러에서 연소 중 화염이 점멸하는 등 연소 불안정이 발생하는 경우가 있다. 그 원인으로 적당하지 않은 것은 어느 것인가?

① 기름의 점도가 높을 때
② 기름 속에 수분이 혼입되었을 때
③ 연료의 공급 상태가 불안정한 때
④ 노내가 부압인 상태에서 연소했을 때

40 보일러의 가동 중 주의해야 할 사항으로 맞지 않는 것은?

① 수위가 안전저수위 이하로 되지 않도록 수시로 점검한다.
② 증기압력이 일정하도록 연료공급을 조절한다.
③ 과잉공기를 많이 공급하여 완전연소가 되도록 한다.
④ 연소량을 증가시킬 때는 통풍량을 먼저 증가시킨다.

해설
과잉공기를 많이 공급하여 불완전연소가 된다.

41 증기난방에서 환수관의 수평배관에서 관경이 가늘어지는 경우 편심 리듀서를 사용하는 이유로 적합한 것은?

① 응축수의 순환을 억제하기 위해
② 관의 열팽창을 방지하기 위해
③ 동심 리듀서보다 시공을 단축하기 위해
④ 응축수의 체류를 방지하기 위해

해설
응축수의 체류를 방지하기 위해 편심 리듀서를 사용

42 온수난방 설비에서 복관식 배관방식에 대한 특징으로 틀린 것은?

① 단관식보다 배관 설비비가 적게 든다.
② 역귀환 방식의 배관을 할 수 있다.
③ 발열량을 밸브에 의하여 임의로 조정 할 수 있다.
④ 온도변화가 거의 없고 안정성이 높다.

해설
복관식 배관방식에 대한 특징으로 단관식보다 배관 설비비가 많이 든다.

43 개방식 팽창탱크에서 필요가 없는 것은?

① 배기관 ② 압력계
③ 급수관 ④ 팽창관

해설
개방식 팽창탱크에는 압력계가 필요없다.

44 중앙식 급탕법에 대한 설명으로 틀린 것은?

① 기구의 동시 이용률을 고려하여 가열장치의 총용량을 적게 할 수 있다.
② 기계실 등에 다른 설비 기계와 함께 가열장치 등이 설치되기 때문에 관리가 용이하다.
③ 설비규모가 크고 복잡하기 때문에 초기 설비비가 비싸다.
④ 비교적 배관길이가 짧아 열손실이 적다.

45 보일러의 손상에서 팽출을 옳게 설명한 것은?

① 보일러의 본체가 화염에 과열되어 외부로 볼록하게 튀어나오는 현상
② 노통이나 화실이 외축의 압력에 의해 눌려 쭈그러져 찢어지는 현상
③ 강판에 가스가 포함된 것이 화염의 접촉으로 양쪽으로 오목하게 되는 현상
④ 고압 보일러 드럼이음에 주로 생기는 응력 부식 균열의 일종

해설
팽출은 보일러의 본체가 화염에 과열되어 외부로 볼록하게 튀어나오는 현상

46 방열기 내 온수의 평균온도 85℃, 실내온도 15℃, 방열계수 7.2 kcal/m²·h·℃인 경우 방열기 방열량은 얼마인가?

① 450kcal/m²·h
② 504kcal/m²·h
③ 509kcal/m²·h
④ 515kcal/m²·h

47 보일러 건식보존법에서 가스봉입방식(기체보존법)에 사용되는 가스는?

① O_2 ② N_2
③ CO ④ CO_2

해설

건식보존법에서 N_2는 가스 봉입법에 사용된다

48 보일러 점화 전 수위 확인 및 조정에 대한 설명 중 틀린 것은?

① 수면계의 기능 테스트가 가능한 정도의 증기압력이 보일러 내에 남아 있을 때는 수면계의 기능시험을 해서 정상인지 확인한다.
② 2개의 수면계의 수위를 비교하고 동일수위인지 확인한다.
③ 수면계에 수주관이 설치되어 있을 때는 수주연락관의 체크밸브가 바르게 닫혀 있는지 확인한다.
④ 유리관이 더러워졌을 때는 수위를 오인하는 경우가 있기 때문에 필히 청소 하거나 또는 교환하여야 한다.

49 온수난방에 대한 특징을 설명한 것으로 틀린 것은?

① 증기난방에 비해 소요방열면적과 배관경이 적게 되므로 시설비가 적어진다.
② 난방부하의 변동에 따라 온도 조절이 쉽다.
③ 실내온도의 쾌감도가 비교적 높다.
④ 밀폐식일 경우 배관의 부식이 적어 수명이 길다.

50 보일러 운전 중 정전이 발생한 경우의 조치사항으로 적합하지 않은 것은?

① 전원을 차단한다.
② 연료공급을 멈춘다.
③ 안전밸브를 열어 증기를 분출시킨다.
④ 주증기밸브를 닫는다.

51 보일러 취급자가 주의하여 염두에 두어야 할 사항으로 틀린 것은?

① 보일러 사용처의 작업환경에 따라 운전기준을 설정하여 둔다.
② 사용처에 필요한 증기를 항상 발생, 공급할 수 있도록 한다.
③ 증기 수요에 따라 보일러 정격한도를 10% 정도 초과하여 운전한다.
④ 보일러 제작사 취급설명서의 의도를 파악 숙지하여 그 지시에 따른다.

52 캐리 오버(Carry over)에 대한 방지 대책이 아닌 것은?

① 압력을 규정압으로 유지해야 한다.
② 수면이 비정상적으로 높게 유지되지 않도록 한다.
③ 부하를 급격히 증가시켜 증기실의 부하율을 높인다.
④ 보일러 수에 포함되어 있는 유지류나 용해고형물 등의 불순물을 제거한다.

53 보일러 수압시험 시의 시험수압은 규정된 압력의 몇 % 이상을 초과하지 않도록 해야 하는가?

① 3% ② 4%
③ 5% ④ 6%

해설

시험수압은 규정된 압력의 몇 6%이상을 초과하지 않도록한다

54 증기배관 내에 응축수가 고여 있을 때 증기밸브를 급격히 열어 증기를 빠른 속도로 보냈을 때 발생하는 현상으로 가장 적합한 것은?

① 압궤가 발생한다.
② 팽출이 발생한다.
③ 블리스터가 발생한다.
④ 수격작용이 발생한다.

해설

증기 밸브를 급격히 열어 증기를 빠른 속도로 보냈을 때 발생하는 현상으로 수격작용이 발생한다

55 에너지법에서 정한 에너지기술개발사업비로 사용될 수 없는 사항은?

① 에너지에 관한 연구인력 양성
② 온실가스 배출을 늘이기 위한 기술개발
③ 에너지사용에 따른 대기오염 저감을 위한 기술개발
④ 에너지기술개발 성과의 보급 및 홍보

56 산업통상자원부장관이 에너지저장 의무를 부과할 수 있는 대상자로 맞는 것은?

① 연간 5천 석유환산톤 이상의 에너지를 사용하는 자
② 연간 6천 석유환산톤 이상의 에너지를 사용하는 자
③ 연간 1만 석유환산톤 이상의 에너지를 사용하는 자
④ 연간 2만 석유환산톤 이상의 에너지를 사용하는 자

57 신에너지 및 재생에너지 개발 · 이용 · 보급 촉진법에서 규정하는 신에너지 또는 재생에너지에 해당하지 않는 것은?

① 태양에너지 ② 풍력
③ 수소에너지 ④ 원자력에너지

58 에너지이용합리화법에 따라 에너지 다소비사업자가 매년 1월 31일까지 신고 해야 할 사항과 관계 없는 것은?

① 전년도의 에너지 사용량
② 전년도의 제품 생산량
③ 에너지사용 기자재의 현황
④ 해당 연도의 에너지관리진단 현황

59 에너지이용합리화법의 목적과 거리가 먼 것은?

① 에너지소비로 인한 환경피해 감소
② 에너지 수급 안정
③ 에너지의 소비 촉진
④ 에너지의 효율적인 이용 증진

60 저탄소녹색성장기본법에 따라 2020년의 우리나라 온실가스 감축 목표로 옳은 것은?

① 2020년의 온실가스 배출전망치 대비 100분의 20
② 2020년의 온실가스 배출전망치 대비 100분의 30
③ 2000년 온실가스 배출량의 100분의 20
④ 2000년 온실가스 배출량의 100분의 30

에너지관리기능사 [2013년 10월 12일]

01	02	03	04	05	06	07	08	09	10
③	③	④	③	③	③	②	③	④	④
11	12	13	14	15	16	17	18	19	20
④	③	①	①	④	①	④	④	①	②
21	22	23	24	25	26	27	28	29	30
③	④	①	②	③	②	①	③	④	④
31	32	33	34	35	36	37	38	39	40
②	④	④	③	①	④	①	①	④	③
41	42	43	44	45	46	47	48	49	50
④	①	②	④	①	②	②	③	①	③
51	52	53	54	55	56	57	58	59	60
③	③	④	④	②	④	④	④	③	②

국가기술자격 필기시험문제

2014년 1월 26일 필기시험

자격종목	종목코드	시험시간	형별	수험번호	성명
에너지관리기능사	7761	60분			

01 입형(직립) 보일러에 대한 설명으로 틀린 것은?

① 동체를 바로 세워 연소실을 그 하부에 둔 보일러이다.
② 전열면적을 넓게 할 수 있어 대용량에 적당하다.
③ 다관식은 전열면적을 보강하기 위하여 다수의 연관을 설치한 것이다.
④ 횡관식은 횡관의 설치로 전열면을 증가시킨다.

해설

입형(직립) 보일러는 전열면적을 넓게 할 수 없어 소용량에 적당하다

02 공기예열기에 대한 설명으로 틀린 것은?

① 보일러의 열효율을 향상시킨다.
② 불완전연소를 감소시킨다.
③ 배기가스의 열손실율을 감소시킨다.
④ 통풍저항이 작아진다.

03 가스버너에서 리프팅(Lifting)현상이 발생하는 경우는?

① 가스압이 너무 높은 경우
② 버너부식으로 염공이 커진 경우
③ 버너가 과열된 경우
④ 1차공기의 흡인이 많은 경우

해설

리프팅(Lifting)현상은 가스압이 너무 높은 경우에 발생한다.

04 다음 중 LPG의 주성분이 아닌 것은?

① 부탄 ② 프로판
③ 프로필렌 ④ 메탄

해설

LPG의 주성분은 부탄, 프로판, 프로필렌

05 보일러의 안전 저수면에 대한 설명으로 적당한 것은?

① 보일러의 보안상, 운전 중에 보일러 전열면이 화염에 노출되는 최저 수면의 위치
② 보일러의 보안상, 운전 중에 급수하였을 때의 최초 수면의 위치
③ 보일러의 보안상, 운전 중에 유지해야 하는 일상적인 가동 시의 표준 수면의 위치
④ 보일러의 보안상, 운전 중에 유지해야 하는 보일러 드럼 내 최저 수면의 위치

해설

안전 저수면은 보일러의 보안상, 운전 중에 유지해야 하는 보일러 드럼 내 최저 수면의 위치이다.

06 기체연료의 발열량 단위로 옳은 것은?

① $kcal/m^2$ ② $kcal/cm^2$
③ $kcal/mm^2$ ④ $kcal/Nm^3$

해설

기체연료의 발열량 단위는 $kcal/Nm^3$

07 보일러 1마력을 상당증발량으로 환산하면 약 얼마인가?

① 13.65kg/h ② 15.65kg/h
③ 18.65kg/h ④ 21.65kg/h

08 공기량이 지나치게 많을 때 나타나는 현상 중 틀린 것은?

① 연소실 온도가 떨어진다.
② 열효율이 저하한다.
③ 연료소비량이 증가한다.
④ 배기가스 온도가 높아진다.

해설
공기량이 지나치게 많을 때 나타나는 현상으로 배기가스 온도가 낮아진다.

09 절대온도 360K를 섭씨온도로 환산하면 약 몇 ℃ 인가?

① 97℃ ② 87℃
③ 67℃ ④ 57℃

10 보일러효율 시험방법에 관한 설명으로 틀린 것은?

① 급수온도는 절탄기가 있는 것은 절탄기 입구에서 측정한다.
② 배기가스의 온도는 전열면의 최종 출구에서 측정한다.
③ 포화증기의 압력은 보일러 출구의 압력으로 브로돈관식 압력계로 측정한다.
④ 증기온도의 경우 과열기가 있을 때는 과열기 입구에서 측정한다.

11 보일러의 압력이 $8kgf/cm^2$이고, 안전밸브 입구 구멍의 단면적이 $20cm^2$라면 안전밸브에 작용하는 힘은 얼마인가?

① 140kgf
② 160kgf
③ 170kgf
④ 180kgf

해설
$8kgf/cm^2 \times 20cm^2 = 160kgf$

12 1기압 하에서 20℃의 물 10kg을 100℃의 증기로 변화시킬 때 필요한 열량은 얼마인가?(단, 물의 비열은 1kcal/kg · ℃이다)

① 6,190kcal
② 6,390kcal
③ 7,380kcal
④ 7,480kcal

13 보일러의 출열 항목에 속하지 않은 것은?

① 불완전연소에 의한 열손실
② 연소 잔재물 중의 미연소분에 의한 열손실
③ 공기의 현열손실
④ 방산에 의한 손실열

해설
공기의 현열손실은 출열 항목에 속하지 않는다.

14 오일 프리히터의 사용 목적이 아닌 것은?

① 연료의 점도를 높여 준다.
② 연료의 유동성을 증가시켜 준다.
③ 완전연소에 도움을 준다.
④ 분무상태를 양호하게 한다.

해설
오일 프리히터의 사용 목적으로 연료의 점도를 높여 주는 것이 아니다.

15 육상용 보일러의 열정산은 원칙적으로 정격부하 이상에서 정상 상태로 적어도 몇 시간 이상의 운전 결과에 따라 하는가?(단, 액체 또는 기체연료를 사용하는 소형 보일러에서 인수 · 인도 당사자 간의 협정이 있는 경우는 제외)

① 0.5시간 ② 1시간
③ 1.5시간 ④ 2시간

해설
정격부하 이상에서 정상 상태로 적어도 몇 2시간 이상의 운전 결과에 따른다.

16 **증기 보일러에서 감압밸브 사용의 필요성에 대한 설명으로 가장 적합한 것은?**

① 고압증기를 감압시키면 잠열이 감소하여 이용열이 감소된다.
② 고압증기는 저압증기에 비해 관경을 크게 해야 하므로 배관설비비가 증가한다.
③ 감압을 하면 열교환 속도가 불규칙하나 열전달이 균일하여 생산성이 향상된다.
④ 감압을 하면 증기의 건도가 향상되어 생산성 향상과 에너지 절감이 이루어진다.

해설
증기보일러에서 감압밸브 사용의 필요성은 감압을 하면 증기의 건도가 향상되어 생산성 향상과 에너지절감이 이루어진다.

17 **제어계를 구성하는 요소 중 전송기의 종류에 해당되지 않는 것은?**

① 전기식 전송기 ② 증기식 전송기
③ 유압식 전송기 ④ 공기압식 전송기

해설
제어계를 구성하는 요소 중 전송기의 종류는 전기식 전송기, 유압식 전송기 , 공기압식 전송기이다,

18 **과열기를 연소가스 흐름 상태에 의해 분류할 때 해당되지 않는 것은?**

① 복사형 ② 병류형
③ 향류형 ④ 혼류형

해설
과열기의 연소가스 흐름 상태에 의한 분류는 병류형, 향류형, 혼류형이다.

19 **보일러 연소장치의 선정기준에 대한 설명으로 틀린 것은?**

① 사용 연료의 종류와 형태를 고려한다.
② 연소 효율이 높은 장치를 선택한다.
③ 과잉공기를 많이 사용할 수 있는 장치를 선택한다.
④ 내구성 및 가격 등을 고려한다.

해설
과잉공기를 적게 사용할 수 있는 장치를 선정한다.

20 **보일러 급수처리의 목적으로 볼 수 없는 것은?**

① 부식의 방지
② 보일러수의 농축방지
③ 스케일 생성 방지
④ 역화(Back fire)방지

해설
급수처리의 목적으로 부식의 방지, 보일러수의 농축방지, 스케일생성 방지

21 **열전달의 기본형식에 해당되지 않는 것은?**

① 대류 ② 복사
③ 발산 ④ 전도

해설
열전달의 기본형식은 대류, 복사, 전도이다.

22 **수면계의 기능시험의 시기에 대한 설명으로 틀린 것은?**

① 가마울림 현상이 나타날 때
② 2개 수면계의 수위에 차이가 있을 때
③ 보일러를 가동하여 압력이 상승하기 시작했을 때
④ 프라이밍, 포밍 등이 생길 때

해설
수면계의 기능시험의 시기가아닌 것으로 가마울림 현상이 나타날 때

23 **보일러 동 내부 안전저수위보다 약간 높게 설치하여 유지분, 부유물 등을 제거하는 장치로서 연속분출장치에 해당되는 것은?**

① 수면분출장치 ② 수저분출장치
③ 수중분출장치 ④ 압력분출장치

해설

연속분출장치는 수면 분출장치이다.

24 액체연료의 유압분무식 버너의 종류에 해당되지 않는 것은?

① 플러저형 ② 외측 반환유형
③ 직접분사형 ④ 간접분사형

해설

유압분무식 버너의 종류는 플러저형, 외측반환유형, 직접 분사형이다.

25 어떤 보일러의 5시간 동안 증발량이 5,000kg 이고, 그때의 급수엔탈피가 25W/kg, 증기엔탈피가 675kcal/kg 이라면 상당증발량은 약 몇 kcal/h 인가?

① 1,106 ② 1,206
③ 1,304 ④ 1,451

26 수관식 보일러에 대한 설명으로 틀린 것은?

① 고온, 고압에 적당하다.
② 용량에 비해 소요면적이 적으며 효율이 좋다
③ 보유수량이 많아 파열 시 피해가 크고, 부하변동에 응하기 쉽다.
④ 급수의 순도가 나쁘면 스케일이 발생하기 쉽다.

27 보일러의 제어장치 중 연소용 공기를 제어하는 설비는 자동제어에서 어디에 속하는가?

① F.W.C ② A.B.C
③ A.C.C ④ A.F.C

해설

A.C.C는 연소용 공기를 제어하는 설비이다.

28 특수 보일러 중 간접가열 보일러에 해당되는 것은?

① 슈미트 보일러 ② 베록스 보일러
③ 벤슨 보일러 ④ 코니시 보일러

해설

특수보일러 중 간접가열 보일러는 슈미트 보일러이다.

29 자연통풍에 대한 설명으로 가장 옳은 것은?

① 연소에 필요한 공기를 압입 송풍기에 의해 통풍하는 방식이다.
② 연돌로 인한 통풍방식이며 소형 보일러에 적합하다.
③ 축류형 송풍기를 이용하여 연도에서 열가스를 배출하는 방식이다.
④ 송 · 배풍기를 보일러 전 · 후면에 부착하여 통풍하는 방식이다.

해설

자연통풍에 대한 설명으로 연돌로 인한 통풍방식이며 소형보일러에 적합하다.

30 다음 중 보일러에서 실화가 발생하는 원인으로 거리가 먼 것은?

① 버너의 팁이나 노즐이 카본이나 소손 등으로 막혀있다.
② 분사용 증기 또는 공기의 공급량이 연료량에 비해 과다 또는 과소하다.
③ 중유를 과열하여 중유가 유관 내나 가열기 내에서 가스화하여 중유의 흐름이 중단되었다
④ 연료 속의 수분이나 공기가 거의 없다.

31 두께가 13cm, 면적이 $10m^2$인 벽이 있다. 벽 내부온도는 200℃, 외부의 온도가 20℃일 때 벽을 통한 전도되는 열량은 약 몇 kcal/h인가?(단, 열전도율은 0.02 kcal/m · h · ℃이다)

① 234.2kcal/h ② 259.6kcal/h
③ 276.9kcal/h ④ 312.3kcal/h

32 **보일러 본체나 수관, 연관 등에 발생하는 블리스터(Blister)를 옳게 설명한 것은?**

① 강판이나 관의 제조 시 두장의 층을 형성하는 것
② 라미네이션된 강판이 열에 의해 혹처럼 부풀어 나오는 현상
③ 노통이 외부압력에 의해 내부로 짓눌리는 현상
④ 리벳 조인트나 리벳 구멍 등의 응력이 집중하는 곳에 물리적 작용과 더불어 화학적 작용에 의해 발생하는 균열

해설
블리스터는 라미네이션된 강판이 열에 의해 혹처럼 부풀어 나오는 현상이다.

33 **일반 보일러(소용량 보일러 및 가스용 온수보일러 제외)에서 온도계를 설치할 필요가 없는 곳은?**

① 절탄기가 있는 경우 절탄기 입구 및 출구
② 보일러 본체의 급수 입구
③ 버너 급유 입구(예열을 필요로 할 때)
④ 과열기가 있는 경우 과열기 입구

해설
과열기가 있는 경우 과열기 입구는 일반 보일러에서 온도계를 설치할 필요가 없는 곳이다.

34 **다음 보일러의 휴지보존법 중 단기보존법에 속하는 것은?**

① 석회밀폐건조법 ② 질소가스봉입법
③ 소다만수보존법 ④ 가열건조법

해설
단기보존법으로 가열건조법

35 **보일러에서 발생하는 고온 부식의 원인물질로 거리가 먼 것은?**

① 나트륨 ② 유황
③ 철 ④ 바나듐

해설
고온 부식의 원인물질은 나트륨, 유황, 바나듐

36 **보일러에서 수면계 기능시험을 해야 할 시기로 가장 거리가 먼 것은?**

① 수위의 변화에 수면계가 빠르게 반응할 때
② 보일러를 가동하기 전
③ 2개의 수면계 수위가 서로 다를 때
④ 프라이밍, 포밍 등이 발생한 때

37 **열사용기자재의 검사 및 검사면제에 관한 기준에 따라 급수장치를 필요로 하는 보일러에는 기준을 만족 시키는 주펌프 세트와 보조펌프 세트를 갖춘 급수장치가 있어야 하는데, 특정 조건에 따라 보조펌프 세트를 생략할 수 있다. 다음 중 보조펌프 세트를 생략할 수 없는 경우는?**

① 전열면적이 $10m^2$ 인 보일러
② 전열면적이 $8m^2$ 인 가스용 온수 보일러
③ 전열면적이 $16m^2$ 인 가스용 온수 보일러
④ 전열면적이 $50m^2$ 인 관류 보일러

해설
보조펌프 세트를 생략할 수 없는 경우는 전열면적이 $16m^2$ 인 가스용 온수보일러이다.

38 **다음 중 난방부하의 단위로 옳은 것은?**

① kcal/kg ② kcal/h
③ kg/h ④ $kcal/m^2 \cdot h$

해설
난방부하의 단위는kcal/h

39 **최고사용압력이 $16kgf/cm^2$ 인 강철제 보일러의 수압시험압력으로 맞는 것은?**

① $8kgf/cm^2$ ② $16kgf/cm^2$
③ $24kgf/cm^2$ ④ $32kgf/cm^2$

해설
16×1,5배 = $24kgf/cm^2$

40 **콘크리트 벽이나 바닥 등에 배관이 관통하는 곳에 관의 보호를 위하여 사용하는 것은?**

① 슬리브　② 보온재료
③ 행거　④ 신축곡관

해설
슬리브는 콘크리트 벽이나 바닥 등에 배관이 관통하는 곳에 관의 보호를 위하여 사용하는 것

41 **무기질 보온재 중 하나로 안산암, 현무암에 석회석을 섞어 용융하여 섬유모양으로 만든 것은?**

① 코르크　② 암면
③ 규조토　④ 유리섬유

해설
암면은 안산암, 현무암에 석회석을 섞어 용융하여 섬유모양으로 만든 것

42 **보일러 수 처리에서 순환계통의 처리방법 중 용해 고형물 제거 방법이 아닌 것은?**

① 약제첨가법　② 이온교환법
③ 증류법　④ 여과법

해설
순환계통의 처리방법 중 용해 고형물 제거 방법은 약제 첨가법, 이온 교환법, 증류법

43 **강관에 대한 용접이음의 장점으로 거리가 먼 것은?**

① 열에 의한 잔류응력이 거의 발생하지 않는다.
② 접합부의 강도가 강하다.
③ 접합부의 누수의 염려가 없다.
④ 유체의 압력손실이 적다.

44 **가동 보일러에 스케일과 부식물 제거를 위한 산세척 처리 순서로 올바른 것은?**

① 전처리 → 수세 → 산액처리 → 수세 → 중화 · 방청처리
② 수세 → 산액처리 → 전처리 → 수세 → 중화 · 방청처리
③ 전처리 → 중화 · 방청처리 → 수세 → 산액처리 → 수세
④ 전처리 → 수세 → 중화 · 방청처리 → 수세 → 산액처리

해설
산세척 처리 순서는 전처리 → 수세 → 산액처리 → 수세 → 중화 · 방청처리

45 **방열기의 구조에 관한 설명으로 옳지 않은 것은?**

① 주요 구조 부분은 금속재료나 그 밖의 강도와 내구성을 가지는 적절한 재질의 것을 사용해야 한다.
② 엘리먼트 부분은 사용하는 온수 또는 증기의 온도 및 압력을 충분히 견디어 낼 수 있는 것으로 한다.
③ 온수를 사용하는 것에는 보온을 위해 엘리먼트 내에 공기를 빼는 구조가 없도록 한다.
④ 배관 접속부는 시공이 쉽고 점검이 용이해야 한다.

46 **액상 열매체 보일러 시스템에서 사용하는 팽창탱크에 관한 설명으로 틀린 것은?**

① 액상 열매체 보일러시스템에는 열매체유의 액 팽창을 흡수하기 위한 팽창탱크가 필요하다
② 열매체유 팽창탱크에는 액면계와 압력계가 부착되어야 한다.
③ 열매체유 팽창탱크의 설치장소는 통상 열매체유 보일러시스템에서 가장 낮은 위치에 설치한다.
④ 열매체유의 노화방지를 위해 팽창탱크의 공간부에는 N_2가스를 봉입한다.

해설

열매체유 팽창탱크의 설치장소는 통상 열매체유 보일러시스템에서 가장 높은 위치에 설치한다.

47 **포화온도 105℃ 인 증기난방 방열기의 상당 방열면적이 $20m^2$ 일 경우 시간당 발생하는 응축수량은 약 kg/h 인가?(단, 105℃ 증기의 증발잠열은 535.6kcal/kg 이다)**

① 10.37 ② 20.57
③ 12.17 ④ 24.27

48 **강관재 루프형 신축이음은 고압에 견디고 고장이 적어 고온 고압용 배관에 이용되는데 이 신축이음의 곡률반경은 관지름의 몇 배 이상으로 하는 것이 좋은가?**

① 2배 ② 3배
③ 4배 ④ 6배

해설

신축이음의 곡률반경은 관지름의 6배 이상으로 한다.

49 **보온재 선정 시 고려하여야 할 사항으로 틀린 것은?**

① 안전사용 온도범위에 적합해야 한다.
② 흡수성이 크고 가공이 용이해야 한다.
③ 물리적, 화학적 강도가 커야 한다.
④ 열전도율이 가능한 적어야 한다.

해설

보온재 선정 시 고려하여야 할 사항은 흡수성이 적고 가공이 용이해야 한다.

50 **수격작용을 방지하기 위한 조치로 거리가 먼 것은?**

① 송기에 앞서서 관을 충분히 데운다.
② 송기할 때 주증기밸브는 급히 열지 않고 천천히 연다.
③ 증기관은 증기가 흐르는 방향으로 경사가 지도록 한다.
④ 증기관에 드레인이 고이도록 중간을 낮게 배관한다.

51 **배관용접 작업 시 안전사항 중 산소용기는 일반적으로 몇 ℃ 이하의 온도로 보관하여야 하는가?**

① 100℃ 이하 ② 80℃ 이하
③ 60℃ 이하 ④ 40℃ 이하

해설

산소용기는 일반적으로 40℃ 이하의 온도로 보관한다.

52 **단관 중력 순환식 온수난방의 배관은 주관을 앞 내림 기울기로 하여 공기가 모두 어느 곳으로 빠지게 하는가?**

① 드레인밸브 ② 팽창탱크
③ 에어벤트밸브 ④ 체크밸브

53 **배관 지지 장치의 명칭과 용도가 잘못 연결된 것은?**

① 파이프 슈 – 관의 수평부, 곡관부 지지
② 리지드 서포트 – 빔 등으로 만든 지지대
③ 롤러 서포트 – 방진을 위해 변위가 적은 곳에 사용
④ 행거 – 배관계의 중량을 위에서 달아 매는 장치

54 **보일러 운전이 끝난 후의 조치사항으로 잘못된 것은?**

① 유류 사용 보일러의 경우 연료 계통의 스톱밸브를 닫고 버너를 청소한다.
② 연소실 내의 잔류여열로 보일러 내부의 압력이 상승하는지 확인한다.
③ 압력계 지시압력과 수면계의 표준수위를

확인해둔다.

④ 예열용 연료를 노내에 약간 넣어 둔다.

해설

예열용 연료를 노내에 넣어서는 안된다.

55 에너지법에 의거 지역 에너지계획을 수립한 시 · 도지사는 이를 누구에게 제출하여야 하는가?

① 대통령
② 산업통상자원부장관
③ 국토교통부장관
④ 에너지관리공단이사장

56 신재생에너지 정책심의회의 구성으로 맞는 것은?

① 위원장 1명을 포함한 10명 이내의 위원
② 위원장 1명을 포함한 20명 이내의 위원
③ 위원장 2명을 포함한 10명 이내의 위원
④ 위원장 2명을 포함한 20명 이내의 위원

57 에너지 수급안정을 위하여 산업통상자원부장관이 필요한 조치를 취할 수 있는 사항이 아닌 것은?

① 에너지의 배급
② 산업별 주요 공급자별 에너지 할당
③ 에너지의 비축과 저장
④ 에너지의 양도 · 양수의 제한 또는 금지

58 저탄소 녹색성장 기본법에 의거 온실가스 감축목표 등의 설정, 관리 및 필요한 조치에 관한 사항을 관장 하는 기관으로 옳은 것은?

① 농림축산식품부 : 건물 · 교통 분야
② 환경부 : 농업 · 축산 분야
③ 국토교통부 : 폐기물 분야
④ 산업통상자원부 : 산업 · 발전 분야

59 에너지이용합리화법상 검사대상기기조종자가 퇴직 하는 경우 퇴직이전에 다른 검사대상기기조종자를 선임 하지 아니한 자에 대한 벌칙으로 맞는 것은?

① 1천만원 이하의 벌금
② 2천만원 이하의 벌금
③ 5백만원 이하의 벌금
④ 2년 이하의 징역

60 에너지이용합리화법에서 정한 검사대상기기 조종자의 자격에서 에너지관리기능사가 조종할 수 있는 조종범위로서 옳지 않은 것은?

① 용량이 15 t/h 이하인 보일러
② 온수발생 및 열매체를 가열하는 보일러로서 용량이 581.5 킬로와트 이하인 것
③ 최고사용압력이 1MPa 이하이고, 전열면적이 $10m^2$ 이하인 증기 보일러
④ 압력용기

에너지관리기능사 [2014년 1월 26일]

01	02	03	04	05	06	07	08	09	10
②	④	①	④	④	④	②	④	②	④
11	12	13	14	15	16	17	18	19	20
②	①	③	①	④	④	②	①	③	④
21	22	23	24	25	26	27	28	29	30
③	①	①	④	②	③	③	①	②	④
31	32	33	34	35	36	37	38	39	40
③	②	④	④	③	①	③	②	③	①
41	42	43	44	45	46	47	48	49	50
②	④	①	①	③	③	④	④	②	④
51	52	53	54	55	56	57	58	59	60
④	②	③	④	②	②	②	④	①	①

국가기술자격 필기시험문제

2014년 4월 6일 필기시험

자격종목	종목코드	시험시간	형별	수험번호	성명
에너지관리기능사	7761	60분			

01 화염검출기 기능불량과 대책을 연결한 것으로 잘못된 것은?

① 집광렌즈 오염 – 분리 후 청소
② 증폭기 노후 – 교체
③ 동력선의 영향 – 검출회로와 동력선 분리
④ 점화전극의 고전압이 프레임 로드에 흐를 때 – 전극과 불꽃 사이클 넓게 분리

해설
점화전극의 고전압이 프레임 로드에 흐를 때는 전극과 불꽃 사이를 좁게 분리한다.

02 물의 임계압력에서의 잠열은 몇 kcal/kg인가?

① 539 ② 100
③ 0 ④ 639

해설
물의 임계압력에서의 잠열은 0이다.

03 유류 연소 시의 일반적인 공기비는?

① 0.95 ~ 1.1 ② 1.6 ~ 1.8
③ 1.2 ~ 1.4 ④ 1.8 ~ 2.0

해설
유류 연소 시 공기비는 1.2 ~ 1.4이다.

04 다음 보일러 중 수관식 보일러에 해당되는 것은?

① 타쿠마 보일러 ② 카네크롤 보일러
③ 스코치 보일러 ④ 하우덴 존슨 보일러

해설
수관식 보일러는 타쿠마 보일러이다.

05 집진장치 중 집진효율은 높으나 압력손실이 낮은 형식은?

① 전기식 집진장치 ② 중력식 집진장치
③ 원심력식 집진장치 ④ 세정식 집진장치

해설
집진효율은 높으나 압력손실이 낮은 형식은 전기식 집진장치이다.

06 액체연료에서의 무화의 목적으로 틀린 것은?

① 연료와 연소용 공기와의 혼합을 고르게 하기 위해
② 연료 단위 중량당 표면적을 작게 하기 위해
③ 연소 효율을 높이기 위해
④ 연소실 열발생률을 높게 하기 위해

해설
무화의 목적은 연료 단위 중량당 표면적을 크게 하기 위해서이다.

07 보일러 화염검출장치의 보수나 점검에 대한 설명 중 틀린 것은?

① 프레임아이 장치의 주위온도는 50℃ 이상이 되지 않게 한다.
② 광전관식은 유리나 렌즈를 매주 1회 이상 청소하고 강도 유지에 유의한다.
③ 프레임로드는 검출부가 불꽃에 직접 접하므로 소손에 유의하고 자주 청소해 준다.
④ 프레임아이는 불꽃의 직사광이 들어가면 오동작하므로 불꽃의 중심을 향하지 않도록 설치한다.

08 유압분무식 오일버너의 특징에 관한 설명으로 틀린 것은?

① 대용량 버너의 제작이 가능하다.
② 무화 매체가 필요 없다.
③ 유량조절 범위가 넓다.
④ 기름의 점도가 크면 무화가 곤란하다.

해설
유압분무식 오일버너의 특징으로 유량조절 범위가 좁다.

09 다음 중 잠열에 해당되는 것은?

① 기화열 ② 생성열
③ 중화열 ④ 반응열

해설
기화열은 잠열이다.

10 보일러의 자동제어에서 연소제어 시 조작량과 제어량의 관계가 옳은 것은?

① 공기량 – 수위
② 급수량 – 증기온도
③ 연료량 – 증기압
④ 전열량 – 노내압

해설
연소제어(ACC) : 연료량 – 증기압

11 다음과 같은 특징을 갖고 있는 통풍방식은?

- 연도의 끝이나 연돌하부에 송풍기를 설치한다.
- 연도 내의 압력은 대기압보다 낮게 유지된다.
- 매연이나 부식성이 강한 배기가스가 통과하므로 송풍기의 고장이 자주 발생한다.

① 자연통풍 ② 압입통풍
③ 흡입통풍 ④ 평형통풍

12 프라이밍의 발생 원인으로 거리가 먼 것은?

① 보일러 수위가 낮을 때
② 보일러수가 농축되어 있을 때
③ 송기 시 증기밸브를 급개할 때
④ 증발능력에 비하여 보일러수의 표면적이 작을 때

해설
프라이밍의 발생 원인으로 거리가 먼 것은 보일러 수위가 낮을 때이다.

13 주철제 보일러의 특징 설명으로 틀린 것은?

① 내열 · 내식성이 우수하다.
② 쪽수의 증감에 따라 용량조절이 용이하다.
③ 재질이 주철이므로 충격에 강하다.
④ 고압 및 대용량에 부적당하다.

해설
재질이 주철이므로 충격에 약하다.

14 보일러의 급수장치에서 인젝터의 특징으로 틀린 것은?

① 구조가 간단하고 소형이다.
② 급수량의 조절이 가능하고 급수효율이 높다.
③ 증기와 물이 혼합하여 급수가 예열된다.
④ 인젝터가 과열되면 급수가 곤란하다.

해설
인젝터의 특징으로 급수량의 조절이 불가능하고 급수효율이 낮다.

15 무게 80kgf인 물체를 수직으로 5m까지 끌어 올리기 위한 일을 열량으로 환산하면 약 몇 kcal인가?

① 0.94kcal ② 0.094kcal
③ 40kcal ④ 400kcal

16 상당증발량이 6000kg/h, 연료소비량이 400kg/h인 보일러의 효율은 약 몇 %인가? (단, 연료의 저위발열량은 9700kcal/kg이다)

① 81.3% ② 83.4%
③ 85.8% ④ 79.2%

17 정격압력이 12kgf/cm²일 때 보일러의 용량이 가장 큰 것은?(단, 급수온도는 10℃, 증기엔탈피는 663.8kcal/kg이다)

① 실제증발량 1200kg/h
② 상당증발량 1500kg/h
③ 정격출력 800000kcal/h
④ 보일러 100 마력(B-HP)

18 보일러의 열손실이 아닌 것은?

① 방열손실 ② 배기가스열손실
③ 미연소손실 ④ 응축수손실

해설
보일러의 열손실은 방열손실, 배기가스열손실, 미연소손실 등이다.

19 어떤 보일러의 시간당 발생증기량을 Ga, 발생증기의 엔탈피를 i_2, 급수 엔탈피를 i_1라 할 때, 다음 식으로 표시되는 값(Ge)은?

$$Ge = \frac{G_a(i_2 - i_1)}{539}(kg/h)$$

① 증발률 ② 보일러 마력
③ 연소 효율 ④ 상당 증발량

20 보일러의 부하율에 대한 설명으로 적합한 것은?

① 보일러의 최대증발량에 대한 실제증발량의 비율
② 증기발생량을 연료소비량으로 나눈 값
③ 보일러에서 증기가 흡수한 총열량을 급수량으로 나눈 값
④ 보일러 전열면적 1m²에서 시간당 발생되는 증기열량

해설
보일러의 부하율은 보일러의 최대증발량에 대한 실제증발량의 비율이다.

21 열용량에 대한 설명으로 옳은 것은?

① 열용량의 단위는 kcal/h · ℃
② 어떤 물질 1g의 온도를 1℃ 올리는데 소요되는 열량이다.
③ 어떤 물질의 비열에 그 물질의 질량을 곱한 값이다.
④ 열용량은 물질의 질량에 관계없이 항상 일정하다.

해설
열용량은 어떤 물질의 비열에 그 물질의 질량을 곱한 값이다.

22 수관식 보일러의 특징에 관한 설명으로 틀린 것은?

① 구조상 고압 대용량에 적합하다.
② 전열면적을 크게 할 수 있으므로 일반적으로 효율이 높다.
③ 급수 및 보일러수 처리에 주의가 필요하다.
④ 전열면적당 보유수량이 많아 기동에서 소요증기가 발생할 때까지의 시간이 길다.

해설
수관식 보일러의 특징으로 전열면적당 보유수량이 적어 기동에서 소요증기가 발생할 때까지의 시간이 짧다.

23 보일러의 폐열회수장치에 대한 설명 중 가장 거리가 먼 것은?

① 공기예열기는 배기가스와 연소용 공기를 열교환하여 연소용 공기를 가열하기 위한 것이다.
② 절탄기는 배기가스의 여열을 이용하여 급수를 예열하는 급수예열기를 말한다.
③ 공기예열기의 형식은 전열방법에 따라 전도식과 재생식, 히트파이프식으로 분류된다.
④ 급수예열기는 설치하지 않아도 되지만 공기예열기는 반드시 설치하여야 한다.

24 다음 중 탄화수소비가 가장 큰 액체연료는?

① 휘발유 ② 등유
③ 경유 ④ 중유

해설
중유는 탄화수소비가 가장 큰 액체연료이다.

25 보일러의 자동제어를 제어동작에 따라 구분할 때 연속동작에 해당되는 것은?

① 2위치 동작 ② 다위치 동작
③ 비례동작(P동작) ④ 부동제어 동작

해설
비례동작(P동작)은 자동제어를 제어동작에 따라 구분할 때 연속동작에 해당한다.

26 중유의 연소 상태를 개선하기 위한 첨가제의 종류가 아닌 것은?

① 연소촉진제 ② 회분개질제
③ 탈수제 ④ 슬러지생성제

해설
첨가제의 종류는 연소촉진제, 회분개질제, 탈수제이다.

27 일반적으로 보일러 동(드럼) 내부에는 물을 어느 정도로 채워야 하는가?

① $\frac{1}{4} \sim \frac{1}{3}$ ② $\frac{1}{6} \sim \frac{1}{5}$
③ $\frac{1}{4} \sim \frac{2}{5}$ ④ $\frac{2}{3} \sim \frac{4}{5}$

해설
보일러 동(드럼) 내부에 물은 $\frac{2}{3} \sim \frac{4}{5}$ 정도 채운다.

28 매연분출장치에서 보일러의 고온부인 과열기나 수관부용으로 고온의 열가스 통로에 사용할 때만 사용되는 매연분출장치는?

① 정치회전형 ② 롱레트랙터블형
③ 쇼트레트랙터블형 ④ 이동회전형

해설
고온부인 과열기나 수관부용으로 고온의 열가스 통로에 사용할 때만 사용되는 매연분출장치는 롱레트랙터블형이다.

29 노통 연관식 보일러의 특징으로 가장 거리가 먼 것은?

① 내분식이므로 열손실이 적다.
② 수관식 보일러에 비해 보유수량이 적어 파열 시 피해가 작다.
③ 원통형 보일러 중에서 효율이 가장 높다.
④ 원통형 보일러 중에서 구조가 복잡한 편이다.

해설
수관식 보일러에 비해 보유수량이 많아 파열 시 피해가 크다.

30 보일러 운전 중 저수위로 인하여 보일러가 과열된 경우의 조치법으로 거리가 먼 것은?

① 연료공급을 중지한다.
② 연소용 공기 공급을 중단하고 댐퍼를 전개한다.
③ 보일러가 자연냉각하는 것을 기다려 원인을 파악한다.
④ 부동 팽창을 방지하기 위해 즉시 급수를 한다.

31 보일러 동체가 국부적으로 과열되는 경우는?

① 고수위로 운전하는 경우
② 보일러 동 내면에 스케일이 형성된 경우
③ 안전밸브의 기능이 불량한 경우
④ 주증기밸브의 개폐 동작이 불량한 경우

해설
동체가 국부적으로 과열되는 경우는 보일러 동 내면에 스케일이 형성된 경우이다.

32 복사난방의 특징에 관한 설명으로 옳지 않은 것은?

① 쾌감도가 좋다.
② 고장 발견이 용이하고 시설비가 싸다.
③ 실내공간의 이용률이 높다.
④ 동일 방열량에 대한 열손실이 적다.

33 배관 중간이나 밸브, 펌프, 열교환기 등의 접속을 위해 사용되는 이음쇠로서 분해, 조립이 필요한 경우에 사용 되는 것은?

① 벤드　② 리듀셔
③ 플랜지　④ 슬리브

해설
플랜지는 분해, 조립이 필요한 경우에 사용된다.

34 강관 용접접합의 특징에 대한 설명으로 틀린 것은?

① 관내 유체의 저항 손실이 적다.
② 접합부의 강도가 강하다.
③ 보온피복 시공이 어렵다.
④ 누수의 염려가 적다.

해설
강관 용접접합의 특징으로 보온피복 시공이 용이하다.

35 강관 배관에서 유체의 흐름방향을 바꾸는데 사용되는 이음쇠는?

① 부싱　② 리턴 벤드
③ 리듀셔　④ 소켓

해설
리턴 벤드는 유체의 흐름방향을 바꾸는데 사용되는 이음쇠이다.

36 규산칼슘 보온재의 안전사용 최고온도(℃)는?

① 300　② 450
③ 650　④ 850

해설
규산칼슘 보온재의 안전사용 최고온도는 650℃이다.

37 주철제 보일러의 최고사용압력이 0.30MPa인 경우 수압시험압력은?

① 0.15MPa　② 0.30MPa
③ 0.43MPa　④ 0.60MPa

38 흑체로부터의 복사전열량은 절대온도의 몇 승에 비례하는가?

① 2승　② 3승
③ 4승　④ 5승

해설
복사 전열량은 절대온도의 4승에 비례한다.

39 수면계의 점검순서 중 가장 먼저 해야 하는 사항으로 적당한 것은?

① 드레인 콕을 닫고 물콕을 연다.
② 물콕을 열어 통수관을 확인한다.
③ 물콕 및 증기콕을 닫고 드레인 콕을 연다.
④ 물콕을 닫고 증기콕을 열어 통기관을 확인한다.

해설
수면계의 점검순서는 물콕 및 증기콕을 닫고 드레인 콕을 연다.

40 다음 중 보일러 용수관리에서 경도(Hardness)와 관련되는 항목으로 가장 적합한 것은?

① Hg, SVI ② BOD, COD
③ DO, Na ④ Ca, Mg

해설
경도(hardness)와 관련되는 항목은 Ca, Mg이다.

41 보일러의 점화조작 시 주의사항에 대한 설명으로 잘못된 것은?

① 유압이 낮으면 점화 및 분사가 불량하고 유압이 높으면 그을음이 축적되기 쉽다.
② 연료의 예열온도가 낮으면 무화불량, 화염의 편류, 그을음, 분진이 발생하기 쉽다.
③ 연료가스의 유출속도가 너무 빠르면 역화가 일어나고, 너무 늦으면 실화가 발생하기 쉽다.
④ 프리퍼지 시간이 너무 길면 연소실의 냉각을 초래하고, 너무 짧으면 역화를 일으키기 쉽다.

42 세관작업 시 규산염은 염산에 잘 녹지 않으므로 용해촉진제를 사용하는 데 다음 중 어느 것을 사용하는가?

① H_2SO_4 ② HF
③ NH_3 ④ Na_2SO_4

해설
용해촉진제는 불화수소(HF)를 사용한다.

43 이동 및 회전을 방지하기 위해 지지점 위치에 완전히 고정하는 지지금속으로, 열팽창 신축에 의한 영향이 다른 부분에 미치지 않도록 배관을 분리하여 설치 · 고정해야 하는 리스트레인트의 종류는?

① 앵커 ② 리지드 행거
③ 파이프 슈 ④ 브레이스

해설
앵커는 다른 부분에 미치지 않도록 배관을 분리하여 설치 · 고정해야 하는 리스트레인트이다.

44 강철제 증기 보일러의 최고사용압력이 2MPa일 때 수압시험압력은?

① 2MPa ② 2.5MPa
③ 3MPa ④ 4MPa

해설
2MPa × 1.5배 = 3MPa

45 보일러에서 열효율의 향상대책으로 틀린 것은?

① 열손실을 최대한 억제한다.
② 운전조건을 양호하게 한다.
③ 연소실 내의 온도를 낮춘다.
④ 연소장치에 맞는 연료를 사용한다.

해설
열효율 향상대책으로는 연소실 내의 온도를 높인다.

46 증기 보일러의 케리오버(Carry over)의 발생 원인과 가장 거리가 먼 것은?

① 보일러 부하가 급격하게 증대할 경우
② 증발부 면적이 불충분할 경우
③ 증기정지밸브를 급격히 열었을 경우
④ 부유 고형물 및 용해 고형물이 존재하지 않을 경우

해설
케리오버는 부유 고형물 및 용해 고형물이 존재할 때 발생한다.

47 보일러의 증기관 중 반드시 보온을 해야 하는 곳은?

① 난방하고 있는 실내에 노출된 배관
② 방열기 주위 배관
③ 주증기 공급관
④ 관말 증기트랩장치의 냉각레그

해설

주증기 공급관은 반드시 보온을 해야 한다.

48 **보일러 연소실 내에서 가스 폭발을 일으킨 원인으로 가장 적절한 것은?**

① 프리퍼지 부족으로 미연소가스가 충만되어 있었다.
② 연도 쪽의 댐퍼가 열려 있었다.
③ 연소용 공기를 다량으로 주입하였다.
④ 연료의 공급이 부족하였다.

해설

연소실 내에서 가스 폭발을 일으킨 원인으로 프리퍼지 부족으로 미연소 가스가 충만되어 있었다.

49 **보일러 건조보존 시에 사용되는 건조제가 아닌 것은?**

① 암모니아 ② 생석회
③ 실리카겔 ④ 염화칼슘

해설

건조제는 생석회, 실리카겔, 염화칼슘이다.

50 **환수관의 배관방식에 의한 분류 중 환수주관을 보일러의 표준수위보다 낮게 배관하여 환수하는 방식은 어떤 배관방식인가?**

① 건식환수 ② 중력환수
③ 기계환수 ④ 습식환수

해설

습식환수는 환수주관을 보일러의 표준수위 보다 낮게 배관하여 환수하는 방식이다.

51 **보일러 운전 중 1일 1회 이상 실행하거나 상태를 점검해야 하는 것으로 가장 거리가 먼 사항은?**

① 안전밸브 작동상태
② 보일러수 분출 작업
③ 여과기 상태
④ 저수위 안전장치 작동상태

52 **보일러의 수압시험을 하는 주된 목적은?**

① 제한 압력을 결정하기 위하여
② 열효율을 측정하기 위하여
③ 균열의 여부를 알기 위하여
④ 설계의 양부를 알기 위하여

해설

수압시험을 하는 주된 목적은 균열의 여부를 알기 위하여이다.

53 **난방부하의 발생요인 중 맞지 않는 것은?**

① 벽체(외벽, 바닥, 지붕 등)를 통한 손실열량
② 극간 풍에 의한 손실열량
③ 외기(환기공기)의 도입에 의한 손실열량
④ 실내조명, 전열기구 등에서 발산되는 열부하

54 **팽창탱크 내의 물이 넘쳐흐를 때를 대비하여 팽창탱크에 설치하는 관은?**

① 배수관
② 환수관
③ 오버플로우관
④ 팽창관

해설

오버플로우관은 팽창탱크 내의 물이 넘쳐흐를 때를 대비하여 팽창탱크에 설치하는 관이다.

55 **온실가스 감축 목표의 설정 · 관리 및 필요한 조치에 관하여 총괄 · 조정 기능을 수행하는 자는?**

① 환경부장관
② 산업통상자원부장관
③ 국도교통부장관
④ 농림축산식품부장관

56 저탄소 녹생성장 기본법상 온실가스에 해당하지 않는 것은?

① 이산화탄소
② 메탄
③ 수소
④ 육불화황

57 에너지법상 에너지 공급설비에 포함되지 않는 것은?

① 에너지 수입설비
② 에너지 전환설비
③ 에너지 수송설비
④ 에너지 생산설비

58 온실가스감축, 에너지 절약 및 에너지 이용효율 목표를 통보받은 관리업체가 규정의 사항을 포함한 다음 연도 이행계획을 전자적 방식으로 언제까지 부문별 관장기관에게 제출하여야 하는가?

① 매년 3월 31일까지
② 매년 6월 30일까지
③ 매년 9월 30일까지
④ 매년 12월 31일까지

59 자원을 절약하고, 효율적으로 이용하며 폐기물의 발생을 줄이는 등 자원순환산업을 육성 · 지원하기 위한 다양한 시책에 포함되지 않는 것은?

① 자원의 수급 및 관리
② 유해하거나 재 제조 · 재활용이 어려운 물질의 사용억제
③ 에너지자원으로 이용되는 목재, 식물, 농산물 등 바이오매스의 수집 · 활용
④ 친환경 생산체제로의 전환을 위한 기술지원

60 에너지이용합리화법상 열사용기자재가 아닌 것은?

① 강철제 보일러
② 구멍탄용 온수 보일러
③ 전기순간온수기
④ 2종 압력용기

에너지관리기능사 [2014년 4월 6일]

01	02	03	04	05	06	07	08	09	10
④	③	③	①	①	②	④	③	①	③
11	12	13	14	15	16	17	18	19	20
③	①	③	②	①	②	④	④	④	①
21	22	23	24	25	26	27	28	29	30
③	④	④	④	③	④	④	②	②	④
31	32	33	34	35	36	37	38	39	40
②	②	③	③	②	③	④	③	③	④
41	42	43	44	45	46	47	48	49	50
③	②	①	③	③	④	③	①	①	④
51	52	53	54	55	56	57	58	59	60
③	③	④	③	①	③	①	④	④	③

국가기술자격 필기시험문제

2015년 4월 4일 필기시험

자격종목	종목코드	시험시간	형별	수험번호	성명
에너지관리기능사	**7761**	**60분**			

1 **노통연관식 보일러에서 노통을 한쪽으로 편심시켜 부착하는 이유로 가장 타당한 것은?**

① 전열면적을 크게 하기 위해서
② 통풍력의 증대를 위해서
③ 노통의 열신축과 강도를 보강하기 위해서
④ 보일러수를 원활하게 순환하기 위해서

해설
노동을 편심시켜 물의 순환을 원활하게 하기 위해서이다.

2 **스프링식 안전밸브에서 전양정식의 설명으로 옳은 것은?**

① 밸브의 양정이 밸브시트 구경의 1/40 ~ 1/15 미만인 것
② 밸브의 양정이 밸브시트 구경의 1/15 ~ 1/7 미만인 것
③ 밸브의 양정이 밸브시트 구경의 1/7 이상인 것
④ 밸브시트 증기통로 면적은 목부분 면적의 1.05배 이상인 것

해설
① 저양정식, ② 고양정식, ③ 전양정식, ④ 전양식

3 **2차 연소의 방지대책으로 적합하지 않은 것은?**

① 연도의 가스 포켓이 되는 부분을 없앨 것
② 연소실 내에서 완전연소 시킬 것
③ 2차 공기온도를 낮추어 공급할 것
④ 통풍조절을 잘 할 것

해설
2차 공기온도를 높여 연소실 온도를 높게 유지해야 2차 연소를 방지할 수 있다.

4 **보기에서 설명한 송풍기의 종류는?**

> ㉮ 경향 날개형이며 6~12매의 철판제 직선날개를 보스에서 방사한 스포우크에 리벳죔을 한 것이며, 측판이 있는 임펠러와 측판이 없는 것이 있다.
> ㉯ 구조가 견고하며 내마모성이 크고 날개를 바꾸기도 쉬우며 회진이 많은 가스의 흡출통풍기, 미분탄 장치의 배탄기 등에 사용된다.

① 터보송풍기 ② 다익송풍기
③ 축류송풍기 ④ 플레이트송풍기

해설
원심식 송풍기의 일종으로 플레이트 송풍기의 특징이다.

5 **연도에서 폐열회수장치의 설치순서가 옳은 것은?**

① 재열기 → 절탄기 → 공기예열기 → 과열기
② 과열기 → 재열기 → 절탄기 → 공기예열기
③ 공기예열기 → 과열기 → 절탄기 → 재열기
④ 절탄기 → 과열기 → 공기예열기 → 재열기

해설
전열면출구 → 과열기 → 재열기 → 절탄기 → 공기예열기 → 연돌 순이다.

6 **수관식 보일러 종류에 해당되지 않는 것은?**

① 코르니시 보일러 ② 슐처 보일러
③ 다쿠마 보일러 ④ 라몽트 보일러

해설
① 코르니시 : 노통보일러

7 탄소(C) 1kmol이 완전 연소하여 탄산가스(CO_2)가 될 때, 발생하는 열량은 몇 kcal인가?

① 29200 ② 57600
③ 68600 ④ 97200

해설

$C + O_2 \rightarrow CO + 97200kcal/kmol$

8 일반적으로 보일러의 열손실 중에서 가장 큰 것은?

① 불완전연소에 의한 손실
② 배기가스에 의한 손실
③ 보일러 본체 벽에서의 복사, 전도에 의한 손실
④ 그을음에 의한 손실

해설

보일러 열손실 중 배기가스에 의한 열손실이 가장 크다.

9 압력이 일정할 때 과열 증기에 대한 설명으로 가장 적절한 것은?

① 습포화 증기에 열을 가해 온도를 높인 증기
② 건포화 증기에 압력을 높인 증기
③ 습포화 증기에 과열도를 높인 증기
④ 건포화 증기에 열을 가해 온도를 높인 증기

해설

- 과열증기 : 건포화 증기에 열을 가해 온도를 높인 증기이다.
- 포화수 → 습포화 증기 → 건포화 증기 → 과열증기 순이다.

10 기름예열기에 대한 설명 중 옳은 것은?

① 가열온도가 낮으면 기름분해와 분무상태가 불량하고 분사각도가 나빠진다.
② 가열온도가 높으면 불길이 한 쪽으로 치우쳐 그을음, 분진이 일어나고 무화상태가 나빠진다.
③ 서비스탱크에서 점도가 떨어진 기름을 무화에 적당한 온도로 가열시키는 장치이다.
④ 기름예열기에서의 가열온도는 인화점보다 약간 높게 한다.

해설

가열온도가 높으면 기름분해와 분무상태가 고르지 못하고 분사각도가 흐트러진다. 반면 가열온도가 낮으면 무화불량, 그을음 및 분진이 발생한다. 그러므로 기름예열기의 예열온도는 인화점보다 5℃ 낮게 한다.

11 보일러의 자동제어 중 제어동작이 연속동작에 해당하지 않는 것은?

① 비례동작
② 적분동작
③ 미분동작
④ 다위치 동작

해설

- 불연속 동작 : on-off 동작, 다위치 동작
- 연속동작 : 비례, 미분, 적분동작

12 바이패스(by-pass)관에 설치해서는 안 되는 부품은?

① 플로트 트랩
② 연료차단밸브
③ 감압밸브
④ 유류배관의 유량계

해설

연료차단밸브는 위급 시 바로 차단해야 하므로 바이패스관으로 해서는 안 된다.

13 다음 중 압력의 단위가 아닌 것은?

① mmHg ② bar
③ N/m^2 ④ kg · m/s

해설

④ 동력의 단위 : 1kw=102kg · m/s

14 보일러에 부착하는 압력계에 대한 설명으로 옳은 것은?

① 최대증발량이 10t/h 이하인 관류보일러에 부착하는 압력계는 눈금판의 바깥지름을 50mm 이상으로 할 수 있다.
② 부착하는 압력계의 최고 눈금은 보일러의 최고사용압력의 1.5배 이하의 것을 사용한다.
③ 증기보일러에 부착하는 압력계의 바깥지름은 80mm 이상의 크기로 한다.
④ 압력계를 보호하기 위하여 물을 넣은 안지름 6.5mm 이상의 사이폰관 또는 동등한 장치를 부착하여야 한다.

해설

① 5Ton/h, 100mm
② 3배 이하, 1.5배보다 작아서는 안 된다.
③ 100mm 이상

15 수트 블로워 사용에 관한 주의사항으로 틀린 것은?

① 분출기 내의 응축수를 배출시킨 후 사용할 것
② 그을음 불어내기를 할 때는 통풍력을 크게 할 것
③ 원활한 분출을 위해 분출하기 전 연도 내 배풍기를 사용하지 말 것
④ 한 곳에 집중적으로 사용하여 전열면에 무리를 가하지 말 것

해설

원활한 분출을 위해 분출하기 전 연도 내 배풍기를 사용해야 한다.

16 수관보일러의 특징에 대한 설명으로 틀린 것은?

① 자연순환식 고압이 될수록 물과의 비중차가 적어 순환력이 낮아진다.
② 증발량이 크고 수부가 커서 부하변동에 따른 압력변화가 적으며 효율이 좋다.
③ 용량에 비해 설치면적이 적으며 과열기, 공기예열기 등 설치와 운반이 쉽다.
④ 구조상 고압 대용량에 적합하며 연소실의 크기를 임의로 할 수 있어 연소상태가 좋다.

해설

②는 노통연관 보일러의 특징이다.

17 연통에서 배기되는 가스량이 2500kg/h이고, 배기가스 온도가 230℃, 가스의 평균비열이 0.31kcal/kg · ℃, 외기온도가 18℃이면, 배기가스에 의한 손실열량은?

① 164300kcal/h　② 174300kcal/h
③ 184300kcal/h　④ 194300kcal/h

해설

$Q = G \cdot C \cdot \Delta t$
$= 2500 \times 0.31 \times (230-18)$
$= 164300$kcal/h

18 보일러 집진장치의 형식과 종류를 짝지은 것 중 틀린 것은?

① 가압수식 – 제트 스크러버
② 여과식 – 충격식 스크러버
③ 원심력식 – 사이클론
④ 전기식 – 코트렐

해설

② 여과식 – 백필터식

19 연소효율이 95%, 전열효율이 85%인 보일러의 효율은 약 몇 %인가?

① 90　② 81
③ 70　④ 61

해설

보일러효율 = 연소효율×전열면효율×100
= 0.95×0.85×100 = 80.75%

20 소형연소기를 실내에 설치하는 경우, 급배기통을 전용 챔버 내에 접속하여 자연통기력에 의해 급배기하는 방식은?

① 강제배기식 ② 강제급배기식
③ 자연급배기식 ④ 옥외급배기식

해설

자연통기력 : 자연급배기식

21 가스버너 연소방식 중 예혼합 연소방식이 아닌 것은?

① 저압버너
② 포트형버너
③ 고압버너
④ 송풍버너

해설

- 예혼합 연소방식 : 저압버너, 고압버너, 송풍버너
- 포트형은 액체연료버너이다.

22 전열면적이 $25m^2$인 연관보일러를 8시간 가동시킨 결과 4000kgf의 증기가 발생하였다면, 이 보일러의 전열면의 증발률은 몇 $kgf/m^2 \cdot h$인가?

① 20 ② 30
③ 40 ④ 50

해설

$$\text{전열면 증발률} = \frac{\text{시간당실제증발률(kgf/h)}}{\text{전열면적}(m^2)}$$

$$= \frac{4000kgf}{25m^2 \times 8h} = 20kgf/m^2 \cdot h$$

23 물을 가열하여 압력을 높이면 어느 지점에서 액체, 기체 상태의 구별이 없어지고 증발 잠열이 0kcal/kg이 된다. 이 점을 무엇이라 하는가?

① 임계점 ② 삼중점
③ 비등점 ④ 압력점

해설

- 임계점 : 물을 가열하여 압력을 높이면 액체, 기체 상태의 구별이 없어지고 증발잠열이 0kcal/kg이 되는 점
- 물의 임계압력 : 22.5Mpa
- 임계온도 : 375.15℃

24 증기난방과 비교한 온수난방의 특징으로 틀린 것은?

① 가열시간은 길지만 잘 식지 않으므로 동결의 우려가 적다.
② 난방부하의 변동에 따라 온도조절이 용이하다.
③ 취급이 용이하고 표면의 온도가 낮아 화상의 염려가 없다.
④ 방열기에는 증기트랩을 반드시 부착해야 한다.

해설

방열기에는 공기빼기밸브(에어밴트)를 설치한다.

25 외기온도 20℃, 배기가스온도 200℃이고, 연돌 높이가 20m일 때 통풍력은 약 몇 mmAq인가?

① 5.5 ② 7.2
③ 9.2 ④ 12.2

해설

$$Z = 355H\left(\frac{1}{T_a} = \frac{1}{T_g}\right)$$

$$= 355 \times 20 \times \left(\frac{1}{273+20} - \frac{1}{273+200}\right)$$

$= 9.22mmAq$

26 과잉공기량에 관한 설명으로 옳은 것은?

① (실제공기량) × (이론공기량)
② (실제공기량) / (이론공기량)
③ (실제공기량) + (이론공기량)
④ (실제공기량) − (이론공기량)

해설

- 과잉공기량 = 실제공기량 − 이론공기량
- 공기비 = 실제공기량 / 이론공기량

27 다음 그림은 인젝터의 단면을 나타낸 것이다. C부의 명칭은?

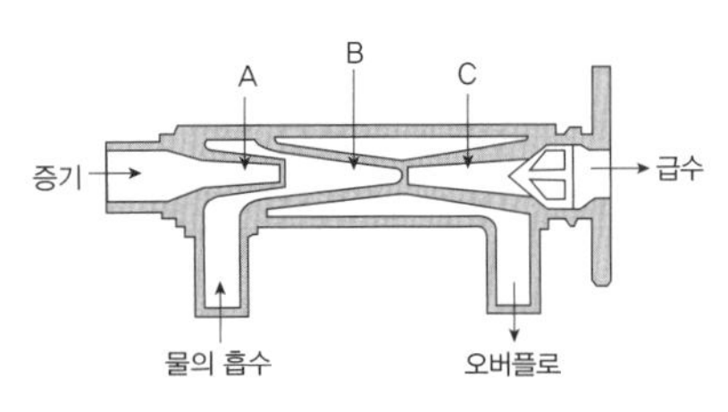

① 증기노즐 ② 혼합노즐
③ 분출노즐 ④ 고압노즐

해설
A : 증기노즐, B : 혼합노즐, C : 분출노즐(토출노즐)

28 증기 축열기(steam accumulator)에 대한 설명으로 옳은 것은?

① 송기압력을 일정하게 유지하기 위한 장치
② 보일러 출력을 증가시키는 장치
③ 보일러에서 온수를 저장하는 장치
④ 증기를 저장하여 과부하 시에는 증기를 방출하는 장치

해설 **증기축열기**
저부하 또는 변동 부하 시 잉여증기를 저장하였다가 과부하시 잉여증기를 공급하는 장치

29 물체의 온도를 변화시키지 않고, 상(相) 변화를 일으키는 데만 사용되는 열량은?

① 감열 ② 비열
③ 현열 ④ 잠열

해설
• 현열(감열) : 상태변화 없이 온도변화에 관여한 열
• 잠열 : 온도변화 없이 상태변화에만 관여한 열

30 고체벽 한 쪽에 있는 고온의 유체로부터 이 벽을 통과하여 다른 쪽에 있는 저온의 유체로 흐르는 열의 이동을 의미하는 용어는?

① 열관류 ② 현열
③ 잠열 ④ 전열량

해설 **열관류(K)**
열이 한 유체에서 벽을 통하여 다른 유체로 전달되는 현상. 열의 이동

31 호칭지름 15A의 강관을 각도 90도로 구부릴 때 곡선부의 길이는 약 몇 mm인가?(단, 곡선부의 반지름은 90mm로 한다)

① 141.4 ② 145.5
③ 150.2 ④ 155.3

해설

$$L = \frac{2\pi r\theta}{360} = \frac{2\times3.14\times90\times90}{360} = 141.4\text{mm}$$

32 보일러의 점화 조작 시 주의사항으로 틀린 것은?

① 연료가스의 유출속도가 너무 빠르면 실화 등이 일어나고 너무 늦으면 역화가 발생한다.
② 연소실의 온도가 낮으면 연료의 확산이 불량해지며 착화가 잘 안 된다.
③ 연료의 예열온도가 낮으면 무화불량, 화염의 편류, 그을음, 분진이 발생한다.
④ 유압이 낮으면 점화 및 분사가 양호하고 높으면 그을음이 없어진다.

해설
가열온도가 높으면 기름분해와 분무상태가 고르지 못하고 분사각도가 흐트러진다. 반면 가열온도가 낮으면 무화불량, 그을음 및 분진이 발생한다.

33 온수난방에서 상당방열면적이 $45m^2$일 때 난방부하는?(단, 방열기의 방열량은 표준방열량으로 한다)

① 16450kcal/h ② 18500kcal/h
③ 19450kcal/h ④ 20250kcal/h

해설
온수난방 표준방열량은 $450kcal/m^2h$ 이므로
난방부하 = $450kcal/m^2h \times 45m^2$ = 20250kcal/h

34 **보일러 사고에서 제작상의 원인이 아닌 것은?**

① 구조 불량
② 재료 불량
③ 캐리 오버
④ 용접 불량

해설
캐리오버는 취급상의 원인이다.

35 **주철제 벽걸이 방열기의 호칭 방법은?**

① 종별 – 형 × 쪽수
② 종별 – 치수 × 쪽수
③ 종별 – 쪽수 × 형
④ 치수 – 종별 × 쪽수

해설
- 벽걸이 방열기 : 종별 – 형 × 쪽수
- 주형(기둥형) 방열기 : 종별 – 높이 × 쪽수

36 **증기난방에서 응축수의 환수방법에 따른 분류 중 증기의 순환과 응축수의 배출이 빠르며, 방열량도 광범위하게 조절할 수 있어서 대규모 난방에서 많이 채택하는 방식은?**

① 진공 환수식 증기난방
② 복관 중력 환수식 증기난방
③ 기계 환수식 증기난방
④ 단관 중력 환수식 증기난방

37 **저탕식 급탕설비에서 급탕의 온도를 일정하게 유지시키기 위해서 가스나 전기를 공급 또는 정지하는 것은?**

① 사일렌서
② 순환펌프
③ 가열코일
④ 서머스탯

해설 서머스탯(thermostat)
온수온도에 따라 가스나 전기를 공급 및 차단하는 역할을 한다.

38 **파이프 밴더에 의한 구부림 작업 시 관에 주름이 생기는 원인으로 가장 옳은 것은?**

① 압력조정이 세고 저항이 크다.
② 굽힘 반지름이 너무 작다.
③ 받침쇠가 너무 나와 있다.
④ 바깥지름에 비하여 두께가 너무 얇다.

해설 주름이 생기는 원인
- 관이 미끄러질 때
- 코어(받침쇠)가 너무 내려가 있을 때
- 바깥지름에 비하여 두께가 너무 얇을 때

39 **보일러 급수의 수질이 불량할 때 보일러에 미치는 장해와 관계없는 것은?**

① 보일러 내부의 부식이 발생된다.
② 라미네이션 현상이 발생한다.
③ 프라이밍이나 포밍이 발생된다.
④ 보일러 내부에 슬러지가 퇴적된다.

해설 라미네이션
제작상 결함이며 압연강판 사이에 가스 등으로 인해 두 장의 층을 형성하고 있는 것으로 수질과는 관련이 없다.

40 **보일러의 정상운전 시 수면계에 나타나는 수위의 위치로 가장 적당한 것은?**

① 수면계의 최상위
② 수면계의 최하위
③ 수면계의 중간
④ 수면계 하부의 1/3 위치

해설 상용수위
수면계 중간(1/2지점)

41 **유류 연소 자동점화 보일러의 점화순서상 화염검출기 작동 후 다음 단계는?**

① 공기댐퍼 열림
② 전자 밸브 열림
③ 노내압 조정
④ 노내 환기

해설

공기댐퍼열림 – 노내환기 – 주버너동작 시작 – 노내압 조정 – 파일럿(점화)버너 작동 – 화염검출기 작동 – 전자밸브 열림

42 보일러 내처리제에서 가성취화 방지에 사용되는 약제가 아닌 것은?

① 인산나트륨 ② 질산나트륨
③ 탄닌 ④ 암모니아

해설 가성취화 방지제

인산나트륨, 질산나트륨, 탄닌, 리그린

43 연관 최고부보다 노통 윗면이 높은 노통연관 보일러의 최저수위(안전저수면)의 위치는?

① 노통 최고부 위 100mm
② 노통 최고부 위 75mm
③ 연관 최고부 위 100mm
④ 연관 최고부 위 75mm

해설 안전저수위

수면계 하단, 노통 100mm 위, 연관 75mm 위 지점으로 노통이 더 높으므로 노통 100mm 위가 안전저수위로 한다.

44 보일러의 외부 검사에 해당되는 것은?

① 스케일, 슬러지 상태 검사
② 노벽 상태 검사
③ 배관의 누설 상태 검사
④ 연소실의 열 집중 현상 검사

해설

①, ②, ④는 내부검사이다.

45 보일러 강판이나 강관을 제조할 때 재질 내부에 가스체 등이 함유되어 두 장의 층을 형성하고 있는 상태의 흠은?

① 블리스터 ② 팽출
③ 압궤 ④ 라미네이션

해설

- 라미네이션 : 보일러 강판이나 관의 두께 속에 두 장의 층을 형성한 상태
- 브리스터 : 두 장의 층을 형성한 상태에서 높은 열을 받아 부풀어 오르거나 갈라지는 현상

46 오일프리히터의 종류에 속하지 않는 것은?

① 증기식 ② 직화식
③ 온수식 ④ 전기식

해설 오일프리히터 예열방식

증기식, 온수식, 전기식, 가스식

47 보일러의 과열 원인과 무관한 것은?

① 보일러수의 순환이 불량할 경우
② 스케일 누적이 많은 경우
③ 저수위로 운전할 경우
④ 1차 공기량의 공급이 부족한 경우

해설

④는 불완전 연소의 원인이다.

48 증기난방 배관시공 시 환수관이 문 또는 보와 교차할 때 이용되는 배관형식으로 위로는 공기, 아래로는 응축수를 유통시킬 수 있도록 시공하는 배관은?

① 루프형 배관
② 리프트 피팅 배관
③ 하트포드 배관
④ 냉각 배관

해설

증기관과 환수관이 출입구나 보와 같은 장애물에 부딪치는 경우 루프형 배관을 하여 상부는 공기, 하부는 응축수가 흐르도록 한다.

49 강철제 증기보일러의 최고사용압력이 0.4MPa인 경우 수압시험 압력은?

① 0.16MPa ② 0.2MPa
③ 0.8MPa ④ 1.2MPa

해설 수압시험압력

최고사용압력이 0.43Mpa 이하이므로
최고사용압력×2배 = 0.4×2 = 0.8Mpa

50 질소봉입 방법으로 보일러 보존 시 보일러 내부에 질소가스의 봉입압력(MPa)으로 적합한 것은?

① 0.02 ② 0.03
③ 0.06 ④ 0.08

해설 질소봉입법

질소 순도 99.5%의 것으로 0.06Mpa 가압 봉입

51 보일러 급수 중 Fe, Mn, CO_2를 많이 함유하고 있는 경우의 급수처리 방법으로 가장 적합한 것은?

① 분사법 ② 기폭법
③ 침강법 ④ 가열법

해설 기폭법

용존가스 제거방법으로 탄산가스체나 철, 망간 등을 제거하는 방법이다. 공기 중에 물을 강수하는 방식과 수중에 공기를 흡입하는 방식이 있다.

52 증기난방에서 방열기와 벽면과의 적합한 간격(mm)은?

① 30~40
② 50~60
③ 80~100
④ 100~120

해설

주형(기둥형) 방열기와 벽면과의 간격 : 50~60mm

53 다음 중 보온재의 종류가 아닌 것은?

① 코르크
② 규조토
③ 프탈산수지도료
④ 기포성수지

해설

- 유기질 보온재 : 펠트, 코르크, 기포성수지
- 무기질 보온재 : 석면, 암면, 규조토, 탄산마그네슘 등

54 다음 보온재 중 안전사용 (최고)온도가 가장 높은 것은?

① 탄산마그네슘 물반죽 보온재
② 규산칼슘 보온관
③ 경질 폼라버 보온통
④ 글라스울 블랭킷

해설

① 300℃, ② 650℃, ③ 300℃, ④ 350℃

55 저탄소 녹색성장 기본법상 녹색성장위원회의 위원으로 틀린 것은?

① 국토교통부장관
② 미래창조과학부장관
③ 기획재정부장관
④ 고용노동부장관

해설 저탄소 녹색성장 위원회 위원

기획재정부장관, 미래창조과학부장관, 교육부장관, 산업통상자원부장관, 국토해양부장관

56 에너지이용 합리화법상 검사대상기기 설치자가 검사대상기기의 조종자를 선임하지 않았을 때의 벌칙은?

① 1년 이하의 징역 또는 2천만 원 이하의 벌금
② 1년 이하의 징역 또는 5백만 원 이하의 벌금
③ 1천만 원 이하의 벌금
④ 5백만 원 이하의 벌금

해설 1천만 원 이하의 벌금

검사대상기기 조종자를 선임하지 않았을 때

57 에너지이용 합리화법령상 산업통상자원부장관이 에너지다소비사업자에게 개선명령을 할 수 있는 경우는 에너지관리 지도 결과 몇 % 이상 에너지 효율개선이 기대되는 경우인가?

① 2%　　② 3%
③ 5%　　④ 10%

해설 개선명령

10% 이상 에너지효율개선이 기대될 때

58 에너지이용 합리화법상 에너지사용자와 에너지공급자의 책무로 맞는 것은?

① 에너지의 생산 · 이용 등에서의 그 효율을 극소화
② 온실가스배출을 줄이기 위한 노력
③ 기자재의 에너지효율을 높이기 위한 기술개발
④ 지역경제발전을 위한 시책 강구

해설

국가나 지방자치단체의 에너지시책에 적극 참여하고 협력하여야 하며, 에너지의 생산 · 전환 · 수송 · 저장 · 이용 등에서 그 효율을 극대화하고 온실가스배출을 줄이기 위해 노력하여야 한다.

59 에너지이용 합리화법상 평균에너지소비효율에 대하여 총량적인 에너지효율의 개선이 특히 필요하다고 인정되는 기자재는?

① 승용자동차　　② 강철제보일러
③ 1종압력용기　　④ 축열식전기보일러

해설

널리 보급되어 있고 상당량의 에너지를 소비하는 에너지 사용기자재로서 지식경제부령으로 정하는 효율관리기자재 : 전기냉장고, 전기냉방기, 전기세탁기, 조명기기, 삼상유도전동기, 자동차

60 에너지이용 합리화법에 따라 에너지 진단을 면제 또는 에너지진단주기를 연장 받으려는 자가 제출해야 하는 첨부서류에 해당하지 않는 것은?

① 보유한 효율관리기자재 자료
② 중소기업임을 확인할 수 있는 서류
③ 에너지절약 유공자 표창 사본
④ 친에너지형 설비 설치를 확인할 수 있는 서류

해설

- 자발적 협약 우수사업장임을 확인할 수 있는 서류
- 중소기업임을 확인할 수 있는 서류
- 에너지절약 유공자 표창 사본
- 에너지진단결과를 반영한 에너지 절약 투자 및 개선실적을 확인할 수 있는 서류
- 친에너지형 설비 설치를 확인할 수 있는 서류

에너지관리기능사 [2015년 4월 4일]

01	02	03	04	05	06	07	08	09	10
④	③	③	④	②	①	④	②	④	③
11	12	13	14	15	16	17	18	19	20
④	②	④	④	③	②	①	②	②	③
21	22	23	24	25	26	27	28	29	30
②	①	①	④	③	④	③	④	④	①
31	32	33	34	35	36	37	38	39	40
①	④	④	③	①	①	④	④	②	③
41	42	43	44	45	46	47	48	49	50
②	④	①	③	④	②	④	①	③	③
51	52	53	54	55	56	57	58	59	60
②	②	③	②	④	③	④	②	①	①

국가기술자격 필기시험문제

2015년 7월 19일 필기시험

자격종목	종목코드	시험시간	형별	수험번호	성명
에너지관리기능사	7761	60분			

1 보일러에서 배출되는 배기가스의 여열을 이용하여 급수를 예열하는 장치는?

① 과열기 ② 재열기
③ 절탄기 ④ 공기예열기

해설 **절탄기(이코노마이저)**
배기가스 여열과 열교환하여 급수를 예열하는 장치

2 목표 값이 시간에 따라 임의로 변화되는 것은?

① 비율제어 ② 추종제어
③ 프로그램제어 ④ 캐스케이드제어

해설
- 추종제어 : 목표값이 시간에 따라 임의로 변화
- 비율제어 : 2개 이상의 제어값이 정해진 비율을 보유하여 제어
- 프로그램제어 : 목표값이 시간에 따라 미리 결정된 일정한 제어
- 캐스케이드제어 : 1차 제어장치가 제어명령을 발하고 2차 제어장치가 이 명령을 바탕으로 제어량 조절

3 보일러 부속품 중 안전장치에 속하는 것은?

① 감압 밸브 ② 주증기 밸브
③ 가용전 ④ 유량계

해설 **안전장치**
안전밸브, 방출밸브, 화염검출기, 저수위 경보기, 가용전(가용마개), 방폭문(폭발구)

4 캐비테이션의 발생 원인이 아닌 것은?

① 흡입양정이 지나치게 클 경우
② 흡입관의 저항이 작은 경우
③ 유량의 속도가 빠른 경우
④ 관로 내의 온도가 상승되었을 경우

해설 **캐비테이션(공동현상)**
흡입관 저항이 큰 경우

5 다음 중 연료의 연소온도에 가장 큰 영향을 미치는 것은?

① 발화점 ② 공기비
③ 인화점 ④ 회분

해설
연료의 연소온도는 공기비와 연관이 많다. 산소량이 많을수록 연소온도는 올라가고 산소량이 적을수록 연소온도는 낮아진다.

6 수소 15%, 수분 0.5%인 중유의 고위발열량이 10000kcal/kg이다. 이 중유의 저위발열량은 몇 kcal/kg인가?

① 8795 ② 8984
③ 9085 ④ 9187

해설
$H_l = H_h - 600(9H+W)$
$= 10000 - 600(9\times0.15 + 0.005)$
$= 9187$kcal/kg

7 부르돈관 압력계를 부착할 때 사용되는 사이편관 속에 넣는 물질은?

① 수은 ② 증기
③ 공기 ④ 물

해설
압력계를 보호하기 위한 사이폰관에는 80℃ 이하의 물을 채운다.

8 집진장치의 종류 중 건식집진장치의 종류가 아닌 것은?

① 가압수식 집진기 ② 중력식 집진기
③ 관성력식 집진기 ④ 원심력식 집진기

해설 **습식집진장치**
가압수식, 세정식

9 수관식 보일러에 속하지 않는 것은?

① 입형 횡관식 ② 자연 순환식
③ 강제 순환식 ④ 관류식

해설 **수관식 보일러 종류**
자연순환식, 강제순환식, 관류식

10 공기예열기의 종류에 속하지 않는 것은?

① 전열식 ② 재생식
③ 증기식 ④ 방사식

해설 **공기예열기 종류**
전열(전도)식, 재생식, 증기식, 가스식

11 비접촉식 온도계의 종류가 아닌 것은?

① 광전관식 온도계 ② 방사 온도계
③ 광고 온도계 ④ 열전대 온도계

해설 **비접촉식 온도계 종류**
고온 측정용으로 주로 쓰이며 색, 방사, 광고온계, 광전관이 있다.

12 보일러의 전열면적이 클 때의 설명으로 틀린 것은?

① 증발량이 많다.
② 예열이 빠르다.
③ 용량이 적다.
④ 효율이 높다.

해설
전열면적이 클수록 보일러 용량이 크다.

13 보일러 연도에 설치하는 댐퍼의 설치 목적과 관계가 없는 것은?

① 매연 및 그을음의 제거
② 통풍력의 조절
③ 연소가스 흐름의 차단
④ 주연도와 부연도가 있을 때 가스의 흐름을 전환

해설 **댐퍼**
연도 및 덕트에서 송풍량 조절용으로 사용한다. 매연 및 그을음 제거를 하기 위해서 완전연소를 시키거나 수트블로워로 불어내는 방법이 있다.

14 통풍력을 증가시키는 방법으로 옳은 것은?

① 연도는 짧고, 연돌은 낮게 설치한다.
② 연도는 길고, 연돌의 단면적을 작게 설치한다.
③ 배기가스의 온도는 낮춘다.
④ 연도는 짧고, 굴곡부는 적게 한다.

해설 **자연통풍력을 증가시키는 방법**
연도는 짧게, 연돌(굴뚝)은 높게, 배기가스 온도를 높이고, 연돌의 상부단 면적을 크게 하고 연도의 굴곡수를 적게 한다.

15 연료의 연소에서 환원염이란?

① 산소 부족으로 인한 화염이다.
② 공기비가 너무 클 때의 화염이다.
③ 산소가 많이 포함된 화염이다.
④ 연료를 완전 연소시킬 때의 화염이다.

해설 **환원염**
산소가 충분히 공급되지 않아 불완전하게 연소하는 화염

16 보일러 화염 유무를 검출하는 스택 스위치에 대한 설명으로 틀린 것은?

① 화염의 발열 현상을 이용한 것이다.
② 구조가 간단하다.
③ 버너 용량이 큰 곳에 사용된다.
④ 바이메탈의 신축작용으로 화염 유무를 검출한다.

해설

스택 스위치는 화염의 발열현상을 이용한 것으로 주로 소용량 보일러에 사용하는 화염검출기이다.

17 3요소식 보일러 급수 제어 방식에서 검출하는 3요소는?

① 수위, 증기유량, 급수유량
② 수위, 공기압, 수압
③ 수위, 연료량, 공기압
④ 수위, 연료량, 수압

해설 **급수제어 3요소**

수위, 증기량, 급수량

18 대형보일러인 경우에 송풍기가 작동되지 않으면 전자 밸브가 열리지 않고, 점화를 저지하는 인터록의 종류는?

① 저연소 인터록
② 압력초과 인터록
③ 프리퍼지 인터록
④ 불착화 인터록

해설 **프리퍼지 인터록**

송풍기가 작동되지 않아 프리퍼지를 하지 못할 경우 전자밸브를 닫아 점화할 수 없도록 연료를 차단한다.

19 수위의 부력에 의한 플로트 위치에 따라 연결된 수은 스위치로 작동하는 형식으로 중 · 소형 보일러에 가장 많이 사용하는 저수위 경보장치의 형식은?

① 기계식 ② 전극식
③ 자석식 ④ 맥도널식

해설

맥도널식(부자, 플로트)

20 증기의 발생이 활발해지면 증기와 함께 물방울이 같이 비산하여 증기기관으로 취출되는데, 이때 드럼 내에 증기 취출구에 부착하여 증기 속에 포함된 수분 취출을 방지해주는 관은?

① 워터실링관 ② 주증기관
③ 베이퍼록 방지관 ④ 비수방지관

해설 **비수(프라이밍) 방지관**

고수위, 관수농축, 과열 등으로 동내부에 비수현상이 발생 시 증기관으로 물방울이 비산되지 않도록 주증관에 연결 설치한다.

21 증기의 과열도를 옳게 표현한 식은?

① 과열도 = 포화증기온도 − 과열증기온도
② 과열도 = 포화증기온도 − 압축수의 온도
③ 과열도 = 과열증기온도 − 압축수의 온도
④ 과열도 = 과열증기온도 − 포화증기온도

해설

증기의 과열도 = 과열증기온도 − 포화증기온도

22 어떤 액체 연료를 완전 연소시키기 위한 이론 공기량이 $10.5Nm^3/kg$이고, 공기비가 1.4인 경우 실제 공기량은?

① $7.5Nm^3/kg$
② $11.9Nm^3/kg$
③ $14.7Nm^3/kg$
④ $16.0Nm^3/kg$

해설

$$공기비(m) = \frac{실제공기량(A)}{이론공기량(A_0)}$$

실제공기량 = 공기비 × 이론공기량
$= 1.4 \times 10.5 = 14.7Nm^3/kg$

23 파형 노통보일러의 특징으로 옳은 것은?

① 제작이 용이하다.
② 내 · 외면의 청소가 용이하다.
③ 평형 노통보다 전열면적이 크다.
④ 평형 노통보다 외압에 대하여 강도가 적다.

해설 **파형노통**

평형노통에 비해 제작 및 청소가 어려우나 전열면적이 크고 강도가 크다.

24 보일러에 과열기를 설치할 때 얻어지는 장점으로 틀린 것은?

① 증기관 내의 마찰저항을 감소시킬 수 있다.
② 증기기관의 이론적 열효율을 높일 수 있다.
③ 같은 압력은 포화증기에 비해 보유열량이 많은 증기를 얻을 수 있다.
④ 연소가스의 저항으로 압력손실을 줄일 수 있다.

해설

폐열회수장치인 과열기 설치 시 배기가스와 증기가 열교환하여 건증기를 얻기 때문에 증기관 내 마찰저항을 줄이고 열효율을 높일 수 있으나 열교환으로 인한 저항으로 압력손실이 커진다.

25 수트 블로워 사용 시 주의사항으로 틀린 것은?

① 부하가 50% 이하인 경우에 사용한다.
② 보일러 정지 시 수트 블로워 작업을 하지 않는다.
③ 분출 시에는 유인 통풍을 증가시킨다.
④ 분출기 내의 응축수를 배출시킨 후 사용한다.

해설

부하가 50% 이하인 경우 사용하지 말 것

26 후향 날개 형식으로 보일러의 압입송풍에 많이 사용되는 송풍기는?

① 다익형 송풍기
② 축류형 송풍기
③ 터보형 송풍기
④ 플레이트형 송풍기

해설

원심식 송풍기인 터보형은 후향날개로써 효율이 높고 대형이며, 풍압이 높아 압입송풍기로 많이 사용한다.

27 연료의 가연 성분이 아닌 것은?

① N　　② C
③ H　　④ S

해설

• 가연성분 : C, H, S
• 불연성분 : N

28 효율이 82%인 보일러로 발열량 9800kcal/kg의 연료를 15kg 연소시키는 경우의 손실열량은?

① 80360kcal
② 32500kcal
③ 26460kcal
④ 120540kcal

해설

효율이 82%이면 손실열량이 18%이므로
$15 \times 9800 \times 0.18 = 26460$kcal

29 보일러 연소용 공기조절장치 중 착화를 원활하게 하고 화염의 안정을 도모하는 장치는?

① 윈드박스(Wind Box)
② 보염기(Stabilizer)
③ 버너타일(Burner tile)
④ 플레임 아이(Flame eye)

해설

화염을 보호하는 장치의 일종인 보염기(스테이 빌라이저)는 연료유의 분무흐름이나 연소공기 사이에서 저유속 흐름을 유도함으로서 불꽃의 안정성을 유지케 하는 장치이다.

30 증기난방설비에서 배관 구배를 부여하는 가장 큰 이유는 무엇인가?

① 증기의 흐름을 빠르게 하기 위해서
② 응축수의 체류를 방지하기 위해서
③ 배관시공을 편리하게 하기 위해서
④ 증기와 응축수의 흐름마찰을 줄이기 위해서

해설

증기난방설비에서 구배(기울기)를 주는 이유는 응축수의 체류를 방지하기 위함이다.

31 보일러 배관 중에 신축이음을 하는 목적으로 가장 적합한 것은?

① 증기 속의 이물질을 제거하기 위하여
② 열팽창에 의한 관의 파열을 막기 위하여
③ 보일러수의 누수를 막기 위하여
④ 증기 속의 수분을 분리하기 위하여

해설 신축이음

관의 열팽창으로 인한 파열을 방지하기 위함(루프, 벨로우즈, 슬리브, 스위블)

32 팽창탱크에 대한 설명으로 옳은 것은?

① 개방식 팽창탱크는 주로 고온수 난방에서 사용한다.
② 팽창관에는 방열관에 부착하는 크기의 밸브를 설치한다.
③ 밀폐형 팽창탱크에는 수면계를 구비한다.
④ 밀폐형 팽창탱크는 개방식 팽창탱크에 비하여 적어도 된다.

해설

① 고온수 난방에는 밀폐형 팽창탱크를 사용한다.
② 팽창관에는 밸브를 설치하면 안 된다.
④ 보유수량에 따라 팽창탱크 용량을 결정한다.

33 온수난방의 특성을 설명한 것 중 틀린 것은?

① 실내 예열시간이 짧지만 쉽게 냉각되지 않는다.
② 난방부하 변동에 따른 온도조절이 쉽다.
③ 단독주택 또는 소규모 건물에 적용된다.
④ 보일러 취급이 비교적 쉽다.

해설

온수난방은 증기난방에 비해 예열시간이 길지만 쉽게 냉각되지 않는다.

34 다음 중 주형 방열기의 종류로 거리가 먼 것은?

① 1주형　　② 2주형
③ 3세주형　　④ 5세주형

해설 주형방열기 종류

2주형, 3주형, 3세주형, 5세주형

35 보일러 점화 시 역화의 원인과 관계가 없는 것은?

① 착화가 지연될 경우
② 점화원을 사용한 경우
③ 프리퍼지가 불충분한 경우
④ 연료 공급밸브를 급개하여 다량으로 분무한 경우

해설 역화(미연소가스 폭발)의 원인

- 점화 시 착화가 늦을 경우
- 점화 시에 공기보다 연료를 먼저 공급했을 경우
- 프리퍼지가 불충분할 경우
- 연료밸브를 급개하여 과다한 양을 노내에 공급했을 경우

36 압력계로 연결하는 증기관을 황동관이나 동관을 사용할 경우, 증기온도는 약 몇 ℃ 이하인가?

① 210℃
② 260℃
③ 310℃
④ 360℃

해설

증기의 온도가 210℃(483K)를 초과할 경우 동관이나 황동관을 사용할 수 없다.

37 보일러를 비상정지시키는 경우의 일반적인 조치사항으로 거리가 먼 것은?

① 압력은 자연히 떨어지게 기다린다.
② 주증기 스톱밸브를 열어 놓는다.
③ 연소공기의 공급을 멈춘다.
④ 연료 공급을 중단한다.

해설

습증기가 증기관으로 나갈 수 있으므로 주증기 스톱밸브를 닫아 놓는다.

38 금속 특유의 복사열에 대한 반사 특성을 이용한 대표적인 금속질 보온재는?

① 세라믹 화이버
② 실리카 화이버
③ 알루미늄 박
④ 규산칼슘

해설

금속질 보온재로써 알루미늄박을 여러 겹으로 쌓아 보온재로 활용한다.

39 기포성수지에 대한 설명으로 틀린 것은?

① 열전도율이 낮고 가볍다.
② 불에 잘 타며 보온성과 보냉성은 좋지 않다.
③ 흡수성은 좋지 않으나 굽힘성은 풍부하다.
④ 합성수지 또는 고무질 재료를 사용하여 다공질 제품으로 만든 것이다.

해설

고무나 합성수지를 주원료로 발포제를 가하여 다공질 물질로 만든 것으로 열전도율이 낮고 가벼우며 흡수성은 좋지 않으나 굽힘성은 우수하다. 불에 잘 타지 않으며 보온 보냉성이 좋다.

40 온수 보일러의 순환펌프 설치 방법으로 옳은 것은?

① 순환펌프의 모터부분은 수평으로 설치한다.
② 순환펌프는 보일러 본체에 설치한다.
③ 순환펌프는 송수주관에 설치한다.
④ 공기빼기 장치가 없는 순환펌프는 체크밸브를 설치한다.

해설

순환펌프는 펌프의 모터부분을 수평되게 설치하며, 환수주관부에 설치함을 원칙으로 하며 공기빼기장치가 없을 때에는 공기빼기 밸브를 만들어 공기를 제거할 수 있어야 한다.

41 보일러 가동 시 매연 발생의 원인과 가장 거리가 먼 것은?

① 연소실 과열
② 연소실 용적의 과소
③ 연료 중의 불순물 혼입
④ 연소용 공기의 공급 부족

해설

연소실의 온도가 낮을 때 매연이 발생한다.

42 중유 연소 시 보일러 저온부식의 방지대책으로 거리가 먼 것은?

① 저온의 전열면에 내식재료를 사용한다.
② 첨가제를 사용하여 황산가스의 노점을 높여 준다.
③ 공기예열기 및 급수예열장치 등에 보호피막을 한다.
④ 배기가스 중의 산소함유량을 낮추어 아황산가스의 산화를 제한한다.

해설

중유에 노점 강하제를 사용하여 노점을 낮춰준다.

43 물의 온도가 393K를 초과하는 온수발생 보일러에는 크기가 몇 mm 이상인 안전밸브를 설치하여야 하는가?

① 5　② 10
③ 15　④ 20

해설

온도 393K(120℃)를 초과하는 온수발생보일러에는 20mm 이상의 안전밸브를 설치한다.

44 보일러 부식에 관련된 설명 중 틀린 것은?

① 점식은 국부전지의 작용에 의해서 일어난다.
② 수용액 중에서 부식문제를 일으키는 주요인은 용존산소, 용존가스 등이다.

③ 중유 연소 시 중유 회분 중에 바나듐이 포함되어 있으면 바나듐 산화물에 의한 고온부식이 발생한다.
④ 가성취화는 고온에서 알칼리에 의한 부식현상을 말하며, 보일러 내부 전체에 걸쳐 균일하게 발생한다.

해설

보일러수 중에 농축된 알칼리의 영향으로 철강조직이 취약하게 되고 입계균열을 일으키는 현상으로 보일러 내부 전체에 걸쳐 균일하게 발생되지 않는다.

45 **증기난방의 중력 환수식에서 단관식인 경우 배관 기울기로 적당한 것은?**

① 1/100~1/200 정도의 순 기울기
② 1/200~1/300 정도의 순 기울기
③ 1/300~1/400 정도의 순 기울기
④ 1/400~1/500 정도의 순 기울기

해설

- 증기난방 단관식 중력환수식 순구배 : 1/100~1/200
- 역구배 : 1/50 ~1/100
- 복관식 중력환수식 순구배 : 1/200

※순구배 : 증기와 응축수가 같은 방향으로 흐르는 관

46 **보일러 용량 결정에 포함될 사항으로 거리가 먼 것은?**

① 난방부하 ② 급탕부하
③ 배관부하 ④ 연료부하

해설 **보일러 용량**

= 난방부하 + 급탕부하 + 배관부하 +예열부하

47 **온수난방 배관에서 수평주관에 지름이 다른 관을 접속하여 연결할 때 가장 적합한 관 이음쇠는?**

① 유니온 ② 편심 리듀서
③ 부싱 ④ 니플

해설 **지름이 다른 관 연결**

리듀서(관 + 관), 붓싱(관 + 부속)

48 **온수순환방식에 의한 분류 중에서 순환이 자유롭고 신속하며, 방열기의 위치가 낮아도 순환이 가능한 방법은?**

① 중력 순환식
② 강제 순환식
③ 단관식 순환식
④ 복관식 순환식

해설 **온수순환방식**

자연순환식, 강제순환식 중 강제순환식은 펌프를 이용하여 강제적인 순환을 하므로 방열기의 위치가 낮거나 높아도 관계가 없는 방식이다.

49 **온수보일러 개방식 팽창탱크 설치 시 주의사항으로 틀린 것은?**

① 팽창탱크에는 상부에 통기구멍을 설치한다.
② 팽창탱크 내부의 수위를 알 수 있는 구조이어야 한다.
③ 탱크에 연결되는 팽창 흡수관은 팽창탱크 바닥면과 같게 배관해야 한다.
④ 팽창탱크의 높이는 최고 부위 방열기보다 1m 이상 높은 곳에 설치한다.

해설

탱크에 연결되는 팽창관은 팽창탱크 바닥면보다 25mm 높게 배관한다.

50 **열팽창에 의한 배관의 이동을 구속 또는 제한하는 배관 지지구인 레스트레인트(restraint)의 종류가 아닌 것은?**

① 가이드 ② 앵커
③ 스토퍼 ④ 행거

해설 **레스트레인트 종류**

앵커, 가이드, 스토퍼

51 보통 온수식 난방에서 온수의 온도는?

① 65~70℃　　② 75~80℃
③ 85~90℃　　④ 95~100℃

해설
- 고온수 난방 : 100℃ 이상
- 보통 온수식 난방 : 85~90℃

52 장시간 사용을 중지하고 있던 보일러의 점화 준비에서 부속장치 조작 및 시동으로 틀린 것은?

① 댐퍼는 굴뚝에서 가까운 것부터 차례로 연다.
② 통풍장치의 댐퍼 개폐도가 적당한지 확인한다.
③ 흡입통풍기가 설치된 경우는 가볍게 운전한다.
④ 절탄기나 과열기에 바이패스가 설치된 경우는 바이패스 댐퍼를 닫는다.

해설
절탄기나 과열기에 바이패스가 설치된 경우에는 바이패스 댐퍼를 연다.

53 응축수 환수방식 중 중력환수 방식으로 환수가 불가능한 경우, 응축수를 별도의 응축수 탱크에 모으고 펌프 등을 이용하여 보일러에 급수를 행하는 방식은?

① 복관 환수식　　② 부력 환수식
③ 진공 환수식　　④ 기계 환수식

해설 펌프를 이용한 방법
기계 환수식

54 무기질 보온재에 해당되는 것은?

① 암면　　② 펠트
③ 코르크　　④ 기포성 수지

해설
펠트, 코르크, 기포성 수지는 유기질 보온재이다.

55 에너지이용합리화법상 효율관리기자재의 에너지소비효율등급 또는 에너지소비효율을 효율관리시험기관에서 측정받아 해당 효율관리기자재에 표시하여야 하는 자는?

① 효율관리기자재의 제조업자 또는 시공업자
② 효율관리기자재의 제조업자 또는 수입업자
③ 효율관리기자재의 시공업자 또는 판매업자
④ 효율관리기자재의 시공업자 또는 수입업자

해설
효율관리 기자재의 제조업자 또는 수입업자는 효율관리시험기관에서 에너지소비효율을 측정 받아 해당 기자재에 표시하여야 한다.

56 저탄소 녹색성장 기본법상 녹색성장위원회의 심의 사항이 아닌 것은?

① 지방자치단체의 저탄소 녹색성장의 기본방향에 관한 사항
② 녹색성장국가전략의 수립 · 변경 · 시행에 관한 사항
③ 기후변화대응 기본계획, 에너지기본계획 및 지속가능발전 기본계획에 관한 사항
④ 저탄소 녹색성장을 위한 재원의 배분방향 및 효율적 사용에 관한 사항

해설 심의사항
- 국가의 저탄소 녹색성장 정책의 기본방향에 관한 사항
- 녹색성장국가전략의 수립 · 변경 · 시행에 관한 사항
- 기후변화대응 기본계획, 에너지기본계획 및 지속가능 발전 기본계획에 관한 사항
- 저탄소 녹색성장을 위한 재원의 배분방향 및 효율적 사용에 관한 사항

57 에너지법령상 "에너지 사용자"의 정의로 옳은 것은?

① 에너지 보급 계획을 세우는 자
② 에너지를 생산, 수입하는 사업자
③ 에너지사용시설의 소유자 또는 관리자
④ 에너지를 저장, 판매하는 자

해설

"에너지 사용자"란 에너지사용시설의 소유자 또는 관리자를 말한다.

58 에너지이용 합리화법규상 냉난방온도제한 건물에 냉난방 제한온도를 적용할 때의 기준으로 옳은 것은?(단, 판매시설 및 공항의 경우는 제외한다)

① 냉방 : 24℃ 이상, 난방 : 18℃ 이하
② 냉방 : 24℃ 이상, 난방 : 20℃ 이하
③ 냉방 : 26℃ 이상, 난방 : 18℃ 이하
④ 냉방 : 26℃ 이상, 난방 : 20℃ 이하

해설

냉방 : 26℃ 이상, 난방 : 20℃ 이하

59 다음 (　　)에 알맞은 것은?

> 에너지법령상 에너지 총 조사는 (A)마다 실시하되, (B)이 필요하다고 인정할 때에는 간이조사를 실시할 수 있다.

① A : 2년, B : 행정자치부장관
② A : 2년, B : 교육부장관
③ A : 3년, B : 산업통상지원부장관
④ A : 3년, B : 고용노동부장관

해설

에너지 법령상 에너지 총 조사는 3년마다 실시하되, 산업통상자원부장관이 필요하다고 인정할 때에는 간이조사를 실시할 수 있다.

60 에너지이용합리화법상 검사대상기기설치자가 시 · 도지사에게 신고하여야 하는 경우가 아닌 것은?

① 검사대상기기를 정비한 경우
② 검사대상기기를 폐기한 경우
③ 검사대상기기를 사용을 중지한 경우
④ 검사대상기기의 설치자가 변경된 경우

해설

검사대상기기를 정비한 경우에는 신고대상이 아니다.

에너지관리기능사 [2015년 7월 19일]

01	02	03	04	05	06	07	08	09	10
③	②	③	②	②	④	④	①	①	④
11	12	13	14	15	16	17	18	19	20
④	③	①	④	①	③	①	③	④	④
21	22	23	24	25	26	27	28	29	30
④	③	③	④	①	③	①	③	②	②
31	32	33	34	35	36	37	38	39	40
②	③	①	①	②	①	②	③	②	①
41	42	43	44	45	46	47	48	49	50
①	②	④	④	①	④	②	②	③	④
51	52	53	54	55	56	57	58	59	60
③	④	④	①	②	①	③	④	③	①

국가기술자격 필기시험문제

2015년 10월 10일 필기시험

자격종목	종목코드	시험시간	형별	수험번호	성명
에너지관리기능사	7761	60분			

1 **중유의 성상을 개선하기 위한 첨가제 중 분무를 순조롭게 하기 위하여 사용하는 것은?**

① 연소촉진제 ② 슬러지 분산제
③ 회분개질제 ④ 탈수제

해설

- 연소촉진제 : 분무를 양호하게 함
- 안정제(슬러지분산제) : 슬러지 생성방지
- 탈수제 : 중유속의 수분분리
- 회분개질제 : 회분의 융점을 높혀 고온부식 방지

2 **천연가스의 비중이 약 0.64라고 표시되었을 때, 비중의 기준은?**

① 물 ② 공기
③ 배기가스 ④ 수증기

해설

기체 비중 기준은 공기, 액체 비중 기준은 4℃ 물

3 **30마력(PS)인 기관이 1시간 동안 행한 일량을 열량으로 환산하면 약 몇 kcal인가?**

① 14360 ② 15240
③ 18970 ④ 20402

해설

1PS = 632kcal/h, 30×632 = 18960kcal/h

4 **프로판(propane) 가스의 연소식은 다음과 같다. 프로판 가스 10kg을 완전 연소시키는 데 필요한 이론산소량은?**

$$C_3H_8 + 5O_2 \rightarrow 3CO_2 + 4H_2O$$

① 약 11.6Nm^3 ② 약 13.8Nm^3
③ 약 22.4Nm^3 ④ 약 25.5Nm^3

해설

C_3H_8 분자량 (12×3) + (1×8) = 44

44 : 5×22.4 = 10 : x

$$x = \frac{10\times5\times22.4}{44} = 약\ 25.45Nm^3$$

5 **화염 검출기 종류 중 화염의 이온화를 이용한 것으로 가스 점화 버너에 주로 사용하는 것은?**

① 플레임 아이 ② 스택 스위치
③ 광도전 셀 ④ 프레임 로드

해설

- 플레임 아이 : 화염의 발광(적외선) 현상
- 플레임 로드 : 화염의 이온화(전기전도도) 현상
- 스택 스위치 : 화염의 발열현상

6 **수위경보기의 종류 중 플로트의 위치변위에 따라 수은 스위치 또는 마이크로 스위치를 작동시켜 경보를 울리는 것은?**

① 기계식 경보기 ② 자석식 경보기
③ 전극식 경보기 ④ 맥도널식 경보기

해설 **맥도널식(플로트, 부자)**

저수위 시 플로트의 위치 변화에 따라 수은스위치 또는 마이크로 스위치를 작동시켜 경보를 울린다.

7 **보일러 열정산을 설명한 것 중 옳은 것은?**

① 입열과 출열은 반드시 같아야 한다.
② 방열손실로 인하여 입열이 항상 크다.
③ 열효율 증대장치로 인하여 출열이 항상 크다.
④ 연소효율에 따라 입열과 출열은 다르다.

해설 열정산(열수지)

열을 취급하는 설비의 공급열량과 소비열량 사이의 관계를 양적으로 명확히 구분한 것으로 입열과 출열의 총량은 같아야 한다.

8 보일러 액체연료 연소장치인 버너의 형식별 종류에 해당되지 않는 것은?

① 고압기류식
② 왕복식
③ 유압분사식
④ 회전식

해설 액체연료 버너종류

유압식, 회전식(로터리식), 고압기류식, 저압공기식

9 매시간 425kg의 연료를 연소시켜 4800 kg/h의 증기를 발생시키는 보일러의 효율은 약 얼마인가?(단, 연료 발열량 : 9750kcal/kg, 증기엔탈피 : 676kcal/kg, 급수온도 : 20)

① 76 %　　② 81 %
③ 85%　　④ 90%

해설 보일러 효율(%)

$$= \frac{G(h''-h')}{G_f \times H_\ell} \times 100$$

$$= \frac{4800 \times (676-20)}{425 \times 9750} \times 100 = 75.98\%$$

10 함진가스에 선회운동을 주어 분진입자에 작용하는 원심력에 의하여 입자를 분리하는 집진장치로 가장 적합한 것은?

① 백필터식 집진기
② 사이클론식 집진기
③ 전기식 집진기
④ 관성력식 집진기

해설 사이클론(원심력)식

원심력에 의하여 입자를 분리하는 집진장치

11 "1보일러 마력"에 대한 설명으로 옳은 것은?

① 0의 물 539kg을 1시간에 100의 증기로 바꿀 수 있는 능력이다.
② 100의 물 539kg을 1시간에 같은 온도의 증기로 바꿀 수 있는 능력이다.
③ 100의 물 15.65kg을 1시간에 같은 온도의 증기로 바꿀 수 있는 능력이다.
④ 0의 물 15.65kg을 1시간에 100의 증기로 바꿀 수 있는 능력이다.

해설 보일러 마력

- 100℃ 물 15.65kg을 1시간에 100℃ 증기로 바꿀 수 있는 능력
- 보일러 마력 = 15.65kg/h × 539kcal/kg
  = 8435 kcal/h

12 연료성분 중 가연 성분이 아닌 것은?

① C
② H
③ S
④ O

해설

- 가연성분 : C, H, S
- 조연성분 : O

13 보일러 급수내관의 설치 위치로 옳은 것은?

① 보일러의 기준수위와 일치되게 설치한다.
② 보일러의 상용수위보다 50mm 정도 높게 설치한다.
③ 보일러의 안전저수위보다 50mm 정도 높게 설치한다.
④ 보일러의 안전저수위보다 50mm 정도 낮게 설치한다.

해설

집중 급수를 피함으로써 동내 부동팽창을 방지할 수 있도록 안전저수위보다 50mm 아래 설치한다.

14 **보일러 배기가스의 자연 통풍력을 증가시키는 방법으로 틀린 것은?**

① 연도의 길이를 짧게 한다.
② 배기가스 온도를 낮춘다.
③ 연돌 높이를 증가시킨다.
④ 연돌의 단면적을 크게 한다.

해설 **자연통풍력을 증가시키는 방법**

연도는 짧게, 연돌(굴뚝)은 높게, 배기가스 온도를 높이고, 연돌의 상부단면적을 크게 하고 연도의 굴곡수를 적게 한다.

15 **증기의 건조도(x) 설명이 옳은 것은?**

① 습증기 전체 질량 중 액체가 차지하는 질량비를 말한다.
② 습증기 전체 질량 중 증기가 차지하는 질량비를 말한다.
③ 액체가 차지하는 전체 질량 중 습증기가 차지하는 질량비를 말한다.
④ 증기가 차지하는 전체 질량 중 습증기가 차지하는 질량비를 말한다.

해설 **건조도**

- 습증기 전체 질량 중 증기가 차지하는 질량비
- 습포화증기 $0 < x < 1$, 건포화증기 $x = 1$

16 **다음 중 저양정식 안전밸브의 단면적 계산식은?(단, A=단면적(mm^2), P=분출압력(kgf/cm^2), E=증발량(kg/h)이다)**

① $A = \frac{22E}{1.03P+1}$　② $A = \frac{10E}{1.03P+1}$

③ $A = \frac{5E}{1.03P+1}$　④ $A = \frac{2.5E}{1.03P+1}$

해설

① 저양정식, ② 고양정식, ③ 전양정식, ④ 전양식

17 **입형보일러에 대한 설명으로 거리가 먼 것은?**

① 보일러 동을 수직으로 세워 설치한 것이다.
② 구조가 간단하고 설비비가 적게 든다.
③ 내부청소 및 수리, 검사가 불편하다.
④ 열효율이 높고 부하능력이 크다.

해설 **입형보일러(코크란)**

원통형 보일러를 수직으로 세워 만든 보일러로 구조 간단하고 설비비가 적게 드나, 청소 · 검사가 불편하고 전열면적이 적어 효율이 낮다.

18 **보일러용 가스버너 중 외부혼합식에 속하지 않는 것은?**

① 파일럿 버너
② 센터파이어형 버너
③ 링형 버너
④ 멀티스폿형 버너

해설 **가스버너 외부혼합식 종류**

링형, 멀티스폿(다분기)형, 스크롤형, 건(센터 파이어)형
※ 파일럿 버너는 점화용 버너

19 **보일러 부속장치인 증기 과열기를 열가스 접촉에 따라 분류할 때 해당되지 않는 것은?**

① 복사식　② 전도식
③ 접촉식　④ 복사접촉식

해설

열가스 접촉에 따라 접촉(대류), 복사, 접촉(대류)복사식으로 분류된다.

20 **가스 연소용 보일러 안전장치가 아닌 것은?**

① 가용마개　② 화염검출기
③ 이젝터　④ 방폭문

해설 **안전장치**

안전밸브, 화염검출기, 저수위경보기, 가용전(가용마개), 방폭문(폭발구) 등

21 **보일러에서 제어해야 할 요소에 해당되지 않는 것은?**

① 급수 제어　② 연소 제어
③ 증기온도 제어　④ 전열면 제어

해설

전열면 제어는 없다.

22 **관류보일러의 특징에 대한 설명으로 틀린 것은?**

① 철저한 급수처리가 필요하다.
② 임계압력 이상의 고압에 적당하다.
③ 순환비가 1이므로 드럼이 필요하다.
④ 증기의 가동발생 시간이 매우 짧다.

해설

관류보일러는 순환비가 1이므로 드럼이 필요없다.

23 **보일러 전열면적 1m당 1시간에 발생되는 실제 증발량은 무엇인가?**

① 전열면의 증발률
② 전열면의 출력
③ 전열면의 효율
④ 상당증발 효율

해설 **전열면 증발률**

보일러의 전열면적 $1m^2$당 1시간 동안의 실제증발률

24 **50kg의 −10℃ 얼음을 100℃의 증기로 만드는 데 소요되는 열량은 몇 kcal인가?(단, 물과 얼음의 비열은 각각 1kcal/kg · ℃, 0.5kcal/kg · ℃로 한다)**

① 36200 ② 36450
③ 37200 ④ 37450

해설

$Q = 50 \times (0.5 \times 10 + 80 + 1 \times 100 + 539)$
$= 36200kcal$

25 **피드백 자동제어에서 동작신호를 받아서 제어계가 정해진 동작을 하는 데 필요한 신호를 만들어 조작부에 보내는 부분은?**

① 검출부 ② 제어부
③ 비교부 ④ 조절부

해설

- 조절부 : 동작신호를 받아 정해진 동작을 하는데 필요한 신호를 만들어 조작부로 보낸다.
- 조작부 : 조절부로부터 신호를 받아 조작량으로 변환시킨다.

26 **중유 보일러의 연소 보조 장치에 속하지 않는 것은?**

① 여과기 ② 인젝터
③ 화염 검출기 ④ 오일 프리히터

해설

인젝터는 급수보조장치이다.

27 **보일러 분출의 목적으로 틀린 것은?**

① 불순물로 인한 보일러수의 농축을 방지한다.
② 포밍이나 프라이밍의 생성을 좋게 한다.
③ 전열면에 스케일 생성을 방지한다.
④ 관수의 순환을 좋게 한다.

해설 **분출의 목적**

보일러수 농축방지, 스케일 생성방지, 관수의 순환촉진

28 **캐리오버로 인하여 나타날 수 있는 결과로 거리가 먼 것은?**

① 수격현상 ② 프라이밍
③ 열효율 저하 ④ 배관의 부식

해설 **캐리오버(기수공발)**

프라이밍(비수)에 의해 증기관으로 증기와 함께 수분이 나가는 현상으로 결과적으로 수격현상, 배관부식, 열효율 저하를 가져온다.

29 **입형보일러 특징으로 거리가 먼 것은?**

① 보일러 효율이 높다.
② 수리나 검사가 불편하다.
③ 구조 및 설치가 간단하다.
④ 전열면적이 적고 소용량이다.

해설

17번 문제 해설 참조

30 **보일러의 점화 시 역화원인에 해당되지 않는 것은?**

① 압입통풍이 너무 강한 경우
② 프리퍼지의 불충분이나 또는 잊어버린 경우
③ 점화원을 가동하기 전에 연료를 분무해 버린 경우
④ 연료 공급밸브를 필요 이상 급개하여 다량으로 분무한 경우

해설 **역화(미연소가스 폭발)의 원인**

- 점화 시 착화가 늦을 경우
- 점화 시에 공기보다 연료를 먼저 공급했을 경우
- 프리퍼지가 불충분할 경우
- 연료밸브를 급개하여 과다한 양을 노내에 공급했을 경우

31 **관속에 흐르는 유체의 종류를 나타내는 기호 중 증기를 나타내는 것은?**

① S ② W
③ O ④ A

해설

S – 증기, W – 물, O – 기름, A – 공기

32 **보일러 청관제 중 보일러수의 연화제로 사용되지 않는 것은?**

① 수산화나트륨 ② 탄산나트륨
③ 인산나트륨 ④ 황산나트륨

해설 **연화제**

수산화나트륨, 탄산나트륨, 인산나트륨

33 **어떤 방의 온수난방에서 소요되는 열량이 시간당 21000kcal이고, 송수온도가 85℃이며, 환수온도가 25℃라면, 온수의 순환량은? (단, 온수의 비열은 1kcal/kg · ℃이다)**

① 324kg/h ② 350kg/h
③ 398kg/h ④ 423kg/h

해설

$Q = G \cdot C \cdot \Delta t$

$G = \frac{Q}{C \cdot \Delta t} = \frac{21000}{1 \times (85-25)} = 350\text{kg/h}$

34 **보일러에 사용되는 안전밸브 및 압력방출장치 크기를 20A 이상으로 할 수 있는 보일러가 아닌 것은?**

① 소용량 강철제 보일러
② 최대증발량 5 T/h 이하의 관류보일러
③ 최고사용압력 1MPa(10kgf/cm^2) 이하의 보일러로 전열면적 5m^2 이하의 것
④ 최고사용압력 0.1MPa(1kgf/cm^2) 이하의 보일러

해설

최고사용압력 0.5MPa(5kgf/cm^2) 이하의 보일러로 전열면적 5m 이하의 것

35 **배관계의 식별 표시는 물질의 종류에 따라 달리 한다. 물질과 식별색의 연결이 틀린 것은?**

① 물 : 파랑
② 기름 : 연한 주황
③ 증기 : 어두운 빨강
④ 가스 : 연한 노랑

해설

물 – 청색, 기름 – 어두운 황적색, 공기 – 백색, 가스 – 황색, 증기 – 어두운 적색, 전기 – 엷은 황색, 산 또는 알칼리 – 회색

36 **다음 보온재 중 안전사용 온도가 가장 낮은 것은?**

① 우모펠트 ② 암면
③ 석면 ④ 규조토

해설

① 100℃ 이하, ② 400~600℃, ③ 400℃ 이하, ④ 500℃

37 **주증기관에서 증기의 건도를 향상시키는 방법으로 적당하지 않은 것은?**

① 가압하여 증기의 압력을 높인다.
② 드레인 포켓을 설치한다.
③ 증기공간 내에 공기를 제거한다.
④ 기수분리기를 사용한다.

해설 **증기의 건도를 향상시키는 방법**
고압의 증기를 저압의 증기로 감압하여 사용한다.

38 **보일러 기수공발(carry over)의 원인이 아닌 것은?**

① 보일러의 증발능력에 비하여 보일러수의 표면적이 너무 넓다.
② 보일러의 수위가 높아지거나 송기 시 증기 밸브를 급개하였다.
③ 보일러수 중의 가성소다, 인산소다, 유지분 등의 함유비율이 많았다.
④ 부유 고형물이나 용해 고형물이 많이 존재하였다.

해설
보일러수와 맞닿는 표면적이 넓을수록 전열이 좋아 프라이밍 현상이 줄어들게 되고 캐리오버 현상도 줄어든다.

39 **동관의 끝을 나팔 모양으로 만드는 데 사용하는 공구는?**

① 사이징 툴 ② 익스팬더
③ 플레어링 툴 ④ 파이프 커터

해설
- 사이징 툴 : 동관의 원형가공
- 익스팬더 : 동관 확관
- 파이프커터 : 강관 절단

40 **보일러 분출 시의 유의사항 중 틀린 것은?**

① 분출 도중 다른 작업을 하지 말 것
② 안전저수위 이하로 분출하지 말 것
③ 2대 이상의 보일러를 동시에 분출하지 말 것
④ 계속 운전 중인 보일러는 부하가 가장 클 때 할 것

해설
분출은 안전을 위해 부하가 가장 가벼울 때 한다.

41 **난방부하 계산 시 고려해야 할 사항으로 거리가 먼 것은?**

① 유리창 및 문의 크기
② 현관 등의 공간
③ 연료의 발열량
④ 건물 위치

해설
난방부하 계산 시 연료의 발열량은 고려하지 않는다.

42 **보일러에서 수압시험을 하는 목적으로 틀린 것은?**

① 분출 증기압력을 측정하기 위하여
② 각종 덮개를 장치한 후의 기밀도를 확인하기 위하여
③ 수리한 경우 그 부분의 강도나 이상 유무를 판단하기 위하여
④ 구조상 내부검사를 하기 어려운 곳에는 그 상태를 판단하기 위하여

해설
물로 가압하여 누설여부, 강도확인 등을 확인하기 위한 방법으로 분출 증기압력과는 관계가 없다.

43 **온수난방법 중 고온수 난방에 사용되는 온수의 온도는?**

① 100℃ 이상 ② 80~90℃
③ 60~70℃ ④ 40~60℃

해설
- 고온수 난방 : 100℃ 이상
- 보통온수 : 90℃ 이하

44 온수방열기의 공기빼기 밸브의 위치로 적당한 것은?

① 방열기 상부
② 방열기 중부
③ 방열기 하부
④ 방열기의 최하단부

해설

공기는 온수보다 가벼우므로 방열기 상부에 설치한다.

45 관의 방향을 바꾸거나 분기할 때 사용되는 이음쇠가 아닌 것은?

① 벤드 ② 크로스
③ 엘보 ④ 니플

해설

니플, 소켓 : 배관을 연장할 때

46 보일러 운전이 끝난 후, 노내와 연도에 체류하고 있는 가연성 가스를 배출시키는 작업은?

① 페일 세이프(fail safe)
② 풀 프루프(fool proof)
③ 포스트 퍼지(post purge)
④ 프리 퍼지(pre-purge)

해설

- 프리퍼지 : 점화 전 미연소 가스 방출
- 포스트 퍼지 : 운전이 끝난 후, 실화 시 미연소가스 방출

47 온도 조절식 트랩으로 응축수와 함께 저온의 공기도 통과시키는 특성이 있으며, 진공 환수식증기 배관의 방열기 트랩이나 관말 트랩으로 사용되는 것은?

① 버킷 트랩 ② 열동식 트랩
③ 플로트 트랩 ④ 매니폴드 트랩

해설

진공환수식 증기배관 방열기 트랩이나 관말트랩으로 사용되는 것은 열동식 트랩이다.

48 온수난방의 특징에 대한 설명으로 틀린 것은?

① 실내의 쾌감도가 좋다
② 온도 조절이 용이하다.
③ 화상의 우려가 적다.
④ 예열시간이 짧다.

해설

온수난방은 증기난방에 비하여 예열시간이 길다.

49 고온 배관용 탄소강 강관의 KS 기호는?

① SPHT
② SPLT
③ SPPS
④ SPA

해설

- SPHT : 고온 배관용 탄소강관
- SPLT : 저온 배관용 탄소강관
- SPPS : 압력 배관용 탄소강관
- SPA : 배관용 합금강관

50 보일러 수위에 대한 설명으로 옳은 것은?

① 항상 상용수위를 유지한다.
② 증기 사용량이 적을 때는 수위를 높게 유지한다.
③ 증기 사용량이 많을 때는 수위를 얕게 유지한다.
④ 증기 압력이 높을 때는 수위를 높게 유지한다.

해설

보일러 수위는 항상 상용수위를 유지한다.
※ 상용수위 : 수면계 중앙

51 급수펌프에서 송출량이 $10m^3/min$이고, 전양정이 8m일 때, 펌프의 소요마력은? (단, 펌프 효율은 75%이다)

① 15.6PS ② 17.8PS
③ 23.7PS ④ 31.6PS

해설

$$L = \frac{\gamma QH}{75 \times 60 \times \eta}$$

$$L = \frac{1,000kgf/m^3 \times 10m^3/min \times 8m}{\frac{75kgf \cdot m/s}{1PS} \times \frac{60sec}{1min} \times 0.75}$$

$= 23.7PS$

52 증기난방 배관에 대한 설명 중 옳은 것은?

① 건식환수식이란 환수주관이 보일러의 표준수위보다 낮은 위치에 배관되고 응축수가 환수주관의 하부를 따라흐르는 것을 말한다.
② 습식환수식이란 환수주관이 보일러의 표준수위보다 높은 위치에 배관되는 것을 말한다.
③ 건식환수식에서는 증기트랩을 설치하고, 습식환수식에서는 공기빼기 밸브나 에어포켓을 설치한다.
④ 단관식 배관은 복관식 배관보다 배관의 길이가 길고 관경이 작다.

해설

①은 습식환수식에 대한 설명이다.
②는 건식환수식에 대한 설명이다.
④ 단관식 배관은 복관식 배관보다 배관길이가 짧고 관경이 커야 한다.

53 사용 중인 보일러의 점화 전 주의사항으로 틀린 것은?

① 연료 계통을 점검한다.
② 각 밸브의 개폐 상태를 확인한다.
③ 댐퍼를 닫고 프리퍼지를 한다.
④ 수면계의 수위를 확인한다.

해설

댐퍼를 열고 프리퍼지를 한다.

54 다음 중 보일러의 안전장치에 해당되지 않는 것은?

① 방출밸브 ② 방폭문
③ 화염검출기 ④ 감압밸브

해설

감압밸브는 송기장치이다.

55 에너지이용 합리화법에 빠른 열사용기자재 중 소형온수 보일러의 적용 범위로 옳은 것은?

① 전열면적 $24m^2$ 이하이며, 최고사용압력이 0.5MPa 이하의 온수를 발생하는 보일러
② 전열면적 $14m^2$ 이하이며, 최고사용압력이 0.35MPa 이하의 온수를 발생하는 보일러
③ 전열면적 $20m^2$ 이하인 온수보일러
④ 최고사용압력이 0.8MPa 이하의 온수를 발생하는 보일러

해설 **소형온수 보일러**

전열면적 $14m^2$ 이하이며, 최고 사용압력이 0.35 MPa 이하의 온수를 발생하는 보일러

56 에너지이용 합리화법상 목표에너지원 단위란?

① 에너지를 사용하여 만드는 제품의 종류별 연간 에너지사용목표량
② 에너지를 사용하여 만드는 제품의 단위당 에너지사용목표량
③ 건축물의 총 면적당 에너지사용목표량
④ 자동차 등의 단위연료당 목표주행거리

해설 **목표에너지원 단위**

에너지를 사용하여 만드는 제품의 단위당 에너지 사용목표량 또는 건축물의 단위면적당 에너지사용목표량

57 저탄소 녹색성장 기본법령상 관리업체는 해당연도 온실가스 배출량 및 에너지 소비량에 관한 명세서를 작성하고, 이에 대한 검증기관의 검증 결과를 부문별 관장기관에게 전자적 방식으로 언제까지 제출하여야 하는가?

① 해당 연도 12월 31일까지
② 다음 연도 1월 31일까지
③ 다음 연도 3월 31일까지
④ 다음 연도 6월 30일까지

해설 **저탄소 녹색성장 기본법 시행령**

34조(명세서 보고, 관리절차 등) - 다음 연도 3월 31일까지 전자적 방식으로 제출

58 에너지이용 합리화법 시행령에서 에너지다소비사업자라 함은 연료 · 열 및 전력의 연간 사용량 합계가 얼마 이상인 경우인가?

① 5백 티오이 ② 1천 티오이
③ 1천 5백 티오이 ④ 2천 티오이

해설

에너지 다소비사업자 : 연간 2000TOE 이상

59 에너지이용 합리화법상 에너지소비효율 등급 또는 에너지 소비효율을 해당 효율관리 기자재에 표시할 수 있도록 효율관리 기자재의 에너지 사용량을 측정하는 기관은?

① 효율관리진단기관
② 효율관리전문기관
③ 효율관리표준기관
④ 효율관리시험기관

해설

효율관리기자재의 제조업자 또는 수입업자는 산업통상자원부장관이 지정하는 시험기관(이하 "효율관리시험기관" 이라 한다)에서 해당 효율기자재의 에너지 사용량을 측정받아 에너지 소비효율등급 또는 에너지 소비효율을 해당 효율기자재에 표시하여야 한다.

60 에너지이용 합리화법상 법을 위반하여 검사대상기기조종자를 선임하지 아니한 자에 대한 벌칙기준으로 옳은 것은?

① 2년 이하의 징역 또는 2천만 원 이하의 벌금
② 2천만 원 이하의 벌금
③ 1천만 원 이하의 벌금
④ 500만 원 이하

해설

검사대상기기 조종자를 선임하지 아니한 자 : 1천만 원 이하의 벌금

에너지관리기능사 [2015년 10월 10일]

01	02	03	04	05	06	07	08	09	10
①	②	③	④	④	④	①	②	①	②
11	12	13	14	15	16	17	18	19	20
③	④	④	②	②	①	④	①	②	③
21	22	23	24	25	26	27	28	29	30
④	③	①	①	④	②	②	②	①	①
31	32	33	34	35	36	37	38	39	40
①	④	②	③	②	①	①	①	③	④
41	42	43	44	45	46	47	48	49	50
③	①	①	①	④	③	②	④	①	①
51	52	53	54	55	56	57	58	59	60
③	③	③	④	②	②	③	④	④	③

국가기술자격 필기시험문제

2016년 1월 24일 필기시험

자격종목	종목코드	시험시간	형별	수험번호	성명
에너지관리기능사	**7761**	**60분**			

1 연소가스 성분 중 인체에 미치는 독성이 가장 적은 것은?

① SO_2 ② NO_2
③ CO_2 ④ CO

해설

SO_2 : 5ppm, NO_2 : 20ppm, CO : 50ppm(독성가스), CO_2 : 비독성가스

2 유류용 온수보일러에서 버너가 정지하고 리셋버튼이 돌출하는 경우는?

① 연통의 길이가 너무 길다.
② 연소용 공기량이 부적당하다.
③ 오일 배관 내의 공기가 빠지지 않고 있다.
④ 실내 온도조절기의 설정온도가 실내 온도보다 낮다.

해설

오일 배관 내의 공기로 인해 버너로 오일 공급이 되지 않아 버너가 정지된다. ①, ②, ④의 경우는 버너 정지와 관계가 없다.

3 보일러 사용시 이상 저수위의 원인이 아닌 것은?

① 증기 취출량이 과대한 경우
② 보일러 연결부에서 누출이 되는 경우
③ 급수장치가 증발능력에 비해 과소한 경우
④ 급수탱크 내 급수량이 많은 경우

해설

①, ②, ③은 저수위의 원인이다.
④ 급수탱크 내 급수량이 많아 정상급수가 가능하다.

4 어떤 물질 500kg을 20℃에서 50℃로 올리는 데 3000kcal의 열량이 필요하였다. 이 물질의 비열은?

① 0.1kcal/kg · ℃
② 0.2kcal/kg · ℃
③ 0.3kcal/kg · ℃
④ 0.4kcal/kg · ℃

해설

$Q = G \cdot C \cdot \Delta t$에서

$$C = \frac{Q}{G \cdot \Delta t} = \frac{3000}{500 \times (50-20)} = 0.2\text{kcal/kg} \cdot ℃$$

5 중유의 첨가제 중 슬러지의 생성방지제 역할을 하는 것은?

① 회분개질제 ② 탈수제
③ 연소촉진제 ④ 안정제

해설 중유의 첨가제

- 연소촉진제 : 분무를 순조롭게 함
- 슬러지 분산제(안정제) : 슬러지 생성을 방지함
- 회분개질제 : 회분의 융점을 높여 고온부식을 방지함
- 탈수제 : 중유 중 수분을 분리 제거함

6 보일러 드럼 없이 초임계 압력 이상에서 고압증기를 발생시키는 보일러는?

① 복사 보일러
② 관류 보일러
③ 수관 보일러
④ 노통연관 보일러

해설

수관보일러 : 드럼 있음, 관류보일러 : 드럼 없음

7 보일러 1마력에 대한 표시로 옳은 것은?

① 전열면적 10㎡
② 상당증발량 15.65kg/h
③ 전열면적 8ft²
④ 상당증발량 30.6lb/h

해설 보일러 마력
• 상당증발량(Ge) 15.65kg/h
• 열량 8435kcal/h

8 제어장치에서 인터록(Inter Lock)이란?

① 정해진 순서에 따라 차례로 동작이 진행되는 것
② 구비조건에 맞지 않을 때 작동을 정지시키는 것
③ 증기 압력의 연료량, 공기량을 조절하는 것
④ 제어량과 목표치를 비교하여 동작시키는 것

해설
① 시퀀스제어, ③ 증기온도제어(STC), ④ 피드백제어

9 동작유체의 상태변화에서 에너지의 이동이 없는 변화는?

① 등온변화 ② 정적변화
③ 정압변화 ④ 단열변화

해설
단열변화 : 에너지의 이동이 없다.(등엔탈피과정)

10 연소 시 공기비가 작을 때 나타나는 현상으로 틀린 것은?

① 불완전연소가 되기 쉽다.
② 미연소가스에 의한 가스 폭발이 일어나기 쉽다.
③ 미연소가스에 의한 열손실이 증가될 수 있다.
④ 배기가스 중 NO 및 NO_2의 발생량이 많아진다.

해설
공기비가 작을 때는 질소산화물(NO_x) 발생량도 적어진다.

11 보일러 연소장치와 가장 거리가 먼 것은?

① 스테이 ② 버너
③ 연도 ④ 화격자

해설
스테이 : 강판과 동판의 강도보강용

12 증기트랩이 갖추어야 할 조건에 대한 설명으로 틀린 것은?

① 마찰저항이 클 것
② 동작이 확실할 것
③ 내식, 내마모성이 있을 것
④ 응축수를 연속적으로 배출할 수 있을 것

해설
증기트랩은 마찰 저항이 작아야 한다.

13 과열증기에서 과열도는 무엇인가?

① 과열증기의 압력과 포화증기의 압력 차이다.
② 과열증기온도와 포화증기온도와의 차이다.
③ 과열증기온도에 증발열을 합한 것이다.
④ 과열증기온도에 증발열을 뺀 것이다.

해설
과열도 = 과열증기온도 − 포화증기온도

14 자동제어의 신호전달 방법에서 공기압식의 특징으로 옳은 것은?

① 전송 시 시간지연이 생긴다.
② 배관이 용이하지 않고 보존이 어렵다.
③ 신호전달거리가 유압식에 비하여 길다.
④ 온도제어 등에 적합하고 화재의 위험이 많다.

해설 공기압식

신호전달거리가 짧고, 전송 시 시간지연이 생기며, 온도제어에 적합하며 화재의 위험이 없다.

15 증기보일러를 성능시험하고 결과를 산출하였다. 보일러 효율은?

- 급수온도 : 12℃
- 연료의 저위 발열량 : 10500kcal/Nm³
- 발생증기의 엔탈피 : 663.8kcal/kg
- 연료사용량 : 373.9 Nm³/h
- 증기 발생량 : 5120kg/h
- 보일러 전열면적 : 102㎡

① 78% ② 80%
③ 82% ④ 85%

해설 보일러 효율

$= \frac{G(h''-h')}{G_f \times H_\ell} = \frac{5120\times(663.8-12)}{373.9\times10500} \times 100$

= 85%

16 보일러 유류연료 연소시에 가스폭발이 발생하는 원인이 아닌 것은?

① 연소 도중에 실화되었을 때
② 프리퍼지 시간이 너무 길어졌을 때
③ 소화 후에 연료가 흘러들어 갔을 때
④ 점화가 잘 안되는데 계속 급유했을 때

해설

공기보다 유류가 먼저 연소실로 투입되는 경우로 프리퍼지와는 관계가 없다.

※ 프리퍼지 : 점화 전 미연소가스를 보일러 밖으로 배출하는 작업

17 세정식 집진장치 중 하나인 회전식 집진장치의 특징에 관한 설명으로 가장 거리가 먼 것은?

① 구조가 대체로 간단하고 조작이 쉽다.
② 급수 배관을 따로 설치할 필요가 없으므로 설치공간이 적게 든다.
③ 집진물을 회수할 때 탈수, 여과, 건조 등을 수행할 수 있는 별도의 장치가 필요하다.
④ 비교적 큰 압력손실을 견딜 수 있다.

해설

세정식이므로 급수배관이 필요하며, 설치공간이 필요하다.

18 다음 열효율 증대장치 중에서 고온부식이 잘 일어나는 장치는?

① 공기예열기 ② 과열기
③ 증발전열면 ④ 절탄기

해설

- 고온부식 : 과열기, 재열기
- 저온부식 : 절탄기, 공기예열기

19 증기과열기의 열가스 흐름방식 분류 중 증기와 연소가스의 흐름이 반대방향으로 지나면서 열교환이 되는 방식은?

① 병류형 ② 혼류형
③ 향류형 ④ 복사대류형

해설

병류 : 같은 방향, 향류 : 반대방향

20 열정산의 방법에서 입열 항목에 속하지 않는 것은?

① 발생 증기의 흡수열
② 연료의 연소열
③ 연료의 현열
④ 공기의 현열

해설

발생증기의 흡수열 – 출열 항목

21 가스용 보일러 설비 주위에 설치해야 할 계측기 및 안전장치와 무관한 것은?

① 급기 가스 온도계
② 가스 사용량 측정 유량계
③ 연료 공급 자동차단장치
④ 가스 누설 자동차단장치

해설

가스용 보일러에서 급기 가스 온도계는 필요없다.
② 가스미터
③ 가스 1, 2차 차단밸브
④ 가스 누설 자동 차단장치 및 경보기

22 수위 자동제어 장치에서 수위와 증기유량을 동시에 검출하여 급수밸브의 개도가 조절되도록 한 제어방식은?

① 단요소식　② 2요소식
③ 3요소식　④ 모듈식

해설

- 단요소 : 수위
- 2요소 : 수위, 증기량
- 3요소 : 수위, 증기량, 급수량

23 일반적으로 보일러의 상용수위는 수면계의 어느 위치와 일치시키는가?

① 수면계의 최상단부
② 수면계의 2/3위치
③ 수면계의 1/2위치
④ 수면계의 최하단부

해설

상용수위는 수면계 중앙(1/2지점)

24 왕복동식 펌프가 아닌 것은?

① 플런저 펌프　② 피스톤 펌프
③ 터빈 펌프　④ 다이어프램 펌프

해설

터빈펌프는 원심식 펌프이다.

25 어떤 보일러의 증발량이 40t/h이고, 보일러 본체의 전열면적이 580㎡일 때 이 보일러의 증발률은?

① 14kg/㎡ · h　② 44kg/㎡ · h
③ 57kg/㎡ · h　④ 69kg/㎡ · h

해설

$$증발률 = \frac{40000kg/h}{580m^2} = 69kg/m^2 \cdot h$$

26 보일러의 수위제어 검출방식의 종류로 가장 거리가 먼 것은?

① 피스톤식　② 전극식
③ 플로트식　④ 열팽창관식

해설

수위검출 : 플로트(부자)식, 전극식, 열팽창관(코프스)식

27 자연통풍 방식에서 통풍력이 증가되는 경우가 아닌 것은?

① 연돌의 높이가 낮은 경우
② 연돌의 단면적이 큰 경우
③ 연도의 굴곡수가 적은 경우
④ 배기가스의 온도가 높은 경우

해설

통풍력 증가 : 연도는 짧게, 굴곡수 적게, 연돌(굴뚝)은 높게, 단면적은 크게, 배기가스온도 높게

28 액체 연료의 주요 성상으로 가장 거리가 먼 것은?

① 비중　② 점도
③ 부피　④ 인화점

해설

액체 연료 : 비중(kg/ℓ), 기체 연료 : 부피(Nm^3)

29 절탄기에 대한 설명으로 옳은 것은?

① 연소용 공기를 예열하는 장치이다.
② 보일러의 급수를 예열하는 장치이다.
③ 보일러용 연료를 예열하는 장치이다.
④ 연소용 공기와 보일러 급수를 예열하는 장치이다.

해설 절탄기(이코노마이저)

폐열회수장치로 배기가스와 급수를 열교환하여 급수를 예열하는 장치이다.

30 보일러를 장기간 사용하지 않고 보존하는 방법으로 가장 적당한 것은?

① 물을 가득 채워 보존한다.
② 배수하고 물이 없는 상태로 보존한다.
③ 1개월에 1회씩 급수를 공급 교환한다.
④ 건조 후 생석회 등을 넣고 밀봉하여 보존한다.

해설
장기간 휴지 : 물을 배출 후 건조제를 넣어 밀폐 보존

31 하트포드 접속법(hart-ford connection)을 사용하는 난방방식은?

① 저압 증기난방 ② 고압 증기난방
③ 저온 온수난방 ④ 고온 온수난방

해설 하트포드 접속법
저압 증기난방에 사용하는 방식으로 보일러속의 수면이 저수위 이하로 내려가는 것을 방지하기 위해 증기관과 환수관 사이에 균형관을 설치한다.

32 온수난방설비에서 온수, 온도차에 의한 비중력차로 순환하는 방식으로 단독주택이나 소규모 난방에 사용되는 난방방식은?

① 강제순환삭 난방
② 하향순환식 난방
③ 자연순환식 난방
④ 상향순환식 난방

해설
자연순환 : 비중차, 강제순환 : 펌프 사용

33 압축기 진동과 서징, 관의 수격작용, 지진 등에서 발생하는 진동을 억제하기 위해 사용되는 지지 장치는?

① 벤드벤 ② 플랩 밸브
③ 그랜드 패킹 ④ 브레이스

해설
진동억제 : 브레이스(스프링의 힘으로 진동흡수)

34 온수보일러에 팽창탱크를 설치하는 주된 이유로 옳은 것은?

① 물의 온도 상승에 따른 체적팽창에 의한 보일러의 파손을 막기 위한 것이다.
② 배관 중의 이물질을 제거하여 연료의 흐름을 원활히 하기 위한 것이다.
③ 온수 순환펌프에 의한 맥동 및 캐비테이션을 방지하기 위한 것이다.
④ 보일러, 배관, 방열기 내에 발생한 스케일 및 슬러지를 제거하기 위한 것이다.

해설
팽창탱크는 온수보일러에만 사용하는 장치로 물의 체적팽창량 흡수 및 보충수 공급의 역할을 한다.

35 온수난방에서 방열기 내 온수의 평균온도가 82℃, 실내온도가 18℃이고, 방열기의 방열계수가 6.8 kcal/㎡ · h · ℃인 경우 방열기의 방열량은?

① 650.9kcal/m² · h
② 557.6kcal/m² · h
③ 450.7kcal/m² · h
④ 435.2kcal/m² · h

해설
온수보일러 방열량 = 방열계수 × (온수평균온도−실내온도) = 6.8 × (82−18) = 435.2 kcal/m² · h

36 보일러 설치 · 시공 기준상 유류보일러의 용량이 시간당 몇 톤 이상이면 공급 연료량에 따라 연소용 공기를 자동 조절하는 기능이 있어야 하는가? (단, 난방 보일러인 경우이다.)

① 1t/h ② 3t/h
③ 5t/h ④ 10t/h

해설
보일러 설치 · 시공 기준상 가스용 보일러 및 용량 : 5ton/h(난방전용은 10 ton/h) 이상인 유류보일러에는 공급연료량에 따라 연소용 공기를 자동 조절하는 기능이 있어야 한다.

37 포밍, 프라이밍의 방지 대책으로 부적합한 것은?

① 정상 수위로 운전할 것
② 급격한 과연소를 하지 않을 것
③ 주증기 밸브를 천천히 개방할 것
④ 수저 또는 수면 분출을 하지 말 것

해설
수저 · 수면 분출을 하여 슬러지 및 유지분을 분출하여 포밍 및 플라이밍을 방지한다.

38 증기보일러의 기타 부속장치가 아닌 것은?

① 비수방지관
② 기수분리기
③ 팽창탱크
④ 급수내관

해설
팽창탱크는 온수보일러에만 사용한다.

39 온도 25℃의 급수를 공급받아 엔탈피가 725kcal/kg의 증기를 1시간당 2310kg을 발생시키는 보일러의 상당 증발량은?

① 1500kg/h ② 3000kg/h
③ 4500kg/h ④ 6000kg/h

해설
$$G_e = \frac{G(h''-h')}{539} = \frac{2310\times(725-25)}{539} = 3000\text{kg/h}$$

40 다음 중 가스관의 누설검사 시 사용하는 물질로 가장 적합한 것은?

① 소금물
② 증류수
③ 비눗물
④ 기름

해설
가스누설검사는 비눗물을 사용하여 기포발생여부로 판단한다.

41 보일러 사고의 원인 중 제작상의 원인에 해당되지 않는 것은?

① 구조불량 ② 강도부족
③ 재료의 불량 ④ 압력초과

해설
- 제작상의 원인 : 구조불량, 강도부족, 재료불량
- 취급상의 원인 : 압력초과, 저수위

42 열팽창에 대한 신축이 방열기에 영향을 미치지 않도록 주로 증기 및 온수난방용 배관에 사용되며, 2개 이상의 엘보를 사용하는 신축 이음은?

① 벨로우즈 이음 ② 루프형 이음
③ 슬리브 이음 ④ 스위블 이음

해설
신축이음 : 루프(신축곡관)식, 슬리브(미끄럼판)식, 벨로우즈(주름관)식, 스위블(2개의 엘보)식

43 보일러 급수 중의 용존(용해) 고형물을 처리하는 방법으로 부적합한 것은?

① 증류법
② 응집법
③ 약품 첨가법
④ 이온 교환법

해설
용존(용해) 고형물은 물속에 Ca, Mg 성분으로 이온교환법, 약품첨가법, 증류법에 의해 제거한다.

44 난방부하를 구성하는 인자에 속하는 것은?

① 관류 열손실
② 환기에 의한 취득열량
③ 유리창으로 통한 취득열량
④ 벽, 지붕 등을 통한 취득열량

해설
난방부하는 취득열량을 제외하고 열의 손실로 잃게 되는 열량을 합한 것을 총칭한다.

45 증기보일러에는 2개 이상의 안전밸브를 설치하여야 하는 반면에 1개 이상으로 설치 가능한 보일러의 최대 전열면적은?

① $50m^2$　② $60m^2$
③ $70m^2$　④ $80m^2$

해설
전열면적이 $50m^2$ 이상인 증기보일러에서는 2개 이상의 안전밸브를 설치하여야 한다.

46 증기난방에서 저압증기 환수관이 진공펌프의 흡입구보다 낮은 위치에 있을 때 응축수를 원활히 끌어올리기 위해 설치하는 것은?

① 하트포드 접속(Hartford Connection)
② 플래시 레그(Flash Leg)
③ 리프트 피팅 (Lift Fitting)
④ 냉각관(Cooling leg)

해설 리프트 피팅
저압증기의 환수주관이 진공펌프의 흡입구보다 낮은 위치에 있을 때의 배관이음방법으로 환수관 내의 응축수를 이음부 전후에서 형성되는 작은 압력차를 이용하여 응축수를 끌어 올릴 수 있도록 한 배관방법

47 중력순환식 온수난방법에 관한 설명으로 틀린 것은?

① 소규모 주택에 이용된다.
② 온수의 밀도차에 의해 온수가 순환한다.
③ 자연순환이므로 관경을 작게 하여도 된다.
④ 보일러는 최하위 방열기보다 더 낮은 곳에 설치한다.

해설
자연순환이므로 관경을 크게 하여 마찰손실을 줄여야 한다.

48 연료의 연소 시 이론 공기량에 대한 실제 공기량의 비 즉, 공기비(m)의 일반적인 값으로 옳은 것은?

① m = 1　② m 〈 1
③ m 〈 0　④ m 〉 1

해설
공기비(m) = $\frac{\text{실제공기량}}{\text{이론공기량}}$ 이며, 실제공기량이 많아야 하므로 m 〉 1이어야 한다.

49 보일러수 내처리 방법으로 용도에 따른 청관제로 틀린 것은?

① 탈산소제 – 염산, 알콜
② 연화제 – 탄산소다, 인산소다
③ 슬러지 조정제 – 탄닌, 리그닌
④ pH 조정제 – 인산소다, 암모니아

해설
탈산소제 – 탄닌, 아황산소다, 히드라진

50 진공환수식 증기 난방장치의 리프트 이음 시 1단 흡상 높이는 최고 몇 m 이하로 하는가?

① 1.0　② 1.5
③ 2.0　④ 2.5

해설
리프트 피팅 1단 흡상 높이는 최고 1.5m 이내로 한다.(3단까지 가능)

51 보일러 급수처리 방법 중 5000ppm 이하의 고형물 농도에서는 비경제적이므로 사용하지 않고, 선박용 보일러에 사용하는 급수를 얻을 때 주로 사용하는 방법은?

① 증류법
② 가열법
③ 여과법
④ 이온교환법

해설 증류법
물을 가열하여 발생하는 증기를 냉각하여 응축수로 만들어 양질의 물을 얻을 수 있으나 비경제적이며, 선박용 보일러 급수를 얻을 때 주로 사용한다.

52 **가스보일러에서 가스폭발의 예방을 위한 유의사항으로 틀린 것은?**

① 가스압력이 적당하고 안정되어 있는지 점검한다.
② 화로 및 굴뚝의 통풍, 환기를 완벽하게 하는 것이 필요하다.
③ 점화용 가스의 종류는 가급적 화력이 낮은 것을 사용한다.
④ 착화 후 연소가 불안정할 때는 즉시 가스공급을 중단한다.

해설
점화용 가스의 종류는 화력이 큰 것을 사용하여 한번에 착화가 이루어지도록 한다.

53 **보일러 드럼 및 대형헤더가 없고, 지름이 작은 전열관을 사용하는 관류보일러의 순환비는?**

① 4 ② 3
③ 2 ④ 1

해설
보일러 드럼 및 대형헤더가 없으며, 지름이 작은 전열관을 통해 증발, 과열의 순서로 과열증기를 만드는 보일러로 순환비(공급수량/증기발생량)는 1이다.

54 **증기관이나 온수관 등에 대한 단열로서 불필요한 방열을 방지하고 인체에 화상을 입히는 위험방지 또는 실내공기의 이상온도 상승방지 등을 목적으로 하는 것은?**

① 방로
② 보냉
③ 방한
④ 보온

해설 보온재
열전도율이 작아야 하고, 비중이 작아야 하며, 불필요한 방열을 방지하고 인체의 화상 방지 목적으로 사용한다.

55 **효율관리 기자재가 최저소비효율기준에 미달하거나 최대사용량기준을 초과하는 경우 제조 · 수입 · 판매업자에게 어떠한 조치를 명할 수 있는가?**

① 생산 또는 판매금지
② 제조 또는 설치금지
③ 생산 또는 세관금지
④ 제조 또는 시공금지

해설
에너지 이용 합리화법에 따라 효율관리 기자재가 최저 소비효율기준에 미달하거나 최대 사용량기준을 초과하는 경우 제조 · 수입 · 판매업자에게 생산 또는 판매금지를 명할 수 있다.

56 **에너지이용 합리화법에 따라 산업통상자원부령으로 정하는 광고매체를 이용하여 효율관리기 자재의 광고를 하는 경우에는 그 광고내용에 에너지소비 효율, 에너지소비효율등급을 포함시켜야 할 의무가 있는 자가 아닌 것은?**

① 효율관리기자재의 제조업자
② 효율관리기자재의 광고업자
③ 효율관리기자재의 수입업자
④ 효율관리기자재의 판매업자

해설
제조 · 수입 · 판매업자 : 에너지소비효율 · 사용량 및 에너지소비효율등급을 포함시켜야 한다.(위반시 5백원이하의 벌금)

57 **에너지이용합리화법상 에너지 진단기관의 지정기준은 누구의 령으로 정하는가?**

① 대통령
② 시 · 도지사
③ 시공업자단체장
④ 산업통상자원부장관

해설
에너지 진단기관의 지정기준은 대통령령으로 정한다.

58 **열사용기자재 중 온수를 발생하는 소형온수 보일러의 적용 범위로 옳은 것은?**

① 전열면적 $12m^2$ 이하, 최고사용압력 0.25MPa 이하의 온수를 발생하는 것
② 전열면적 $14m^2$ 이하, 최고사용압력 0.25MPa 이하의 온수를 발생하는 것
③ 전열면적 $12m^2$ 이하, 최고사용압력 0.35MPa 이하의 온수를 발생하는 것
④ 전열면적 $14m^2$ 이하, 최고사용압력 0.35MPa 이하의 온수를 발생하는 것

해설

소형온수보일러 : 전열면적 $14m^2$ 이하, 최고사용압력 0.35MPa 이하의 온수를 발생하는 것

59 **에너지법에서 정한 지역에너지계획을 수립 · 시행하여야 하는 자는?**

① 행정자치부장관
② 산업통상자원부장관
③ 한국에너지공단 이사장
④ 특별시장 · 광역시장 · 도지사 또는 특별자치도지사

해설

지역에너지 계획수립 및 시행 : 특별시장 · 광역시장 · 도지사 또는 특별자치도지사가 5년마다 수립

60 **검사대상기기 조종범위 용량이 10t/h 이하인 보일러의 조종자 자격이 아닌 것은?**

① 에너지관리기사
② 에너지관리기능장
③ 에너지관리기능사
④ 인정검사대상기기조종자 교육이수자

해설

- 30ton/h 초과 : 에너지관리기능장, 에너지관리기사
- 10ton/h 초과 30ton/h 이하 : 에너지관리기능장, 에너지관리기사, 에너지관리산업기사
- 10ton/h 이하 : 에너지관리기능장, 에너지관리기사, 에너지관리산업기사, 에너지관리기능사

에너지관리기능사 [2016년 1월 24일]

01	02	03	04	05	06	07	08	09	10
③	③	④	②	④	②	②	②	④	④
11	12	13	14	15	16	17	18	19	20
①	①	②	①	④	②	②	②	③	①
21	22	23	24	25	26	27	28	29	30
①	②	③	③	④	①	①	③	②	④
31	32	33	34	35	36	37	38	39	40
①	③	④	①	④	④	④	③	②	③
41	42	43	44	45	46	47	48	49	50
④	④	②	①	①	③	③	④	①	②
51	52	53	54	55	56	57	58	59	60
①	③	④	④	①	②	①	④	④	④

국가기술자격 필기시험문제

2016년 4월 2일 필기시험

자격종목	종목코드	시험시간	형별	수험번호	성명
에너지관리기능사	7761	60분			

1 압력에 대한 설명으로 옳은 것은?

① 단위 면적당 작용하는 힘이다.
② 단위 부피당 작용하는 힘이다.
③ 물체의 무게를 비중량으로 나눈 값이다.
④ 물체의 무게에 비중량을 곱한 값이다.

해설

압력은 단위면적당 작용하는 힘으로 단위는

$Pa(파스칼) = \frac{N(뉴톤)}{m^2}$ 이다.

2 유류버너의 종류 중 수 기압(MPa)의 분무매체를 이용하여 연료를 분무하는 형식의 버너로서 2유체 버너라고도 하는 것은?

① 고압기류식 버너
② 유압식 버너
③ 회전식 버너
④ 환류식 버너

해설

연료의 무화매체로 공기나 증기압을 이용하여 연료를 무화시키는 방식으로 고압기류와 저압공기식이 있다.

3 증기보일러의 효율 계산식을 바르게 나타낸 것은?

① $효율(\%) = \frac{상당증발량 \times 538.8}{연료소비량 \times 연료의\ 비중} \times 100$
② $효율(\%) = \frac{증기소비량 \times 538.8}{연료소비량 \times 연료의\ 비중} \times 100$
③ $효율(\%) = \frac{급수량 \times 538.8}{연료소비량 \times 연료의\ 발열량} \times 100$
④ $효율(\%) = \frac{급수사용량}{증기의\ 발열량} \times 100$

해설

$$효율(\%) = \frac{G_e \times 538.8}{G_f \times H_\ell}$$
$$= \frac{상당증발량 \times 538.8}{연료소비량 \times 연료의\ 발열량} \times 100$$

4 보일러 열효율 정산방법에서 열정산을 위한 액체연료량을 측정할 때, 측정의 허용오차는 일반적으로 몇 %로 하여야 하는가?

① ±1.0%　② ±1.5%
③ ±1.6%　④ ±2.0%

해설

- 액체연료 : ± 1.0%
- 기체연료 : ± 1.6%

5 중유 예열기의 가열하는 열원의 종류에 따른 분류가 아닌 것은?

① 전기식　② 가스식
③ 온수식　④ 증기식

해설

중유예열기(오일프리히터) 열원 종류: 전기식, 온수식, 증기식

6 공기비를 m, 이론 공기량을 A_o라고 할 때, 실제 공기량 A를 계산하는 식은?

① $A = m \cdot A_o$
② $A = m / A_o$
③ $A = 1 / (m \cdot A_o)$
④ $A = A_o - m$

해설

$공기비(m) = \frac{A}{A_o}$ 이므로 $A = m \cdot A_o$

7 **보일러 급수장치의 일종인 인젝터 사용시 장점에 관한 설명으로 틀린 것은?**

① 급수 예열 효과가 있다.
② 구조가 간단하고 소형이다.
③ 설치에 넓은 장소를 요하지 않는다.
④ 급수량 조절이 양호하여 급수의 효율이 높다.

해설

인젝터는 급수보조장치로 펌프 이외에 증기의 힘으로 급수하는 장치로 급수량 조절이 어려우며 급수효율이 낮다.

8 **다음 중 슈미트 보일러는 보일러 분류에서 어디에 속하는가?**

① 관류식
② 간접가열식
③ 자연순환식
④ 강제순환식

해설

슈미트, 레플러 보일러 : 간접가열식 보일러

9 **보일러의 안전장치에 해당되지 않는 것은?**

① 방폭문 ② 수위계
③ 화염검출기 ④ 가용마개

해설 **안전장치**

안전밸브, 증기압력제한기, 저수위경보기, 가용전(가용마개), 화염검출기, 방폭문
※ 수위계는 계측장치이다.

10 **보일러의 시간당 증발량 1100kg/h, 증기엔탈피 650kcal/kg, 급수 온도 30℃일 때, 상당증발량은?**

① 1050kg/h ② 1265kg/h
③ 1415kg/h ④ 1733kg/h

해설

$$G_e = \frac{G(h''-h')}{539} = \frac{1100\times(650-30)}{539} = 1265\text{kg/h}$$

11 **보일러의 자동연소제어와 관련이 없는 것은?**

① 증기압력 제어
② 온수온도 제어
③ 노내압 제어
④ 수위 제어

해설 **자동연소제어(ACC)**

증기압력제어, 온수온도제어, 노내압제어가 있으며, 수위제어는 급수제어(FWC)에 속한다.

12 **보일러의 과열방지장치에 대한 설명으로 틀린 것은?**

① 과열방지용 온도퓨즈는 373K 미만에서 확실히 작동하여야 한다.
② 과열방지용 온도퓨즈가 작동한 경우 일정시간 후 재점화되는 구조로 한다.
③ 과열방지용 온도퓨즈는 봉인을 하고 사용자가 변경할 수 없는 구조로 한다.
④ 일반적으로 용해전은 369~371K에 용해되는 것을 사용한다.

해설

과열방지용 온도퓨즈가 작동한 경우 재점화되지 않는 구조로 한다.

13 **보일러 급수처리의 목적으로 볼 수 없는 것은?**

① 부식의 방지
② 보일러수 농축방지
③ 스케일생성 방지
④ 역화 방지

해설

급수처리의 목적은 역화(미연소가스 폭발)와 관련이 없다.

14 배기가스 중에 함유되어 있는 CO_2, O_2, CO 3가지 성분을 순서대로 측정하는 가스 분석계는?

① 전기식 CO_2계
② 헴펠식 가스 분석계
③ 오르자트 가스 분석계
④ 가스 크로마토 그래피 가스 분석계

해설

흡수분석법인 오르자트 분석계로 CO_2, O_2, CO 순으로 흡수하여 분석한다.

15 보일러 부속장치에 관한 설명으로 틀린 것은?

① 기수분리기 : 증기 중에 혼입된 수분을 분리하는 장치
② 슈트 블로워 : 보일러 동 저면의 스케일, 침전물 등을 밖으로 배출하는 장치
③ 오일스트레이너 : 연료 속의 불순물 방지 및 유량계 펌프 등의 고장을 방지하는 장치
④ 스팀 트랩 : 응축수를 자동으로 배출하는 장치

해설

슈트 블로워 : 고압증기로 그을음을 불어내는 장치

16 일반적으로 보일러 판넬 내부 온도는 몇 ℃를 넘지 않도록 하는 것이 좋은가?

① 60℃　② 70℃
③ 80℃　④ 90℃

해설

보일러 판넬 내부온도는 60℃를 넘지 않도록 한다.

17 함진 배기가스를 액방울이나 액막에 충돌시켜 분진 입자를 포집 분리하는 집진장치는?

① 중력식 집진장치
② 관성력식 집진장치
③ 원심력식 집진장치
④ 세정식 집진장치

해설

세정식 : 함진 배기가스를 함진 배기가스를 액방울이나 액막에 충돌시켜 분진 입자를 포집 분리

18 보일러 인터록과 관계가 없는 것은?

① 압력초과 인터록
② 저수위 인터록
③ 불착화 인터록
④ 급수장치 인터록

해설

인터록 : 압력초과, 저수위, 불착화, 프리퍼지, 저연소

19 상태변화 없이 물체의 온도 변화에만 소요되는 열량은?

① 고체열
② 현열
③ 액체열
④ 잠열

해설

온도변화 : 현열(감열), 상태변화(잠열)

20 보일러용 오일 연료에서 성분분석 결과 수소 12.0%, 수분 0.3%라면, 저위발열량은? (단, 연료의 고위발열량은 10600kcal/kg 이다.)

① 6500kcal/kg
② 7600kcal/kg
③ 8590kcal/kg
④ 9950kcal/kg

해설

H_ℓ(저위발열량) = H_h(고위발열량) − 600(9H+W)
= 10600−600(9×0.12+0.003)
= 9950.2kcal/h

21 보일러에서 보염장치의 설치목적에 대한 설명으로 틀린 것은?

① 화염의 전기전도성을 이용한 검출을 실시한다.
② 연소용 공기의 흐름을 조절하여 준다.
③ 화염의 형상을 조절한다.
④ 확실한 착화가 되도록 한다.

해설
화염의 전기전도성을 이용한 화염검출 – 프레임 로드

22 증기사용압력이 같거나 또는 다른 여러 개의 증기사용 설비의 드레인관을 하나로 묶어 한 개의 트랩으로 설치한 것을 무엇이라 하는가?

① 플로트트랩 ② 버킷트랩핑
③ 디스크트랩 ④ 그룹트랩핑

해설
그룹트랩핑 : 증기사용 설비의 드레인관을 그룹으로 묶어 한 개의 트랩으로 설치한 것

23 보일러 윈드박스 주위에 설치되는 장치 또는 부품과 가장 거리가 먼 것은?

① 공기예열기 ② 화염검출기
③ 착화버너 ④ 투시구

해설
공기예열기는 폐열회수장치로 연도에 설치한다.

24 보일러 운전 중 정전이나 실화로 인하여 연료의 누설이 발생하여 갑자기 점화되었을 때 가스폭발방지를 위해 연료공급을 차단하는 안전장치는?

① 폭발문 ② 수위경보기
③ 화염검출기 ④ 안전밸브

해설 **화염검출기**
점화전 소화(불착화)시 또는 프리퍼지 불량으로 보일러 이상 발생시 전자밸브로 신호를 보내 연료를 차단한다.

25 다음 중 보일러에서 연소가스의 배기가 잘 되는 경우는?

① 연도의 단면적이 작을 때
② 배기가스 온도가 높을 때
③ 연도에 급한 굴곡이 있을 때
④ 연도에 공기가 많이 침입될 때

해설
통풍력 증가 : 연도는 짧게, 굴곡수 적게, 연돌(굴뚝)은 높게, 단면적은 크게, 배기가스온도 높게

26 전열면적이 $40m^2$인 수직 연관보일러를 2시간 연소시킨 결과 4000kg의 증기가 발생하였다. 이 보일러의 증발률은?

① $40kg/m^2 \cdot h$
② $30kg/m^2 \cdot h$
③ $60kg/m^2 \cdot h$
④ $50kg/m^2 \cdot h$

해설
증발률 $= \dfrac{40000kg/2h}{40m^2} = 50kg/m^2 \cdot h$

27 다음 중 보일러 스테이(stay)의 종류로 거리가 먼 것은?

① 거싯(gusset)스테이
② 바(bar)스테이
③ 튜브(tube)스테이
④ 너트(nut)스테이

해설
스테이(버팀) : 거싯, 나사, 관, 바(막대), 행거, 도그

28 과열기의 종류 중 열가스 흐름에 의한 구분 방식에 속하지 않는 것은?

① 병류식 ② 접촉식
③ 향류식 ④ 혼류식

해설
- 열가스 흐름 : 병류식, 향류식, 혼류식
- 열가스 접촉 : 접촉식, 복사식, 접촉복사식

29 고체 연료의 고위발열량으로부터 저위발열량을 산출할 때 연료속의 수분과 다른 한 성분의 함유율을 가지고 계산하여 산출할 수 있는데 이 성분은 무엇인가?

① 산소 ② 수소
③ 유황 ④ 탄소

해설

고위발열량(H_h)와 저위발열량(H_ℓ)은 물의 증발잠열의 차로 수소와 수분에 기인한다.

$H_h = H_\ell + 600(9H+W)$

30 상용 보일러의 점화전 준비 사항에 관한 설명으로 틀린 것은?

① 수저분출밸브 및 분출 콕의 기능을 확인하고, 조금씩 분출되도록 약간 개방하여 둔다.
② 수면계에 의하여 수위가 적정한지 확인한다.
③ 급수배관의 밸브가 열려있는지, 급수펌프의 성능은 정상인지 확인한다.
④ 공기빼기 밸브는 증기가 발생하기 전까지 열어 놓는다.

해설

수저분출은 보일러의 부하가 가장 가벼울 때 수위를 확인하면서 2인 1조로 실시한다. 분출작업이 끝나면 항상 닫아둔다.

31 도시가스 배관의 설치에서 배관의 이음부(용접이음매 제외)와 전기점멸기 및 전기접속기와의 거리는 최소 얼마 이상 유지해야 하는가?

① 10cm ② 15cm
③ 30cm ④ 60cm

해설

배관 이음부 ↔ 전기안전기 : 60cm 이상
↔ 전기점멸기, 접속기 : 30cm 이상
↔ 전선 : 15cm 이상 이격

32 증기보일러에는 2개 이상의 안전밸브를 설치하여야 하지만, 전열면적이 몇 이하인 경우에는 1개 이상으로 해도 되는가?

① $80m^2$ ② $70m^2$
③ $60m^2$ ④ $50m^2$

해설

안전밸브는 전열면적이 $50m^2$ 이상인 증기보일러에는 2개 이상 부착(전열면적이 $50m^2$ 이하인 보일러에는 1개 부착)

33 배관 보온재의 선정 시 고려해야 할 사항으로 가장 거리가 먼 것은?

① 안전사용 온도 범위
② 보온재의 가격
③ 해체의 편리성
④ 공사 현장의 작업성

해설

배관 보온재 선정 시 보온재의 안전사용 온도 범위, 보온재의 경제성, 공사현장의 작업성을 고려하여 선정한다.

34 다음은 증기주관의 관말트랩 배관의 드레인 포켓과 냉각관 시공 요령이다. ( )안에 적절한 것은?

증기주관에서 응축수를 건식환수관에 배출하려면 주관과 동경으로 (㉠)mm 이상 내리고 하부로 (㉡)mm 이상 연장하여 (㉢)을(를) 만들어준다. 냉각관은 (㉣) 앞에서 1.5 m 이상 나관으로 배관한다.

① ㉠ 150 ㉡ 100 ㉢ 트랩 ㉣ 드레인 포켓
② ㉠ 100 ㉡ 150 ㉢ 드레인 포켓 ㉣ 트랩
③ ㉠ 150 ㉡ 100 ㉢ 드레인 포켓 ㉣ 드레인 밸브
④ ㉠ 100 ㉡ 150 ㉢ 드레인 밸브 ㉣ 드레인 포켓

해설

증기주관 내의 응축수를 배출하기 위해서 증기주관

끝에 동일지름으로 100mm 이상 내려서 열동식 트랩을 설치하고 그 하부를 150mm 이상 연장해서 드레인 포켓를 만들어 이물질을 제거한 응축수만 건식 환수관으로 보내고 증기관과 트랩사이에 1.5m 이상 보온피복하지 않는 나관으로 배관한 냉각레그를 설치한다.

35 파이프와 파이프를 홈 조인트로 체결하기 위하여 파이프 끝을 가공하는 기계는?

① 띠톱 기계
② 파이프 벤딩기
③ 동력파이프 나사절삭기
④ 그루빙 조인트 머신

해설 홈 조인트
그루빙의 홈을 만들어 조인트로 연결하는 이음방법

36 보일러 보존 시 동결사고가 예상될 때 실시하는 밀폐식 보존법은?

① 건조 보존법 ② 만수 보존법
③ 화학적 보존법 ④ 습식 보존법

해설
장기간 휴지 시, 또는 동결방지를 위해 드럼 내의 관수를 배출 후 건조시킨 후 보일러 내부에 흡습제와 질소가스를 넣어 밀폐보존한다.

37 온수난방 배관 시공 시 이상적인 기울기는 얼마인가?

① 1/100 이상 ② 1/150 이상
③ 1/200 이상 ④ 1/250 이상

해설
온수난방 배관 시 관 내에 공기가 차지 않도록 공기빼기 밸브나 팽창탱크를 향하여 상향기울기로 한다. 기울기는 1/250 이상으로 한다.

38 온수난방 설비의 내림구배 배관에서 배관 아랫면을 일치시키고자 할 때 사용되는 이음쇠는?

① 소켓 ② 편심 레듀셔
③ 유니언 ④ 이경엘보

해설
배관 아랫면 일치 : 편심 레듀셔

39 두께 150㎜, 면적이 15㎡인 벽이 있다. 내면 온도는 200℃, 외면 온도가 20℃일 때 벽을 통한 열손실량은? (단, 열전도율은 0.25kcal/m · h · ℃이다.)

① 101kcal/h ② 675kcal/h
③ 2345kcal/h ④ 4500kcal/h

해설

$$Q = K \cdot A \cdot \Delta t = \frac{\lambda}{t} \cdot A \cdot \Delta t$$

$$= \frac{0.25}{0.15} \times 15 \times (200-20) = 4500\text{kcal/h}$$

40 보일러수에 불순물이 많이 포함되어 보일러수의 비등과 함께 수면부근에 거품의 층을 형성하여 수위가 불안정하게 되는 현상은?

① 포밍 ② 프라이밍
③ 캐리오버 ④ 공동현상

해설
거품 – 포밍(유지분)

41 수질이 불량하여 보일러에 미치는 영향으로 가장 거리가 먼 것은?

① 보일러의 수명과 열효율에 영향을 준다.
② 고압보다 저압일수록 장애가 더욱 심하다.
③ 부식현상이나 증기의 질이 불순하게 된다.
④ 수질이 불량하면 관 계통에 관석이 발생한다.

해설

수질이 불량하면 보일러 동체 및 관 계통에 스케일(관석)이 발생하고, 부식 또는 증기의 질이 불순하게 되는 등의 현상으로 보일러 수명과 열효율에 영향을 준다. 특히 고온 고압에서 사용되는 수관보일러나 관류 보일러는 급수처리를 하지 않으면 관의 손상이 심하게 발생한다.

42 다음 보온재 중 유기질 보온재에 속하는 것은?

① 규조토
② 탄산마그네슘
③ 유리섬유
④ 기포성수지

해설

유기질 보온재 : 펠트, 콜크, 기포성 수지

43 관의 접속 상태 · 결합방식의 표시방법에서 용접이음을 나타내는 그림기호로 맞는 것은?

①　　　②
③　　　④

해설

① 나사이음
② 유니온이음
③ 용접이음
④ 플랜지이음

44 보일러 점화불량의 원인으로 가장 거리가 먼 것은?

① 댐퍼작동 불량
② 파일로트 오일 불량
③ 공기비의 조정 불량
④ 점화용 트랜스의 전기 스파크 불량

해설

파일로트 버너는 착화용 버너로서 오일불량으로 인해 점화불량의 원인과는 거리가 있다. 점화트랜스의 전기 스파크 불량에 의해 점화불량이 발생한다.

45 다음 방열기 도시기호 중 벽걸이 종형 도시기호는?

① W - H　② W - V
③ W - Ⅱ　④ W - Ⅲ

해설

W - H(벽걸이 횡형), W - V(벽걸이 종형)

46 배관 지지구의 종류가 아닌 것은?

① 파이프 슈
② 콘스탄트 행거
③ 리지드 서포트
④ 소켓

해설

소켓은 배관 피팅(Fitting)의 일종이다.

47 보온시공 시 주의사항에 대한 설명으로 틀린 것은?

① 보온재와 보온재의 틈새는 되도록 적게 한다.
② 겹침부의 이음새는 동일 선상을 피해서 부착한다.
③ 테이프 감기는 물, 먼지 등의 침입을 막기 위해 위에서 아래쪽으로 향하여 감아 내리는 것이 좋다.
④ 보온의 끝 단면은 사용하는 보온재 및 보온 목적에 따라서 필요한 보호를 한다.

해설

테이프 감기는 물, 먼지 등의 침입을 막기 위해 아래에서 위쪽으로 향하여 감아 올리는 것이 좋다.

48 온수난방에 관한 설명으로 틀린 것은?

① 단관식은 보일러에서 멀어질수록 온수의 온도가 낮아진다.
② 복관식은 방열량의 변화가 일어나지 않고 밸브의 조절로 방열량을 가감할 수 있다.
③ 역귀환 방식은 각 방열기의 방열량이 거

의 일정하다.

④ 증기난방에 비하여 소요방열면적과 배관경이 작게 되어 설비비를 비교적 절약할 수 있다.

해설

온수난방은 방열량이 증기난방에 비해 작으므로 배관경을 증기난방보다 크게 해야 된다.

49 **온수보일러에서 팽창탱크를 설치할 경우 주의사항으로 틀린 것은?**

① 밀폐식 팽창탱크의 경우 상부에 물빼기관이 있어야 한다.

② 100℃의 온수에도 충분히 견딜 수 있는 재료를 사용하여야 한다.

③ 내식성 재료를 사용하거나 내식 처리된 탱크를 설치하여야 한다.

④ 동결우려가 있을 경우에는 보온을 한다.

해설

물빼기관은 밀폐식보다는 개방식 팽창탱크에 설치한다.

50 **보일러 내부부식에 속하지 않는 것은?**

① 점식　　② 저온부식

③ 구식　　④ 알칼리부식

해설

보일러 부식은 내부부식과 외부부식으로 나누며, 고온부식과 저온부식은 외부부식이다.

51 **보일러 내부의 건조방식에 대한 설명 중 틀린 것은?**

① 건조제로 생석회가 사용된다.

② 가열장치로 서서히 가열하여 건조시킨다.

③ 보일러 내부 건조 시 사용되는 기화성 부식 억제제(VCI)는 물에 녹지 않는다.

④ 보일러 내부 건조 시 사용되는 기화성 부식 억제제(VCI)는 건조제와 병용하여 사용할 수 있다.

해설

기화성 부식 억제제는 물에 잘 녹는다.

52 **증기 난방시공에서 진공환수식으로 하는 경우 리프트 피팅(Lift Fitting)을 설치하는데, 1단의 흡상높이로 적절한 것은?**

① 1.5m 이내　　② 2.0m 이내

③ 2.5m 이내　　④ 3.0m 이내

해설

리프트 피팅 1단 흡상높이는 1.5m 이내이다.

53 **배관의 나사이음과 비교한 용접 이음에 관한 설명으로 틀린 것은?**

① 나사 이음부와 같이 관의 두께에 불균일한 부분이 없다.

② 돌기부가 없어 배관상의 공간효율이 좋다.

③ 이음부의 강도가 적고, 누수의 우려가 크다.

④ 변형과 수축, 잔류응력이 발생할 수 있다.

해설

용접이음은 배관이음에 비해 이음부의 강도가 크고 누수의 우려가 작다.(단, 작업자에게 영향을 많이 받음)

54 **보일러 외부부식의 한 종류인 고온부식을 유발하는 주된 성분은?**

① 황　　② 수소

③ 인　　④ 바나듐

해설

- 고온부식의 원인 : V(바나듐)
- 저온부식의 원인 : S(황)

55 **에너지이용 합리화법에 따라 고시한 효율관리기자재 운용규정에 따라 가정용 가스보일러의 최저소비효율기준은 몇 %인가?**

① 63%　　② 68%

③ 76%　　④ 86%

해설

가정용 가스보일러의 최저소비효율기준은 76%이다.(2013. 1. 1일부터)

56 에너지다소비사업자는 산업통상자원부령이 정하는 바에 따라 전년도의 분기별 에너지사용량 · 제품생산량을 그 에너지사용 시설이 있는 지역을 관할하는 시 · 도지사에게 매년 언제까지 신고해야 하는가?

① 1월 31일까지 ② 3월 31일까지
③ 5월 31일까지 ④ 9월 30일까지

해설

에너지다소비사업자 : 연간 2000TOE 이상 사용하는 자로 산업통상부령에 의해 1월 31일까지 시도지사에게 신고

57 저탄소 녹색성장 기본법에서 사람의 활동에 수반하여 발생하는 온실가스가 대기 중에 축적되어 온실가스 농도를 증가시킴으로써 지구 전체적으로 지표 및 대기의 온도가 추가적으로 상승하는 현상을 나타내는 용어는?

① 지구온난화 ② 기후변화
③ 자원순환 ④ 녹색경영

58 에너지이용 합리화법에 따라 산업통상자원부 장관 또는 시 · 도지사로부터 한국에너지공단에 위탁된 업무가 아닌 것은?

① 에너지사용계획의 검토
② 고효율시험기관의 지정
③ 대기전력경고표지대상제품의 측정결과 신고의 접수
④ 대기전력저감대상제품의 측정결과 신고의 접수

해설

고효율시험기관의 지정 : 산업통상자원부 장관

59 에너지이용 합리화법에서 효율관리기자재의 제조업자 또는 수입업자가 효율관리기자재의 에너지 사용량을 측정 받는 기관은?

① 산업통상자원부 장관이 지정하는 시험기관
② 제조업자 또는 수입업자의 검사기관
③ 환경부 장관이 지정하는 진단기관
④ 시 · 도지사가 지정하는 측정기관

해설

효율관리기자재의 에너지 사용량 측정 : 산업통상부 장관이 지정하는 시험기관

60 에너지이용 합리화법에서 정한 국가에너지절약추진위원회의 위원장은?

① 산업통상자원부 장관
② 국토교통부 장관
③ 국무총리
④ 대통령

해설

국가에너지 절약추진위원회 위원장은 산업통상자원부 장관이 되며, 위원은 위원장을 포함하여 25명 이내로 한다.

에너지관리기능사 [2016년 4월 2일]

01	02	03	04	05	06	07	08	09	10
①	①	①	①	②	①	④	②	②	②
11	12	13	14	15	16	17	18	19	20
④	②	④	③	②	①	④	④	②	④
21	22	23	24	25	26	27	28	29	30
①	④	①	③	②	④	④	②	②	①
31	32	33	34	35	36	37	38	39	40
③	④	③	②	④	①	④	②	④	①
41	42	43	44	45	46	47	48	49	50
②	④	③	②	②	④	③	④	①	②
51	52	53	54	55	56	57	58	59	60
③	①	③	④	③	①	①	②	①	①

국가기술자격 필기시험문제

2016년 7월 10일 필기시험

자격종목	종목코드	시험시간	형별	수험번호	성명
에너지관리기능사	7761	60분			

1 **비점이 낮은 물질인 수은, 다우섬 등을 사용하여 저압에서도 고온을 얻을 수 있는 보일러는?**

① 관류식 보일러
② 열매체식 보일러
③ 노통연관식 보일러
④ 자연순환 수관식 보일러

해설

저압에서 고온을 얻을 수 있는 열매체 보일러로 물 대신에 수은, 다우섬, 모빌섬, 세큐리티 등을 사용한다.

2 **90℃의 물 1000kg에 15℃의 물 2000kg을 혼합시키면 온도는 몇 ℃가 되는가?**

① 40 ② 30
③ 20 ④ 10

해설

$G_1t_1+G_2t_2 = (G_1+G_2)t_3$이므로

$$t_3 = \frac{G_1t_1+G_2t_2}{G_1+G_2} = \frac{1000\times90+2000\times15}{(1000+2000)} = 40℃$$

3 **보일러 효율 시험방법에 관한 설명으로 틀린 것은?**

① 급수온도는 절탄기가 있는 것은 절탄기 입구에서 측정한다.
② 배기가스의 온도는 전열면의 최종 출구에서 측정한다.
③ 포화증기의 압력은 보일러 출구의 압력으로 부르돈관식 압력계로 측정한다.
④ 증기온도의 경우 과열기가 있을 때는 과열기 입구에서 측정한다.

해설

증기온도는 과열기가 있을 때는 과열기 출구에서 측정한다.

4 **보일러의 최고사용압력이 0.1MPa 이하일 경우 설치 가능한 과압방지 안전장치의 크기는?**

① 호칭지름 5mm
② 호칭지름 10mm
③ 호칭지름 15mm
④ 호칭지름 20mm

해설

안전밸브의 크기는 0.1MPa 이하의 보일러는 20A 이상으로 한다.

5 **연관보일러에서 연관에 대한 설명으로 옳은 것은?**

① 관의 내부로 연소가스가 지나가는 관
② 관의 외부로 연소가스가 지나가는 관
③ 관의 내부로 증기가 지나가는 관
④ 관의 내부로 물이 지나가는 관

해설

- 연관 : 관의 내부로 연소가스가 지나가는 관
- 수관 : 관의 내부로 물이 지나가는 관

6 **고체연료에 대한 연료비를 가장 잘 설명한 것은?**

① 고정탄소와 휘발분의 비
② 회분과 휘발분의 비
③ 수분과 회분의 비
④ 탄소와 수소의 비

해설

$$연료비 = \frac{고정탄소분}{휘발분}$$

7 석탄의 함유 성분이 많을수록 연소에 미치는 영향에 대한 설명으로 틀린 것은?

① 수분 : 착화성이 저하된다.
② 회분 : 연소효율이 증가한다.
③ 고정탄소 : 발열량이 증가한다.
④ 휘발분 : 검은 매연이 발생하기 쉽다.

해설
회분 : 연소효율이 감소하고, 발열량을 저하시킨다.

8 보일러의 손실열 중 가장 큰 것은?

① 연료의 불완전연소에 의한 손실열
② 노내 분입증기에 의한 손실열
③ 과잉 공기에 의한 손실열
④ 배기가스에 의한 손실열

해설
배기가스에 의한 손실열이 가장 크다.

9 다음 중 수관식 보일러 종류가 아닌 것은?

① 다꾸마 보일러
② 가르베 보일러
③ 야로우 보일러
④ 하우덴 존슨 보일러

해설
④ 노통연관 보일러

10 어떤 보일러의 연소효율이 92%, 전열면 효율이 85%이면 보일러 효율은?

① 73.2%　② 74.8%
③ 78.2%　④ 82.8%

해설
보일러효율 = 연소효율×전열면효율×100
= 0.92×0.85×100 = 78.2%

11 원심형 송풍기에 해당하지 않는 것은?

① 터보형
② 다익형
③ 플레이트형
④ 프로펠러형

해설
④ 프로펠러형 : 축류식

12 보일러 수위제어 검출방식에 해당되지 않는 것은?

① 유속식　② 전극식
③ 차압식　④ 열팽창식

해설 수위검출방식
플로트(부자)식, 전극식, 열팽창식, 차압식

13 보일러의 자동제어에서 제어량에 따른 조작량의 대상으로 옳은 것은?

① 증기온도 : 연소가스량
② 증기압력 : 연료량
③ 보일러수위 : 공기량
④ 노내압력 : 급수량

해설
- 증기온도 : 전열량
- 보일러 수위 : 급수량
- 노내압력 : 연소가스량

14 화염 검출기에서 검출되어 프로텍터 릴레이로 전달된 신호는 버너 및 어떤 장치로 다시 전달되는가?

① 압력제한 스위치
② 저수위 경보장치
③ 연료차단 밸브
④ 안전밸브

해설
불착화시나 실화시 화염검출하여 연료차단밸브로 신호를 보내 연료를 차단한다.

15 **기체 연료의 특징으로 틀린 것은?**

① 연소조절 및 점화나 소화가 용이하다.
② 시설비가 적게 들며 저장이나 취급이 편리하다.
③ 회분이나 매연발생이 없어서 연소 후 청결하다.
④ 연료 및 연소용 공기도 예열되어 고온을 얻을 수 있다.

해설

고체나 액체연료에 비해 저장이나 취급이 어렵다.

16 **증기의 압력에너지를 이용하여 피스톤을 작동시켜 급수를 행하는 펌프는?**

① 워싱턴 펌프 ② 기어 펌프
③ 볼류트 펌프 ④ 디퓨져 펌프

해설

증기의 압력에너지로 피스톤을 작동시켜 급수 : 워싱턴 펌프
※ 무동력장치 : 워싱턴 펌프, 웨어 펌프, 인젝터

17 **유류 보일러 시스템에서 중유를 사용할 때 흡입측의 여과망 눈 크기로 적합한 것은?**

① 1 ~ 10mesh
② 20 ~ 60mesh
③ 100 ~ 150mesh
④ 300 ~ 500mesh

해설

여과망의 눈 크기 : 20 ~ 60mesh
※ 1mesh : 1inch×1inch 속에 들어있는 눈의 크기로 값이 클수록 촘촘하다.

18 **절탄기에 대한 설명으로 옳은 것은?**

① 절탄기의 설치방식은 혼합식과 분배식이 있다.
② 절탄기의 급수예열 온도는 포화온도 이상으로 한다.
③ 연료의 절약과 증발량의 감소 및 열효율을 감소시킨다.
④ 급수와 보일러수의 온도차 감소로 열응력을 줄여준다.

해설

절탄기는 배기가스와 급수를 열교환하여 급수를 예열하는 장치로 열응력을 줄여준다.

19 **유류연소 버너에서 기름의 예열온도가 너무 높은 경우에 나타나는 주요 현상으로 옳은 것은?**

① 버너 화구의 탄화물 축적
② 버너용 모터의 마모
③ 진동, 소음의 발생
④ 점화불량

해설

예열온도가 높으면 기름분해, 분사각도가 흐트러지며, 버너 화구에 탄화(카본)가 생성되고 매연이 발생한다.

20 **습증기의 엔탈피 hx를 구하는 식으로 옳은 것은? (단, h : 포화수의 엔탈피, x : 건조도, r : 증발잠열(숨은열), v : 포화수의 비체적)**

① $hx = h + x$
② $hx = h + r$
③ $hx = h + xr$
④ $hx = v + h + xr$

해설

습증기 엔탈피 = 포화수 엔탈피 + (건조도×증발잠열)

21 **화염 검출기의 종류 중 화염의 이온화 현상에 따른 전기 전도성을 이용하여 화염의 유무를 검출하는 것은?**

① 플레임로드 ② 플레임아이
③ 스택스위치 ④ 광전관

해설

- 플래임로드 : 화염의 이온화(전기전도성) 현상
- 플레임아이 : 화염의 발광(적외선) 현상
- 스택스위치 : 화염의 발열현상

22 비열이 0.6kcal/kg.℃인 어떤 연료 30kg을 15℃에서 35℃까지 예열하고자 할 때 필요한 열량은 몇 kcal 인가?

① 180 ② 360
③ 450 ④ 600

해설

Q = G · C · Δt = 30×0.6×(35−15) = 360kcal

23 보일러 1마력을 열량으로 환산하면 약 몇 kcal/h 인가?

① 15.65 ② 539
③ 1078 ④ 8435

해설

보일러 마력 = 15.65×539 = 8435kcal/h

24 다음 중 보일러수 분출의 목적이 아닌 것은?

① 보일러수의 농축을 방지한다.
② 프라이밍, 포밍을 방지한다.
③ 관수의 순환을 좋게 한다.
④ 포화증기를 과열증기로 증기의 온도를 상승시킨다.

해설 분출의 목적

보일러수 농축방지, 프라이밍, 포밍방지, 슬러지 배출, 관수 순환촉진, 관수의 pH 조절

25 대형보일러인 경우에 송풍기가 작동하지 않으면 전자밸브가 열리지 않고, 점화를 저지하는 인터록은?

① 프리퍼지 인터록 ② 불착화 인터록
③ 압력초과 인터록 ④ 저수위 인터록

해설

송풍기 : 프리퍼지 인터록

26 분진가스를 집전기 내에 충돌시키거나 열가스의 흐름을 반전시켜 급격한 기류의 방향전환에 의해 분진을 포집하는 집진장치는?

① 중력식 집진장치
② 관성력식 집진장차
③ 사이클론식 집진장치
④ 멀티사이클론식 집진장치

해설 관성력식

함진가스를 집진기 내의 방해판에 충돌시키커나, 열가스 흐름을 반전시켜 급격한 기류에 방향전환을 주어 관성력에 의해 포집하는 방법

27 가압수식을 이용한 집진장치가 아닌 것은?

① 제트 스크러버
② 충격식 스크러버
③ 벤튜리 스크러버
④ 사이클론 스크러버

해설 가압수식

사이클론, 벤튜리, 제트 스크러버, 충진탑

28 보일러 부속장치에서 연소가스의 저온부식과 가장 관계가 있는 것은?

① 공기예열기 ② 과열기
③ 재생기 ④ 재열기

해설

- 고온부식 : 과열기, 재열기
- 저온부식 : 절탄기, 공기예열기

29 비교적 많은 동력이 필요하나 강한 통풍력을 얻을 수 있어 통풍저항이 큰 대형 보일러나 고성능 보일러에 널리 사용되고 있는 통풍 방식은?

① 자연 통풍 방식
② 평형 통풍 방식
③ 직접흡입 통풍 방식
④ 간접흡입 통풍 방식

해설 **평형 통풍**

압입통풍과 흡입통풍을 겸한 방법으로 설비비가 많이 들지만 대형 보일러에 적합하다.

30 **보일러 강판의 가성취화 현상의 특징에 관한 설명으로 틀린 것은?**

① 고압보일러에서 보일러수의 알칼리 농도가 높은 경우에 발생한다.
② 발생하는 장소로는 수면상부의 리벳과 리벳 사이에 발생하기 쉽다.
③ 발생하는 장소로는 관구멍 등 응력이 집중하는 곳의 틈이 많은 곳이다.
④ 외견상 부식성이 없고, 극히 미세한 불규칙적인 방사상 형태를 하고 있다.

해설

수면하부의 리벳과 리벳 사이에 발생하기 쉽다.

31 **급수 중 불순물에 의한 장해나 처리방법에 대한 설명으로 틀린 것은?**

① 현탁고형물의 처리방법에는 침강분리, 여과, 응집침전 등이 있다.
② 경도성분은 이온 교환으로 연화시킨다.
③ 유지류는 거품의 원인이 되나, 이온교환수지의 능력을 향상시킨다.
④ 용존산소는 급수계통 및 보일러 본체의 수관을 산화 부식시킨다.

해설

유지류는 포밍의 원인이 되며 이온교환수지의 능력을 저하시킨다.

32 **보일러 전열면의 과열 방지대책으로 틀린 것은?**

① 보일러 내의 스케일을 제거한다.
② 다량의 불순물로 인해 보일러수가 농축되지 않게 한다.
③ 보일러의 수위가 안전 저수면 이하가 되지 않도록 한다.
④ 화염을 국부적으로 집중 가열한다.

해설

화염의 국부적 집중 가열은 되지 않게 한다.

33 **중력환수식 온수난방법의 설명으로 틀린 것은?**

① 온수의 밀도차에 의해 온수가 순환한다.
② 소규모 주택에 이용된다.
③ 보일러는 최하위 방열기보다 더 낮은 곳에 설치한다.
④ 자연순환이므로 관경을 작게 하여도 된다.

해설

자연순환이므로 관경을 크게 하여 마찰에 의한 손실을 줄인다.

34 **증기난방에서 환수관의 수평 배관에서 관경이 가늘어지는 경우 편심 리듀셔를 사용하는 이유로 적합한 것은?**

① 응축수의 순환을 억제하기 위해
② 관의 열팽창을 방지하기 위해
③ 동심 리듀셔보다 시공을 단축하기 위해
④ 응축수의 체류를 방지하기 위해

해설

수평 배관에서 편심 리듀셔를 사용하는 이유는 응축수의 체류를 방지하기 위함이다.

35 **온수난방 설비의 밀폐식 팽창탱크에 설치되지 않는 것은?**

① 수위계
② 압력계
③ 배기관
④ 안전밸브

해설

밀폐식 팽창탱크에는 배기관을 설치하지 않는다.

36 다른 보온재에 비하여 단열 효과가 낮으며, 500℃ 이하의 파이프, 탱크, 노벽 등에 사용하는 보온재는?

① 규조토 ② 암면
③ 기포성수지 ④ 탄산마그네슘

해설
- 규조토 : 관, 탱크
- 노벽 : 500℃ 이하

37 압력배관용 탄소강관의 KS 규격기호는?

① SPPS ② SPLT
③ SPP ④ SPPH

해설
- SPLT : 저온 배관용 탄소강관
- SPP : 배관용 탄소강관
- SPPH : 고압 배관용 탄소강관

38 보일러성능시험에서 강철제 증기보일러의 증기건도는 몇 % 이상이어야 하는가?

① 89 ② 93
③ 95 ④ 98

해설 증기보일러 증기건도
- 강철제 보일러 : 98% 이상
- 주철제 보일러 : 97% 이상

39 난방설비 배관이나 방열기에서 높은 위치에 설치해야 하는 밸브는?

① 공기빼기 밸브 ② 안전 밸브
③ 전자 밸브 ④ 플로트 밸브

해설
방열기에서 온수보다 공기가 가벼우므로 방열기 상단에 공기빼기 밸브(에어밴트)를 설치한다.

40 온수온돌의 방수처리에 대한 설명으로 적절하지 않은 것은?

① 다층건물에 있어서도 전층의 온수온돌에 방수처리를 하는 것이 좋다.
② 방수처리는 내식성이 있는 루핑, 비닐, 방수몰탈로 하며, 습기가 스며들지 않도록 완전히 밀봉한다.
③ 벽면으로 습기가 올라오는 것을 대비하여 온돌바닥보다 약 10cm 이상 위까지 방수처리를 하는 것이 좋다.
④ 방수처리를 함으로써 열손실을 감소시킬 수 있다.

해설
지면과 접하지 않는 슬래브인 경우에는 기초콘크리트 및 방수층을 생략한다.

41 기름보일러에서 연소 중 화염이 점멸하는 등 연소 불안정이 발생하는 경우가 있다. 그 원인으로 가장 거리가 먼 것은?

① 기름의 점도가 높을 때
② 기름 속에 수분이 혼입되었을 때
③ 연료의 공급 상태가 불안정한 때
④ 노내가 부압(負壓)인 상태에서 연소했을 때

해설
노내가 부압인 경우는 역화가 발생할 우려가 있다.

42 진공환수식 증기난방 배관시공에 관한 설명으로 틀린 것은?

① 증기주관은 흐름 방향에 1/200~1/300의 앞내림 기울기로 하고 도중에 수직 상향부가 필요한 때 트랩장치를 한다.
② 방열기 분기관 등에서 앞단에 트랩장치가 없을 때에는 1/50~1/100의 앞올림 기울기로 하여 응축수를 주관에 역류시킨다.
③ 환수관에 수직 상향부가 필요한 때에는 리프트 피팅을 써서 응축수가 위쪽으로 배출되게 한다.
④ 리프트 피팅은 될 수 있으면 사용개소를 많게 하고 1단을 2.5m 이내로 한다.

해설

리프트 피팅은 1단 흡입높이를 1.5m 이내로 한다.

43 어떤 강철제 증기보일러의 최고사용압력이 0.35MPa이면 수압시험 압력은?

① 0.35MPa
② 0.5MPa
③ 0.7MPa
④ 0.95MPa

해설

최고사용압력이 0.43MPa 이하이므로 수압시험압력은 최고사용압력의 2배로 한다.
0.35×2=0.7MPa

44 전열면적 12㎡인 보일러의 급수밸브의 크기는 호칭 몇 A 이상이어야 하는가?

① 15 ② 20
③ 25 ④ 32

해설

- 전열면적 10㎡ 이하 : 15A 이하
- 전열면적 10㎡ 초과 : 20A 이하

45 배관의 관 끝을 막을 때 사용하는 부품은?

① 엘보 ② 소켓
③ 티 ④ 캡

해설

배관의 관 끝을 막을 때 : 플러그, 캡

46 보온재의 열전도율과 온도와의 관계를 맞게 설명한 것은?

① 온도가 낮아질수록 열전도율은 커진다.
② 온도가 높아질수록 열전도율은 작아진다.
③ 온도가 높아질수록 열전도율은 커진다.
④ 온도에 관계없이 열전도율은 일정하다.

해설

보온재의 열전도율과 온도는 비례하므로 온도가 높을수록 열전도율은 커진다.

47 보일러에서 발생한 증기를 송기할 때의 주의사항으로 틀린 것은?

① 주증기관 내의 응축수를 배출시킨다.
② 주증기 밸브를 서서히 연다.
③ 송기한 후에 압력계의 증기압 변동에 주의한다.
④ 송기한 후에 밸브의 개폐상태에 대한 이상 유무를 점검하고 드레인 밸브를 열어 놓는다.

해설

송기 후 드레인 밸브를 닫는다.

48 실내의 천장 높이가 12m인 극장에 대한 증기난방 설비를 설계하고자 한다. 이때의 난방부하 계산을 위한 실내 평균온도는? (단, 호흡선 1.5m에서의 실내온도는 18℃이다.)

① 23.5℃ ② 26.1℃
③ 29.8℃ ④ 32.7℃

해설

호흡선에서 18℃이므로 $18+\frac{12}{1.5}=26$℃

49 난방부하가 2250kcal/h인 경우 온수방열기의 방열면적은? (단, 방열기의 방열량은 표준방열량으로 한다.)

① $3.5m^2$ ② $4.5m^2$
③ $5.0m^2$ ④ $8.3m^2$

해설

온수방열기의 표준방열량은 $450kcal/m^2 \cdot h$ 이므로
$\frac{2250}{450}=5m^2$ 이다.

50 보일러의 내부 부식에 속하지 않는 것은?

① 점식 ② 구식
③ 알칼리 부식 ④ 고온 부식

해설

고온부식, 저온부식 : 외부부식

51 보일러 사고의 원인 중 보일러 취급상의 사고 원인이 아닌 것은?

① 재료 및 설계불량
② 사용압력초과 운전
③ 저수위 운전
④ 급수처리 불량

해설

재료 및 설계불량 : 제작상의 원인

52 증기 트랩을 기계식, 온도조절식, 열역학적 트랩으로 구분할 때 온도조절식 트랩에 해당하는 것은?

① 버킷 트랩
② 플로트 트랩
③ 열동식 트랩
④ 디스크형 트랩

해설

- 기계식 트랩 : 버킷, 플로트(다량)
- 온도조절식 트랩 : 바이메탈, 벨로우즈, 열동식
- 열역학적 트랩 : 오리피스, 디스크

53 배관 중간이나 밸브, 펌프, 열교환기 등의 접속을 위해 사용되는 이음쇠로서 분해, 조립이 필요한 경우에 사용되는 것은?

① 벤드　② 리듀셔
③ 플랜지　④ 슬리브

해설

분해, 조립이 필요한 경우 : 플랜지

54 글랜드 패킹의 종류에 해당하지 않는 것은?

① 편조 패킹
② 액상 합성수지 패킹
③ 플라스틱 패킹
④ 메탈 패킹

해설

액상 합성수지는 나사용 패킹이다.

55 다음은 에너지이용 합리화법의 목적에 관한 내용이다. (　　)안의 A, B에 각각 들어갈 용어로 옳은 것은?

> 에너지이용 합리화법은 에너지의 수급을 안정시키고 에너지의 합리적이고 효율적인 이용을 증진하며 에너지소비로 인한 (A)을(를) 줄임으로써 국민 경제의 건전한 발전 및 국민복지의 증진과 (B)의 최소화에 이바지함을 목적으로 한다.

① A : 환경파괴　B : 온실가스
② A : 자연파괴　B : 환경피해
③ A : 환경피해　B : 지구온난화
④ A : 온실가스배출　B : 환경파괴

해설

에너지이용 합리화법은 에너지 소비로 인한 환경피해를 줄이고 지구온난화의 최소화에 이바지함을 목적으로 한다.

56 에너지법에 따라 에너지기술개발 사업비의 사업에 대한 지원항목에 해당되지 않는 것은?

① 에너지기술의 연구 · 개발에 관한 사항
② 에너지기술에 관한 국내협력에 관한 사항
③ 에너지기술의 수요조사에 관한 사항
④ 에너지에 관한 연구인력 양성에 관한 사항

해설

② 에너지기술에 관한 국제협력에 관한 사항

57 에너지이용 합리화법에 따라 검사에 합격되지 아니한 검사대상기기를 사용한 자에 대한 벌칙은?

① 6개월 이하의 징역 또는 5백만원 이하의 벌금
② 1년 이하의 징역 또는 1천만원 이하의 벌금

③ 2년 이하의 징역 또는 2천만원 이하의 벌금
④ 3년 이하의 징역 또는 3천만원 이하의 벌금

해설

1년 이하의 징역 또는 1천만원 이하의 벌금 : 검사에 합격되지 아니한 검사대상기기를 사용한 자, 불합격한 검사대상기기를 사용한 자

58 에너지이용 합리화법상 시공업자단체의 설립, 정관의 기재 사항과 감독에 관하여 필요한 사항은 누구의 령으로 정하는가?

① 대통령령
② 산업통상자원부령
③ 고용노동부령
④ 환경부령

해설

시공업자단체의 설립, 정관의 기재사항과 감독에 관하여 필요한 사항은 대통령령으로 정한다.

59 에너지이용 합리화법에 따라 고효율 에너지 인증대상 기자재에 포함되지 않는 것은?

① 펌프
② 전력용 변압기
③ LED 조명기기
④ 산업건물용 보일러

해설

고효율 에너지 인증대상 기자재는 47종으로 전력용 변압기는 대상이 아니다.

60 에너지이용 합리화법상 열사용기자재가 아닌 것은?

① 강철제보일러
② 구멍탄용 온수보일러
③ 전기순간온수기
④ 2종 압력용기

해설 열사용기자재

강철제 보일러, 주철제 보일러, 소형온수보일러, 구멍탄용 온수보일러, 축열식 전기보일러, 태양열집열기, 1종 압력용기, 2종 압력용기, 요업요로, 금속요로

에너지관리기능사 [2016년 7월 10일]

01	02	03	04	05	06	07	08	09	10
②	①	④	④	①	①	②	④	④	③
11	12	13	14	15	16	17	18	19	20
④	①	②	③	②	①	②	④	①	③
21	22	23	24	25	26	27	28	29	30
①	②	④	④	①	②	②	①	②	②
31	32	33	34	35	36	37	38	39	40
③	④	④	④	③	①	①	④	①	①
41	42	43	44	45	46	47	48	49	50
④	④	③	②	④	③	④	②	③	④
51	52	53	54	55	56	57	58	59	60
①	③	③	②	③	②	②	①	②	③

CBT 시험 시행 안내

국가기술자격 상시 및 정기 시험에 응시하는 수험생들에게 편의를 제공하고자 2017년부터 시행되는 기능사 필기시험이 CBT 방식으로 시행됨을 알려드립니다.

- **합격 예정자 발표** : 시험 종료 후 개별 발표
- **CBT 방식 원서접수 방법**
  원서접수 시 장소 선택에서 ㅇㅇ상설시험장(컴퓨터실) 또는 시험장(CBT) 선택
  ※ 일반시험장(ㅇㅇ시험장)을 선택할 경우 기존 방식(지필식)으로 시행
- **CBT(Computer Based Test)란?**
  – 일반 필기시험과 같이 시험지와 답안카드를 받고 문제에 맞는 답을 답안카드에 기재(싸인펜 등을 사용)하는 것이 아니라 컴퓨터 화면으로 시험문제를 인식하고 그에 따른 정답을 클릭하면 네트워크를 통하여 감독자 PC에 자동으로 수험자의 답안이 저장되는 방식
- **관련 문의** : 기술자격국 필기시험팀(02-2137-0503)
- **자격검정 CBT 웹체험 프로그램**
  한국산업인력공단 홈페이지(http://www.q-net.or.kr/)

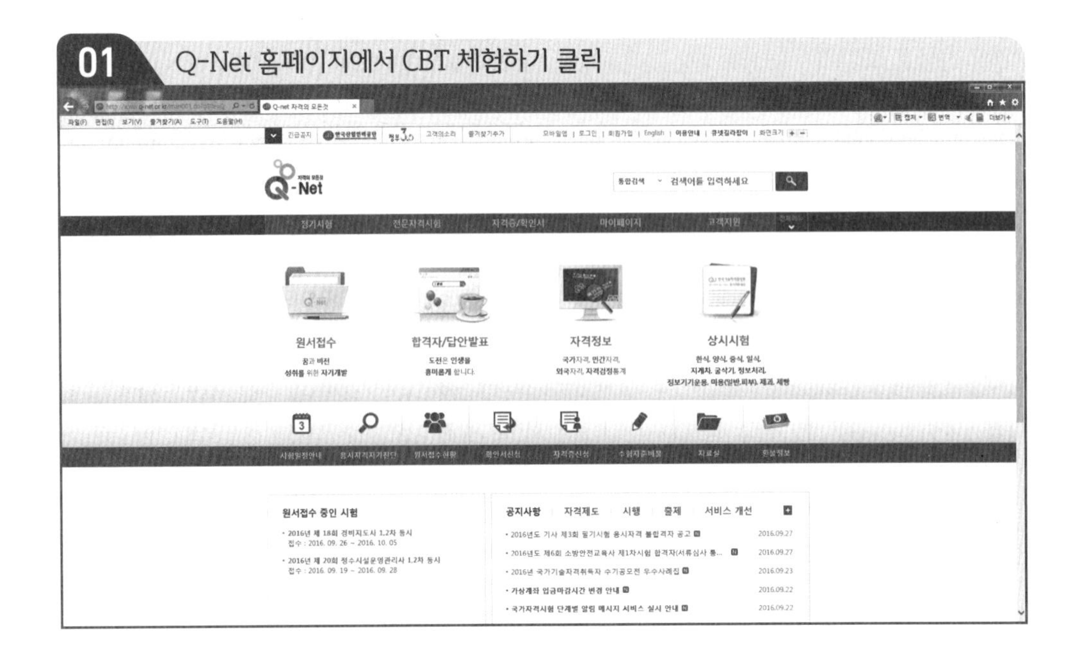

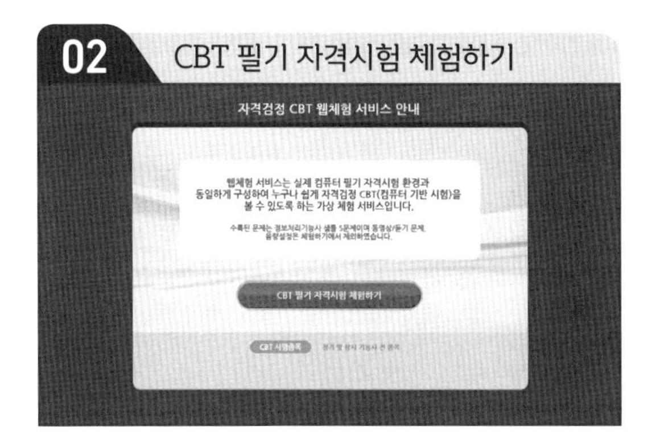
02
CBT 필기 자격시험 체험하기
자격검정 CBT 웹체험 서비스 안내
웹체험 서비스는 실제 컴퓨터 필기 자격시험 환경과
동일하게 구성하여 누구나 쉽게 자격검정 CBT(컴퓨터 기반 시험)을
볼 수 있도록 하는 가상 체험 서비스입니다.
CBT 필기 자격시험 체험하기

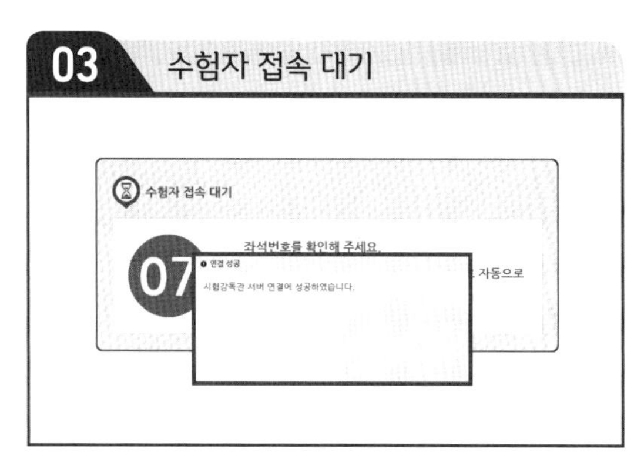
03
수험자 접속 대기
수험자 접속 대기
좌석번호를 확인해 주세요.
07
자동으로

04
수험자 정보 확인
수험자 정보 확인
신분확인이 끝나면 시험이 곧 시작됩니다. 잠시만 기다려 주세요.
07
좌석번호

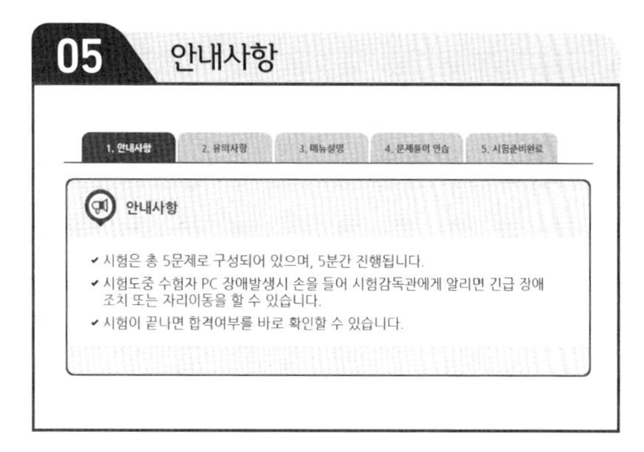
05
안내사항
1. 안내사항
2. 유의사항
3. 메뉴설명
4. 문제풀이 연습
5. 시험준비완료
안내사항
시험은 총 5문제로 구성되어 있으며, 5분간 진행됩니다.
시험도중 수험자 PC 장애발생시 손을 들어 시험감독관에게 알리면 긴급 장애
조치 또는 자리이동을 할 수 있습니다.
시험이 끝나면 합격여부를 바로 확인할 수 있습니다.

06
유의사항
유의사항 - [1/3]
다음과 같은 부정행위가 발각될 경우 감독관의 지시에 따라 퇴실 조치되고, 시험은 무효로
처리되며, 3년간 국가기술자격검정에 응시할 자격이 정지됩니다.
시험 중 다른 수험자와 시험에 관련한 대화를 하는 행위
시험 중에 다른 수험자의 문제 및 답안을 엿보고 답안지를 작성하는 행위
다른 수험자를 위하여 답안을 알려주거나, 엿보게 하는 행위
시험 중 시험문제 내용과 관련된 물건을 휴대하여 사용하거나 이를 주고받는
행위

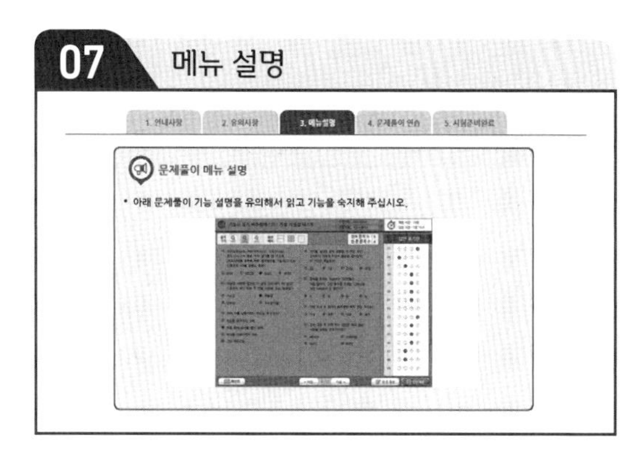
07
메뉴 설명
문제풀이 메뉴 설명
아래 문제풀이 기능 설명을 유의해서 읽고 기능을 숙지해 주십시오.

08
CBT 문제풀이 연습
1. 안내사항
2. 유의사항
3. 메뉴설명
4. 문제풀이 연습
5. 시험준비완료
자격검정 CBT 문제풀이 연습
실제 시험과 동일한 방식의 문제풀이 연습을 통해 CBT 시험을 준비합니다.
하단의 버튼을 클릭하시면 문제풀이 연습 화면으로 넘어갑니다.
자격검정 CBT 문제풀이 연습

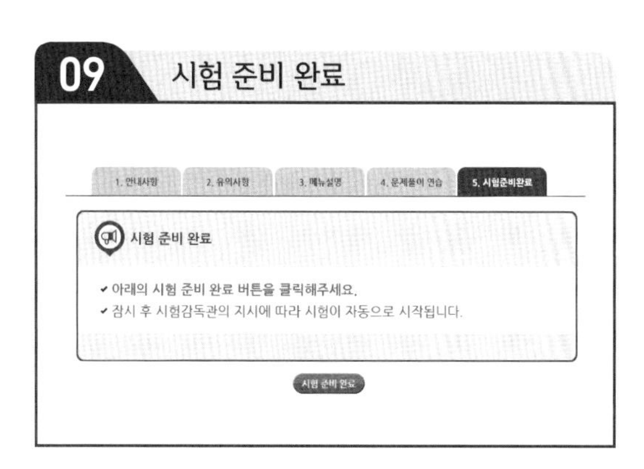
09
시험 준비 완료
1. 안내사항
2. 유의사항
3. 메뉴설명
4. 문제풀이 연습
5. 시험준비완료
시험 준비 완료
아래의 시험 준비 완료 버튼을 클릭해주세요.
잠시 후 시험감독관의 지시에 따라 시험이 자동으로 시작됩니다.
시험 준비 완료

10 잠시 후 시험 시작

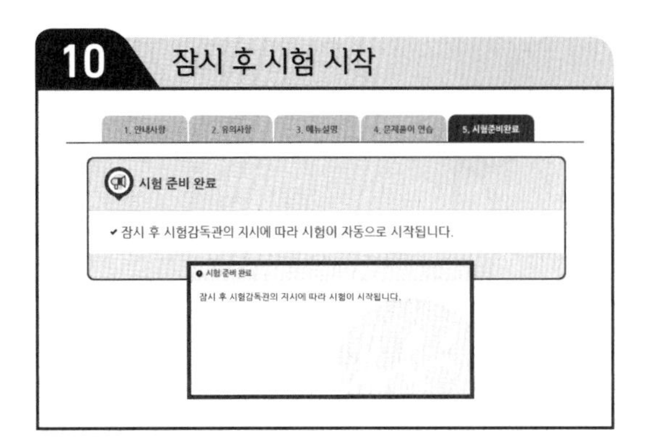

11 문제 풀어보기

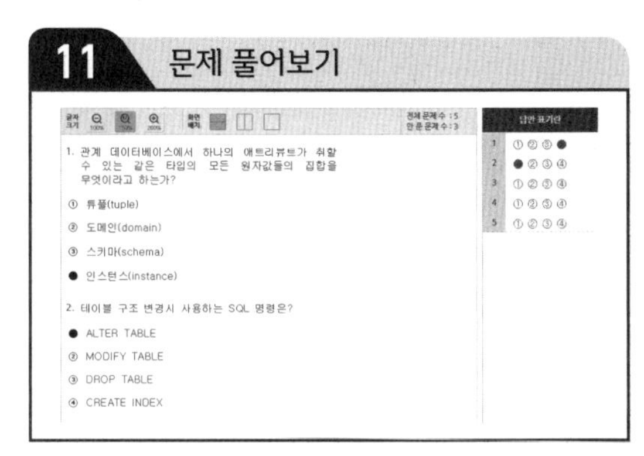

12 답안 제출

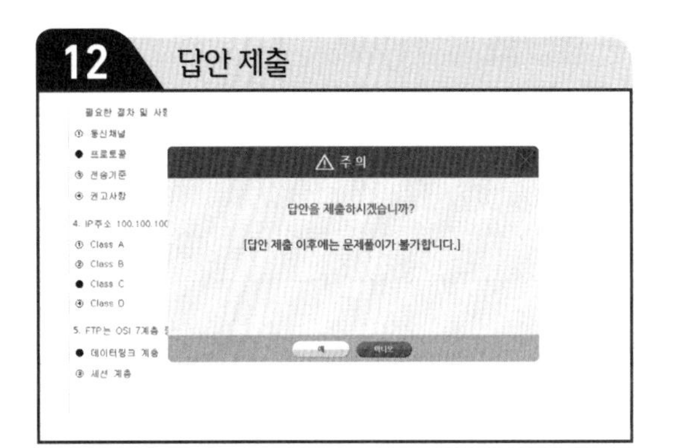

13 최종 확인

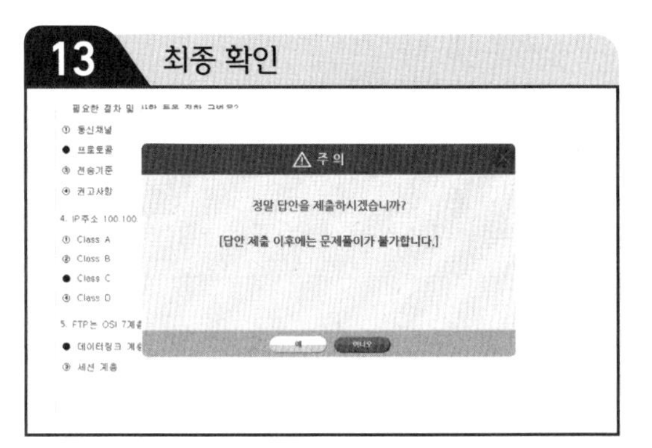

14 시험 완료

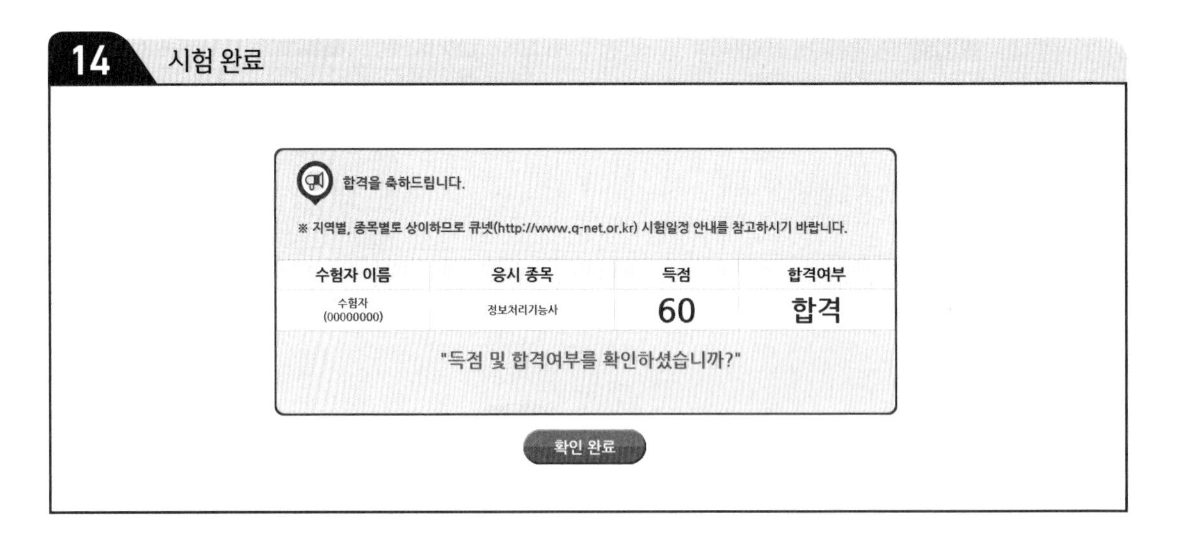

사전입력 서비스 안내

2018년 제4회 기사 실기 시험으로 사전입력 서비스가 첫 개시되어 관련 사항을 안내해 드립니다.

원서접수 기간 이전에 자격 · 종목 · 응시유형 등의 정보를 입력하고 원서접수 시, 장소 선택 및 결제를 진행하는 서비스

- 사전입력 가능 정보(9가지) : 자격, 종목, 학력, 경력, 수상경력, 응시자격, 설문조사, 응시유형, 추가입력
- 접수기간 입력 정보(5가지) : 장소, 결제(수단, 동의, 정보), 접수완료

사전입력 서비스 기간 : 원서접수 시작 3일 전 14시 ~ 전일 24시

- 2018년 10월 15일(월) 접수 시작일이면,
  사전 입력 서비스 기간은 2018년 10월 12일(금) 14시 ~ 10월 14일(일) 24시

사전입력 서비스 대상 시험 : 국가기술자격 정기 기사(산업기사), 기능사 필 · 실기 시험

- 서비스 이용 현황 모니터링 후 확대 여부 결정

사전입력 서비스 이용 : Window 환경의 PC 또는 모바일 큐넷(앱) 사이트

- 진행 중인 접수 내역의 상태가 접수 진행 중(미완료)인 상태로 생성되면 사전입력 완료
- 원서접수 기간에 접속하여 시험장소, 결제를 진행해야 최종 접수 완료
- 사전입력을 잘못한 경우는 원서접수 취소 후 재 진행

※ 자세한 서비스 이용 방법은 한국산업인력공단 홈페이지(http://www.q-net.or.kr/)의 이용안내 참조

에너지관리기능사 5년간 출제문제

발 행 일 2019년 1월 5일 개정 5판 1쇄 인쇄
2019년 1월 10일 개정 5판 1쇄 발행

저 자 에너지관리연구회

발 행 처 

발 행 인 이상원
신고번호 제 300-2007-143호
주 소 서울시 종로구 율곡로13길 21
대표전화 02) 745-0311~3
팩 스 02) 766-3000
홈페이지 www.crownbook.com

I S B N 978-89-406-2964-2 / 13540

특별판매정가 15,000원

이 도서의 문의를 편집부(02-6430-7020)로 연락주시면 친절하게 응답해 드립니다.